普通高等教育系列教材

机械 CAD 技术及应用

主　编　王亚萍　葛江华

副主编　孙永国　付鹏强

参　编　解宝成　李　国

机械工业出版社

本书从工程应用的角度将理论和实践相结合，系统阐述了机械 CAD 的基本理论和相关技术，及其在机械产品设计中的应用。全书共 10 章，基本理论包括机械设计行业中设计资料数据的来源、分类、转换和调用，CAD 常用的数据结构形式，图形变换原理以及实体建模技术；在技术与应用方面，以 Creo 5.0 为辅助设计工具，重点讲述了机械产品设计中的零件建模、零件装配、运动仿真、工程图设计和计算机辅助有限元工程分析。

本书紧密结合工程应用案例，以能力提升为主线，内容全面、条理清晰、讲解详细、图文并茂、范例丰富，既可满足机械类及相关专业的教学需要，也适用于现代产业学院授课，也可为从事 CAD 应用研究与开发的工程技术人员提供参考。

本书配有电子课件、习题解答和模型文件，需要的教师可登录 www.cmpedu.com 免费注册，审核通过后下载，或联系编辑索取（微信：13146070618，电话：010-88379739）。书中视频可扫二维码观看。

图书在版编目（CIP）数据

机械 CAD 技术及应用 / 王亚萍，葛江华主编．—北京：机械工业出版社，2023.1

普通高等教育系列教材

ISBN 978-7-111-72234-2

Ⅰ．①机… Ⅱ．①王… ②葛… Ⅲ．①机械设计-计算机辅助设计-高等学校-教材 ②机械制造-计算机辅助制造-高等学校-教材 Ⅳ．①TH122 ②TH164

中国版本图书馆 CIP 数据核字（2022）第 252469 号

机械工业出版社（北京市百万庄大街 22 号 邮政编码 100037）

策划编辑：李文轶 责任编辑：李文轶 赵小花

责任校对：张艳霞 责任印制：郜 敏

北京富资园科技发展有限公司印刷

2023 年 6 月第 1 版 • 第 1 次印刷

184mm×260mm • 16 印张 • 405 千字

标准书号：ISBN 978-7-111-72234-2

定价：59.90 元

电话服务 网络服务

客服电话：010-88361066 机 工 官 网：www.cmpbook.com

010-88379833 机 工 官 博：weibo.com/cmp1952

010-68326294 金 书 网：www.golden-book.com

 机工教育服务网：www.cmpedu.com

前　言

党的二十大报告指出：坚持把发展经济的着力点放在实体经济上，推进新型工业化，加快建设制造强国、质量强国、航天强国、交通强国、网络强国、数字中国。实施产业基础再造工程和重大技术装备攻关工程，支持专精特新企业发展，推动制造业高端化、智能化、绿色化发展。

计算机辅助设计（Computer Aided Design, CAD）技术是智能制造技术的一个重要分支。机械 CAD 技术在机械工业发展中的作用越来越大，几乎涵盖了整个机械产品的设计过程，主要用于产品建模、装配、运动仿真和分析、结构优化等。现代化的制造企业已经离不开机械 CAD 技术的应用，机械 CAD 技术作为机械领域的常用设计技术得到了快速发展，它在产品设计和智能制造方面都发挥着至关重要的作用。为了加快我国制造业发展的步伐，高等学校承担了对科技人才的培养重任，使学生在学习中牢固掌握现代化的设计技术和工具，正所谓“工欲善其事，必先利其器”。本书内容符合国家对工程技术人才的培养需求，全书通过 CAD 技术基本原理的系统讲解及实际应用的案例驱动，将理论教学和实践教学有机融合，具有一定的创新性和实用性。

针对现有机械 CAD 技术教材在内容和深度上已经不能适应工程教育认证背景下人才培养方案的要求，同时也考虑到高等院校 CAD 教学需要及广大工程技术人员学习和掌握 CAD 技术的需要，因此本书既要夯实 CAD 技术理论基础又要培养学生的自主学习能力。

第 1 章介绍了 CAD 技术的概念及系统构成、CAD 技术在机械产品开发中的应用及 CAD 技术的发展历程和趋势，最后从产品全生命周期的角度阐述了 CAE、CAPP、CAM、PDM 技术，以及新的制造模式，使读者能够更加清晰地认识 CAD 技术的广阔应用前景。

第 2 章从机械设计角度出发，阐述机械行业中设计资料数据的来源、分类、存储、转换、调用，以及如何在 CAD 应用程序中调用设计资料数据，从而为提高读者的设计资料数据运用能力和今后从事 CAD 应用技术开发奠定基础。

第 3 章针对 CAD 中大量的结构化数据对象，重点阐述了 CAD 中常用的数据结构，包括线性表、数组、栈、队列和树，并列举了数据结构在机械产品结构中的应用。

第 4 章重点阐述了二维和三维图形变换的基本原理和方法，利于读者深入理解 CAD 绘图操作中几何变换和投影变换的原理及应用

第 5 章阐述了几何建模、特征建模、参数化与变量化建模、装配建模等实体建模方法，使读者能够理解产品数字模型在计算机内部表示的原理、方法及模型在实际应用中的特点。本书

第 1～5 章是机械 CAD 技术的理论部分。

第 6 章～10 章以 PTC（Parametric Technology Corporation，参数技术公司）研发的集 CAD/CAM/CAE 于一体的参数化软件 Creo 5.0 为工具，以典型的机械零部件、机械产品为例，进行零件建模、零件装配、运动仿真、工程图设计和计算机辅助工程分析，案例丰富，步骤清晰，讲解细致，使读者掌握工程实践中的 CAD 技术，从而快速完成设计和分析等相关工作。

本书在编写上遵循理论和应用结合，强调案例驱动，不只是完成 CAD 软件的操作，更注重夯实理论基础，所有应用实例相互关联，使读者能够深入理解机械产品设计中的规则和方法。本书内容详尽，每章附有习题，并配有完整课件、视频讲解和模型实例，适合 30～40 学时，也适合读者自学。其中轴/盘盖/螺栓建模实例、参数化实例和减速器装配实例也可为课程设计、自主学习及毕业设计提供模型参考，奠定建模基础。

本书第 1、4、5 章由哈尔滨理工大学葛江华教授编写，第 2、3 章由哈尔滨理工大学孙永国教授编写，第 6～8 章由哈尔滨理工大学王亚萍教授编写，第 9、10 章由天津中德应用技术大学付鹏强教授编写，哈尔滨理工大学解宝成副教授、李国老师为本书建模和仿真案例的选择、收集、课件制作和视频录制做了大量工作。

哈尔滨理工大学机械动力工程学院现代设计与集成制造技术研究所朱晓飞博士、许迪博士、机械设计及其自动化系机械 CAD 技术课程组的老师们为本书的编写提供了大量帮助，哈尔滨工业大学潘旭东教授对全书进行了认真审阅，并提出了许多宝贵意见和建议。本书编写参阅了大量相关文献，在此一并表示感谢。

最后，感谢哈尔滨理工大学教务处对本书出版的大力支持，感谢机械工业出版社为本书出版所提供的大量帮助。由于编者水平有限，书中难免存在不足与疏漏之处，恳请各位读者不吝指正。

主　编

目　录

第1章　绪　　论

本章要点

- CAD 技术的概念及系统构成。
- CAD 技术在机械产品开发中的应用。
- CAD 技术的发展历程及发展趋势。
- CAD 技术与其他先进制造模式的关系。

机械设计是产品设计、制造、销售、使用和报废全生命周期中的重要环节，对产品性能的影响占 80%，需要设计者根据用户需求确定产品的功能，确定产品的工作原理、驱动及力的传递形式、结构形状及工艺要求等。机械设计是一个设计—评价—再设计的反复迭代、不断优化的过程。随着产品全球化及市场竞争加剧，缩短设计周期、降低设计成本、提高设计质量成为机械设计的迫切需求。计算机辅助设计（Computer Aided Design, CAD）技术将计算机海量数据存储和高速数据处理能力与人的创造性思维和综合分析能力有机结合，用数字化模型代替物理模型进行产品建模、性能分析，为后续的制造、工艺、管理等环节提供产品共享信息等，因此成为一种广义、综合性的关于设计的新技术。

本章主要介绍计算机辅助设计的概念、应用 、发展趋势和相关技术等内容，使读者了解 CAD 系统的构成、CAD 系统支持下的产品设计过程，以及 CAD 技术与其他先进制造技术之间的关系，了解 CAD 技术的概念、应用场景及发展历程，培养利用 CAD 系统进行综合设计能力。

1.1　CAD 技术的概念及系统构成

1. CAD 技术的概念

CAD 技术是指在设计活动中利用计算机作为工具，帮助工程技术人员进行设计的一切实用技术的总和。它包括产品的分析与设计计算、几何建模、运动学与动力学等仿真分析、数据库管理与技术文档处理的方法与技术。CAD 技术是涉及多学科的综合应用技术，其包含的技术主要有：

1）图形处理与设计模型构造技术、自动绘图、几何建模、图形仿真、模型输入和输出技术等。

2）工程分析技术、有限元分析、运动学和动力学分析、优化设计及面向不同专业领域的工程分析等。

3）数据管理与数据交换技术、数据库技术、产品数据管理、产品数据交换规范及接口技术等。

4）文档处理技术、文档制作、文档编辑及文字处理等。

5）软件设计技术、系统分析与设计、软件工程规范、窗口界面设计、CAD 软件二次开发技术、基于网络的开发和应用技术等。

与传统机械设计方法相比，无论是在提高生产率、改善设计质量方面，还是在降低成本、减轻劳动强度方面，CAD 技术都有着强大的优势。主要表现在以下几个方面：

1）CAD 技术可提高设计质量。在计算机系统内存储了各种有关专业的综合性技术知识，为产品设计提供了科学的基础。人与计算机交互作用，有利于发挥人、机各自的特长，使产品设计更加合理化。CAD 采用的优化设计方法有助于某些工艺参数和产品结构的优化。另外，由于不同部门可利用同一数据库中的信息，故保证了数据的一致性。

2）CAD 技术可以节省时间，提高生产率。设计计算和图样绘制的自动化，大大缩短了设计时间。CAD 和 CAM 的一体化可显著缩短从设计到制造的周期，与传统的设计方法相比，其设计效率可提高 3～5 倍。

3）CAD 技术可较大幅度地降低成本。计算机的高速运算和绘图机的自动工作大大节省了劳动力，使设计人员可以从事更多的创造性工作；同时，生产准备时间缩短，产品更新换代加快，大大增强了产品在市场上的竞争力。

2．CAD 系统的构成

CAD 系统是实现 CAD 技术而具有特定功能的计算机系统。CAD 系统由硬件系统和软件系统组成，应具备计算、存储、交互、输入及输出等基本功能。CAD 系统的构成如图 1-1 所示。

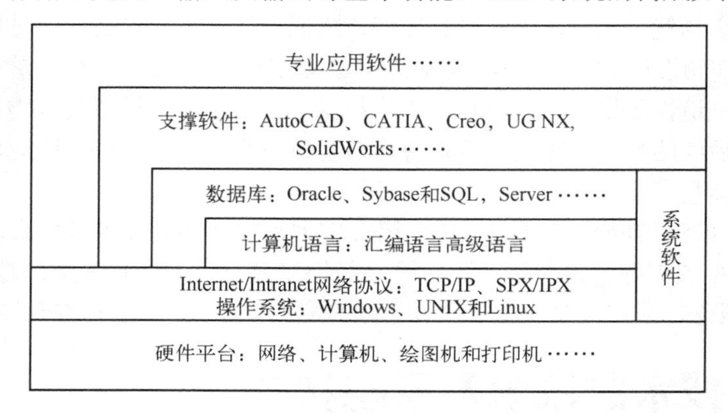

图 1-1　CAD 系统的构成

CAD 硬件系统包括计算机系统、图形输入及输出设备、网络等。

1）计算机系统：目前 CAD 系统常用的主机类型有个人计算机、图形工作站、小型机等。根据主机在机械 CAD 系统中的总体配置及组织形式的差异，通常有独立式和分布式两种。独立式根据使用计算机主机的不同，又分为主机系统、工作站系统和个人计算机系统等几种形式；分布式系统是利用计算机技术与通信技术，将分布于各处的计算机以网络形式连接起来的系统，以达到资源分布、信息共享的目的。

2）输入设备：键盘、鼠标、扫描仪和传感手套等。

3）输出设备：显示器、打印机、绘图仪、视觉、力觉和触觉装置等。

4）网络：网络拓扑结构最常用的是总线网或环网形式。

CAD 软件系统通常包括系统软件、支撑软件和用户开发的专业应用软件三大部分。

1）系统软件：主要用于计算机的管理、维护、控制、运行以及计算机程序的生成和执行，通常包括操作系统，如 Windows、UNIX、Linux 等；计算机语言，可分为汇编语言和高级语言；网络通信协议及管理软件，如以太网、令牌环网等；窗口系统，如 UNIX 操作系统环境下的

Office Vision 、Open Windows 等，计算机上的 Macintosh、Windows 等；数据库管理系统，如 DDBMS 等。

2）支撑软件：CAD 应用软件的基础，包括几何造型与图形处理系统，主要完成设计对象的几何建模、模型编辑、图形显示、工程图标注、设计模型的存储管理等功能，通常包括建模软件，如 UG NX、Creo、SolidWorks 、AutoCAD 、CATIA 等；工程分析与决策支持系统，如有限元分析软件 ANSYS、NASTRAN、DYNA3D 等；运动和动力学分析仿真软件，如 ADAMS、MADYMO 等；优化设计软件，如 NAVGRAPH 等，主要用来解决产品和工程设计中出现的需要借助数值分析理论和方法求解的关键技术问题。

3）应用软件：是由用户借助 CAD 系统软件和支撑软件提供的开发工具、接口等资源，针对特定的产品或工程设计需要进行二次开发得到的各种专用软件。常用的 CAD 软件二次开发的主要内容有数据交换和数据文件共享接口、系统操作界面用户化、操作指令集成、用户专用图形库和数据库、嵌入式语言程序模块等。目前，大多数主流 CAD 软件系统都提供了用户二次开发的接口，如各类 CAD 系统提供的开放式用户定制机制，UG NX 提供的 Open GRIP，AutoCAD 提供的 AutoLISP、C 语言接口，Creo 提供的 Toolki 等。

1.2 CAD 技术在机械产品开发中的应用

1. 传统产品开发过程

机械产品开发过程大致分为概念设计、初步设计、详细设计、文档设计、工艺过程设计、加工制造等几个阶段，传统产品开发流程如图 1-2 所示，在传统的产品设计过程中，每一个环节都是由设计者以手工方式完成的。传统设计的特点是设计者通过类比分析法或经验公式法来确定设计方案，设计工作周期长、效率低，设计者绘制装配图和零件图的时间约占设计时间的 70%，设计质量受人工计算条件的限制，通过设计-评价-再设计反复迭代的方式，不断优化设计方案。

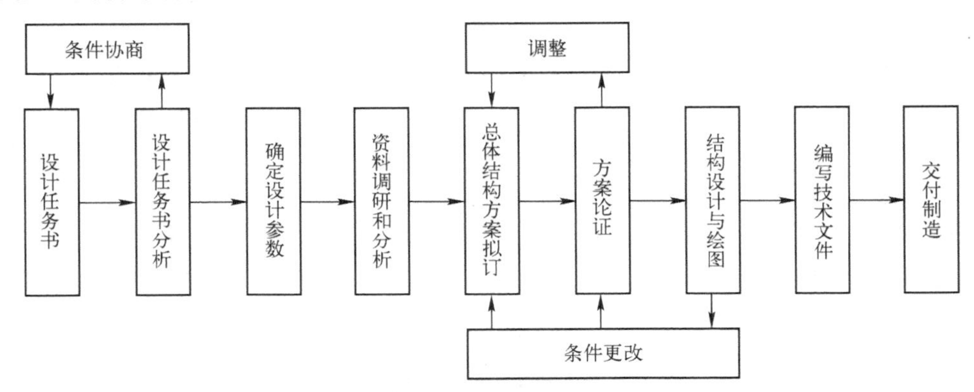

图 1-2　传统产品开发流程

2. CAD 支持下的产品开发过程

设计者与 CAD 系统的软硬件一起组成了协同完成设计任务的人机系统，将设计过程中能用 CAD 技术实现的活动集合在一起就构成了 CAD 过程。图 1-3 表示产品 CAD 过程模型，虚线框以上为手工设计进程，虚线以内为 CAD 方法。设计过程中的每个设计活动都要尽可能采用并行工作方式。

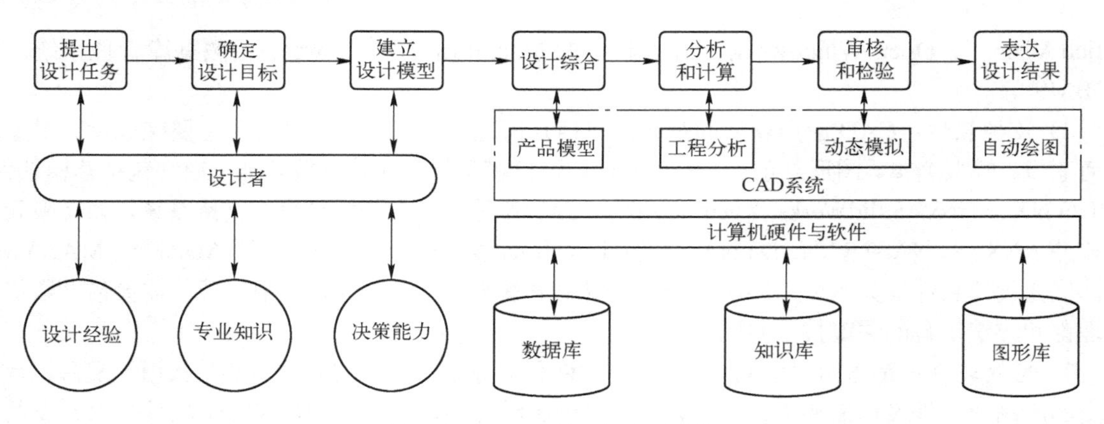

图 1-3　CAD 支持下的产品开发

1）产品方案设计：接到产品设计任务书或顾客的产品订单后，可以帮助设计者进行产品的结构布局方案决策与优选。在这一阶段，根据客户和市场需求，确定新产品的功能和市场定位，给出产品的概念造型或草图。使用 CAD 实体造型技术，无疑使 CAD 的图形技术起到了重要作用。

2）结构设计与分析：在完成产品方案设计后，可帮助设计者进行产品或工程结构及其组成部分的几何模型设计与分析，可进行手工无法进行的复杂计算及数据的整理与表达，并可在计算机中进行产品结构立体几何外形的设计与修改，能从多角度直观地观察产品结构的外部形态和颜色是否合理、美观。

3）产品性能分析与仿真：完成产品的结构设计和分析后，可帮助设计者进行产品结构运动过程的仿真分析，对产品的性能进行计算分析，将计算结果以直观图形的形式再现在设计者面前，以判断是否满足顾客要求，并帮助设计者提出设计改进意见。

4）产品结构的可装配性检查：在完成产品结构中的零部件设计后，可在计算机里对产品的各部分进行模拟装配，以便检查产品设计的正确性和装配干涉等，从而保证产品各组成部分生产出来后的一次装配成功。

5）自动生成产品设计文档资料：通过 CAD 技术可以快速生成精确的产品设计文档资料，如产品的零部件工程图样、产品装配图图样。企业可以将所设计的产品数据样品（虚拟产品）资料通过网络传输给客户，并进一步进行电子商务活动。企业还可以将所设计的虚拟产品数据发送给合作伙伴，实现动态联盟环境下快速开发新产品的目的。

6）设计文档的管理及产品数控加工仿真：设计者完成上述各步任务后，可以生成产品的数控加工指令文件，并在计算机里进行加工仿真，以检查产品的可加工性以及加工刀具轨迹的生成，从而保证实际加工时一次加工成功。

1.3　CAD 技术的发展历程及发展趋势

1. CAD 技术的发展历程

20 世纪 60 年代初，美国麻省理工学院（MIT）开发了名为 Sketchpad 的计算机交互图形处理系统，并描述了人机对话设计和制造的全过程，形成了最初的 CAD 概念，即科学计算和绘图。从 20 世纪 60 年代初到 70 年代中期，CAD 从封闭的专用系统走向商品化，CAD 技术开始进入实用阶段。这一时期的主要技术特征是二维、三维线框几何造型方法的发展。这种造型方法通过若干线型元素互连组成线型框架，其仅定义出设计模型的基本轮廓，不能表示设计对象的表面和形体的几何信息，在设计模型上不能任意截取切面，模型的描述也不完整，显示的图形有“多义性”，即模型的不确定性。此时，有代表性的CAD软件系统，如美国通用汽车公司的DAC-1和洛克希德公司的CADAM等。随着计算机软硬件的发展，计算机被逐步应用于设计过程，形成了CAD系统，同时给CAD概念增加了新的含义，逐步形成了当今应用十分广泛的CAD/CAE/CAM集成的CAD系统。

CAD技术经历了四次技术革命，分别是：

第一次CAD革命——曲面造型技术。20世纪70年代后期，CAD进入高速发展时期。该阶段的主要技术特点是自由曲面造型技术取得突破。由于大规模集成电路的问世，CAD系统价格下降，此时正逢飞机和汽车工业蓬勃发展，飞机和汽车制造中遇到大量的自由曲面问题。法国达索飞机制造公司（Dassault）率先开发出以表面模型为特点的自由曲面建模方法，推出了三维曲面造型系统CATIA，采用多截面视图、特征纬线的方式来近似表达自由曲面。

第二次CAD革命——实体造型技术。20世纪80年代初，随着工程分析和计算技术的快速发展，CAE、CAM技术开始有了较大的需求，表面模型技术只能表达形体的表面信息，不能准确表达零件的其他属性，如质量、质心和惯性矩等，难以满足CAE技术的需求，尤其是难以解决模型分析的前处理问题。1979年，SDRC公司成功开发了第一个基于实体造型技术的CAD/CAE软件I-DEAS。由于实体造型技术能够精确表达零件的全部几何、拓扑和材料属性，在理论上有助于统一CAD、CAE、CAM的模型表达。

第三次CAD革命——参数化特征造型技术。20世纪80年代中期，CV（计算机视觉）公司的一些技术人员提出了参数化实体造型方法，其特点是基于特征、全尺寸约束、全数据相关、尺寸驱动设计修改等。参数化实体造型技术的出现和特征造型概念的提出标志着CAD技术进入了CAD/CAM集成化的新阶段，使设计模型在几何和拓扑意义上建立了基于约束的关联，保证了模型编辑的高效性和可靠性；特征造型将与产品制造工艺等相关的非几何、拓扑和材料信息包含在模型中，是CAD建模理论和技术的重要拓展。美国PTC公司凭借新技术的优势在CAD市场份额的占有率中名列前茅，有力地推动了CAD技术向前发展。

第四次CAD革命——变量化造型技术。20世纪90年代，CAD技术已趋于成熟，出现了许多商业应用CAD软件，如UG、Creo、CATIA等，这些软件开始逐步应用于企业的产品设计，标志着数字化设计技术能较好地服务于产品设计的各个阶段。但参数化技术尚存在不足，假设设计者在设计全过程中必须将形状和尺寸联合起来考虑，并且通过尺寸约束来控制模型的形状，一旦所设计的零件形状复杂，如何通过修改尺寸得到所需形状的模型就很不直观；另外，设计中某些关键形体的拓扑关系发生改变，使某些约束特征丢失，也会造成系统数据混乱。变量化设计技术从设计原理、方法和目的出发，提出了一种对参数化技术进行改良的先进实体造型技术。

随着数字化设计与制造技术的快速发展，产品的设计模式也发生着根本性变化，具有设计制造等全面信息的三维数字化模型将取代传统的二维图样，成为产品工艺设计、工装设计、零部件加工、装配与检测等产品全生命周期的唯一设计制造依据。基于模型定义（Model Based Definition, MBD）的技术是一种面向计算机应用的产品数字化定义技术，是指用集成的三维实体模型完整地表达产品定义信息，将产品的设计信息、工艺描述信息、加工制造信息、检测信息和管理信息定义到产品的三维数字化模型中，使三维模型成为产品全生命周期各阶段信息的唯一载体，保证设计数据的唯一性。MBD技术贯穿整个产品全生命周期，使得模型在设计、工艺、生产、检测和维护等环节保持一致性和可追踪性，因此 MBD 技术能够有效地缩短产品研制周期，改善生产现场工作环境，提高产品质量和生产效率。

2．CAD 技术的发展趋势

随着计算机网络技术和现代设计方法的快速发展，CAD 技术的内涵也发生了很大变化，其主要特征是 CAD 技术在向更深入和广泛领域发展的同时，紧密结合先进制造技术，日益向集成化、网络化、智能化方向发展，可支持产品的自动化设计及智能设计理论方法、设计环境、设计工具等各种相关技术，能使设计工作实现集成化、网络化和智能化，达到提高产品设计质量、降低产品成本和缩短设计周期的目的。

（1）网络协同设计

汽车、船舶和飞机等产品的设计是多阶段、多学科、多部门的综合性复杂过程，随着网络技术的快速发展，数字化设计技术必然向网络协同化发展。网络协同设计可以帮助企业以电子形式高效传输二维图样，使制造企业将动态的三维模型集成到自定义的在线目录中或各种电子商务服务中，通过互联网随时随地进行实时交流和协作。这种基于网络的协作模式对企业控制设计与制造成本、提高产品质量和加快新品上市是至关重要的。

（2）智能化

产品设计过程中方案构思与拟订、最佳方案选择、结构设计、评价及参数选择等工作过去大都依赖于设计数据和设计者的经验和知识，如果运用人工智能技术建立产品设计相关的知识模型，采用问题推理等方法能大幅提高设计决策的效率和质量、缩短设计时间。因此，将人工智能、知识工程、基于大数据的深度学习等方法与数字化设计技术相结合，实现产品设计和决策的智能化是数字化设计技术发展的必然趋势。

（3）集成化

集成化是多角度、多层次的。它可以是一个 CAD 系统内部各模块之间的集成、多种 CAD 系统之间的集成、动态联盟中企业的集成等，从而有效支持整个产品全生命周期的开发设计。为保证集成的有效性，需要进一步完善产品数据交换技术、产品全生命周期数据管理技术等。

（4）标准化

标准化、规范化是数字化设计技术的重要保证。迄今为止，我国已制定了一系列 CAD 技术相关标准，可大致分为 5 类：

1）计算机图形标准。

2）CAD 技术制图标准。

3）产品数据技术标准。

4）CAD 文件管理和存档标准。

5）CAD 一致性测试标准。

此外，在航空航天等行业中，针对某种 CAD 软件的应用也制定了行业的 CAD 应用规范。随着技术进步，新标准和新规范还会出现，这些标准对 CAD 系统的开发和应用具有指导性作用，指明了数字化设计技术标准化发展的方向。

1.4 CAD 相关技术

产品设计是产品全生命周期的前端，其中的大部分活动都可以应用 CAD 技术来实现，随着计算机技术及先进制造技术的不断发展应运而生的新的制造模式，还将继续对 CAD 技术产生更深刻的影响，对 CAD 技术提出更新、更高的集成要求。同时，从系统功能的角度，还包括有限元分析、工艺设计、数控编程及数据管理等软件单元，它们能够按照需求有机集成，在功能上实现互操作。

1．智能设计

智能设计是指将智能优化方法应用到产品设计中，利用计算机模拟人的思维活动进行辅助决策，以建立支持产品设计的智能设计系统，从而使计算机能够更多、更好地承担设计过程中的各种复杂任务，成为设计人员的重要辅助工具。智能 CAD 系统应具有下面的三个功能。

1）该系统能智能地支持设计者，即在知识库的支持下，系统具有搜索、推理决策的能力，包括理解设计者的意图、设计条件和约束，提出各种可行的设计方案及结构，能正确解释设计者提出的问题，查找并改正设计错误。这就要求系统具有一个内容丰富的知识库和一个进行理解推理和决策的模块。

2）系统具备相应的设计资料数据库和计算分析程序库，还有图形支撑系统和文件产生系统。

3）系统具有自学习能力，即能够不断地总结经验，自动从知识库将过时、不合理的知识删除，并不断吸收新知识。这就要求系统的知识库具有开放性和灵活性。一个典型的智能 CAD 系统组成如图 1-4 所示。

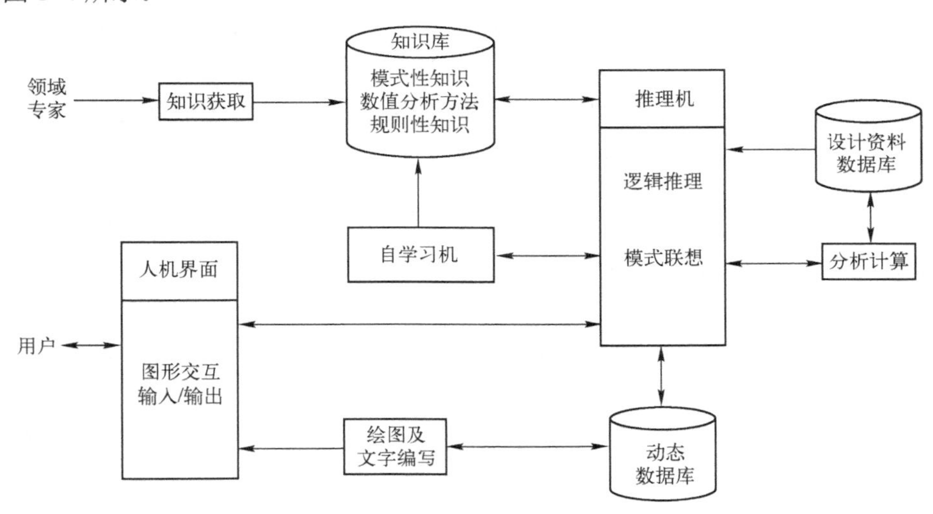

图 1-4　智能 CAD 系统的组成

2．计算机辅助工程

（Computer Aided Engineering，CAE）将计算机技术应用到工程分析领域，是一种集计算力学、计算数学、信息科学等计算机辅助工程于一体的综合性工程技术，是支持设计人员进行创新研究和创新设计的重要工具和手段，能够对产品的设计方案、性能、可靠性、安全性、经济性等进行分析评价，以改进产品研发过程。运用 CAE 技术可以将部分试验过程在计算机上实现，通过相关软件对产品的数字化模型进行各种分析及优化设计，如应力/应变分析、振动仿真、温度分布分析等，从而缩短产品的研制周期，降低产品的研发费用。CAE 技术被引入设计领域后，给现代产品设计带来了巨大变革。工程技术人员进行结构分析的主要任务就是设法将复杂的工程实际问题加以简化、建立合理的计算力学模型，然后再按所选程序的要求，准备好全部所需的数据和信息，运用计算机进行求解，最后再检查计算结果的合理性。

1）有限元法：首先假想将连续的结构分割（离散）成数目有限的小块，称为有限单元，各单元之间仅在有限个指定结合点处相连接，用组成单元的集合体近似代替原来的结构，在节点之间引入有效节点力以代替实际作用在单元上的载荷。对每个单元，选择一个简单的函数来近似地表达单元位移分量的分布规律，并按弹性力学中的变分原理建立单元节点力与节点位移（速度、加速度）的关系（质量、阻尼和刚度矩阵），最后把所有单元的这种关系集合起来，就可以得到以节点位移为基本未知量的力学方程，给定初始条件和边界条件就可以求解力学方程。

2）模态分析法：主要用于分析冲击和变载荷的动态结构，可以用有限元法或模态分析法计算每个零件的变形或振动量，根据装配的连接条件求得整体结构的变形和振动。

3）运动仿真：CAE 系统可以对运动机构进行动态分析，并可显示机构运动的动态过程，以便检查机构的运动轨迹，校核运动件的干涉情况，还可计算出构件的运动速度、加速度和受力的大小，可以仿真运动组件的加速力和重力的反作用力。同时，还可以综合考虑弹簧弹力、电动机驱动力、摩擦力和重力等动力的影响，调整产品的结构及设计参数。

4）方案优选：CAE 系统采用参数优化方法进行方案优选，使方案设计考虑的因素更为全面和合理。

5）可靠性分析：通过计算机进行的可靠性分析，设计人员能够预测和改善其设计方案的疲劳性能，减少可靠性试验次数。

6）制造过程仿真：对金属切削加工、装配和物料流动等工艺过程进行仿真，除了对产品加工质量进行预测外，还可以深入研究这些工艺过程的机理和规律，了解产品设计的合理性、可加工性和加工方法，并可选用机床和优化工艺参数。

7）产品装配仿真：采用产品装配仿真技术可以在产品设计阶段进行可装配性验证，避免零件的报废和工期的延误，确保设计的正确性。

3. 计算机辅助工艺设计

计算机辅助工艺设计（Computer Aided Process Planning，CAPP）是利用计算机来进行零件加工工艺过程的制订，目的是把毛坯加工成工程图样上所要求的零件。它是通过向计算机输入被加工零件的几何信息（形状、尺寸等）和工艺信息（材料、热处理、批量等），由计算机自动输出零件的工艺路线和工序内容等工艺文件的过程。

CAPP 是利用计算机快速处理信息的功能和具有各种决策功能的软件来自动生成工艺文件的过程。CAPP 能迅速编制出完整而详尽的工艺文件，大大提高了工艺人员的工作效率，可以获得符合企业实际条件的优化工艺方案，给出合理的工时定额和材料消耗，并有助于对工艺人员的宝贵经验进行总结和继承。CAPP 不仅能实现工艺设计自动化，还能把生产实践中行之有效的若干工艺设计原则及方法转换成工艺决策模型，并建立科学的决策逻辑，从而编制出最优的制造方案。CAPP 是连接 CAD 和 CAM 的桥梁，是实现 CAD/CAM 集成的一项重要技术。

CAPP 系统一般具有以下功能：输入设计信息；选择工艺路线，确定工序、机床、刀具；确定切削用量；估算工时与成本；输出工艺文件以及向 CAM 提供零件加工所需的设备、工装、切削参数、装夹参数以及反映零件切削过程的刀具轨迹文件等。

CAPP 系统是根据企业的类别、产品类型、生产组织状况、工艺基础及资源条件等因素而开发的，不同的系统有不同的工作原理，目前常用的 CAPP 系统可分为派生式、创成式和综合式三大类。CAPP 系统的种类很多，但其基本结构主要为五大组成模块：零件信息获取、工艺决策、工艺数据库/知识库、人机界面和工艺文件管理/输出，如图 1-5 所示。

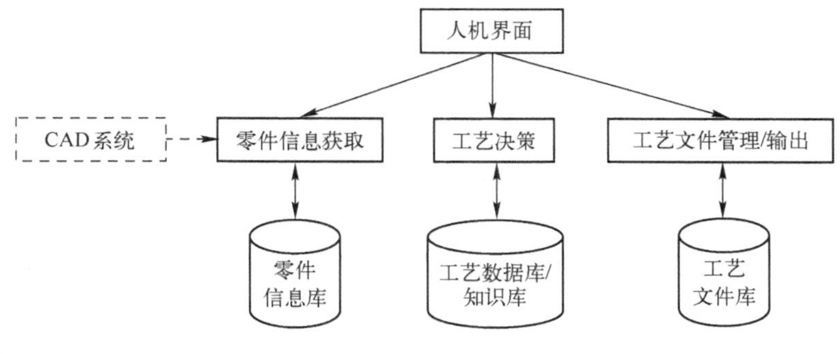

图 1-5　CAPP 系统的构成

4．计算机辅助制造

计算机辅助制造（Computer Aided Manufacturing，CAM）指的是从产品设计到加工制造之间的一切生产准备活动，它包括 CAPP、数控编程、工时定额的计算、生产计划的制订、资源需求计划的制订等，还包括制造活动中与物流有关的所有过程（加工、装配、检验、存储、输送）的监视、控制和管理。随着技术的发展，CAPP 已作为一个专门的子系统，而工时定额的计算、生产计划的制订、资源需求计划的制订则划分给 MRP Ⅱ（制造资源计划）/ERP（企业资源计划）系统来完成，CAM 的概念有时可进一步缩小为数控编程的同义词。可将 CAM 功能分为直接应用功能和间接应用功能。

1）直接应用功能：是指计算机通过接口直接与物流系统连接，用以控制、监视、协调物流过程，它包括物流运行控制、生产控制和质量控制。物流运行控制是指根据生产作业计划的生产进度信息控制物料的流动；生产控制指在生产过程中随时收集和记录物流过程的数据，当发现工况偏离作业计划时，即予以协调与控制；质量控制是指通过现场检测随时记录现场数据，当发现偏离或即将偏离预定质量指标时，向工序作业级发出命令，予以校正。

2）间接应用功能：是指计算机与物流系统没有直接的硬件连接，它支持车间的制造活动并提供物流过程和工序作业所需数据与信息，它包括 CAPP、计算机辅助数控程序编制、计算机辅助工装设计及计算机辅助编制作业计划。如前所述，CAPP 本质上就是用计算机模拟人工编制工艺规程的方法编制工艺文件。

计算机辅助数控程序编制是指根据 CAPP 所指定的工艺路线和所选定的数控机床，用计算机编制数控机床的加工程序；计算机辅助工装设计包括专用夹具、刀具的设计与制造，这也是工艺准备工作中的重要内容；计算机辅助编制作业计划是指当生产计划确定了在规定期内应生产的零件品种、数量和时间之后，用计算机根据数据库中人员、设备、资源的情况以及生产计划和工艺设计的数据，编制出详细的生产作业计划，确定在哪台设备加工，由谁何时进行何种作业以及何时完工，以作为车间的生产命令。

5．产品数据管理

进入 21 世纪以后，现代 CAD 技术开始向集成化、网络化、智能化发展。随着数字化设计的逐步应用，产品设计中运用了各类软件系统。由于各系统具有独立性，使得信息传递困难，无法快速准确地交换信息，这种现象称为信息化“孤岛”。为了解决这个问题，研究人员提出了设计制造集成的解决思路，即采用集成的方法将各个系统联系起来，形成统一的信息传递平台，从而实现信息资源的共享和传递。随着集成技术、网络技术和信息技术的不断发展，产品数据管理技术应运而生。产品数据管理（Product Data Management，PDM）是指对企业内分布于各种系统和介质中的产品、产品数据信息和应用的集成与管理。产品数据管理集成了所有与产品相关的信息。

PDM 将所有与产品相关的信息和所有与产品有关的过程集成在一起。与产品相关的信息包括任何属于产品的数据，如 CAD/CAE/CAM 文件、物料清单（Bill of Material，BOM）、产品配置、事务文件、产品订单、电子表格、生产成本、供应商状况等。与产品有关的过程包括任何有关的加工工序、加工指南和有关批准、使用权、安全、工作标准和方法、工作流程、机构关系等所有过程处理的程序。它包括了产品生命周期的各个方面，PDM 能使最新的数据为全部有关用户所应用，工程设计人员、数控机床操作人员、财会人员及销售人员都能按要求方便地存取、使用有关数据。PDM 是依托信息技术实现企业最优化管理的有效方法，是科学的管理框架与企业现实问题相结合的产物，是计算机技术与企业文化结合的一种产品。

1）提供产品设计集成化的使能技术，如资源共享、信息服务、合作建模、产品数据管理与设计过程管理等技术。

2）提供支持产品设计的网络化平台及相关技术的解决方案，如 3W 技术、邮件通信、远程传输和安全保密等。

PDM 集成框架如图 1-6 所示。

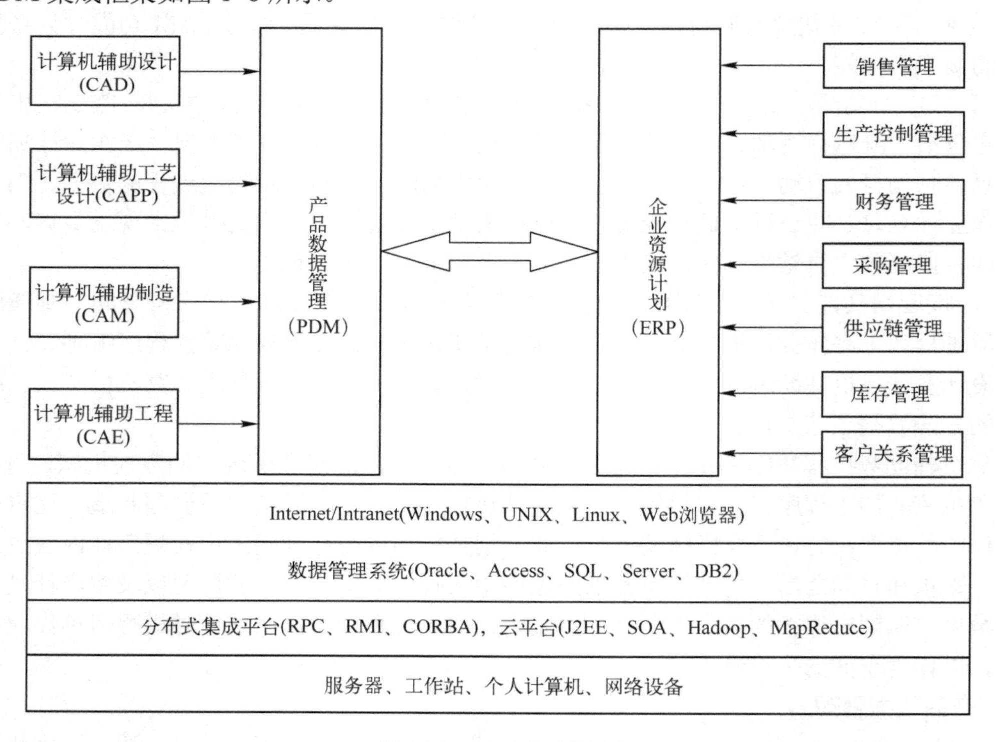

图 1-6　PDM 集成框架

6．虚拟现实技术

虚拟现实（Virtual Reality）是传感技术、多媒体技术、控制技术和模拟仿真技术的完美结合，其核心是一台高性能的虚拟现实计算机，通过多种输入、输出设备构造出所谓虚拟环境来模拟仿真技术，在虚拟技术中得到充分的应用和发展。虚拟现实标志着模拟仿真技术的最新发展成果。

用户戴上特制的头盔、眼镜、耳机和手套，立刻置身于计算机营造的虚拟三维空间之中，眼中看到立体彩色图像，耳中听到立体声，用户动作能对虚拟环境中的事物产生预期的影响。因而可以“身临其境”，用人类本身的感觉器官体验计算机营造出的逼真环境。如可以打开一台虚拟轿车的车门，坐进驾驶室中，操纵开动，驾驶前进，如同操纵一辆真实的轿车一样。应用虚拟现实技术进行产品开发，不仅可以使产品的设计者在产品尚未制造出之前就充分检验各种设计细节和最终的设计效果，而且可以使用户能尽早地充分体验产品的各种性能。虚拟现实系统组成如图 1-7 所示。搭建的虚拟样机可以在虚拟现实环境下进行产品工作性能测评，首先运用 CAD 技术进行产品的实体建模，然后将该模型置于虚拟环境中进行仿真和分析，可以在设计阶段对装配、加工和运行过程进行仿真，解决不可预见的问题，提高物理样机的一次试验成功率，可以方便直观地进行工作性能验证。

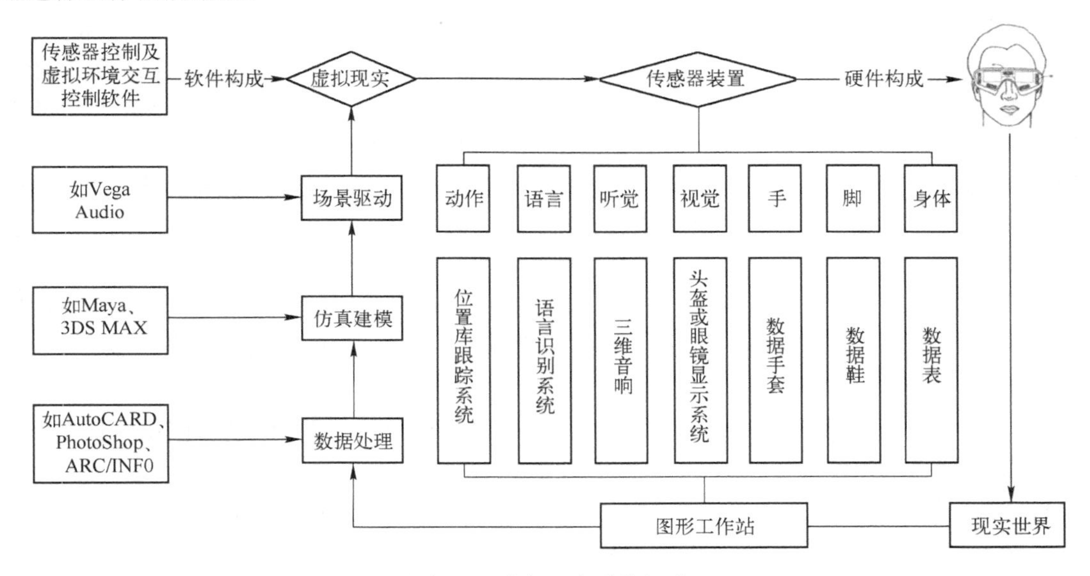

图 1-7　虚拟现实系统组成

7．增材制造技术

增材制造（Additive Manufacturing）技术是集数字化建模技术、机电控制技术、信息技术、材料科学与化学等学科于一体的，依据产品的三维 CAD 模型，基于离散材料逐层叠加的成形原理，通过有序控制将材料逐层堆积，制造出指定形状的实体零件的数字化制造技术，又称为快速原型技术、3D 打印技术。与传统的加工方法相比，增材制造具有以下优点：擅长制造具有复杂曲面和内腔的结构，加工材料可以达到近净成形，大大节省了加工时间，节约了生产成本；非常适合个性化小批量复杂曲面的加工；无需多余的工艺装备，不需要刀具、模具，工装夹具较少。其制造工艺流程最短，因此一旦增材制造技术克服了加工速度慢的局限性，就将成为一种真正的敏捷制造模式，符合先进制造业敏捷化的需求。增材制造技术是 21 世纪机械制造工业领域一次跨时代的工艺技术革新。

传统 CAD 设计因其自身的局限性，只能利用数字化方法描述零件的表面信息，而难以描述其内部结构、组织和材料信息，极大地限制了增材制造的发展空间，因此通过产品建模技术最大限度地发挥增材制造的优势已成为 CAD 领域的研究热点之一。增材制造对 CAD 技术提出了以下要求。

1）建立提高成形精度和速度的数据处理方法，制订能较好保持 CAD 模型的几何及拓扑信息、减少数据转换精度丢失的适用于增材制造的数据交换格式和自适应分层算法。

2）完善 CAD 技术，完善复杂几何形体的建模方法及工艺过程；研究多尺度建模和逆向设计方法；研究具有形状、性能、工艺等可变性的建模和设计方法。

3）提供支持增材制造的设计技术，如基于互联网的开放式创新服务、材料—性能—工艺—结构一体化设计优化等设计技术。

8. 云制造技术

20 世纪 90 年代以来，我国吸取国外先进制造技术，开展了以计算机集成制造、并行工程、敏捷制造和网络化制造等为代表的制造业信息化相关技术的研究与应用，并取得了显著成果。网络技术、云计算等信息技术的快速发展，也为制造业向敏捷化、服务化、智能化发展提供了机遇。基于知识的创新能力、对各类制造资源的整合与协同能力以及对环境的友好性，已成为制造业信息化发展的趋势。在这种背景下，中国工程院院士李伯虎等提出一种面向服务、高效低耗和基于知识的网络化智能新模式——云制造。云制造是一种利用网络和云制造服务平台，按用户需求组织网上制造资源（制造云），为用户提供各类按需制造服务的一种网络化制造新模式。它融合现有信息化制造、云计算、物联网、语义 Web、高性能计算等技术，通过对现有网络化制造与服务技术进行延伸和变革，将各类制造资源和制造能力虚拟化、服务化，并进行统一、集中的智能化管理和经营，实现智能化、多方共赢、普适化、高效的共享和协同，通过网络为制造全生命周期过程提供可随时获取、按需使用、安全可靠的共享资源。在云制造的实施过程中，需要 CAD 技术为其提供技术支撑。

1）为云制造系统的资源层提供技术支持，包括 CAD/CAM/CAPP/PDM 等的集成技术、资源共享、数据管理与设计过程管理。

2）提供构建云制造体系的相关技术，包括虚拟化技术、人机交互技术、多主体协同的可视化终端交互技术、可信与安全制造服务技术等。

习题

1. 解释 CAD 含义，说明其相关的技术有哪些？
2. CAD 技术经历了几次技术革命，分别是什么？
3. 解释 CAPP 含义，绘制 CAPP 系统构成图并阐述其功能。
4. 解释增材制造技术的含义及优点，并阐述其对 CAD 技术的要求。
5. 解释云制造的含义及 CAD 技术在云制造中的作用。

第2章　设计资料数据

本章要点

- 设计资料的数据分类。
- 设计资料的存储方式。
- 设计资料的数据转换。
- 设计资料的数据调用。

在机械行业中，工程数据（Engineering Data）是产品生命周期中与产品有关的所有数据。在机械设计中，工程数据主要是指在产品设计和分析过程中与产品有关的所有数据。从机械设计角度，机械 CAD 工程数据主要包括：产品的设计基础资料（引自国家标准、设计规范和技术手册的数据）、设计分析数据（几何模型数据、分析模型数据、分析结果数据）、图形数据（二维工程图、三维造型图）、管理数据（产品目录文档、设计说明文档、图样资料文档）。设计基础资料（简称设计资料）在产品设计工程数据中占据重要地位，是产品设计过程中的主要参考资料和重要基础。

本章主要介绍设计资料数据的来源、类型、存储和调用等内容，使读者了解设计标准、设计规范和设计手册的重要性，掌握设计资料的分类、相互转换和调用方法，培养设计资料运用能力。

2.1　设计资料数据分类

2.1.1　设计资料数据来源

设计资料数据来源于设计标准、设计规范和设计手册，具有通用性和行业贯通性，是机械产品设计的基本规则和基础。

1．设计标准

制定设计标准有利于合理利用国家资源，推广科学技术成果，提高经济效益，保障安全和人民身体健康，保护消费者的利益，保护环境，有利于产品的通用互换及标准的协调配套等。

《中华人民共和国标准化法》将中国标准分为国家标准（GB）、行业标准、地方标准（DB）、企业标准（Q）四级；按内容划分，有基础标准（一般包括名词术语、符号、代号、机械制图、公差与配合等），产品标准（对产品结构、规格、质量和检验方法所做的技术规定）。辅助产品标准（工具、模具、量具、夹具等），原材料标准，方法标准（工艺要求、过程、要素、工艺说明等）；按成熟程度划分，有法定标准、推荐标准、试行标准、标准草案。国家标准文献共享服务平台（简称 CSSN，网址 www.cssn.net.cn）是国家科技基础条件平台重点建设项目之一，致力于全面的标准库建设和行业间联盟协作关系的建立，是国内最大、最全的标准化信息服务平台之一。

国家标准是指由国家标准化主管机构批准发布，对全国经济、技术发展有重大意义，且在全国范围内统一的标准。国家标准的年限一般为 5 年，过了年限后，国家标准就要修订或重新制定。

此外，随着社会的发展，国家需要制定新的标准来满足人们生产、生活的需要。因此，标准是种动态信息。国家标准分为强制标准（冠以“GB”）和推荐标准（冠以“GB/T”）。据 CSSN 数据统计，目前现行实施的国家标准有 32100 多条，涉及所有的行业和学科。在国家标准中，与机械设计相关的内容较多，覆盖机械设计的各个环节，既有机械名词术语的定义，也有通用零部件的规定，还有设计方法的规定，更有整机的设计规范。部分与圆柱齿轮相关的机械设计国家标准见表 2-1。

表 2-1　部分与圆柱齿轮相关的机械设计国家标准

标准编号	标准名称	实施日期
GB/T 10853-2008	机构与机器科学词汇	2009-01-01
GB/T 3374.1-2010	齿轮术语和定义 第 1 部分：几何学定义	2010-12-31
GB/T 3374.2-2011	齿轮术语和定义 第 2 部分：蜗轮几何学定义	2012-06-01
GB/T 1357-2008	通用机械和重型机械用圆柱齿轮 模数	2009-06-01
GB/T 2362-1990	小模数渐开线圆柱齿轮基本齿廓	1991-10-01
GB/T 2363-1990	小模数渐开线圆柱齿轮精度	1991-10-01
GB/T 3480.5-2021	直齿轮和斜齿轮承载能力计算 第 5 部分：材料的强度和质量	2021-12-01
GB/Z 6413.2-2003	圆柱齿轮、锥齿轮和准双曲面齿轮 胶合承载能力计算方法 第 2 部分：积分温度法	2004-06-01
GB/Z 22559.2-2008	齿轮热功率　第 2 部分：热承载能力计算	2009-06-01
GB/T 6443-1986	渐开线圆柱齿轮图样上应注明的尺寸数据	1987-05-01
GB/Z 18620.2-2008	圆柱齿轮 检验实施规范 第 2 部分：径向综合偏差、径向跳动、齿厚和侧隙的检验	2008-09-01
GB 10395.10-2006	农林拖拉机和机械　安全技术要求 第 10 部分：手扶微型耕耘机	2007-02-01
GB/Z 19414-2003	工业用闭式齿轮传动装置	2004-06-01
GB/T 3811-2008	起重机设计规范	2009-06-01

行业标准是由国家各主管部委（局）批准发布，在该部门范围内统一使用的标准，称为行业标准。行业标准分为强制性标准和推荐性标准，共有机械、电子、建筑、化工、冶金、经工、纺织、交通、能源、农业、林业、水利等 104 个行业分类。其中，直接与机械有关的行业标准为机械行业标准（JB）、纺织机械行业标准（FJ）、建筑机械行业标准（JJ）、中国齿轮专业协会标准（CGMA），农机行业标准（NJ）。据 CSSN 数据统计，目前现行的机械行业标准有 9100 多条，其内容涵盖机械设计的各个环节。与减速器相关的机械行业标准就有 50 多条，与轴承相关的有 210 多条，与齿轮相关的有 170 多条，与圆柱齿轮相关的有 20 条。与圆柱齿轮相关的部分机械行业标准见表 2-2。

表 2-2　与圆柱齿轮相关的部分机械行业标准

标准编号	标准名称	实施日期
JB/T 11573.1-2013	横梁式数控圆柱齿轮铣齿机 第 1 部分：精度检验	2014-07-01
JB/T 11573.2-2013	横梁式数控圆柱齿轮铣齿机 第 2 部分：技术条件	2014-07-01
JB/T 3989.1-2019	渐开线圆柱齿轮磨齿机 第 1 部分：型式和参数	2020-01-01
JB/T 3989.2-2014	渐开线圆柱齿轮磨齿机 第 2 部分：技术条件	2014-11-01
JB/T 7000-2010	同轴式圆柱齿轮减速器	2010-10-01
JB/T 7007-1993	ZJY 型轴装式圆柱齿轮减速器	1994-07-01
JB/T 7514-1994	高速渐开线圆柱齿轮箱	1995-10-01
JB/T 8484-2013	齿轮倒棱机 精度检验	2014-07-01

（续）

标准编号	标准名称	实施日期
JB/T 8743-1998	工矿电机车用渐开线直齿圆柱齿轮规范	1998-11-01
JB/T 8830-2001	高速渐开线圆柱齿轮和类似要求齿轮承载能力计算方法	2001-10-01
JB/T 8853-2015	锥齿轮圆柱齿轮减速器	2015-10-01
JB/T 9050.1-2015	圆柱齿轮减速器 第1部分：通用技术条件	2015-10-01
JB/T 9050.2-1999	圆柱齿轮减速器 接触斑点测定方法	2000-01-01
JB/T 5558-2015	减（增）速器试验方法	2015-10-01
JB/T 9837-1999	拖拉机圆柱齿轮承载能力计算方法	2000-01-01

地方标准又称为区域标准。对没有国家标准和行业标准而又需要在省、自治区、直辖市范围内统一要求的，可以制定地方标准。地方标准由省、自治区、直辖市标准化行政主管部门制定，并报国务院标准化行政主管部门和国务院有关行政主管部门备案，在公布国家标准或者行业标准之后，该地方标准即应废止。据 CSSN 数据统计，目前现行的地方标准有 9309 多条，主要包括工业产品的安全、卫生要求，以及药品、兽药、食品卫生、环境保护、节约能源、种子等法律法规规定的要求。地方标准主要以检测方法、技术规程、技术规范形式提供，通常针对区域重点应用和优势行业制定，虽然属于机械设计方面的较少，但是对于机械设计具有重要的意义。

企业标准就是企业对企业范围内需要协调、统一的技术要求、管理要求和工作要求所制定的标准，它是企业组织生产、经营活动的依据。企业标准一般分为产品标准、方法标准、管理标准和工作标准。所常见的企业标准大多是产品标准，实际上准确的说法应该是企业产品标准，也就是企业对所生产的产品制定的技术规范。企业产品标准在企业批准发布后应到当地政府标准化行政主管部门备案。企业标准应在符合国家标准、行业标准和地方标准的基础上建立，是前者的提升和补充。

2．设计规范

设计规范是指对设计的具体技术要求，是设计工作的规则，一般包括总体目标的技术描述、功能的技术描述、技术指标的技术描述,以及限制条件的技术描述等。设计规范分为通过审计标准确定的规定和企业或行业确定的非标规定。

设计规范通过对量化指标管理减少设计过程中的错误，通过对设计的关键点管理明确产品设计的里程碑，通过建立团队共有规则实现团队协作设计。设计规范是设计经验的总结，是设计经验的显性化。

3．设计手册

机械设计手册是由具有深厚理论功底和丰富设计实践经验的专家学者，从设计和生产的实际需要出发，结合国家标准、行业标准和设计规范编写而成的机械设计大型工具书。机械设计手册提供常用设计资料、常规和现代设计方法，以及常用零部件的规格尺寸、典型结构、技术参数和设计计算方法。

随着计算机软件技术的普及和应用，在纸质版、电子版的基础上，化学工业出版社和机械工业出版社分别推出了机械设计手册软件版。机械设计手册软件版以通用资源数据和设计方法为主线，将机械产品设计和应用中所需的专用计算分析过程程序化、标准数据资料和典型产品图形结构数据化，提供了一种以计算机应用技术为手段的辅助机械产品设计资源信息检索和应用方法。

机械设计手册软件版是一套大型机械设计专业技术工具软件，主要由机械设计数据资源、机械设计计算和查询程序、机械工程常用公式计算、机械标准件 2D 和 3D 图库、机械工程常用英汉词汇等分系统组成。

机械设计数据资源包括：常用基础资料，零部件设计基础标准，常用工程材料（金属和非金属），零件结构设计工艺性，连接与紧固，弹簧，起重运输零部件、操作件和小五金，机架、箱体及导轨，润滑与密封装置，管道与管道附件，摩擦轮及螺旋传动，带传动和链传动，减速器和变速器，齿轮传动，轴承，轴，联轴器、离合器和制动器，常用电动机，常用低压电器，液压传动，气压传动与控制等数据资源模块。

机械设计计算和查询程序包括：公差与配合查询，形状与位置公差查询，螺栓联接设计校核，键联接设计校核，弹簧设计，摩擦轮传动设计，螺旋传动设计，带传动设计，链传动设计，渐开线圆柱齿轮传动设计，普通圆柱蜗杆传动设计计算，平面凸轮机构设计与分析，平面连杆机构设计，滚动轴承设计与查询，轴设计计算等软件模块。

机械工程常用公式计算是一个能便捷地对机械设计中常用公式进行计算的工具软件，亦可以自定义公式进行计算，包括：常用几何体的几何及物性计算，接触应力计算公式，冲击载荷计算公式，平面弯曲计算，圆盘平板计算等数百项数学和力学计算公式。

机械标准件 2D 和 3D 图库主要是以造型软件为环境，提供型材、紧固件（螺钉、螺栓、螺柱、销和铆钉、螺母、垫圈和挡圈）、滚动轴承等标准件的三维实体模型。

2.1.2 机械设计案例分析

利用机械设计手册软件版设计渐开线圆柱齿轮传动的过程如下。

1）根据设计要求，录入原始设计参数，如图 2-1 所示。载荷特性包括均匀平稳、轻微振动、中等振动、强烈振动四个选项，用于确定校核计算中用到的载荷系数 K_a。

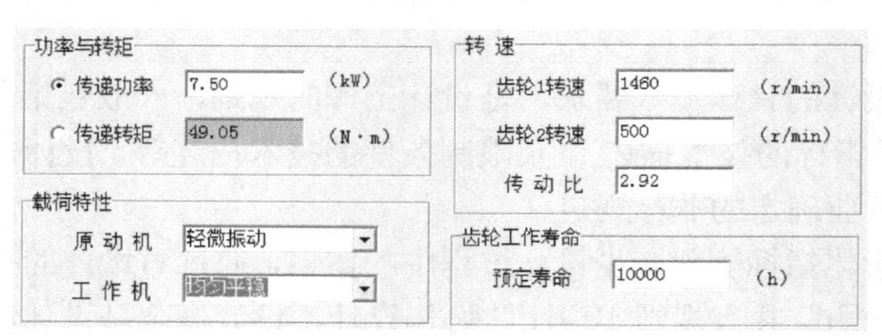

图 2-1　设计参数录入界面

2）选择齿轮在轴上的布置形式和齿轮结构形式，如图 2-2a 所示。布置形式主要影响校核中的齿向载荷分布系数 $K_{H\beta}$、$K_{F\beta}$，其选项如图 2-2b 所示。

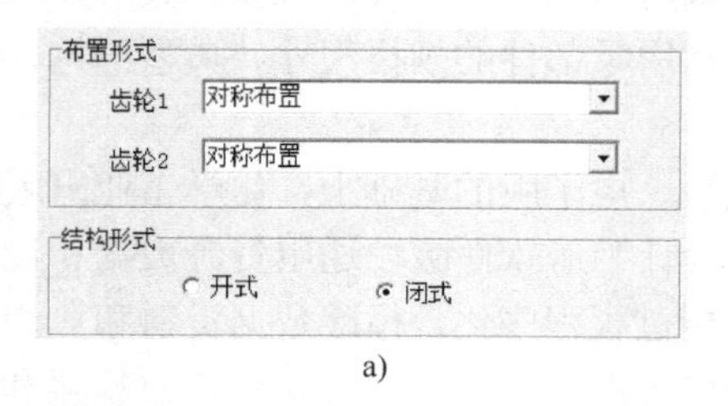

a)

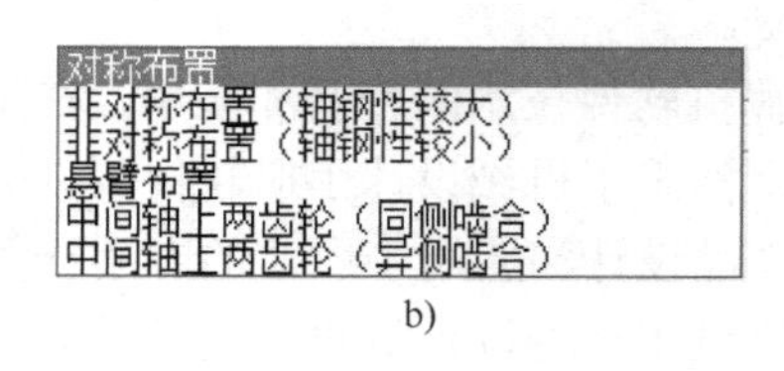

b)

图 2-2　齿轮布置形式和结构形式选择

3）选择齿轮材料和热处理工艺，如图 2-3a 所示。材料和热处理选项影响硬度值的确定和所选材料的极限应力。

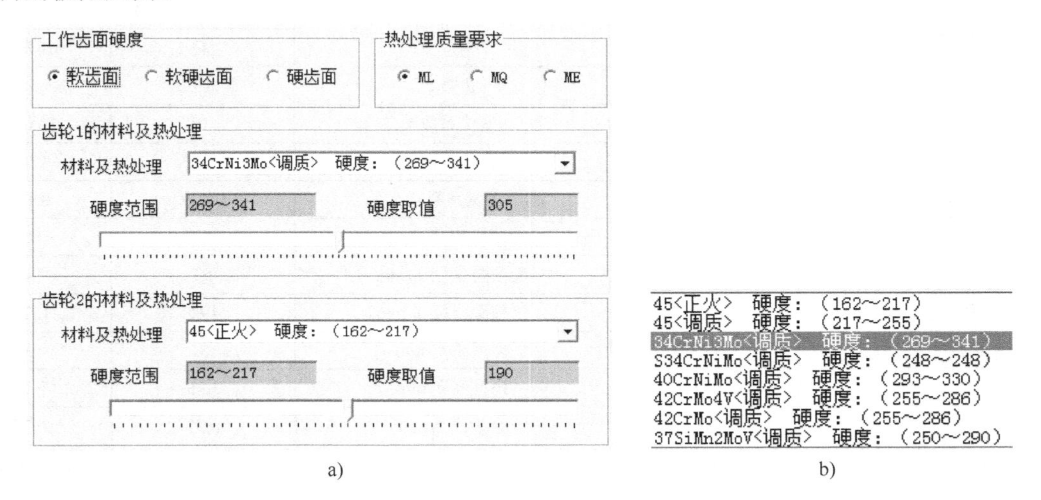

a) b)

图 2-3 齿轮材料和热处理工艺选择

4）确定齿轮精度等级及齿厚极限偏差，如图 2-4 所示。齿轮精度影响齿轮的强度。齿轮的精度等级分为 3 组，分别用以保证传递运动的准确性、平稳性和载荷分布的均匀性。齿轮精度等级分为 12 个，第 1 级的精度最高。齿轮的厚度偏差等级分为 C、D、E、F、G、H、J、K、L、M、N、P、R 和 S 级，C 级间隙最大。

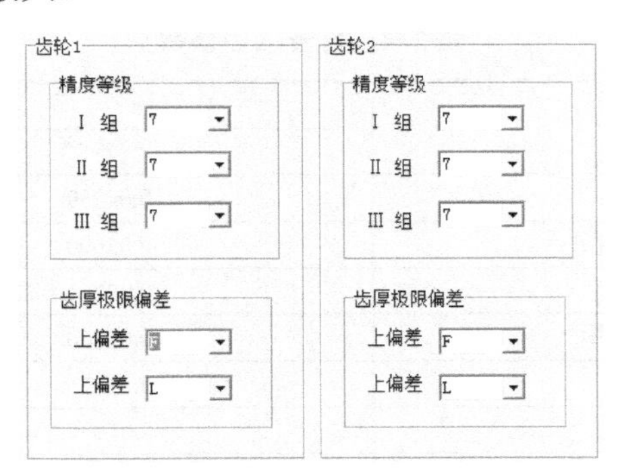

图 2-4 齿轮精度等级及齿厚极限偏差

5）齿轮基本参数设计，如图 2-5 所示。其中，齿轮的模数可以从齿轮模数表中查询。确定后，生成所有齿轮参数和检测项目参数见表 2-3 和表 2-4。

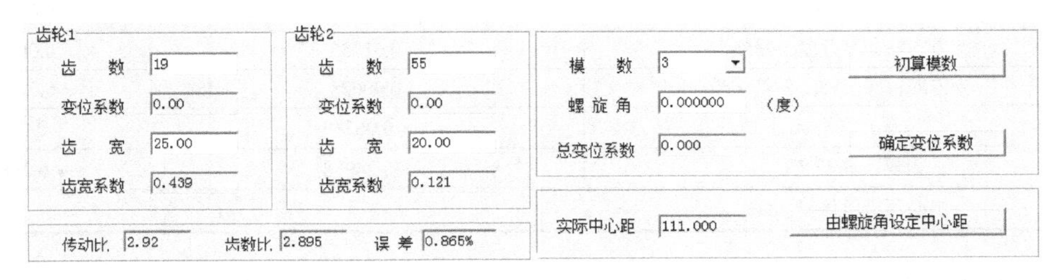

图 2-5 齿轮基本参数设计

表 2-3 齿轮基本参数

总参数项目	数　值	参数项目	数　值	
			齿轮 1	齿轮 2
模数（法面模数）m_n	3	齿数 z	19	55
端面模数 m_t	3	变位系数 x	0	0
螺旋角 β/(°)	0	齿宽 b/mm	25	20
基圆柱螺旋角 β_b/(°)	0	齿宽系数 Φ_d	0.439	0.121
总变位系数 x_{sum}	0	分度圆直径 d/mm	57	165
标准中心距 a_0/mm	111	齿顶圆直径 d_a/mm	63	171
实际中心距 a/mm	111	齿根圆直径 d_f/mm	49.5	157.5
齿数比 n	2.89474	齿顶高 h_a/mm	3	3
端面重合度 ε_α	1.65726	齿根高 h_f/mm	3.75	3.75
纵向重合度 ε_β	0	全齿高 h/mm	6.75	6.75
总重合度 ε	1.65726	齿顶压力角 α_{at}/(°)	31.766780	24.943928
齿顶高系数 h_a^*	1	分度圆弦齿厚 s_h/mm	4.70702	4.71175
顶隙系数 c*	0.25	分度圆弦齿高 h_h/mm	3.09734	3.03364
压力角 α*/（°）	20	固定弦齿厚 s_{ch}/mm	4.16114	4.16114
端面齿顶高系数 h_{at}^*	1	固定弦齿高 h_{ch}/mm	2.24267	2.24267
端面顶隙系数 c_t^*	0.25	公法线跨齿数 k	3	7
端面压力角 α_t^*/(°)	20	公法线长度 W_k/mm	22.93930	59.87748

表 2-4 检查项目参数

检测项目	数值	
	齿轮 1	齿轮 2
齿距累积公差 f_p	0.04259	0.06615
齿圈径向跳动公差 f_r	0.03600	0.04638
公法线长度变动公差 f_w	0.02861	0.03507
齿距极限偏差 f_{pt}(±)	0.01560	0.01679
齿形公差 f_f	0.01171	0.01306
切向综合公差 f_i'	0.01639	0.01791
径向综合公差 f_i''	0	0
基节极限偏差 f_{pb}(±)	0.01466	0.01578
螺旋线波度公差 $f_{f\beta}$	0.01639	0.01791
轴向齿距极限偏差 f_{px}(±)	0.01255	0.00630
齿向公差 f_b	0.01255	0.00630
x 方向轴向平行度公差 f_x	0.01255	0.00630
y 方向轴向平行度公差 f_y	0.00628	0.00315
齿厚上偏差 E_{up1}	−0.06239	−0.06716
齿厚下偏差 E_{dn1}	−0.24958	−0.26864
中心距极限偏差 f_a(±)	0.261	

6）齿轮接触疲劳强度和弯曲疲劳强度校核，如图 2-6 所示。首先输入强度校核环境参数，然后计算出极限应力、许用应力和计算应力，并进行对比。计算结果见表 2-5。如果强度不满足

要求，可调整安全系数和齿轮基本参数。

图 2-6　齿轮接触疲劳强度和弯曲疲劳强度校核

由机械设计过程可见：

1）设计过程中需要引用大量的设计资料数据，如工作机和原动机的工作状态、材料和热处理信息、精度等级。

2）机械设计手册不但包含对设计标准等资料的引用，而且包含零件和部件的设计过程引导、计算公式、计算方法和计算过程，与其他资料来源相比，具有较高的专业性、针对性和系统性，是行业设计的最佳参考。

表 2-5　强度校核计算结果

接触疲劳强度校核	数值		弯曲疲劳强度校核	数值	
	齿轮 1	齿轮 2		齿轮 1	齿轮 2
接触强度计算应力 σ_H	787.4	787.4	弯曲疲劳强度计算应力 σ_F	172.6	155.6
接触疲劳强度许用值 $[\sigma_H]$	734.1	527.5	弯曲疲劳强度许用值 $[\sigma_F]$	831.4	555.5
接触强度极限应力 σ_{Hlim}	594.4	427.1	抗弯疲劳基本值 σ_{FE1}	465.6	311.1
$[\sigma_H]-\sigma_H$	-53.3	-259.9	$[\sigma_F]-\sigma_F$	658.8	399.9
接触强度用安全系数 S_{Hmin}	1		弯曲强度用安全系数 S_{Fmin}	1.4	

2.1.3 设计资料数据分类

根据设计标准、设计规范和设计手册中提供的设计资料数据的具体形态，可将设计资料数据分为数表、线图和公式三大类。

1．数表

数表是指以数据表格形式提供的设计资料数据，按照变量的数量分为单参数、双参数和多参数，按照技术来源分为有理论公式、有经验公式和无公式，按照是否规范化分为标准数值和非标准数值。

标准数值是指经过规范化形成了通用的系列值，在设计时优先选取，且只能从系列值中选取。如果计算出的数据不在系列值中，需要按系列值进行圆整和插值调用。非标准数值是指试验数据或离散化后获得的数据。有理论公式的数据以数表提供主要是为了方便手工设计时直接查用，有经验公式的数据一般是由试验获得的数据编制出的数表，同时具有拟合生成的经验公式。

国家标准规定的齿轮标准模数系列值就是标准数据的典型案例，见表 2-6。

表 2-6　齿轮标准模数系列（GB/T 1357-2008）　　单位：mm

系列	模数值										
第一系列	0.1	0.12	0.15	0.2	0.25	0.3	0.4	0.5	0.6	0.8	
	1	1.25	1.5	2	2.5	3	4	5	6	8	
	10	12	16	20	25	32	40	50			
第二系列	0.35	0.7	0.9	1.75	2.25	2.75	(3.25)	3.5	(3.75)	4.5	5.5
	(6.5)	7	9	(11)	14	18	22	28	(30)	36	45

注：选用模数时，应优先采用第一系列，其次是第二系列，括号内的模数尽可能不用。

单个齿距偏差是齿轮精度设计中的一个重要指标。其定义是分度圆上实际齿距和公称齿距之差，公称齿距是指实际齿距的平均值。单个齿距偏差的几何描述如图 2-7 所示。单个齿距偏差的计算公式为[$\pm f_{\mathrm{pk}} = 0.3(m_{\mathrm{n}} + 0.4\sqrt{d}) + 4$ ，此为 5 级精度的偏差计算公式，5 级精度未圆整公差计算值乘以 $2^{0.5(Q-5)}$ ，即可得到其他精度等级的偏差值，其中 Q 为精度等级数]，为方便手工设计时查用，编制了单个齿距极限偏差表，见表 2-7，根据分度圆直径、齿轮模数和精度等级三个变量，确定可选用的极限偏差值，作为齿轮设计的技术参数。

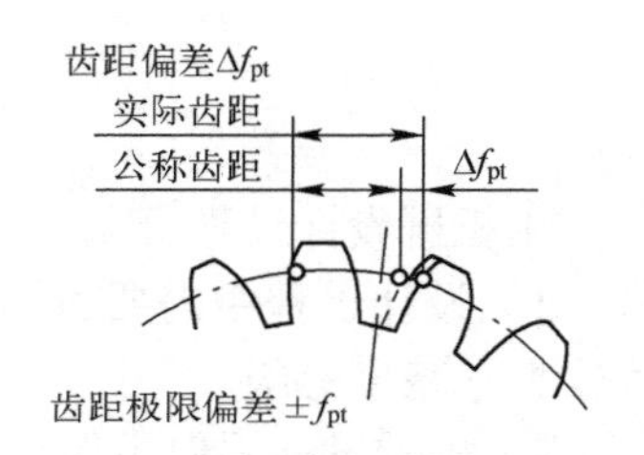

图 2-7　单个齿距偏差的几何描述

表 2-7　单个齿距极限偏差（部分）

分度圆直径/mm	模数/mm	精度等级/μm							
		5	6	7	8	9	10	11	12
5≤d≤20	0.5≤m_n≤2	4.7	6.5	9.5	13	19	26	37	53
	2<m_n≤3.5	5	7.5	10	15	21	29	41	59
20<d≤50	0.5≤m_n≤2	5	7	10	14	20	28	40	56
	2<m_n≤3.5	5.5	7.5	11	15	22	31	44	62
	3.5<m_n≤6	6	8.5	12	17	24	34	48	68
	6<m_n≤10	7	10	14	20	28	40	56	79
50<d≤125	0.5≤m_n≤2	5.5	7.5	11	15	21	30	43	61
	2<m_n≤3.5	6	8.5	12	17	23	33	47	66
	3.5<m_n≤6	6.5	9	13	18	26	36	52	73
	6<m_n≤10	7.5	10	15	21	30	42	59	84
	10<m_n≤16	9	13	18	25	35	50	71	100
	16<m_n≤25	11	16	22	31	44	63	89	125

（续）

分度圆直径/mm	模数/mm	精度等级/μm							
		5	6	7	8	9	10	11	12
125＜d≤280	0.5≤m_n≤2	6	8.5	12	17	24	34	48	67
	2＜m_n≤3.5	6.5	9	13	18	26	36	51	73
	3.5＜m_n≤6	7	10	14	20	28	40	56	79
	6＜m_n≤10	8	11	16	23	32	45	64	90
	10＜m_n≤16	9.5	13	19	27	38	53	75	107
	16＜m_n≤25	12	16	23	33	47	66	93	132
	25＜m_n≤40	15	21	30	43	61	86	121	171

2．线图

线图是指以直线、折线、曲线或曲线族等图形方式提供的设计资料数据。例如，普通V带截面图如图2-8所示。各种型号的截面尺寸见表2-8。根据设计功率和小带轮转数确定可用普通V带型号，如图2-9所示。按照GB/T 13575.1-2008，对于其中规格为Z的V带选型线进行数据离散处理，得到数表形式的选型数据，见表2-9。

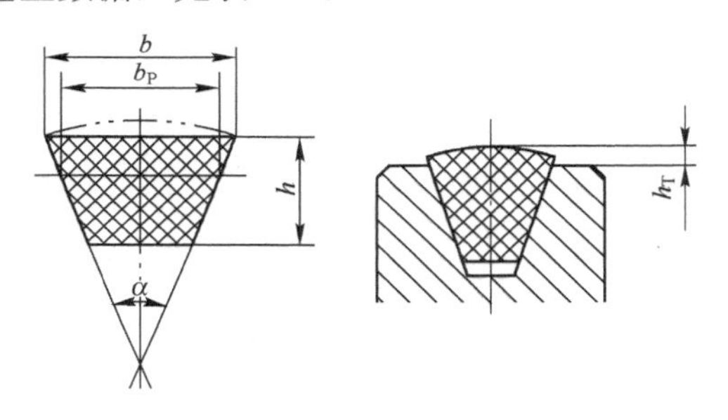

图2-8　普通V带截面图

表2-8　普通V带的截面尺寸（GB/T 11544-2012）

型号	截面基本尺寸/mm					基准长度 L_d/mm		基准圆周长 C_d/mm	测量力 f/N
	节宽	顶宽	高度	露出高度 h_r					
	b_p	b	h	最大	最小	自	至		
Y	5.3	6	4	0.8	−0.8	200	500	90	40
Z	8.5	10	6	1.6	−1.6	405	1540	180	110
A	11	13	8	1.6	−1.6	630	2700	300	220
B	14	17	11	1.6	−1.6	930	6070	400	300
C	19	22	14	1.5	−2	1565	10700	700	750
D	27	32	19	1.6	−3.2	2740	15200	1000	1400
E	32	38	25	1.6	−3.2	4660	16800	1800	1800

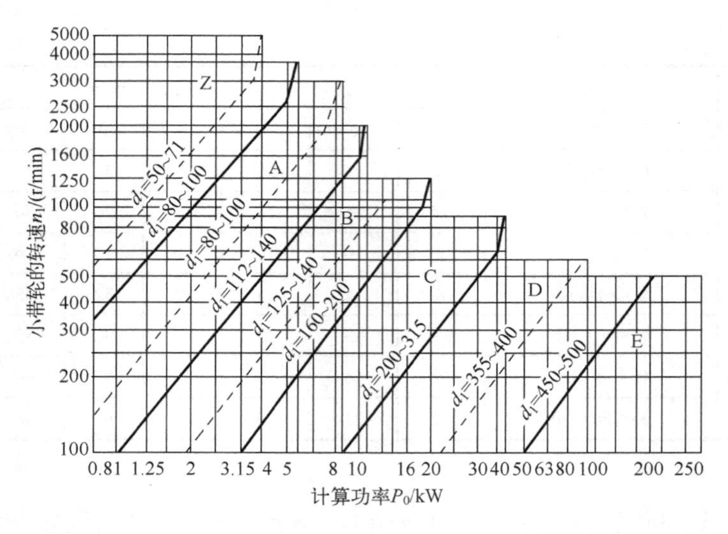

图 2-9　普通 V 带型号（Z、A、B、C、D、E 型）

表 2-9　Z 型 V 带的额定功率

小带轮转速 n_1 /(r/min)	小带轮基准直径/mm					
	50	56	63	71	80	90
	单根 V 带基本额定功率 P_0/kW					
400	0.06	0.06	0.08	0.09	0.14	0.14
730	0.09	0.11	0.13	0.17	0.2	0.22
800	0.1	0.12	0.15	0.2	0.22	0.24
980	0.12	0.14	0.08	0.23	0.26	0.28
1200	0.14	0.17	0.22	0.27	0.3	0.33
1460	0.16	0.19	0.25	0.31	0.36	0.37
1600	0.17	0.2	0.27	0.33	0.39	0.4
2000	0.2	0.25	0.32	0.39	0.44	0.48
2400	0.22	0.3	0.37	0.46	0.5	0.54
2800	0.26	0.33	0.41	0.5	0.56	0.6
3200	0.28	0.35	0.45	0.54	0.61	0.64
3600	0.3	0.37	0.47	0.58	0.64	0.68
4000	0.32	0.39	0.49	0.61	0.67	0.72
4500	0.33	0.4	0.5	0.62	0.67	0.73
5000	0.34	0.41	0.5	0.62	0.66	0.73
5500	0.33	0.41	0.49	0.61	0.64	0.65
6000	0.31	0.4	0.48	0.56	0.61	0.56

3．公式

公式是指以计算公式函数形式提供的设计资料数据。设计资料的公式分为理论公式和经验公式。

理论公式是指通过完整的理论推导过程获得的以设计资料为因变量，以相关的参数为自变量的数学函数。

经验公式是指在科学试验和生产实践中，从一组或多组试验数据出发，拟合出试验数据之间关系的一个近似表达式。经验公式一般没有完整的理论推导过程，注重实用性和精确性。

4. 类型转换

设计资料的三种数据类型相互之间通过相应的方法，可以实现各类数据的转换。转换关系和方法见表 2-10。可见，各种数据类型可以互相转化，转化的方法有公式离散化、直接引用等六种。

表 2-10　数据类型的转换关系和方法

原始类型		目标类型	转换方法
主分类	子分类		
数表	有理论公式	线图	公式离散化、数据拟合曲线、直连折线
		公式	直接引用
	有经验公式	线图	公式离散化、数据拟合曲线、直连折线
		公式	直接引用
	无公式	线图	数据拟合曲线、直连折线
		公式	数据拟合公式
线图	有理论公式	数表	公式离散化、曲线离散化
		公式	直接引用
	有经验公式	数表	公式离散化、曲线离散化
		公式	直接引用
	无公式	数表	曲线离散化
		公式	数据拟合公式
公式	理论公式	数表	公式离散化
		线图	公式离散化
	经验公式	数表	公式离散化
		线图	公式离散化

2.2　设计资料存储方式

数据资料的存储方式分为程序化、文件化和数据库化。

2.2.1　程序化

程序化存储方式就是将设计资料数据保存在 CAD 应用程序内部，即将数据直接写入程序内，程序运行时自动完成处理。对于数表类型数据，采用数组存储在程序中，用查表和插值的方法检索所需数据；对于公式类型数据，将理论公式或拟合公式直接编入程序，计算获得所需数据；对于线图类型数据，将线图转换为数表或公式后再进行处理。

程序化存储方式适用于需要经常使用而共享度要求不高的情况。

2.2.2　文件化

文件化存储方式是指将设计资料以一定的格式存放于数据文件中，在使用时用程序打开文件检索所需数据。数据文件可利用字表处理等通用软件或 CAD 应用程序建立。对于数表类型的数据，直接存储；对于线图类型和公式类型的数据，需要转换为数表数据再进行存储。例如，具有格式为 TXT 的文本文件，Creo 按基本图形交换规范 IGES 和产品模型数据交换标准 STEP 导出应用数据交换标准的文件。

文件化存储方式适用于大型数据或需要进行共享的数据。

2.2.3 数据库化

数据库化存储方式是指利用数据库管理设计资料。对于数表类型数据，按规定的格式存放在数据库中；对于公式或线图类型的数据，需要转换成数表数据后，再存储到数据中。设计资料即可以存储到普通数据库中，也可以存储到专门的工程数据库中。例如，机械设计手册网络版就采用了数据库技术对数据信息进行存储。

设计资料由数据库进行管理，独立于应用程序，因此可以被应用程序所共享。数据库化存储方式适用于数据量庞大、结构复杂、操作要求高的工程数据。

2.2.4 存储特点分析

根据以上 3 种存储方式，设计资料数据的存储特点如下：

1）程序化能够直接存储数表和公式类型数据，线图类型的不能直接存储。

2）文件化和数据库化能够直接存储数表类型的数据，线图和公式类型的不能直接存储。

3）由于不易识别的缺点，在 CAD 应用中基本不采用线图数据。

4）3 种存储方式适用于不同的应用环境，其数据的来源和转换方法并无区别。

2.3 设计资料数据转换

由表 2-10 可知，设计资料的数据转换方法包括公式离散化、曲线离散化、数据拟合曲线、数据拟合公式、直连折线和直接引用 6 种。

2.3.1 公式离散化

公式离散化是指将具有理论公式或经验公式的数据类型，通过自变量的离散化，计算出对应的数据。离散化后的数据以数表的方式存储。

1）只有一个变量 $x\in[a,b]$的函数 $y=f(x)$的离散化，变量的增量步长$\Delta x=(b-a)/n$，见表 2-11。

表 2-11 单变量的公式离散化数据表

y	y_0	y_1	y_2	…	y_{n-1}	y_n
x	x_0	x_1	x_2	…	x_{n-1}	x_n

其中，$x_i = a + \Delta x \cdot i$，$y_i = f(x_i)$，$i = 0,1,2,\cdots,n$。

2）含有 m 个变量 $x_i\in[a_i,b_i]$的函数 $y=f(x_1,x_2,\cdots,x_m)$的离散化，每个变量的增量步长$\Delta x_i=(b_i-a_i)/n_i$（$i=1,2,\cdots,m$），其中，n_i 为第 i 个变量的区间内离散化个数，$x_{i,j_i}=a_i+\Delta x_i\cdot j_i$ $(j_i=0,1,\cdots,n_i)$是变量 x_i 的第 j_i 个变量值，其离散化后的通用数据表见表 2-12。

表 2-12　多变量的公式离散化数据表

变量						函数值 y
x_1	x_2	x_3	…	x_{m-1}	x_m	
$x_{1,0}$	$x_{2,0}$	$x_{3,0}$	…	$x_{m-1,0}$	$x_{m,0}$	y_0
$x_{1,1}$	$x_{2,1}$	$x_{3,1}$	…	$x_{m-1,1}$	$x_{m,1}$	y_1
…	…	…	…	…	…	…
x_{1,j_1}	x_{2,j_2}	x_{3,j_3}	…	$x_{m-1,j_{m-1}}$	x_{m,j_m}	y_j
…	…	…	…	…	…	…
x_{1,n_1}	x_{2,n_2}	x_{3,n_3}	…	$x_{m-1,n_{m-1}}$	x_{m,n_m}	y_n

2.3.2 曲线离散化

曲线离散化是指将以线图形式提供的数据，通过线图坐标自变量的离散化，查找到对应的数据。离散化后的数据以数表的方式存储。

曲线离散化的具体办法与公式离散化基本一致。

2.3.3 数据拟合公式

1．拟合定义

数据拟合公式是指利用数表数据，通过拟合算法获得经验公式。

拟合是指已知某函数的若干离散函数值$\{f_1, f_2, \cdots, f_n\}$，通过调整该函数中若干待定系数$f(\lambda_1, \lambda_2, \cdots, \lambda_n)$，使得该函数与离散点集的差别最小。从几何角度理解，就是把几何空间上一系列的点，用一条光滑的函数曲线从整体上靠近已知点集，该曲线称为拟合曲线，该曲线函数称为拟合函数（或拟合公式、经验公式、回归公式）。按拟合函数的性质，拟合分为线性拟合、非线性拟合和样条拟合（分段函数）。数据拟合有多种方法，最常用的是最小二乘法。

2．最小二乘法

由线图或数表获得 m 个离散数据，分别为（x_1, y_1），（x_2, y_2），…，（x_m, y_m）。

设包含待定系数的拟合公式为

$$y=f(x)$$

则，每个结点处的偏差的平方和为

$$\sum_{i=1}^{m} e_i^2 = \sum_{i=1}^{m}[f(x_i)-y_i]^2, i=1,2,\cdots,m$$

最小二乘法就是求解使偏差的平方和为最小值时的待定系数，进而得到拟合公式的方法。最小二乘法就是偏差平方和最小的简称，如图 2-10 所示。

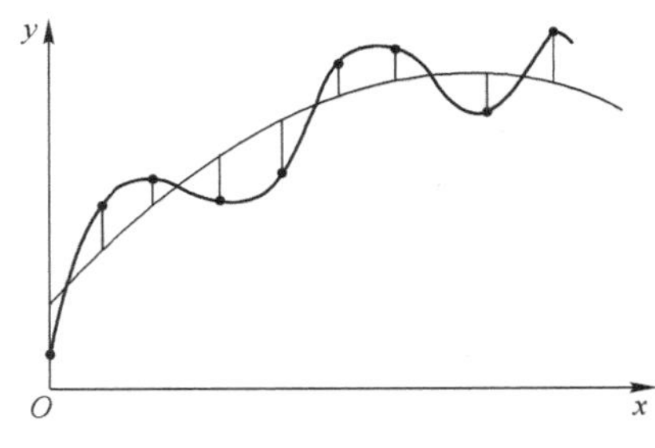

图 2-10　最小二乘法示意图

最小二乘法的处理步骤如下。

1）在坐标纸上标出列表函数各结点数据，并根据其趋势绘出大致曲线。

2）根据曲线确定近似的拟合函数类型，拟合函数可分为代数多项式、对数函数、指数函数等。

3）用最小二乘法原理确定函数中的待定系数，获得经验公式。

3．最小二乘法的多项式拟合

设拟合公式为

$$y=f(x)=a_0+a_1x+a_2x^2+\cdots+a_nx^n$$

已知 m 个点的值分别为

$$(x_1,y_1),(x_2,y_2),\cdots,(x_m,y_m),\ \ m\geqslant n$$

则 m 个结点偏差的平方和为

$$\begin{aligned}\sum_{i=1}^{m}e_i^2&=\sum_{i=1}^{m}[f(x_i)-y_i]^2\\&=\sum_{i=1}^{m}[(a_0+a_1x_i+a_2x_i^2+\cdots+a_nx_i^n)-y_i]^2\\&=F(a_0,a_1,\cdots,a_n)\end{aligned}$$

为了使其最小，取 $F(a_0,a_1,\cdots,a_n)$ 对各自变量的偏导数等于零：

$$\frac{\partial F}{\partial a_j}=0\,,\qquad j=0,1,\cdots,n$$

即 $$\frac{\partial\sum_{i=1}^{m}[(a_0+a_1x_i+a_2x_i^2+\cdots+a_nx_i^n)-y_i]^2}{\partial a_j}=0,\ j=0,1,\cdots,n$$

求出各个偏导数并经过整理得到一个方程组，这个方程组是关于待求系数的一个矩阵，通过对这个矩阵的求解，就可以求出所有系数值。

用最小二乘法求多项式各个系数时，开始可用较低幂次数拟合，如求出的值误差太大，再提高幂次数（一般小于 7）进行拟合；如结果误差还是较大，可分段进行拟合。

4．最小二乘法的线性拟合

设拟合公式为

$$y=f(x)=a+bx$$

已知 m 个点的值分别为

$$(x_1,y_1),(x_2,y_2),\cdots,(x_m,y_m),\ \ m\geqslant n$$

则结点偏差的平方和为

$$\sum_{i=1}^{m}e_i^2=\sum_{i=1}^{m}[f(x_i)-y_i]^2=\sum_{i=1}^{m}(a+bx_i-y_i)^2=F(a,b)$$

为了使其最小，取 $F(a,b)$对 a 和 b 的偏导数分别等于零：

$$\frac{\partial F}{\partial a}=\frac{\partial\sum_{i=1}^{n}(a+bx_i-y_i)^2}{\partial a}=0,\ \ \frac{\partial F}{\partial b}=\frac{\partial\sum_{i=1}^{n}(a+bx_i-y_i)^2}{\partial b}=0$$

进一步简化得到

$$\begin{cases}n\cdot a+b\sum_{i=1}^{n}x_i-\sum_{i=1}^{n}y_i=0\\a\sum_{i=1}^{n}x_i+b\sum_{i=1}^{n}x_i^2-\sum_{i=1}^{n}x_iy_i=0\end{cases}$$

求解该方程组，就可以求出 a 和 b，进而获得拟合公式 $y=f(x)$ 。

5．最小二乘法的指数拟合

设拟合公式为

$$y=f(x)=ab^x$$

则

$$\lg y=\lg a+x\lg b$$

令

$$F=\lg y, u=\lg a, v=\lg b$$

则

$$F(u,v)=u+vx$$

可见，指数拟合问题变成了线性拟合问题，直接利用线性拟合算法可得 u 和 v，再利用 $u=\lg a, v=\lg b$ 的关系求出指数形式的拟合公式。

6．最小二乘法的算例

齿轮在不同角速度下动载荷的试验曲线如图 2-11 所示，动载荷试验数据表见表 2-13，求该试验曲线的拟合方程。

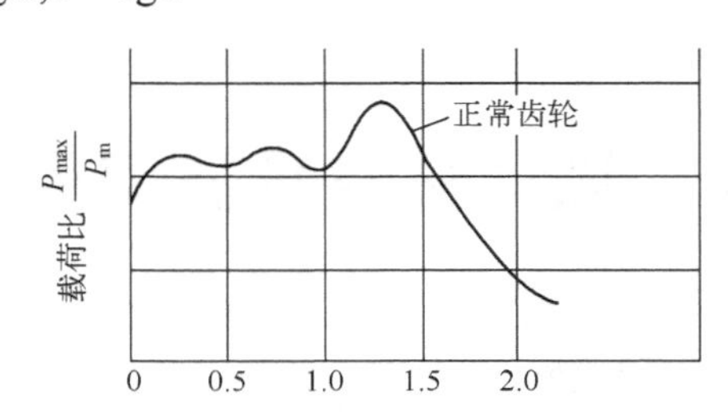

图 2-11　齿轮在不同角速度下动载荷的试验曲线

表 2-13　动载荷试验数据表

点号	1	2	3	4	5	6	7	8	9	10
X	0	0.1	0.2	0.3	0.4	0.5	0.6	0.74	0.8	0.9
Y	1.08	1.25	1.28	1.26	1.23	1.26	1.22	1.17	1.2	1.36
点号	11	12	13	14	15	16	17	18	19	
X	1.0	1.1	1.2	1.3	1.35	1.4	1.5	1.6	1.7	
Y	1.52	1.46	1.29	1.1	1.0	0.94	0.84	0.78	0.74	

由于图 2-11 所示曲线前后趋势变化较大，难以用典型的曲线方程（如线性、指数、对数）拟合，即使采用多项式拟合也有较大的偏差，所以应该采用分段拟合的办法。

（1）对试验数据进行八次多项式拟合

得到的拟合公式为

$$y=1.09894+0.26417x_1+12.05522x_2-60.4982x_3+104.82931x_4$$
$$-71.4555x_5+7.19088x_6+11.4272x_7-3.4673x_8$$

偏差的平方和 S=0.042989。

每个结点的数据都有差值，其最大绝对差值为 0.09。

（2）对试验数据进行分段拟合

以第 10 组数据为界，分两段拟合。

1）第一段曲线（结点 1～结点 10）五次多项式拟合：

$$y=1.079.9+3.2002x_1-18.80756x_2+49.15253x_3-59.44386x_4+26.7665lx_5$$

$$S=8.97E-04$$

10 组数据有 5 组有误差，其最大值绝对误差为 0.02。

2）第二段曲线（结点 10～结点 19）四次多项式拟合：

$$y=-45.35125+142.03811x_1-156.86822x_2+74.833894x_3-13.13546x_4$$

$$S=1.65E-04$$

10 组数据只有一组有误差,其最大绝对误差为 0.01。

可见，分段曲线拟合的精度较高。

除以上三种设计资料的数据转化方法外，还有数据拟合曲线法、直连折线法和直接引用公式法。

1）数据拟合曲线是指将数表数据通过拟合算法，获得经验公式，进一步获得线图数据的过程。在 CAD 中，该种转换方法基本不用。如有需要，可参考 2.3.3 小节内容。

2）直连折线就是利用数表中每个结点的数据，直接画出各个结点的连线。

3）直接引用公式就是将理论公式或经验公式直接编写到应用程序。

2.4 设计资料数据调用

在 CAD 应用程序中，可调用的设计资料主要包括：在程序中可直接编写成程序语句的公式、在程序中以数组形式存储的数表数据、在数据文件中存储的数表数据、在数据库中存储的数表数据，共计四种。后两种方式均需要将数据文件或数据库中存储的数表数据以离散数据的形式保存在应用程序的数组或链表中，再加以调用。可见，后三种情况的核心环节是一致的，都是对离散数据（数表数据）的运用。因此，本节的重点是介绍数表数据的调用。

2.4.1 数据的直接调用

待查数据与对应数据之间无函数关系，如渐开线齿轮的标准模数、滚动轴承的内外径等结构尺寸，以及各种传动的工况系数等。这类数据一般用数组的形式存储，直接检索、调用，不需要改变其数据值。

2.4.2 数据的插值调用

待查数据与对应数据之间存在一定的函数关系，如带传动包角系数、蜗轮齿顶系数表等。这类数据需要用插值方法来检索。

1. 数据的插值

设函数 $y=f(x)$在区间$[p,q]$上有定义，且已知在点 $x_i(x_i\in[a,b],i=0,1,2,\cdots,n)$上的值 y_i，若存在一个简单的函数 $g(x)$，使 $g(x_i)=y_i$ 成立，就称 $g(x)$为 $f(x)$的插值函数。x_i 称为插值结点，$[p,q]$称为插值区间，$g(x)$称为插值函数。

插值法的基本步骤如下：

1）在插值点附近选取几个合适的结点。

2）利用相应的数学手段，通过这些结点构造一个简单的函数 $g(x)$ 。

3）用 $g(x)$来代替原来的函数 $f(x)$，这样插值点的函数值就用 $g(x)$的值来代替。

2. 一元函数的多项式插值

假设已知函数 $f(x)$在离散点 $x_i\in[p,q]$上的值 $f(x_i)=y_i$，若多项式 $g_n(x)$满足插值条件：

$$g_n(x_i)=f(x_i)=y_i,\quad i=0,1,2,\ldots,n$$

则 $g_n(x)$称为插值多项式。

3．一元函数的线性插值

假设已知函数 $f(x)$ 在离散点 $x_i \in [p, q]$ 上的值 $f(x_i)=y_i$，若线性函数 $g(x)=a+bx$ 满足插值条件：

$$g(x_i)=f(x_i)=y_i,\quad i=0, 1, 2, \ldots, n$$

则 $g(x)$ 称为线性插值函数。线形插值示意图如图 2-12 所示。

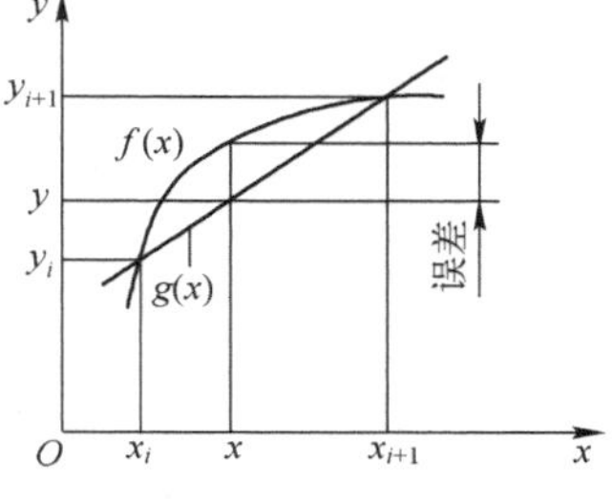

图 2-12　线性插值示意图

选取两个相邻自变量 x_i 和 x_i+1，利用经过点 (x_i,y_i) 和点 (x_i+1,y_i+1) 的直线，可以求出函数 $g(x)$：

$$g(x)=y=\frac{(x-x_{i+1})}{(x_i-x_{i+1})}y_i+\frac{(x-x_i)}{(x_{i+1}-x_i)}y_{i+1}$$

线性插值存在一定的误差，将自变量的间距取得尽可能小，可减少误差。

某试验获取的试验数据见表 2-14。当 $x=3.6$ 时，利用线性插值法计算对应的变量 y 的数值。

表 2-14　试验数据

试验量	测试数值				
x	1	2	3	4	5
y	0	2	2	5	4

因为 x 的取值介于第 3 结点和第 4 结点之间，所以将 $i=3$，$i+1=4$ 代入线性插值函数，则

$$g(x)=y=\frac{(x-x_{i+1})}{(x_i-x_{i+1})}y_i+\frac{(x-x_i)}{(x_{i+1}-x_i)}y_{i+1}=\frac{(x-4)}{(3-4)}2+\frac{(x-3)}{(4-3)}5=-7+3x$$

$$g(3.6)=-7+3\times3.6=3.8$$

4．一元函数的抛物线插值

假设已知函数 $f(x)$ 在离散点 $x_i\in[p, q]$ 上的值 $f(x_i)=y_i$，若线性函数 $g(x)=a+bx+cx^2$ 满足插值条件：

$$g(x_i)=f(x_i)=y_i,\quad i=0, 1, 2, \ldots, n$$

则 $g(x)$ 称为抛物线插值函数。抛物线插值示意图如图 2-13 所示。根据 3 点插值公式，可以求出函数 $g(x)$ 表达式为

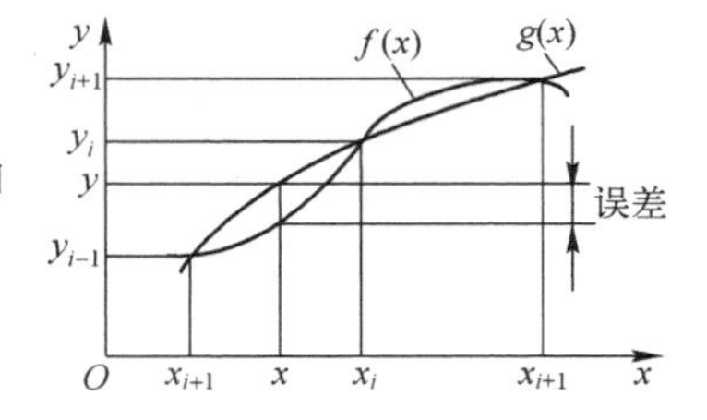

图 2-13　抛物线插值示意图

$$g(x)=y=\frac{(x-x_i)(x-x_{i+1})}{(x_{i-1}-x_i)(x_{i-1}-x_{i+1})}y_{i-1}+\frac{(x-x_{i-1})(x-x_{i+1})}{(x_i-x_{i-1})(x_i-x_{i+1})}y_i+\frac{(x-x_{i-1})(x-x_i)}{(x_{i+1}-x_{i-1})(x_{i+1}-x_i)}y_{i+1}$$

抛物线插值的误差要比线性插值小。抛物线插值的关键是根据插值点 x 选取合适的 3 个点，采取临近原则，选取方法如下。

设插值点为 x 且 $x_{i-1}<x<x_i$, $i=3, 4, \cdots, n-1$。

1）若 $|x-x_{i-1}\leqslant|x-x_i|$，即 x 靠近 x_{i-1}，则选 x_{i-2}, x_{i-1}, x_i。

2）若 $|x-x_{i-1}|>|x-x_i|$，即 x 靠近 x_i，则选 x_{i-1},x_i, x_{i+1}。

3）若 $x_1\leqslant x\leqslant x_2$，即 x 靠近表头，则选 x_1, x_2, x_3。

4）若 $x_{n-1} \leqslant x \leqslant x_n$ ，即 x 靠近表尾，则选 x_{n-2}, x_{n-1}, x_n。

5. 一元函数的拉格朗日插值

假设已知函数 $f(x)$在离散点 $x_i \in [p, q]$上的值 $f(x_i) = y_i(i=0, 1, 2, \cdots, n)$，利用 $m+1$ 个结点的信息得到 m 次多项式 $y=g(x)$以拟合函数 $f(x)$，即

$$y = g(x) = \sum_{i=0}^{n} B_i(x)(y_i)$$

其中，插值基函数为

$$B_i(x) = \prod_{j=0, j\neq i}^{m} \frac{x - x_j}{x_i - x_j} = \frac{(x - x_0)(x - x_1)\cdots(x - x_{i-1})(x - x_{i+1})\cdots(x - x_m)}{(x_i - x_0)(x_i - x_1)\cdots(x_i - x_{i-1})(x_i - x_{i+1})\cdots(x_i - x_m)}$$

所以，拉格朗日插值函数为：$y = g(x) = \sum_{i=0}^{m}\left(\prod_{j=0, j\neq i}^{m} \frac{x - x_j}{x_i - x_j}\right) y_i$

6. 二元函数的插值

二元函数插值的几何意义是在三维空间内选定几个点，通过这些点构造一块曲面 $g(x,y)$，用这块曲面近似表示在其区间内原有的曲面 $f(x,y)$，从而求出插值后的函数值。

（1）双线性插值

双线性插值示意图如图 2-14 所示。

根据 k 点的坐标(x_k, y_k)找出周围 4 个点 a,b,c,d，并且有以下关系式：

$$x_a = x_c; x_b = x_d; \ y_a = y_b; y_c = y_d$$

$$x_a < x_k < x_b; \ y_a < y_k < y_c$$

找出对应于 a,b,c,d 的 A,B,C,D，过 A、B 用线性插值求得点 E，再过 C、D 用线性插值求得 F 点。过 E、F 再用线性插值求得 K 点，即为所求。

（2）抛物线-直线插值

抛物线-直线插值示意图如图 2-15 所示。

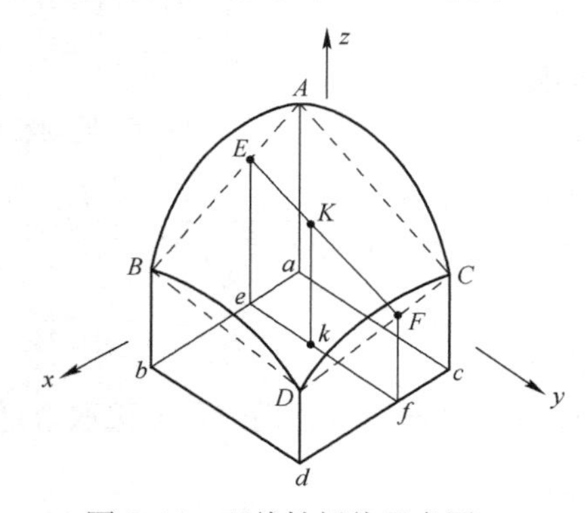

图 2-14　双线性插值示意图

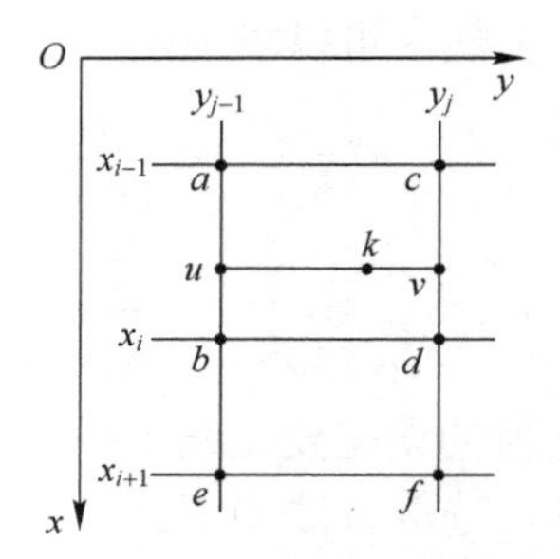

图 2-15　插值示意图

根据 k 点的坐标(x_k, y_k)找出周围四个点 a,b,c,d，并根据抛物线插值中的取点方法增加 e 和 f 这 2 个点，这样共得 6 个点。

找出对应上述 6 个点的 A,B,C,D,E,F，过 A、B、E 用抛物线插值求得 U 点，再过 C、D、F

用抛物线插值求得 V 点。

过 U、V 再用线性插值求得 K 点，即为所求。

（3）双抛物线插值

双抛物线插值示意图如图 2-16 所示。

根据 k 点的坐标(x_k,y_k)找出周围四个点 a,b,c,d，并根据抛物线插值中的取点方法增加 e、f、r、s、t 这 5 个点，这样共得 9 个点。

过 A、B、E 用抛物线插值求得 U 点，过 C、D、F 用抛物线插值求得 V 点，再过 R、S、T 用抛物线插值求得 W 点。

再过 U、V、W 用抛物线插值求得 K 点，即为所求。

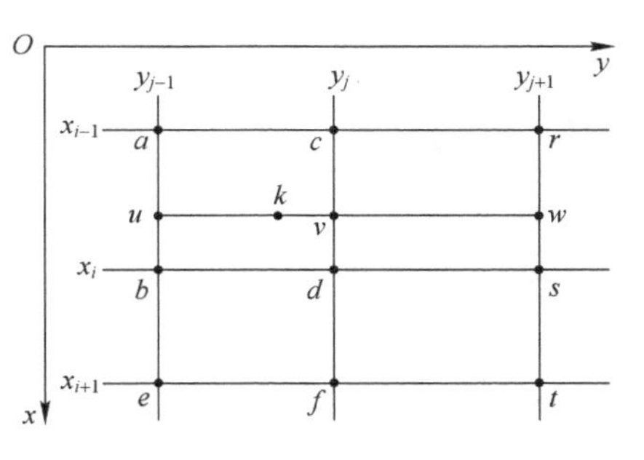

图 2-16　双抛物线插值示意图

2.4.3 数据的特殊处理

1．数据圆整

在设计过程中，有时要求对计算出的参数取整数（如齿数、皮带根数），或者要求圆整到标准值（如中心距、直径等）。

2．取标准值

为使设计符合国家标准，对于某些标准系列的参数，计算后必须取标准值。例如，选取三角带轮的标准直径、齿轮的标准模数等。

习题

1．利用 CSSN，查出所有与锥齿轮相关的国家标准，并进行简要分析。

2．简述对数拟合的定义，并推导出对数拟合公式。

3．一批零件的长度和宽度测量值见表 2-15。试分别利用线性拟合、指数拟合、多项式拟合三种方法建立长度与宽度的拟合公式。

表 2-15　零件长度和宽度的测量值　　（单位：mm）

编号	1	2	3	4	5	6	7	8	9	10
长	208	152	113	227	137	238	178	104	191	130
宽	21.6	15.5	10.4	31	13	32.4	19	10.4	19	11.8

第3章　CAD常用的数据结构

本章要点

- 数据的逻辑结构与存储结构。
- 常用数据的结构及应用。

CAD 中存在大量的结构化数据对象，如六角头螺栓螺纹规格表、曲线或曲面的控制点、造型系统中的同类特征等。这些数据对象的结构定义、数据存储以及数据操作是 CAD 数据结构的研究重点。

本章介绍了 CAD 中常用的数据结构，包括线性表、数组、栈、队列和树。

3.1　基本概念

1．数据

数据（Data）是描述客观事物的符号的集合。在 CAD 中，数据是能输入到计算机中并被计算机程序处理的符号的总称。符号可以是字符、字符串，也可以是数值。

2．数据元素

数据元素（Data Element）是数据的基本单位。例如，机械产品由许多相对独立的零件组成，如果把该产品看作一个集合，那么每个零件就是一个数据元素。一个零件可看成由若干个长方体、圆柱体等基本几何体组成，这些基本几何体是该零件实体的数据元素。

一个数据元素可由一个或若干个数据项（Data Item）组成。数据项是数据不可分割的最小单位，是对客观事物某一方面特性的数据描述。例如，某机械产品装配图明细表是各个零部件信息的集合，每个零部件信息是一个数据元素，每个零部件信息包括序号、代号、名称、数量、材料、单件重量、总计重量和备注等数据项。

3．数据类型

数据类型是程序设计语言中允许使用的变量种类。一个数据元素和一个数据项都可以设定与之相关的一种数据类型。每一种程序设计语言都提供一组基本的数据类型。例如，C 语言提供字符型、整型、浮点型和双精度型四种基本的数据类型。不同的数据类型确定了数据元素在计算机中所占位数的大小（四种数据类型占用的位数依次为 8、16、32、64），也决定了可表示的数值范围。另外还可以将不同类型的数据组合成一个有机的整体，构造出新的数据类型，用来实现各种复杂的数据结构运算。

4．数据的逻辑结构

数据的逻辑结构是指相互之间具有一定联系的数据元素的集合。元素之间的相互联系称为逻辑结构，它独立于数据的存储介质。数据元素之间的逻辑结构有集合、线性结构、树形结构和图状结构四种基本类型，如图 3-1 所示。集合中的数据元素除了“同属于一个集合”外，没有其他关系；线性结构中的数据元素之间存在一对一的关系；树形结构中的数据元素之间存在一对多的关系；图状结构中的数据元素之间存在多对多的关系。

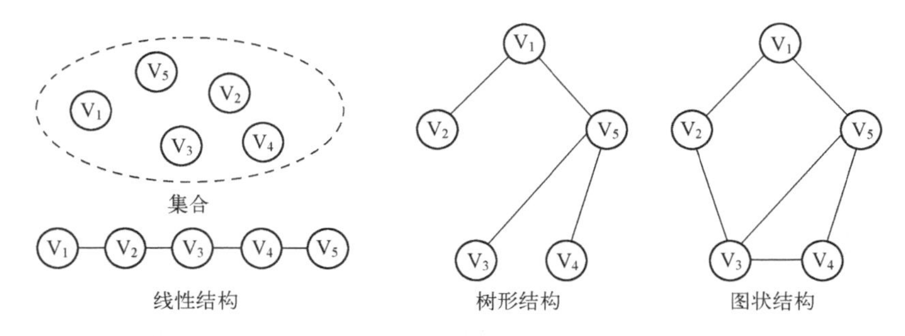

图 3-1 数据逻辑结构类型

5. 数据的物理结构

数据的物理结构也称数据存储结构，是数据结构在计算机内存中的存储，包括数据元素的存储和元素间关系的表示。用一个位串表示一个数据元素，称这个位串为一个结点。结点是数据元素在计算机中的映像，映像的方法不同，数据元素在计算机中的存储结构也不同，顺序映像得到顺序的存储结构，非顺序映像得到非顺序的存储结构，也称链式存储结构。

6. 数据结构的运算

数据结构的运算主要包括数据结构的建立、访问、修改、查找、排序和消除，具体就是向一个数据结构中插入一个数据元素，从一个数据结构中删除一个数据元素，对一个数据结构中的数据元素进行修改等。

3.2 线性表

线性表（Linear List）是一种能够保证数据元素之间具有一对一关系的线性数据结构形式。

3.2.1 线性表的逻辑结构

线性表是由 $n(n\geqslant 0)$ 个数据元素 a_1，a_2，…，a_n 组成的有限序列，记为

$$(a_1, a_2, a_3, \cdots, a_{i-1}, a_i, a_{i+1}, \ldots, a_n)$$

线性表的形式化定义为

$$LL=\{D,R\}$$

其中，$D=\{a_i \mid a_i \in ElemSet,\ \ i=1,2,\cdots,n, n\geqslant 0\}$，$R=\{<a_{i-1}, a_i> \mid a_{i-1}, a_i \in D,\ \ i=2,3,\ldots,n\}$。

D 是线性表中所有数据元素的集合。R 是线性表中数据元素之间的关系。$<a_{i-1},a_i>$表示 a_i 和 a_{i-1} 邻接，并且 a_i 是 a_{i-1} 的直接后继。

线性表中的数据元素 a_i 可以是一个数，可以是一个符号，还可以是一个线性表，甚至是更复杂的数据结构。同一线性表中数据元素的类型是相同的。

线性表中数据元素的个数 n 定义为线性表的长度。当 $n=0$ 时，称为空表。数据元素在线性表中的位置取决于自身的序号。数据元素之间的相对位置是线性的，如 a_1 是第一个元素，a_n 是最后一个元素。除了第一个和最后一个数据元素外，每个数据元素有且只有一个直接前趋，有且只有一个直接后继。当 $1<i<n$ 时，a_i 的前一个元素 a_{i-1} 是它的直接前趋，a_i 的后一个元素 a_{i+1} 是它的

直接后继。

3.2.2 线性表的存储结构

按照数据元素在内存中映射方式的不同，线性表的存储结构分为顺序存储结构和链式存储结构。

1. 顺序存储结构

顺序存储就是用一组连续的存储单元按照数据元素的逻辑顺序依次存放。数据元素在存储器中的存放地址与该元素的下标一一对应。每个数据元素所占存储空间的长度是相等的。

假定一个线性表 $A(n)$，它的每个数据元素占一个存储单元，第一个数据元素在内存中的开始地址为 $L(a_1)$，那么第 i 个数据元素的存储位置为

$$L(a_i)=L(a_1)+(i-1)\times l$$

线性表的顺序存储结构如图 3-2 所示，其中，$b= L(a_1)$。

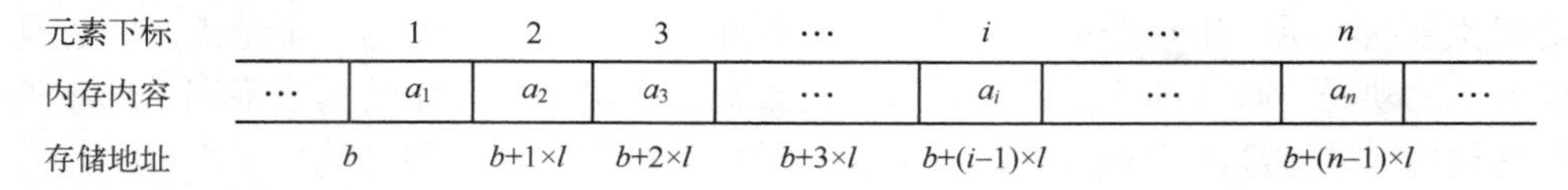

图 3-2 线性表的顺序存储结构

在具体算法实现时，可通过建立数组来实现线性表的顺序存储，数组名即为线性表的首地址，也是表的第一个数据元素的地址。

因为线性表在顺序存储结构中是均匀有序的，所以只要知道线性表的首地址和数据元素的序号，就能知道它的实际地址。因此，对表中数据元素进行访问或修改时，运算速度快，在删除或插入运算时，必须进行大量数据元素的移动，增加了运算时间。这种存储结构多用于查找频繁、很少增删的场合，如工程手册中数表的管理。

2. 链式存储结构

链式存储就是用一组任意的存储单元存放表中的数据元素，简称为链表结构。由于存储单元可以是不连续的，为了表示线性表中元素的邻接逻辑关系，除了存储元素本身的信息之外，还要存储这个元素的直接后继或（和）直接前趋的存储地址。线性表的链式存储结构又可细分为单向链表、单向循环链表、双向链表和双向循环链表。单向链表和单向循环链表的链式存储结构如图 3-3 所示，其中，“∧”代表空值。双向链表和双向循环链表的链式存储结构如图 3-4 所示。

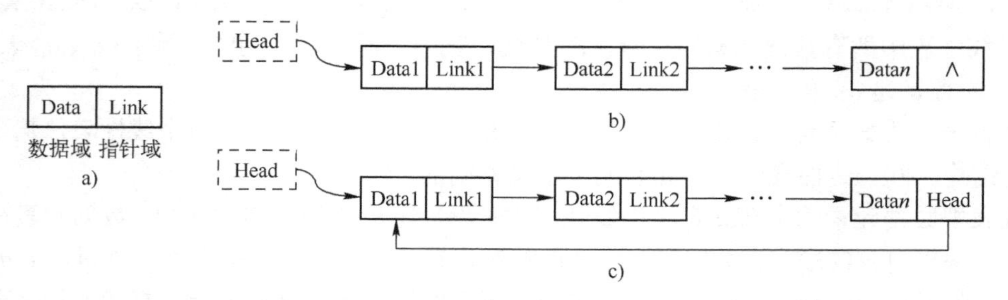

图 3-3 单向线性表的链式存储结构

a) 表结点 b) 单向链表 c) 单向循环链表

单向链表结点称为表结点，其包含两个域，结点数值域（Data）存放数据元素的数据信息，结点指针域（Link）存储直接后继的地址指针。在单向链表以外，设置一个存有单向链表第一个元素地址指针的结点，该结点称为该单向链表的链头结点（Head）。单向链表只给出结点的直接后继，无法求得某结点的前趋结点。单向链表最后一个结点的指针域是空的。

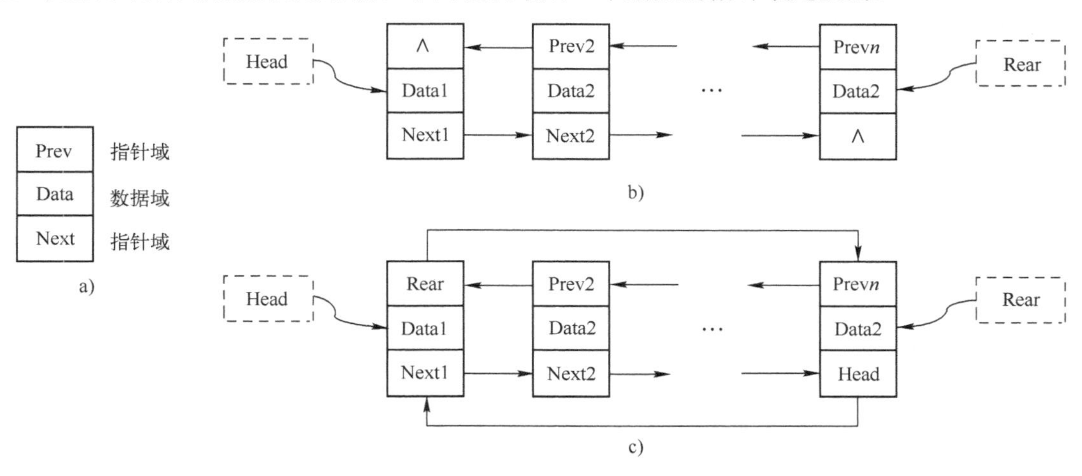

图 3-4 双向线性表的链式存储结构

a) 表结点 b) 双向链表 c) 双向循环链表

如果将单向链表最后一个结点的指针域由空改为第一个数据元素的地址，则该单向链表转换为单向循环链表。在单向循环链表中，从任一结点出发可以到达表中所有的结点，从而克服了单向链表不能访问其前趋结点的缺点。单向链表循环构成一个环，从表中任一结点出发均可找到其他结点。

双向链表结点包含结点数据域（Data）、结点指针域（Prev 和 Next）三个域：结点数据域（Data）存放数据元素的数据信息，结点指针域（Next）存储直接后继的地址指针，结点指针域（Prev）存储直接前驱的地址指针。在单向链表以外，设置一个存有单向链表第一个元素地址指针的结点，该结点称为该双向链表的链头结点（Head），设置一个存有单向链表最后一个元素地址指针的结点，该结点称为该双向链表的链尾结点（Rear）。双向链表构成一个环。

如果将双向链表最后一个结点的指针域存放第一个结点的地址，同时将第一个结点的指针域存放最后一个结点的地址就形成了双向循环链表。双向循环链表构成两个环。

由于对链表中数据元素进行访问、修改、删除、插入运算的速度较快，且链表的长度是动态的，所以链式存储结构比顺序存储结构具有更大的适应性。例如，造型软件中自由曲线控制点的存储就可采用链式存储。

3.2.3 线性表的运算及应用

1. 单向链表的运算

为突出重点，以五个大写字母构成一个较为简单的线性表 L 为例，同时假设链头结点与表结点具有相同的数据结构，描述单向链表的基本运算过程。

假定线性表 L=(A，B，C，D，E)。

（1）建立单向链表

建立单向链表的运算过程如下：定义表结点结构，定义链头结点结构，声明链头结点指针变量；创建第一个表结点并赋值，将第一个表结点的地址赋给链头结点的指针域；创建第二个结点并赋值，将第二个表结点的地址赋给第一个表结点的指针域；依次类推，完成单向链表所有表结点的建立。

建立单向链表的过程如图 3-5 所示。

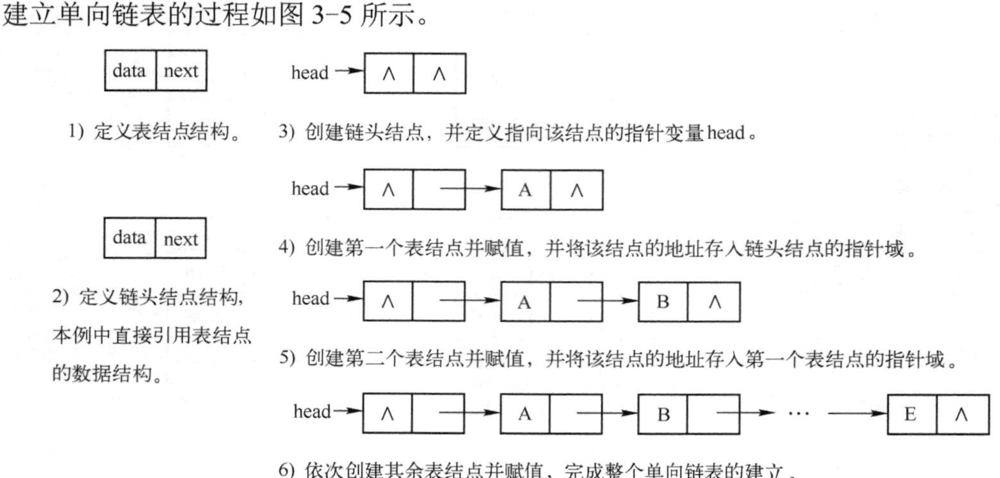

图 3-5　单向链表的建立过程

利用 C 语言编写的处理程序如下：

```
    #include<stdio.h>
  /*定义结点的数据结构*/
   Struct  node {                      /*定义表结点数据结构类型 node*/
     char  data;                       /*字符型数据*/
     struct  node  *next;              /*指向直接后继的指针*/
     }*head;                           /*head 是指向链头结点的指针变量，且为全局变量*/
  /*函数说明*/
   void createL(void);                 /*建立一个单向链表*/
  /*主函数*/
   Main()
     {int i;char c;
     createL();                        /*建立一个单向链表*/
     }
  /*建立一个单向链表*/
   void createL(void)
     {int i,LEN=5;                          /*定义单向链表长度为 5*/
       struct node *nodep,*temp;            /*定义指针变量 nodep 和 temp*/
       For(i=0;i<LEN;i++)                   /*0～4 循环*/
       {
         nodep=(struct node *)malloc(sizeof(struct node)); /*创建一个表结点的存
储空间，赋给指针变量 nodep*/
         nodep->data='A'+i;                 /*将“'A'+i”算出的字符存入表结点的数据域*/
         nodep->next=NULL;          /*将空值存入表结点的指针域*/
         if(i==0)
           head->next= nodep;               /*如果是首个表结点，将其地址存入链头结点的指针域*/
```

```
        temp=nodep;               /*使指针 temp 指向第一个表结点*/
      else
        {temp->next=nodep;        /*将新创建表结点的地址存入上一个表结点的指针域*/
         temp=nodep;              /*指针 temp 指向新创建的表结点*/
        }
    }
  }
```

（2）访问表结点

如果访问第 i 个元素，首先，通过链头结点 head 的指针域获得第一个结点的地址，找到第一个结点；其次，通过第一个结点的指针域获得第二个结点的地址，找到第二个结点……直至找到第 i 个结点，即可访问该结点的数据域。

利用 C 语言编写的处理程序如下：

```
/*在函数说明中增加*/
   char visitLE(int);    /*访问链表中的第 i 个表结点，并返回字符数据*/
/*在主函数 main 中增加结点访问语句*/
   c=visitLE(3);         /*访问链表中的第 3 个表结点，并返回结点数据域中存储的数据*/
/*访问表结点函数定义*/
  char visitLE(int i)
    {int j=1;                 /*定义整数变量 j，*/
    struct node *temp;    /*定义指针变量 temp */
    temp=head;            /*指针 temp 指向第一个表结点*/
    while(temp)           *如果链头结点不为空，进入循环*/
    {if(j++==i)  return(temp->data); /*如果找到第 i 个表结点，返回该结点的数据*/
       temp=temp->next;     /*指针 temp 指向下一个表结点*/
    }
    printf("\n 给定的序号超出链表的范围。");
    return('\0');
    }
```

（3）修改表结点的数据

将第 i 个数据元素的值改为 M。首先找到该结点，然后修改这个结点的数据域。利用 C 语言编写的处理程序如下：

```
/*在函数说明中增加*/
   void modifyLE(int,char);       /*访问链表中的第 i 个表结点，并修改其数据*/
/*在主函数 main 中修改结点语句*/
   modifyLE(3,'M');     /*访问链表中的第 3 个数据元素，并返回结点数据域中存储的数据*/
/*修改表结点函数定义*/
  void modifyLE(int i,char c)
   {int j=1;                           /*定义整数变量 j */
   struct node *temp;                  /*定义指针变量 temp */
   temp=head;                          /*指针 temp 指向链头结点*/
   while(temp)                         /*如果链头结点不为空，进入循环*/
     {if(j++==i)  temp->data=c;        /*如果找到第 i 个表结点，修改该结点的数据*/
       temp=temp->next;                /*指针 temp 指向下一个表结点*/
     }
     Return;
   }
```

（4）删除表结点

若删除第 i 个元素，则要找到第 i-1 和第 *i* 个结点，并将第 i-1 个结点指针域中第 i 个结点的地址改为第 i+1 个结点的地址，最后释放第 i 个结点所占的存储空间。删除表结点的过程如图 3-6 所示。

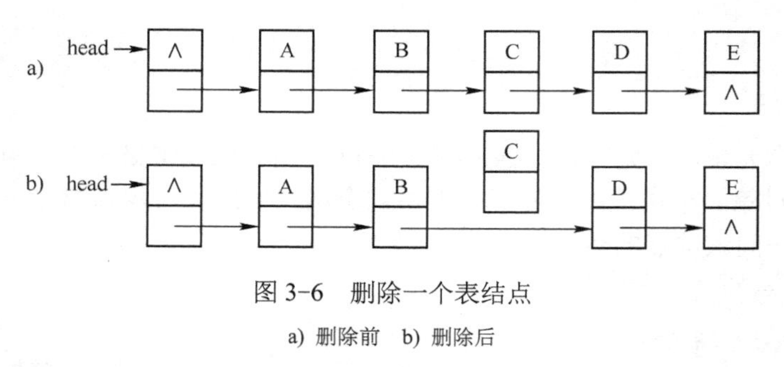

图 3-6　删除一个表结点

a) 删除前　b) 删除后

利用 C 语言编写的处理程序如下：

```
/*在函数说明中增加*/
    void deleteLE(int);               /*删除链表中的第 i 个表结点*/
/*在主函数 main 中增加删除表结点语句*/
    deleteLE(int);                    /*删除链表中的第 3 个表结点*/
/*删除表结点函数定义*/
  char deleteLE(int i)
     {int j=1;                        /*定义整数变量 j*/
     struct node *nodep, *temp;       /*定义指针变量 nodep 和 temp */
     nodep=temp=head;                 /*指针 nodep 和 temp 指向链头结点*/
     if (i==1) {head=temp->next;      /*定义整数变量 j*/
       free(temp);
       return;
       }
     while(nodep)                     /*如果链头结点不为空，进入循环*/
     {if (++j==i)
       {temp=node->next;
       If(temp==NULL){ printf("\n 给定的序号超出链表的范围。");
                       return ;
                       }
       node->next=temp->next;
       return;
       }
       Nodep=nodep->next;
       }
    printf("\n 给定的序号超出链表的范围。");
    }
```

（5）插入表结点

在第 i 个数据元素之后插入一个值为 M 的元素，首先，要为该元素申请一个新结点作为存储空间，在新结点的数据域存放值 M；其次，找到第 i 个结点，令新结点指针域的指针等于第 i 个结点指针域的指针，修改第 i 个结点的指针，让其存放这个新结点的地址。插入表结点的过程如图 3-7 所示。

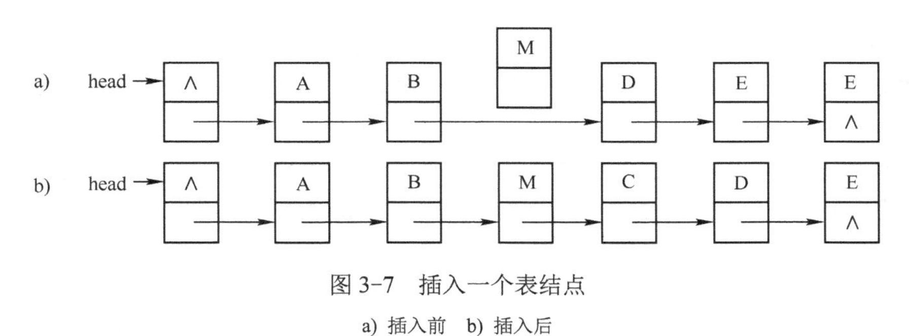

图 3-7　插入一个表结点

a) 插入前　b) 插入后

利用 C 语言编写的处理程序如下：

```
    /*在函数说明中增加*/
      void insertLE(int,char);              /*在链表的第 i 个表结点后插入新的表节点*/
    /*在主函数 main 中增加插入表结点语句*/
      void insertLE(2,'M');                 /*在链表的第 2 个表结点后插入新的表结点*/
    /*插入表结点函数定义*/
     void insertLE (int i,char c)
       {int j=1;                            /*定义整数变量 j*/
       struct node *nodep ,*temp;           /*定义指针变量 nodep 和 temp */
       temp=(struct node *)malloc(sizeof(struct node)); /*创建了一个表结点的存储
空间，赋给指针变量 temp */
       temp->data=c;
       if(i<1){
         temp->next=head;
         head=temp;
         }
       else{
        node=head;
        while(nodep->next) {if(j++==i) break;
             nodep=node->next;
             }
       if(nodep!=NULL){temp->next=nodep->node;
             node->next=temp;
             }
       else{nodep=temp;
         temp->next=NULL
         }
       }
     }
```

2．双向链表的运算

以五个大写字母构成一个较为简单的线性表 L 为例，同时假设链头结点、链尾结点与表结点具有相同的数据结构，来描述双向链表的基本运算过程。假定线性表 L=(A，B，C，D，E)。

（1）建立双向链表

建立双向链表的运算过程如下。

1）定义表结点结构，包含数据域 Data，前驱指针域 Prve，后继指针域 Next。

2）定义链头结点和链尾结点结构，本例中与表结点结构相同。

3）声明链头结点和链尾结点的指针变量 head 和 rear。

4）创建第一个表结点并赋值，将第一个表结点的地址赋给链头结点的后继指针域 Next 和链尾结点的前驱指针域 Prve。

5）创建新的表结点并赋值，并将链表结点的前驱指针赋给新节点的前驱指针域 Prev，将新结点的地址赋给上一个结点的后继指针域和链尾结点的前驱指针域。

6）依次类推，完成双向链表所有表结点的建立。

建立双向链表的过程如图 3-8 所示。

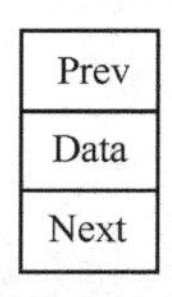

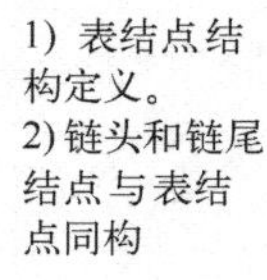

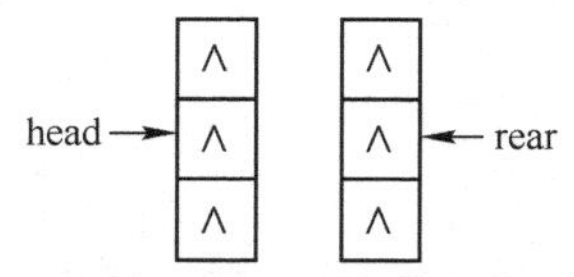

3) 创建链头结点和链尾结点，并定义对应的指针head 和 rear。

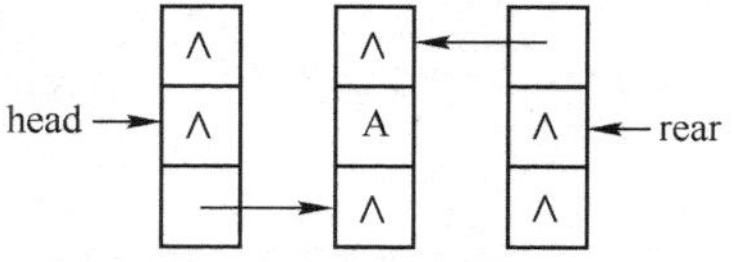

4) 创建第一个表结点并赋值，将第一个结点的地址赋给head 的Next和 rear 的 Prev。

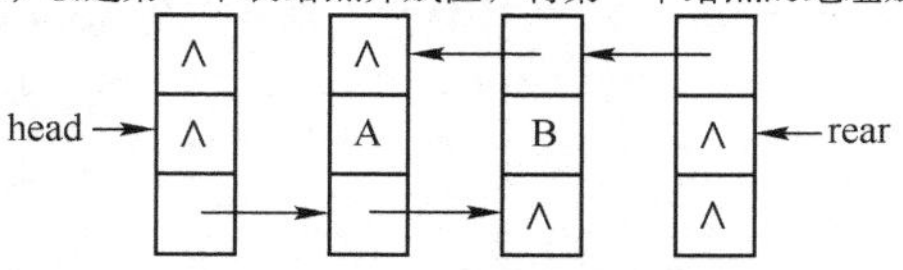

5) 创建新结点并赋值，将rear 的 Prev 赋给新结点的 Prev，将新结点的地址赋给前一个结点的Next和 rear 的 Prev。

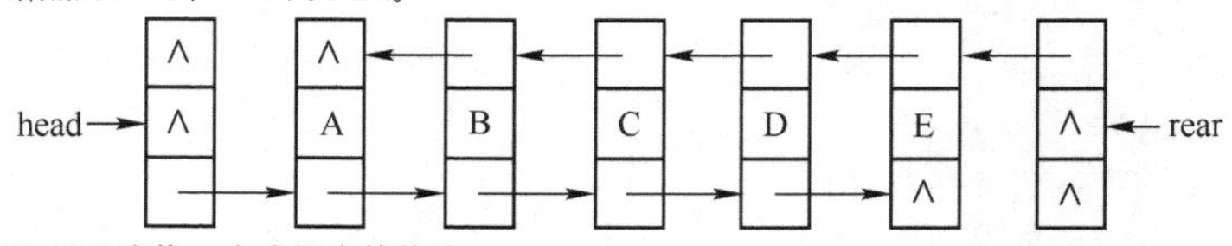

6) 以此类推，完成链表的构建。

图 3-8　双向链表的建立过程

在 C 语言编写的处理程序中，双向链表的表结点结构定义如下：

```
    Struct  node {              /*定义表结点数据结构类型 node*/
        struct  node  *prev;  /*指针域，存储指向直接前驱的指针*/
        char  data;           /*数据域，存储字符型数据*/
        struct  node  *next;  *指针域，存储指向直接后继的指针*/
      }*head,*rear;           /* head 是指向链头结点的指针变量，rear 是指向链尾结点的指针变量，head 和 rear 为全局变量*/
```

（2）访问表结点

双向链表可以像单向链表那样从链头结点 head 开始找到第 i 个表结点，还可以从链尾结点开始找到第 i 个结点。

（3）修改表结点的数据

若要修改第 i 个结点的值，首先找到这个结点，然后修改该结点的数据域即可。

（4）删除表结点

若要删除第 i 个数据元素，可将结点 i-1 的指针域 Next 存放结点 i 指针域 Next 的内容，将结点 i+1 的指针域 Prev 存放结点 i 指针域 Prev 的内容，然后释放结点 i 所占的存储空间。删除双向链表数据元素的过程如图 3-9 所示。

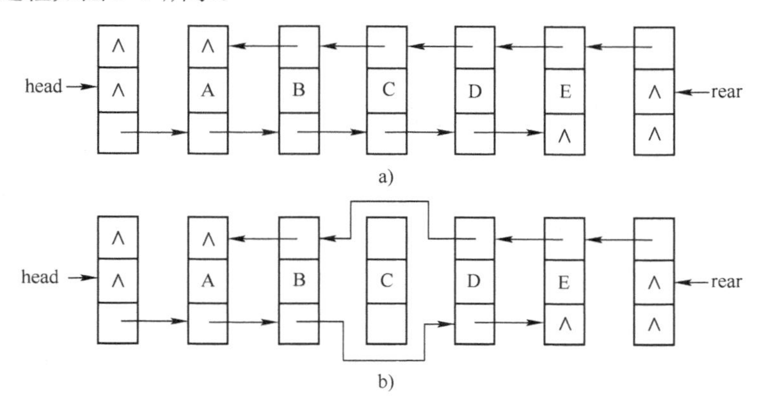

图 3-9　删除双向链表中的一个数据元素

a) 删除前　b) 删除后

（5）插入表结点

若要在第 i 个数据元素之前插入一个新的数据元素，首先，为该元素申请存储空间，得到一个新结点，这个新结点的数据域存放该元素的值；其次，找到第 i-1 个和第 i 个结点，新结点的指针域 Next 存放第 i-1 个结点的指针域 Next 的内容，指针域 Prev 存放第 i 个结点指针域 Prev 的内容，结点 i-1 的指针域和结点 i 指针域存放新结点的地址。在第三个数据元素之前插入新数据元素的过程如图 3-10 所示。

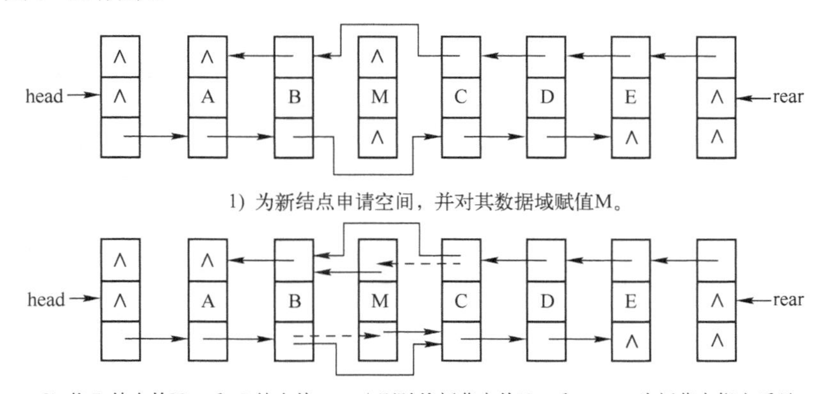

1) 为新结点申请空间，并对其数据域赋值M。

2) 将 B 结点的Next和 C 结点的 Prev 分别赋给新节点的Next和 Prev，为新节点指定后继结点为C，前驱结点为B。

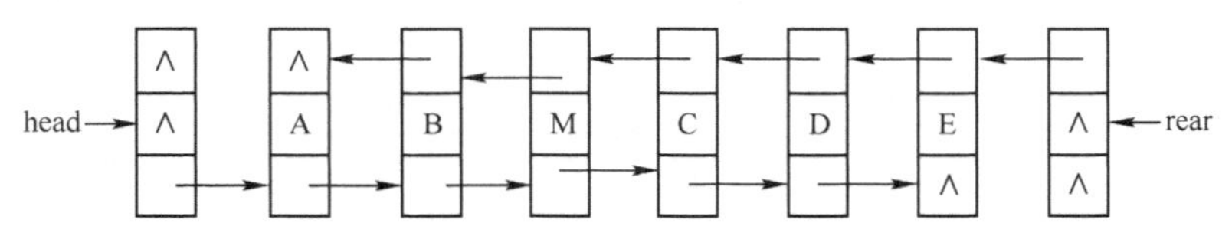

3) 将新结点的地址赋给B 结点的 Prev 和 C 结点的Next，即为 B 结点指定新的后继结点，为 C 结点指定新的前驱结点。

图 3-10　在双向链表中插入一个结点

3．三维形体的三链表存储结构

在造型系统中，三维形体的信息存储方式主要是数据结构。不同的几何造型技术采用的数据结构也不同。为提高造型系统的效率，对数据结构的要求是操作时间短、存储空间小，因此，可利用链表结构进行三维形体信息的存储。

三链表是指链式顶点表、链式面表和链式关系表。

顶点表存储顶点的坐标，确定了顶点的空间位置，即三维物体的空间位置和大小，设置了前驱指针和后继指针。顶点表的表结点的数据结构包括顶点编号（Pnum）、X 坐标位置（X）、Y 坐标位置（Y）、Z 坐标位置（Z）、指向后继顶点结点的指针（Pnext）和指向前驱顶点结点的指针（Pprev）。

面表存储形体中所有面的信息，指明了形体是由哪些面组成的。面表的表结点的数据结构包括面编号（Fnum）、面的类型（Ftype，例如，0 代表平面，1 代表贝塞尔曲面，2 代表 B 样条曲面，3 代表非均匀有理样条曲面等）、指向后继面结点的指针（Fnext）、指向前驱面结点的指针（Fprev）、指向说明面与顶点关系的链表的链头结点指针（PinFh）和指向说明面与顶点关系的链表的链尾结点指针（PinFr）。

关系链表是说明面与顶点关系的链表。对每一个面结点建立一个关系链表，该关系链表能够明确表达某个面是由哪些顶点构成的。每个关系链表的首节点地址存放在面表的 PinF 指针中，即面表中的面结点是对应的关系链表的链头结点。关系链表的表结点数据结构包括顶点编号（PinFnum）、指向后继关系结点的指针（PinFnext）、指向前驱关系结点的指针（PinFprev）。

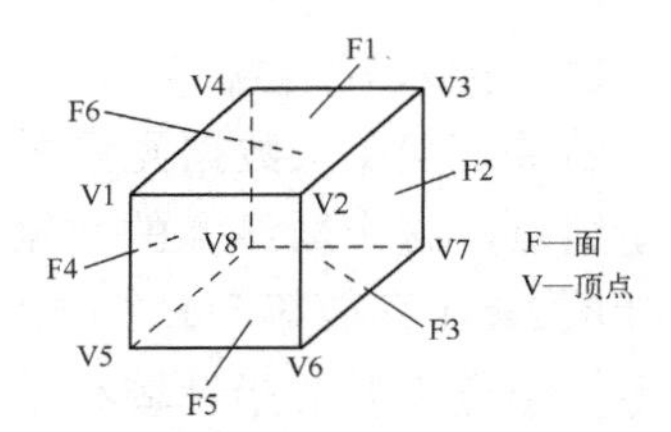

图 3-11　长方体顶点和面的关系图

在忽略形体隐藏性的情况下，用于存储长方体（如图 3-11 所示）的三链表数据结构如图 3-12 所示。其中，面表的首尾结点的指针分别为 Fhead 和 Frear，顶点表的首尾结点的指针分别为 Phead 和 Prear。

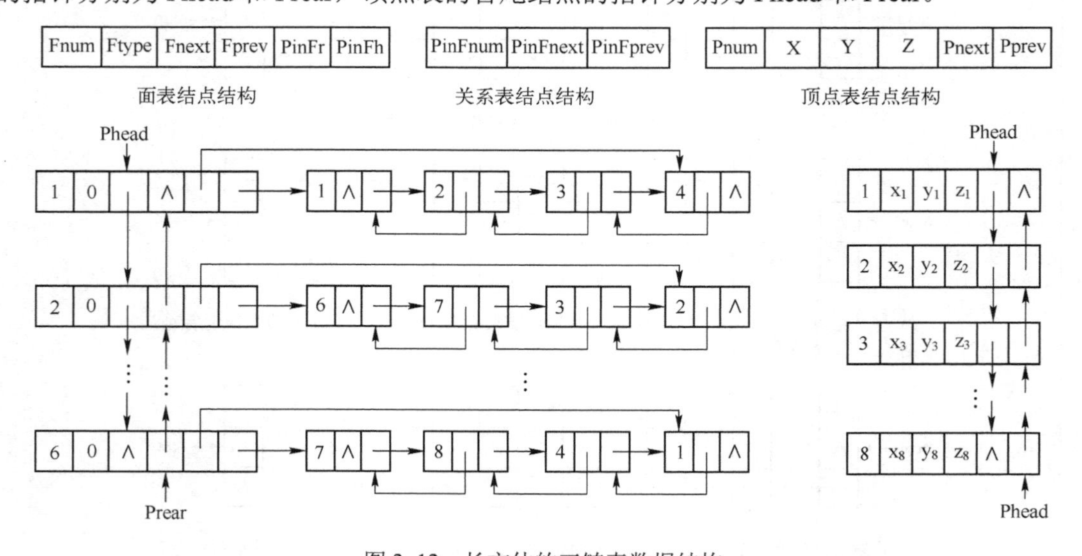

图 3-12　长方体的三链表数据结构

4. 减速器零部件明细表的存储

某型号减速器的部分零部件明细表见表 3-1。用单向链表存储后，如图 3-13 所示。

表 3-1　减速器零部件明细表

序号	名称	数量	单位	材料	备注
1	调整垫片	2	组	08F	成组
2	轴承端盖	1	个	HT200	
3	毡圈油封	1	个	半粗羊毛毡	
4	齿轮轴	1	个	45	
5	键 8×45	1	个	45	GB/T 1096-2003
6	轴承 6207	2	个		GB/T 276-2013

图 3-13　单向链表存储零件明细表数据

链表的表结点结构包含七个域，分别是序号（Num）、名称（Name）、数量（Amount）、单位（Unit）、材料（Material）、备注（Mark）和指向下一个材料的指针域（Next）。链表不设链头结点，直接由指针变量 Head 指向链表的第一个结点。

3.3　数组

几乎所有的程序设计语言都把数组作为其数据类型之一。数学中的矩阵在程序设计中一般都采用数组存储。数组可以看成是线性表的扩充。

3.3.1　数组的逻辑结构

数组（Array）是由 $n(n>1)$个具有相同数据类型的数据元素组成的有序序列，且该序列必须存储在一块地址连续的存储单元中。数组是把有限个类型相同的变量用一个名字命名，然后用编号区分变量的集合，这个名字称为数组名，编号称为下标，组成数组的各个变量称为数组的分量，也称为数组的元素，有时也称为下标变量。

根据数组要表达含义的多少，区分为一维数组、二维数组或 n 维数组。假设数组名为 A，则一维数组定义为A[i]，其中，i是该数组的长度，例如，A[4]表示数组的长度为4，数组中有4个元素，分别是A[0]～A[3]。二维数组定义为A[i,j]，其中，i是第一维的长度，j是第二维的长度，例如，A[2,3]表示数组的第一维长度为2，第二维长度为3，总的长度为2×3=6，即有6个数组元素，形象地理解记为2行3列。n维数组定义为A[$j_1, j_2, j_3, \cdots, j_n$]，其中，$j_i$（$1 \leqslant i \leqslant n$）表示第i维的长度。

3.3.2 数组的存储结构

数组的存储一般采用顺序分配的原则，即在存储器中开辟一块连续的存储空间，依次存放数组的各个元素。线性表是一个一维表，与线性表不同的是，数组可以是多维的。数组可以看成是线性表的扩充，例如，对于二维数组A[2,3]，理解为2行3列共计6个数据元素，也可以理解为具有两个数据元素的线性表，其中的每个数据元素又是一个由3个数据元素组成的线性表。

3.3.3 数组的运算和应用

定义了数组的维数和各维的长度，系统便为它分配存储空间，因此，只要给出一组下标便可求得相应数组元素的存储位置。由于数组的存储空间是顺序分配的，数组一旦被定义，它的长度和维数就不再改变。

删除数组中的一个数据元素后，所有数据元素都要前移一个数据元素所占的存储空间长度。插入一个数据元素需要将被插入后的所有数据元素向后移动一个数据元素所占的长度。如果插入和删除操作不是在数组的尾部，其运算量是相当大的，数据量比较大时更是如此，因此，数组不宜进行插入和删除操作。

数学中的矩阵在程序设计中一般都采用数组存储。例如，对于2×3的矩阵，采用数组存储时，如图3-14所示。

$$\boldsymbol{A}=\begin{pmatrix} a_{11} & a_{12} & a_{13} \\ a_{21} & a_{22} & a_{23} \end{pmatrix}=\begin{pmatrix} \boldsymbol{a}_1 \\ \boldsymbol{a}_2 \end{pmatrix}=\begin{pmatrix} [a_{11} & a_{12} & a_{13}] \\ [a_{21} & a_{22} & a_{23}] \end{pmatrix}$$

$$=(\boldsymbol{b}_1 \quad \boldsymbol{b}_2 \quad \boldsymbol{b}_3)=\left(\begin{bmatrix} a_{11} \\ a_{21} \end{bmatrix}\begin{bmatrix} a_{12} \\ a_{22} \end{bmatrix}\begin{bmatrix} a_{13} \\ a_{23} \end{bmatrix}\right)$$

…	a11	a12	a13	a21	a22	a23	…

a)

…	a11	a21	a12	a22	a13	a23	…

b)

图3-14 二维矩阵（二维数组）的顺序存储

a) 行优先 b) 列优先

3.4 栈

栈（Stack）是一种特殊的线性表。由于其先进后出的运算特性，被广泛用于进程控制或数据恢复。

3.4.1 栈的逻辑结构

栈也是一种线性表，它与普通线性表的区别就在于对其运算仅限定在表尾。

栈的形式化定义为

$$S=\{D,R\}$$

其中，$D=\{a_i|a_i\in ElemSet，i=1,2,\ldots,n，n\geqslant 0\}$；$R=\{<a_{i-1}, a_i>|a_{i-1}，a_i\in D, i=2,3,\ldots,n\}$。

假定栈 s=($a_1, a_2, a_3, ,\cdots, a_{i-1}, a_i, a_{i+1}, \cdots, a_n$)，则 a_1 为栈底元素，a_n 为栈顶元素。进栈的顺序是 $a_1, a_2, a_3, ,\cdots, a_n$，出栈的顺序是 $a_n, a_{n-1}, \cdots, a_3, a_2, a_1$。它的显著特点是后进先出，如图 3-15 所示。

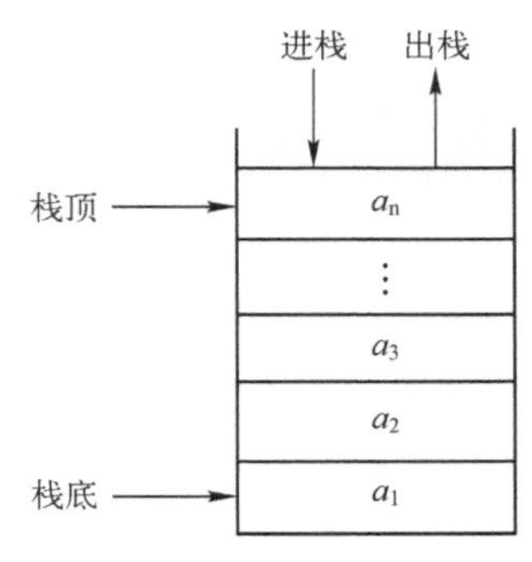

图 3-15　栈结构

3.4.2 栈的存储结构

顺序存储或链式存储都可以作为栈的存储结构。由于栈的容量一般是可以预见的，而且其运算仅限于栈顶，所以通常采用顺序存储作为栈的存储结构。

3.4.3 栈的运算及应用

1. 栈的运算

（1）建立一个栈

栈的存储结构用数组 s[n]。设 m 为栈的上界，则在 C 语言中，由于第 1 个数组元素是 s[0]，所以栈的上界 m 等于 n−1。设一栈顶指针为 TOP，它不必指向数据元素的实际地址，只记录数据元素的逻辑序号即可。当元素尚未进栈时，令 TOP 等于−1。

（2）数据元素进栈

如果有数据元素进栈，首先检查栈顶指针 TOP，如果 TOP 等于 m，则表示栈满，显示出错信息，否则将发生上溢。如果 TOP<m，则令 TOP=TOP+1，将该元素赋给 s[TOP]。

（3）数据元素出栈

出栈即取走栈顶元素。首先检查栈顶指针 TOP，如果 TOP=−1，则表示栈空，显示出错信息，否则将发生下溢。如果 TOP>−1，则出栈元素为 s[TOP]，然后令 TOP=TOP−1。出入栈操作如图 3-16 所示。

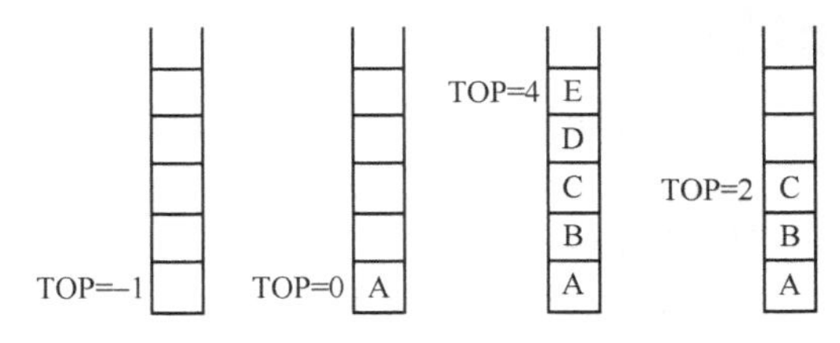

图 3-16　出入栈操作

2. 栈的应用

栈是一种应用很广的数据结构。举例如下。

1）在交互式图形系统中，将显示区域存入栈中，需要时可以恢复前几次的显示状态。用栈存放每次操作的命令，可以恢复到前几个命令时的状态。

2）自定义表达式中括号作用域的合法性检查。

检查括号作用域的合法性就是检查一个算术表达式中使用的括号是否正确。关于检查的原则，一是左右括号的数目应该相等，二是每一个左括号都一定有一个右括号与之匹配。检查方法为对表达式从左到右扫描。当遇到左括号时，左括号入栈；当遇到右括号时，首先将栈顶元素弹出栈，再比较弹出元素是否与右括号匹配，若匹配，则操作继续，否则，查出错误，并停止操作。

当表达式全部扫描完毕时，若栈为空，说明括号作用域嵌套正确，反之说明表达式有错误。

3.5 队列

队列（Queue）是一种特殊的线性表。由于其先进先出的运算特性，被广泛用于作业排队。

3.5.1 队列的逻辑结构

队列也是一种线性表，它与普通线性表的区别在于其运算仅限定在表首和表尾，是两端开口的线性表，队列只在表的一端进行插入操作，在表的另一端进行删除操作。允许进行插入操作的一端称为“队尾”，而允许进行删除操作的一端称为“队头”。队列的两端均可浮动。

队列的形式化定义为

$$Q=\{D,R\}$$

其中，$D=\{\ a_i|a_i\in ElemSet,i=1,2,\ \cdots,n,\ n\ \geqslant\ 0\ \}$；$R=\{<a_{i-1},\ a_i>\ |\ a_{i-1},\ a_i\in \mathrm{D},\ i=2,3,\cdots,n\ \}$。

对于队列 $Q=(a_1,a_2,a_3,\cdots,a_n)$，$a_1$ 是队头元素，a_n 是队尾元素，队列中元素以 $a_1, a_2, a_3,\cdots, a_n$ 的次序入队，也以同样的次序出队，其工作方式是先进先出，与栈的工作方式刚好相反，如图 3-17 所示。

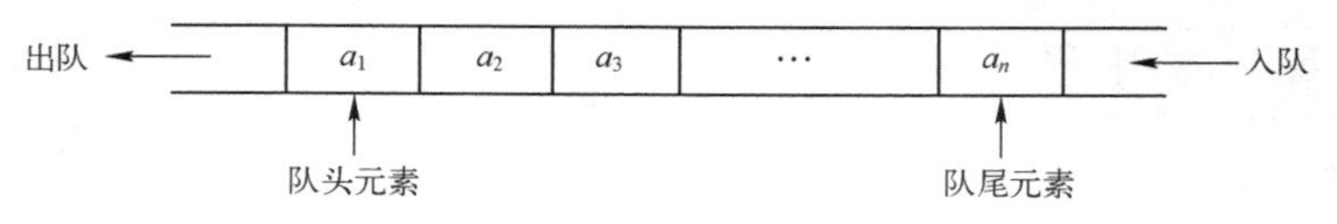

图 3-17　阶列结构

3.5.2 队列的物理结构

顺序存储或链式存储都可以作为队列的存储结构，但队列的容量一般是有限的，所以通常采用顺序存储作为栈的存储结构。

3.5.3 队列的运算及应用

1. 队列的运算

队列的两端均可浮动，因此需要设立两个指针，分别指向队头（Front）和队尾（Rear）。规定指针 Front 总是指向实际队头的前一位置，而指针 Rear 指向队尾元素。

显然，当 Rear=0 或 Front=Rear 时，队列为空；当 Rear 等于上界时，队列满。

队列的主要运算是入队和出队。入队时，队尾指针加 1；出队时，队头指针加 1。

2. 队列的应用

操作系统中的作业排队是最典型的应用，当系统中有多道程序运行时，可能同时有几个作业的运行结果需要通过通道输出，这就要按申请的先后次序排队。申请输出的作业从队尾进行队列，当通道传输完一个作业，要接受一个新作业时，队头的作业先从队列中退出输出操作。

3.6 树

树结构是非线性的，数据元素之间存在明显的层次和嵌套关系。树可分为一般树和分支固定的树，如二叉树、四叉树和八叉树。

3.6.1 树的逻辑结构

树（Tree）是由 $n(n\geqslant 0)$个结点组成的有限集 T，结点之间呈现明显的层次关系，处于最高层次的结点称为该集合构成的树的根。除了根节点以外，其余结点可分为若干个互不相交的有限集 T_1，T_2，T_3，…，$T_m(n>1,m\geqslant 0)$，每一个集合本身又是一棵树，称为根的子树。可见，树结构是一个递归定义。

树的形式化定义为

$$T=\{V,R\}$$

其中，$V=\{\ x|x\in dataobject\ \}R=\{(x,y)|\ p(x,y)\wedge(x,y\in V)\}$。

V 是结点的非空有限集合，R 是两个顶点之间的关系集合，$p(x,y)$表示从顶点 x 到顶点 y 的一条直接通路。

结合图 3-18 所示的树结构，介绍以下树的基本术语。

1）根结点：没有直接前趋的结点，A 为根结点。除根结点外，每个结点有且仅有一个直接前趋。

2）结点的度：结点的孩子（子树）的数量称为度。如结点 B 的度为 4。

3）树的度：树中所有结点中最大的度数称为这个树的度数。本树的度为 4。

4）分支结点：度不为 0 的结点，或者有直接后继的结点，如结点 B，F，D，J。每个分支结点可以有不止一个直接后继。

5）叶结点：没有直接后继的结点，或者说度为 0 的结点。如结点 E，K，G，H，C，I，L 都是叶结节，也称终端结点。

6）双亲：结点的直接前趋称为该结点的双亲。如 A 是 B 的双亲。

7）孩子：结点的直接后继称为该结点的孩子。如 B 是 A 的孩子。

8）兄弟：相同双亲的孩子称为兄弟。如 E，F，G，H。

9）堂兄弟：双亲在同一层的结点互为堂兄弟。如 G 与 I，J 互为堂兄弟。

10）深度：树的最大层次数量为树的深度或高度，图 3-18 所示的树深度为 4。

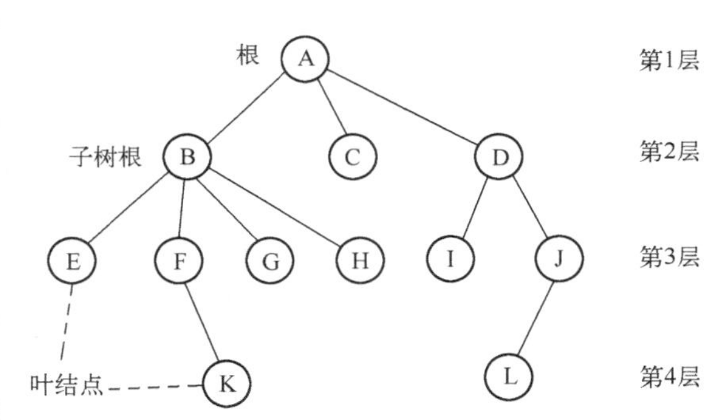

图 3-18　树的逻辑结构

11）祖先：从根到结点所经的所有结点都是该结点的祖先。如结点 L 的祖先是 A，D，J 结点。

12）子孙：以该结点为根的子树中任一结点都是该结点的子孙。如 I，J，L 是 D 的子孙，结点 A 的子孙则是树中其余的 11 个结点。

13）边：结点间的连线。

3.6.2 树的存储结构

由于树的逻辑结构为非线性，所以可用链式存储结构，可采用定长或不定长两种树的结点形式。

1．定长方式

以最大度数结点的结构作为该树所有结点的结构，如图 3-19a 所示，每个结点都有 n 个子树域。图 3-19b 所示的树用定长结点作为它的存储结构时，如图 3-19c 所示。

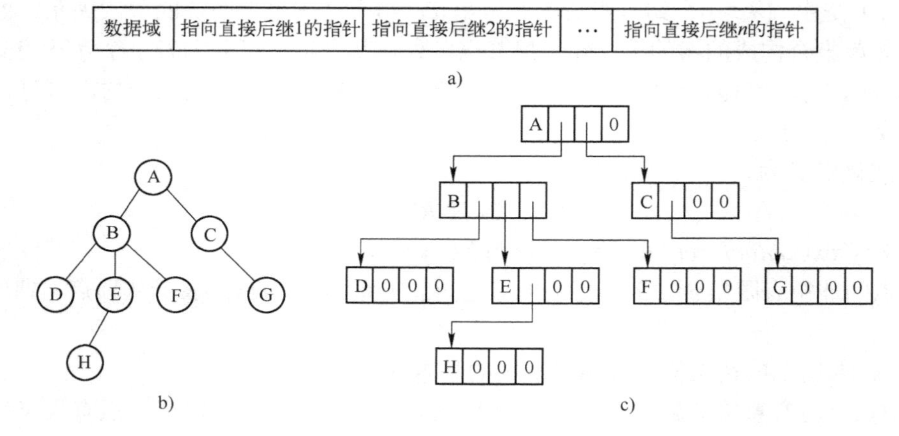

图 3-19　定长结点表示的树

a) 定长结点　b) 树结构　c) 定长结点的链表结构

2．不定长方式

每个结点增加一个存放度数的域，结点长度随着度数不同而不同，如图 3-20a 所示。图 3-19b 所示树采用不定长结点表示时如图 3-20b 所示。

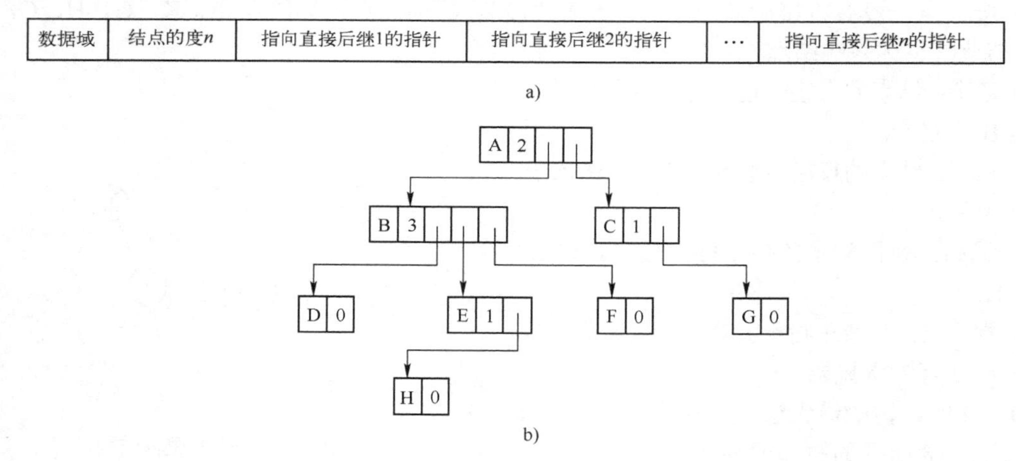

图 3-20　不定长结点表示的树

a) 不定长结点　b) 不定长结点的链表结构

在定长方式存储中，所有结点是同构的，运算方便，但会浪费一定空间。不定长方式存储中，可节省一些空间，但运算不方便。

3.6.3 二叉树的结构及应用

1．二叉树的逻辑结构

二叉树是树结构的一种，但不同于一般树结构，即每个结点至多有两棵子树，并有左右之分，不能颠倒。二叉树可以是空的，一般树则至少有一个结点。二叉树的五种基本形态如图 3-21 所示。

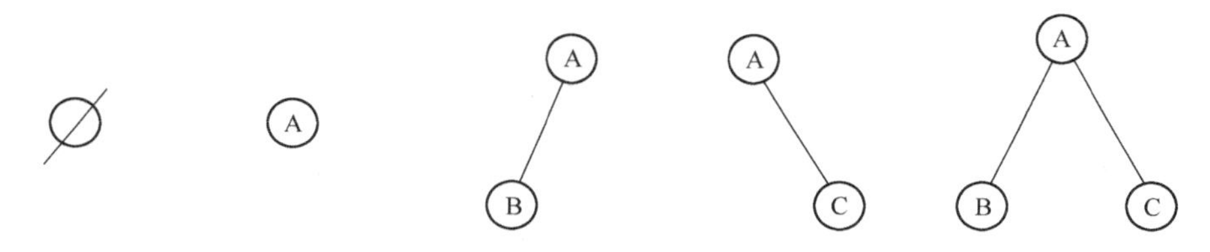

图 3-21　二叉树的五种基本形态

几种特殊的二叉树如下。

1）满二叉树：深度为 k 的有 2^k-1 个结点的二叉树，如图 3-22a 所示。

2）顺序二叉树：深度为 k、结点为 n 的二叉树，它从 $1\sim n$ 的标号如果与深度为 k 的满二叉树标号一致，就称该二叉树为顺序二叉树，如图 3-22b 所示。

3）完全二叉树：结点的度数为 0 或 2 的二叉树称为完全二叉树，如图 3-22a 和图 3-22c 所示。

2．二叉树的存储结构

对于满二叉树的存储结构，可采用顺序存储。如果 i=1，此结点是根结点；如果 i=k，则 k/2 是结点 i 的双亲结点，2k 是 i 的左孩子，2k+1 是 i 的右孩子。这种存储结构的特点是节省空间，可以利用公式随机访问每个结点和它的双亲及左、右孩子，但不便于删除或插入，如图 3-23 所示。

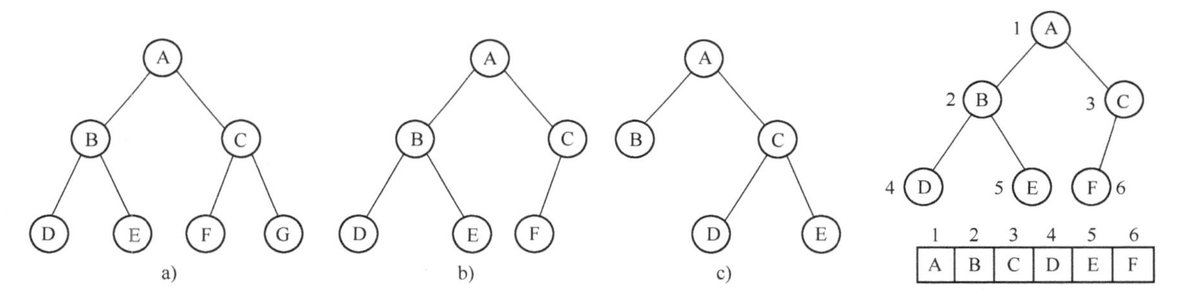

图 3-22　特殊二叉树

图 3-23　满二叉树的顺序存储

对于一般二叉树，通常采用多重链表结构，每个结点设三个域：数据域存放结点的值，左子树域存放左子树的地址，右子树域存放右子树的地址，如图 3-24 所示。这种存储结构会浪费一些存储空间，但便于进行删除或插入运算。

树结构在计算机内的表示也隐含着一种确定的相对次序，树结构各子树之间的相对位置也是确定的，如果交换同一层次各子树的位置就构成了不同的树。

3．二叉树的遍历

遍历二叉树是指按一定规律访问二叉树的每个结点，每个结点访问一次且只访问一次。二叉树的遍历就是按一定规则将二叉树的所有结点排列成一个线性序列。二叉树是由根结点、左子树、右子树三个基本单元组成的，因此依次遍历这三部分信息就可以遍历整个二叉树了。

根据根结点、左子树、右子树三者不同的先后次序，有六种遍历二叉树的方案，遍历次序分别是根结点、左子树、右子树；根结点、右子树、左子树；左子树、根结点、右子树；右子树、根结点、左子树；左子树、右子树、根结点；右子树、左子树、根结点。

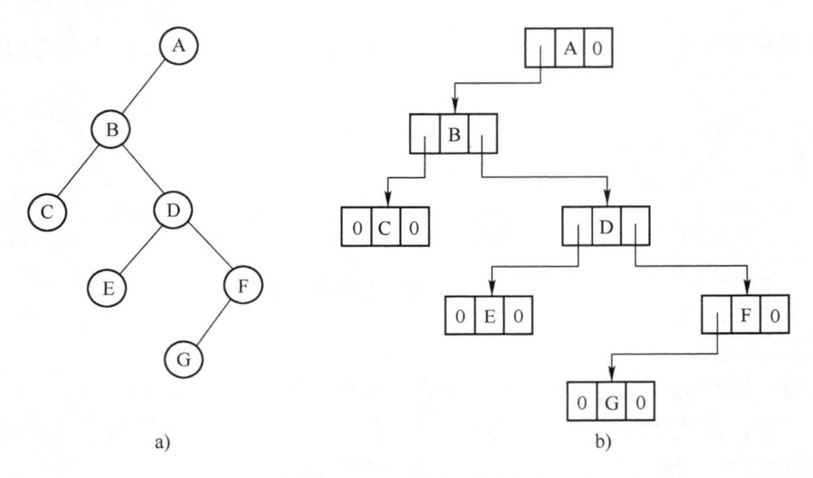

图 3-24　二叉树的链式存储

a) 二叉树　b) 二叉树的链式存储结构

（1）先根遍历

先根遍历的次序是：先访问根结点，再访问左子树，最后访问右子树。对图 3-25 所示二叉树遍历的过程如图 3-26 所示。遍历结果为 A，B，D，H，E，C，F，G，I。

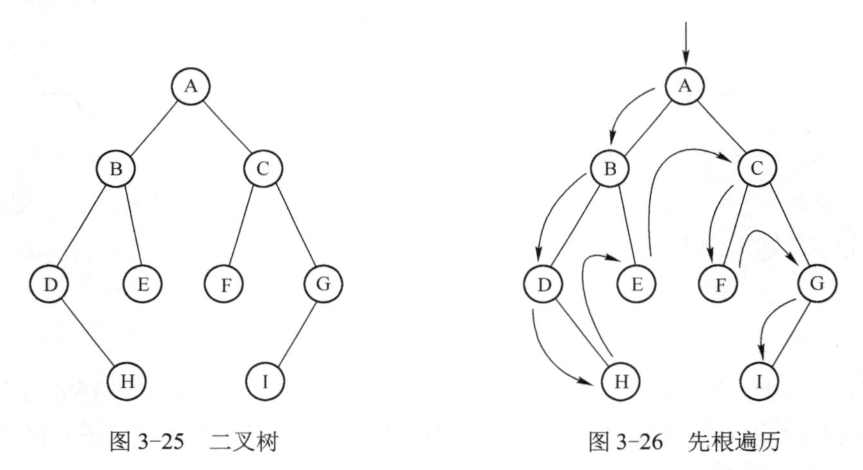

图 3-25　二叉树　　图 3-26　先根遍历

（2）中根遍历

中根遍历的次序是：先访问左子树，再访问根结点，最后访问右子树。其遍历示意图如图 3-27 所示。遍历结果为 D，H，B，E，A，F，C，I，G。

（3）后根遍历

后根遍历的次序是：先访问左子树，再访问右子树，最后访问根结点。其遍历示意图如图 3-28 所示。遍历结果为 H，D，E，B，F，I，G，C，A。

4．树的二叉树表示

用二叉树表示一般树可以节省存储空间，一般树转换为二叉树的规则如下。

1）树的根结点为二叉树的根结点。

2）保留根结点的孩子（从左到右）中第一个孩子作为二叉树的左子树。

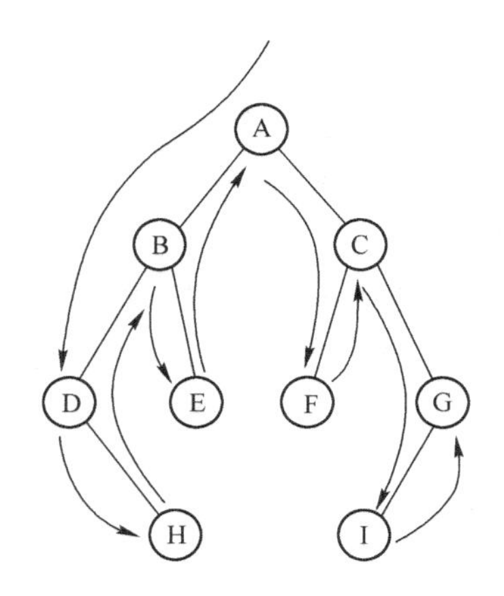

图 3-27　中根遍历

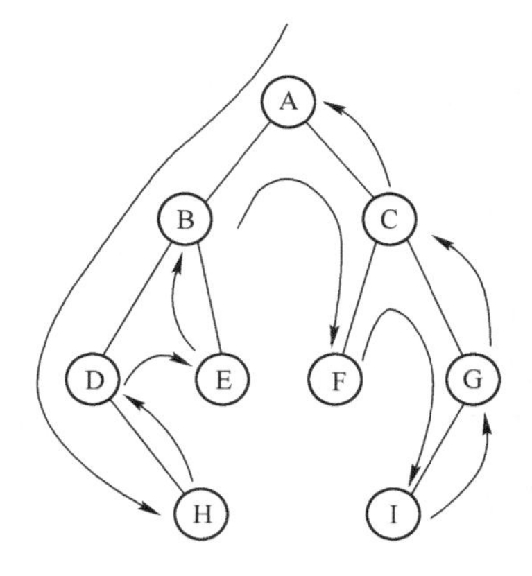

图 3-28　后根遍历

3）根结点的其余孩子作为该左子树的右子树（与左子树原属于兄弟关系，现变为父子关系）。将图 3-18 所示的一般树转换为二叉树的过程如图 3-29 所示。

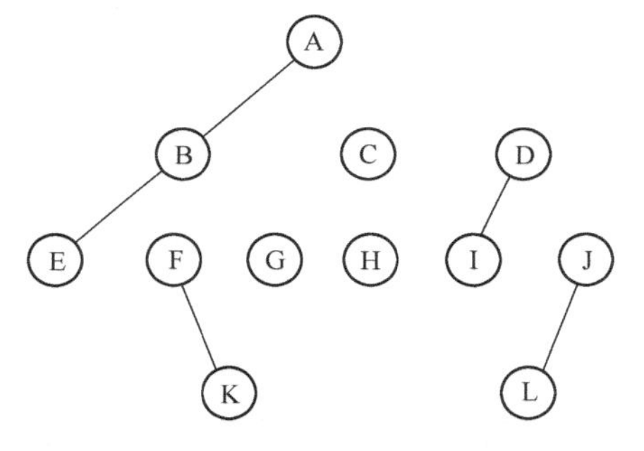

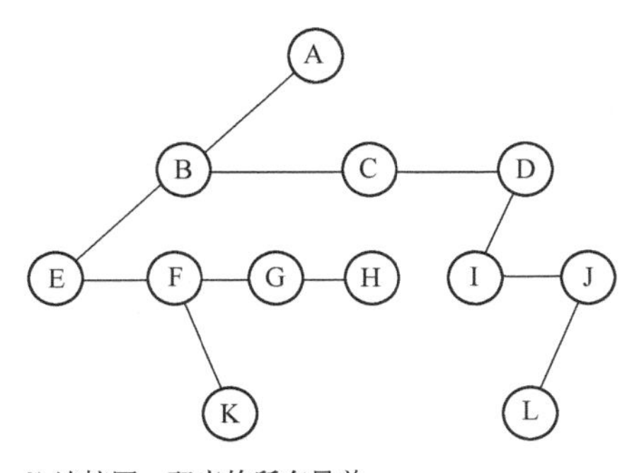

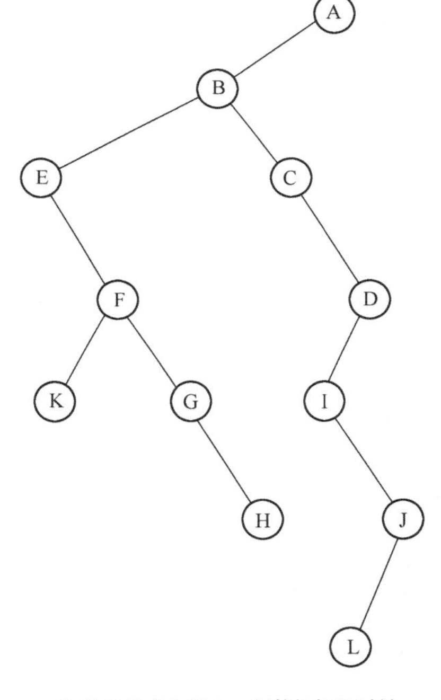

图 3-29　一般树转换成二叉树

5．树的应用

（1）排序

排序就是将一组无序的数据以递增或递减的规律重新排列。用二叉树排序的过程分为两步：先构造这棵二叉树，然后对这棵二叉树进行遍历。例如对一组数据（$a_1, a_2, a_3,\cdots,a_{i-1}, a_i, a_{i+1}, \cdots, a_n$）按递增的规律排序。

1）构造二叉排序树。

每一个数据将对应二叉树的一个结点。该结点在二叉树上的位置确定方法为：第一个数据元素 a_1 作为这棵二叉树的根结点；若 $a_2 < a_1$，a_2 作为 a_1 的左子树，否则作为 a_1 的右子树；第 i 个数据元素 a_i 首先同这棵二叉树的根结点比较，若 $a_i < a_1$，则 a_i 应位于 a_1 的左边，再同 a_1 的左子树结点比较，否则同 a_1 的右子树结点比较，以此类推，直到找到该数据元素的位置为止。

数组（10, 36, 45, 13, 26, 7, 12, 48）的二叉排序树如图 3-30 所示。

2）中根遍历二叉排序树。

按照上面的方法建立二叉树以后，用中根遍历方式遍历该二叉树。

图 3-29 所示的二叉树排序的结果是（7, 10, 12, 13, 26, 36, 45, 48）。

（2）三维立体造型的 CSG 树

CSG（Constructive Solid Geometry）几何体素构造法的基本思想是由一些比较简单的基本形体经过交、并、差运算形成一个复杂的形体。当用二叉树可以描述这一形成过程时，该二叉树称为 CSG 树。图 3-31a 给出了一个复杂形体的形成过程，该过程也可以用图 3-31b 所示的 CSG 树来描述。从图中可以看出，叶结点是构成这个复杂形体的各个简单形体，其余结点描述了左右子树的运算种类，经过三层两次运算，就得到了这个复杂形体。

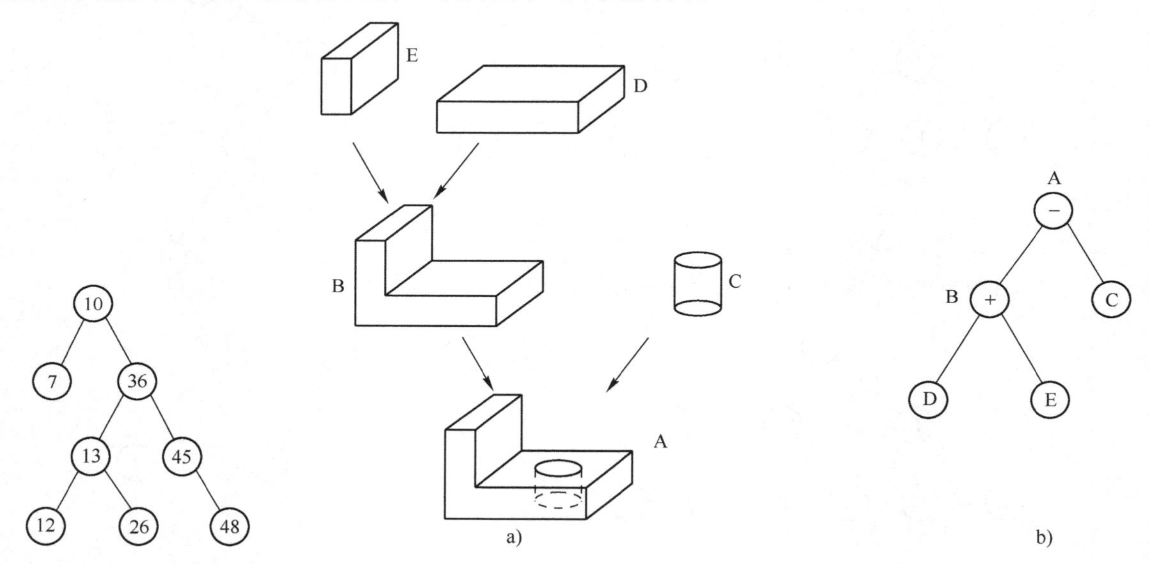

图 3-30　二叉排序树示例

图 3-31　CSG 拼合过程

习题

1．简述数据、数据元素、数据结构和数据类型的关系。

2．简述数据逻辑结构与物理结构的区别和联系。

3．分析顺序存储结构和链式存储结构的主要优缺点。

4．简述线性、树和图的区别与联系。

5．简述顺序存储结构和链式存储结构中保证数据元素有序性的区别。

6．试述线性表中单向链表、双向列表和单向循环链表的区别与联系。

7．简述对链表的表结点、链头结点和链尾结点的理解。

8．简要分析“树只能用链式存储”论断的准确性。

9．试用树的存储结构特点解释以下论断：如果交换同一层次各子树的位置就构成了不同的树。

10．有一组数据如下：4，5，10，20，12，3，6，16，8，24，36，30。利用该组数据构建二叉树，并利用中根遍历实现升序排列。

11．表 3-2 是零件的加工工艺路线，其可以构成一个线性表。回答以下问题：

表 3-2　零件加工工艺路线

序号	名称	粗糙度/μm	精度等级
1	粗铣	5～20	IT11～13
2	半精铣	2.5～10	IT8～11
3	精磨	0.16～1.25	IT6～8
4	精密磨	0.008～0.63	IT5～6

（1）表中的数据元素由那些数据项组成？

（2）欲插入序号为 3、名称为粗磨？粗糙度为 1.25～10μm、精度等级为 IT8～10 的一条记录，如何操作（说明并绘制示意图）？

12．标准三角带型号和部分尺寸数据（单位：mm）见表 3-3。回答以下问题：

表 3-3　标准三角带型号和部分尺寸数据

型号	顶宽	断面高
O	10	6
A	13	8
B	17	10.5
F	50	30

（1）写出数据元素包含的数据项名称。

（2）分别画出用顺序链表、单向链表和双向链表对该组数据进行存储的存储结构示意图。

第4章　图形变换

本章要点

- 图形变换的数学基础知识。
- 二维图形基本变换矩阵、二维图形基本变换及组合变换。
- 三维图形基本变换矩阵、三维图形基本变换及组合变换。

在机械 CAD 的应用中，无论是图形的建模、装配，还是图形的定位、定向观察，都需要对显示的图形进行大量的编辑、修改等图形变换操作，以便从各种视角观察几何实体，完成装配设计和运动仿真等功能。图形变换一般是指对图形的几何信息进行几何变换后产生新的几何图形。点是图形的基本要素，只要改变了图形中点的坐标位置也就完成了整个图形的几何变换。通过图形变换可以由简单图形生成复杂图形，也可以由二维图形表示三维实体，甚至可以将静态图形通过快速变化来获得动态显示效果。

图形变换包括几何变换、投影变换、窗口视区和视向变换等。本章主要讨论图形拓扑关系不变的几何变换。通过本章学习读者可以了解二维、三维图形基本变换矩阵及投影变换原理，掌握利用平移、比例、旋转、镜射和错切等实现图形组合变换的基本原理及其应用。

4.1　图形变换的数学基础

4.1.1　矢量运算

矢量运算的一般法则为：矢量加法可用平行四边形法则，矢量减法则是矢量加法的逆运算，一个矢量减去另一个矢量等于加上那个矢量的负矢量。矢量与标量的乘积仍为矢量，同时矢量与矢量乘积则可分为标量积（点积）和矢量积（叉积）。

例：已知矢量，$\boldsymbol{A}=(A_x,A_y,A_z)$，$\boldsymbol{B}=(B_x,B_y,B_z)$

1．矢量和

两个矢量的和是其相应分量分别求和的结果，矢量 $\boldsymbol{A}+\boldsymbol{B}=\boldsymbol{C}=(A_x+B_x, A_y+B_y, A_z+B_z,)$，如图 4-1 所示。

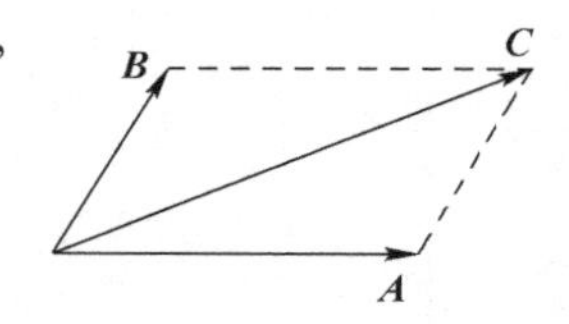

图 4-1　矢量和

2．矢量乘法

1）矢量的数乘：$k\boldsymbol{A}=(kA_x, kA_y, kA_z)$，其中，$k$ 为常数。

2）标量积：一矢量在另一矢量方向上的投影与另一矢量模的乘积，其结果是一标量。

公式：$\boldsymbol{A}\cdot\boldsymbol{B}=A_x\cdot B_x+A_y\cdot B_y+A_z\cdot B_z$。

3）矢量积：两矢量叉积得到一新矢量，大小为这两个矢量组成的平行四边形的面积，方向为该面的法线方向，如图4-2所示。

公式：$\boldsymbol{A}\times\boldsymbol{B}=|\boldsymbol{A}|\cdot|\boldsymbol{B}|\sin\theta$。

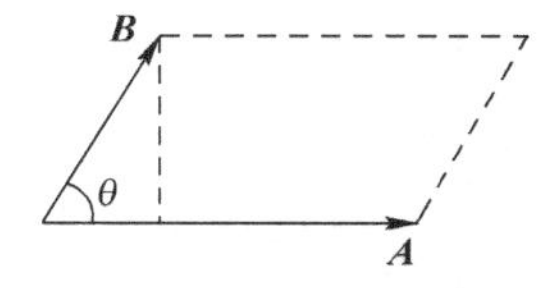

图4-2　矢量积

4.1.2 矩阵运算

矩阵的基本运算包括加法、减法、乘法。设有 $m\times n$ 矩阵 $\boldsymbol{A}$ 和 $\boldsymbol{B}$：

$$\boldsymbol{A}=\begin{pmatrix} a_{11} & a_{12} & \cdots & a_{1n} \\ a_{21} & a_{22} & \cdots & a_{2n} \\ \vdots & \vdots & & \vdots \\ a_{m1} & a_{m2} & \cdots & a_{mn} \end{pmatrix},\boldsymbol{B}=\begin{pmatrix} b_{11} & b_{12} & \cdots & b_{1n} \\ b_{21} & b_{22} & \cdots & b_{2n} \\ \vdots & \vdots & & \vdots \\ b_{m1} & b_{m2} & \cdots & b_{mn} \end{pmatrix}$$

1．矩阵加减法

矩阵加法为矩阵 $\boldsymbol{A}$ 的每个元素加上矩阵 $\boldsymbol{B}$ 中的对应元素，矩阵的减法等于矩阵 $\boldsymbol{A}$ 的每个元素减去矩阵 $\boldsymbol{B}$ 中的对应元素。

$$\boldsymbol{A}\pm\boldsymbol{B}=\begin{pmatrix} a_{11}\pm b_{11} & a_{12}\pm b_{12} & \cdots & a_{1n}\pm b_{1n} \\ a_{21}\pm b_{21} & a_{22}\pm b_{22} & \cdots & a_{2n}\pm b_{2n} \\ \vdots & \vdots & & \vdots \\ a_{m1}\pm b_{m1} & a_{m2}\pm b_{m2} & \cdots & a_{mn}\pm b_{mn} \end{pmatrix}$$

2．矩阵乘法

（1）矩阵的数乘

即 $k\boldsymbol{A}$，其中 k 为常数，$\boldsymbol{A}$ 为矩阵。矩阵的数乘即为矩阵中的每一个元素乘以 k 后形成一个新的矩阵。

（2）矩阵的相乘

设 $\boldsymbol{A}=(a_{ij})_{m\times s}$，$\boldsymbol{B}=(b_{ij})_{s\times n}$，则 $\boldsymbol{A}$ 与 $\boldsymbol{B}$ 的乘积 $\boldsymbol{C}=\boldsymbol{AB}$，其计算如下：

1）行数与（左矩阵）$\boldsymbol{A}$ 相同，列数与（右矩阵）$\boldsymbol{B}$ 相同，即 $\boldsymbol{C}=(c_{ij})_{m\times n}$

2）$\boldsymbol{C}$ 的 i 行第 j 列的元素 c_{ij} 由 $\boldsymbol{A}$ 的第 i 行元素与 $\boldsymbol{B}$ 的第 j 列元素对应相乘，再取乘积之和。

例：设 $\boldsymbol{A}$ 为 2×3 矩阵，$\boldsymbol{B}$ 为 3×2 矩阵。

$$\boldsymbol{A}=\begin{pmatrix} 1 & 4 & 0 \\ 2 & 1 & 6 \end{pmatrix},\boldsymbol{B}=\begin{pmatrix} 1 & 3 \\ 2 & 4 \\ 3 & 0 \end{pmatrix}$$

$$\boldsymbol{C}=\boldsymbol{AB}=\begin{pmatrix} 1 & 4 & 0 \\ 2 & 1 & 6 \end{pmatrix}\begin{pmatrix} 1 & 3 \\ 2 & 4 \\ 3 & 0 \end{pmatrix}=\begin{pmatrix} 9 & 19 \\ 22 & 10 \end{pmatrix}$$

4.1.3 齐次坐标

齐次坐标表示法就是由 $n+1$ 维向量表示一个 n 维向量。在齐次坐标系中，n 维空间的位置矢量用 $n+1$ 维矢量表示，即二维空间的位置矢量用三维矢量表示。一个二维位置矢量 $[X\ Y]$ 用齐次坐标表示即为 $[X\ Y\ H]$，其中的 H 为附加坐标，是一个不为零的参数。一个二维点的齐次坐标表示不是唯一的，如二维点[20 10]可以表示为[20 10 1]，[40 20 12]，[60 40 3]等无穷组齐次坐标。给出点的齐次表达式$[X\ Y\ H]$，就可求得其二维笛卡儿坐标，即$[X\,Y\,H] \rightarrow \left[\frac{X}{H}\ \frac{Y}{H}\ \frac{H}{H}\right] = [x\ y\ 1]$，这个过程称为归一化处理。在几何意义上，它相当于把发生在三维空间的变换限制在$H=1$的平面上，在该平面内给出点的齐次表达式$[X\,Y\,H]$，就可求得其二维笛卡儿坐标。引入齐次坐标的目的主要是合并矩阵运算中的乘法和加法，它提供了用矩阵运算把二维、三维甚至高维空间中的一个点集从一个坐标系变换到另一个坐标系的有效方法。

4.1.4 图形的基本要素及其表示方法

体是由若干面构成的，而面则由线组成，点的运动轨迹便是线。因此，构成图形的最基本要素是点。在解析几何中，点可以用向量表示。在二维空间中可用(x,y)表示平面上的一点，在三维空间里则用(x,y,z)表示空间点。既然构成图形的最基本要素是点，则可用点的集合（简称点集）来表示一个平面图形或三维图形，以矩阵的形式分别表示如下。

平面图形的矩阵表示：$\begin{pmatrix} x_1 & y_1 \\ x_2 & y_2 \\ \vdots & \vdots \\ x_n & y_n \end{pmatrix}_{n\times 2}$，三维图形的矩阵表示：$\begin{pmatrix} x_1 & y_1 & z_1 \\ x_2 & y_2 & z_2 \\ \vdots & \vdots & \vdots \\ x_n & y_n & z_n \end{pmatrix}_{n\times 3}$

这样便建立了平面图形和三维图形的数学模型。

4.2 二维图形变换

二维图形变换有两种形式：一种是二维图形不动，坐标系变动，即变换前与变换后的二维图形是针对不同的坐标而言的，称之为坐标模式变换；另一种是坐标系不动，二维图形改变，即变换前与变换后的坐标值是针对同一坐标系而言的，称之为图形模式变换。下面讨论的二维图形变换属于后一种形式。

既然二维图形可以用点集来表示，也就是说点集确定了，二维图形也就确定了，如果点的位置改变了，二维图形也就随之改变，即二维图形变换归结为对组成图形的点集坐标的变换，因此，要对二维图形进行变换，只需要变换点就可以了。由于点集可用矩阵的方式来表达，所以对点的变换可以通过相应的矩阵运算来实现，如图 4-3 所示。

旧点（集）× 变换矩阵 $\xrightarrow{\text{矩阵运算}}$ 新点（集）

图 4-3 点（集）的变换

4.2.1 二维图形基本变换矩阵

二维图形变换包括平移、比例、旋转，镜射、错切等。二维图形的基本变换矩阵为

$$\boldsymbol{T} = \begin{pmatrix} a & b & p \\ c & d & q \\ k & m & s \end{pmatrix}$$

这个 3×3 矩阵中各元素的功能和几何意义各不相同，可以分割成如下四部分：

$$T=\begin{pmatrix} a & b & p \\ c & d & q \\ k & m & s \end{pmatrix}$$

其中，2×2 矩阵$\begin{pmatrix} a & b \\ c & d \end{pmatrix}$可以实现图形的比例、镜射、错切、旋转等变换；$1\times2$ 矩阵$(k\ m)$可以实现图形的平移变换；2×1矩阵$(p\ q)^{\mathrm{T}}$可以实现图形的透视变换；而(s)可以实现图形的全比例变换。

4.2.2 二维图形的基本变换

1. 平移变换

平移变换是将点以平移的方式进行的变换。令X、Y方向的偏移量分别为k和m，则k，m为平移距离，平移变换后新点坐标为

$$\begin{cases} x'=x+k \\ y'=y+m \end{cases}$$

将点以齐次坐标的形式表示，则点平移变换如下：

$$(x'\quad y'\quad 1)=(x\quad y\quad 1)\begin{pmatrix} 1 & 0 & 0 \\ 0 & 1 & 0 \\ k & m & 1 \end{pmatrix}=(x+k\quad y+m\quad 1)$$

式中，$T=\begin{pmatrix} 1 & 0 & 0 \\ 0 & 1 & 0 \\ k & m & 1 \end{pmatrix}$称为平移变换矩阵。平移变换如图 4-4 所示，实线图形为原始位置，虚线图形为沿X轴平移k和沿Y轴平移m所到达的位置。

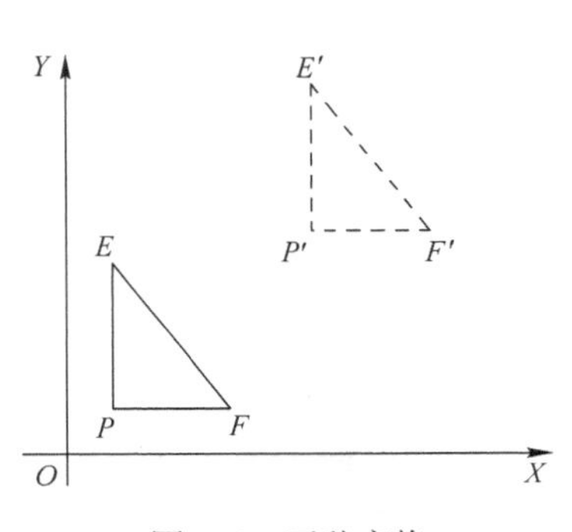

图 4-4　平移变换

2. 比例变换

比例变换是将点以比例缩放的方式进行变换。设a和d分别为X、Y轴方向的缩放比例，则点$P(x,y)$比例变换到$P'(x',y')$后的点坐标为

$$\begin{cases} x'=ax \\ y'=dy \end{cases}$$

则点的比例变换如下：

$$(x'\quad y')=(x\quad y)\begin{pmatrix} a & 0 \\ 0 & d \end{pmatrix}=(ax\quad dy)=(x\quad y)\cdot T$$

式中，$T=\begin{pmatrix} a & 0 \\ 0 & d \end{pmatrix}$称为比例变换矩阵，比例因子$a$和$d$分别取不同的值$(a,d>0)$将获得不同的变换结果。

（1）恒等变换

若 $a=d=1$，则变换后点的坐标不变。

（2）等比变换

当 $a=d>1$ 时，变换后图形等比例放大，如图 4–5 所示，虚线图形表示放大两倍后的实线图形。当 $a=d<1$ 时，变换后图形等比例缩小。

若 $a\neq d$，变换后图形产生畸变。如果 $a=2$，$d=0.5$，则图形变换运算为：

$$\begin{pmatrix}10 & 20\\10 & 30\\20 & 20\end{pmatrix}\begin{pmatrix}2 & 0\\0 & 0.5\end{pmatrix}=\begin{pmatrix}20 & 10\\20 & 15\\40 & 10\end{pmatrix}$$

式中，$\boldsymbol{T}=\begin{pmatrix}2 & 0\\0 & 0.5\end{pmatrix}$为比例变换矩阵，变换后的图形如图 4–6 所示，其中虚线为变换后的图形。

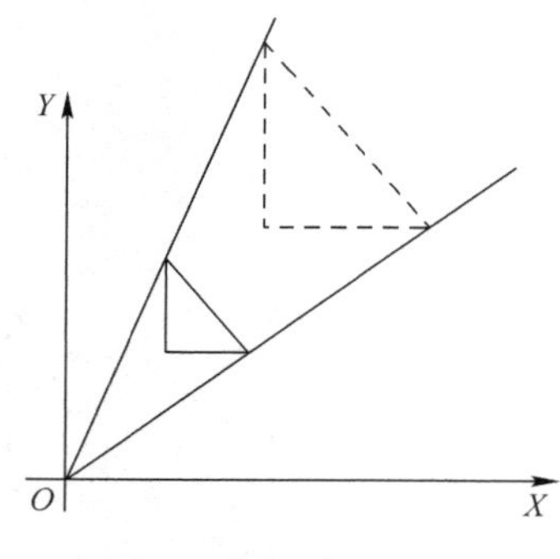

图 4–5　等比例变换

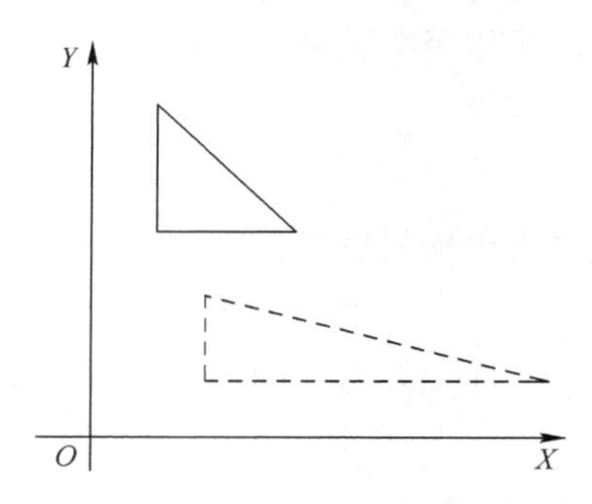

图 4–6　不等比例变换

3．旋转变换

二维图形的旋转变换是以某个参考点为圆心，将图形上的各点围绕圆心转动一个逆时针角度 θ，当参考点 O 为原点 $(0,0)$ 时，旋转变换后新点坐标为

$$\begin{cases}x'=r\cos(\alpha+\theta)=r\cos\alpha\cos\theta-r\sin\alpha\sin\theta\\y'=r\sin(\alpha+\theta)=r\sin\alpha\cos\theta+r\cos\alpha\sin\theta\end{cases}$$

因为 $x=r\cos\alpha$，$y=r\sin\alpha$，所以上式可转化为$\begin{cases}x'=x\cos\theta-y\sin\theta\\y'=x\sin\theta+y\cos\theta\end{cases}$，旋转变换运算为

$$(x'\quad y')=(x\cos\theta-y\sin\theta\quad x\sin\theta+y\cos\theta)=(x\quad y)\begin{pmatrix}\cos\theta & \sin\theta\\-\sin\theta & \cos\theta\end{pmatrix}=(x\quad y)\cdot\boldsymbol{T}$$

式中，$\boldsymbol{T}=\begin{pmatrix}\cos\theta & \sin\theta\\-\sin\theta & \cos\theta\end{pmatrix}$为旋转变换矩阵。旋转变换如图 4–7 所示。

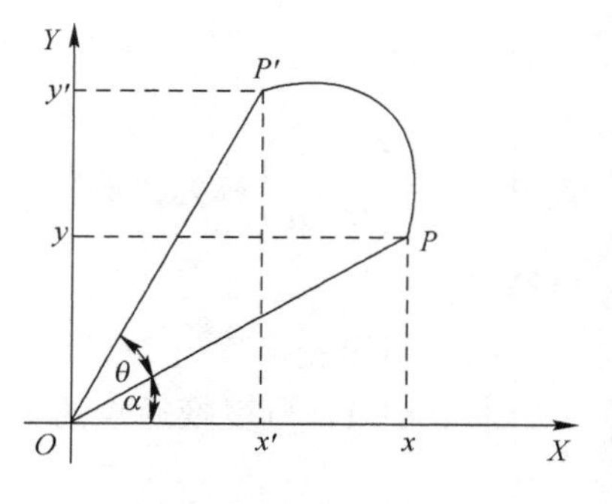

图 4–7　旋转变换

旋转变换时图形上的所有点旋转角度相同。线段的旋转可以通过上述步骤应用于每个线段端点，并重新绘制新端点间的线段而得到。多边形的旋转则是将每个顶点旋转指定的角度，并使用新的顶点来生成多边形而实现旋转。

4．镜射变换

镜射变换即产生图形的镜像，用来计算镜射图形，也称为对称变换，包括对于坐标轴、坐标原点、±45° 直线和任意直线的镜射变换。

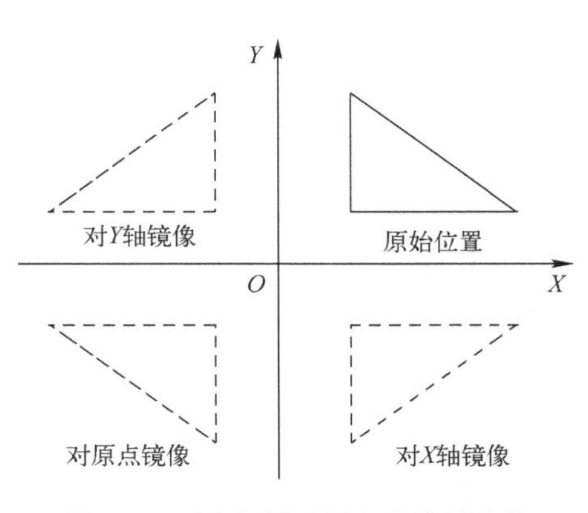

图 4-8　对坐标轴及原点的镜射变换

1）对 X 轴的镜射变换有 $x'=x$，$y'=-y$，即

$$(x' \quad y')=(x \quad y)\begin{pmatrix}1 & 0\\0 & -1\end{pmatrix}=(x \quad y)\cdot\boldsymbol{T}=(x \quad -y)$$

式中，$\boldsymbol{T}=\begin{pmatrix}1 & 0\\0 & -1\end{pmatrix}$ 为变换矩阵，变换结果如图 4-8 所示。

2）对 Y 轴的镜射变换为 $x'=-x$，$y'=y$，即

$$(x' \quad y')=(x \quad y)\begin{pmatrix}-1 & 0\\0 & 1\end{pmatrix}=(x \quad y)\cdot\boldsymbol{T}=(-x \quad y)$$

式中，$\boldsymbol{T}=\begin{pmatrix}-1 & 0\\0 & 1\end{pmatrix}$ 为变换矩阵，变换结果如图 4-8 所示。

3）对原点的镜射变换为 $x'=-x$，$y'=-y$，即

$$(x' \quad y')=(x \quad y)\begin{pmatrix}-1 & 0\\0 & -1\end{pmatrix}=(x \quad y)\cdot\boldsymbol{T}=(-x \quad -y)$$

变换矩阵为 $\boldsymbol{T}=\begin{pmatrix}-1 & 0\\0 & -1\end{pmatrix}$，镜射变换结果如图 4-8 所示。

4）对±45° 线的镜射变换。

a）对+45° 线的镜射有 $x'=y$，$y'=x$，即

$$(x' \quad y')=(x \quad y)\begin{pmatrix}0 & 1\\1 & 0\end{pmatrix}=(x \quad y)\cdot\boldsymbol{T}=(y \quad x)$$

则变换矩阵为 $\boldsymbol{T}=\begin{pmatrix}0 & 1\\1 & 0\end{pmatrix}$，对 45° 线的镜射变换的结果如图 4-9 所示。

b）对-45° 线的镜射有 $x'=-y$，$y'=-x$，即

$$(x' \quad y')=(x \quad y)\begin{pmatrix}0 & -1\\-1 & 0\end{pmatrix}=(x \quad y)\cdot\boldsymbol{T}=(-y \quad -x)$$

则变换矩阵为 $\boldsymbol{T}=\begin{pmatrix}0 & -1\\-1 & 0\end{pmatrix}$，对-45° 线的镜射变换结果如图 4-9 所示。

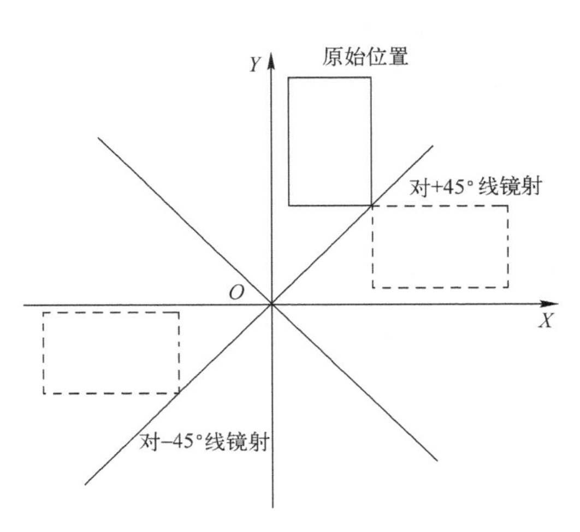

图 4-9　对±45° 线镜射变换

5. 错切变换

错切变换是沿某坐标方向产生不等量移动而引起的一种图形变换。错切用于描述受到扭曲、剪切后的几何体形状。$P(x,y)$ 变换到 $P'(x',y')$ 的错切变换为

$$(x' \quad y') = (x \quad y)\begin{pmatrix} 1 & b \\ c & 1 \end{pmatrix} = (x+cy \quad y+bx) = (x \quad y)\cdot \boldsymbol{T}$$

式中，$T = \begin{pmatrix} 1 & b \\ c & 1 \end{pmatrix}$，为错切变换矩阵，其中 c 和 b 不同时为 0。

在沿 X 轴的错切变换中，y 不变，x 有一增量，变换后原来平行于 Y 轴的直线向 X 轴方向错切成与 X 轴成一定的角度。而在沿 Y 轴的错切变换中，x 不变，y 有一增量，变换后原来平行于 X 轴的直线向 Y 轴方向错切成与 Y 轴成一定的角度。

（1）沿 X 轴错切

令 $\boldsymbol{T} = \begin{pmatrix} 1 & b \\ c & 1 \end{pmatrix}$ 错切变换矩阵中的 $b=0$，$c \neq 0$，其变换就是沿 X 轴方向的错切，即

$$(x' \quad y') = (x \quad y)\begin{pmatrix} 1 & 0 \\ c & 1 \end{pmatrix} = (x \quad y)\cdot \boldsymbol{T} = (x+cy \quad y)$$

当 $c>0$ 时，错切沿着 X 轴正向；当 $c<0$ 时，错切沿 X 轴负向。错切直线与 X 轴的夹角为 $\alpha = \arctan\dfrac{y}{cy} = \arctan\dfrac{1}{c}$。

假设 c=2，对图 4-10a 中的三角形进行错切变换，则有

$$\begin{pmatrix} 10 & 10 \\ 10 & 0 \\ 0 & 0 \end{pmatrix}\begin{pmatrix} 1 & 0 \\ 2 & 1 \end{pmatrix} = \begin{pmatrix} 30 & 10 \\ 10 & 0 \\ 0 & 0 \end{pmatrix}$$

沿 X 轴方向错切变换的结果如图 4-10b 所示。

（2）沿 Y 轴错切

令 $\boldsymbol{T} = \begin{pmatrix} 1 & b \\ c & 1 \end{pmatrix}$ 错切变换矩阵中的 $c=0$，$b \neq 0$，其变换就是沿 Y 轴方向的错切，即

$$(x' \quad y') = (x \quad y)\begin{pmatrix} 1 & b \\ 0 & 1 \end{pmatrix} = (x \quad y)\cdot \boldsymbol{T} = (x \quad y+bx)$$

当 $b>0$ 时，错切沿着 Y 轴正向；当 $b<0$ 时，错切沿 Y 轴负向。错切直线与 Y 轴的夹角为 $\alpha = \arctan\dfrac{x}{bx} = \arctan\dfrac{1}{b}$。

假设 b=2，对三角形进行错切变换，则有

$$\begin{pmatrix} 10 & 10 \\ 10 & 0 \\ 0 & 0 \end{pmatrix}\begin{pmatrix} 1 & 2 \\ 0 & 1 \end{pmatrix} = \begin{pmatrix} 30 & 10 \\ 10 & 20 \\ 0 & 0 \end{pmatrix}$$

沿 Y 轴方向错切变换的结果如图 4-10c 所示。

注意，上面介绍的错切变换的错切方向是对第 I 象限而言，其余象限的点的错切方向做相应变化。

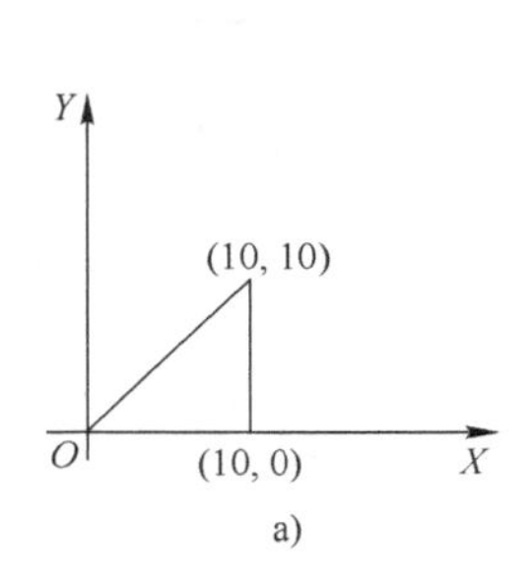

a)

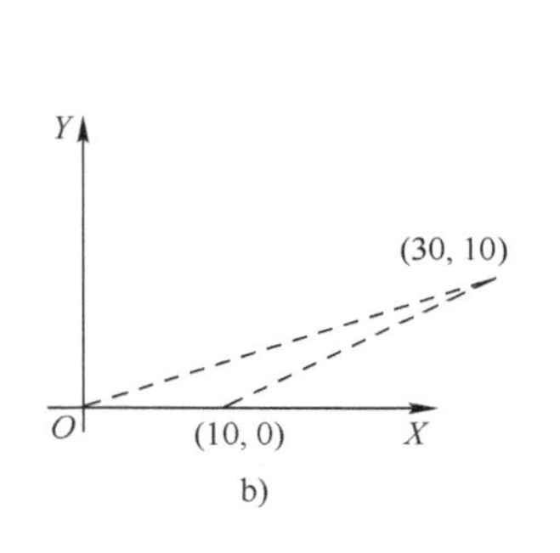

b)

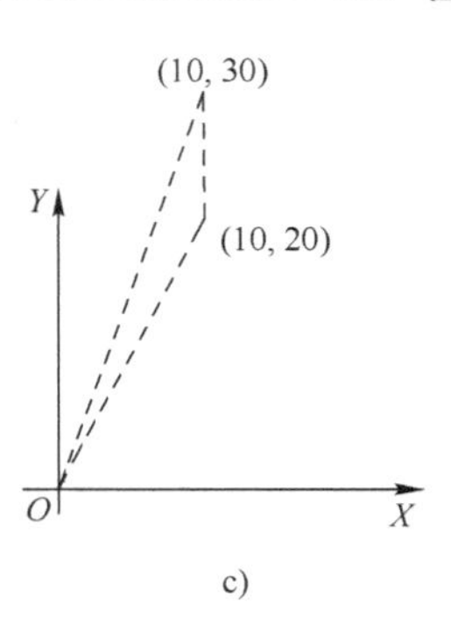

c)

图 4-10　错切变换

a) 原始图形　b) 沿 X 轴方向错切　c) 沿 Y 轴方向错切

二维图形基本变换方式可归纳为表 4-1。

表 4-1　二维图形基本变换

变换矩阵名称	矩阵元素意义及说明	变换矩阵	示意图
平移变换	l 为 x 方向上的平移量；m 为 y 方向上的平移量	$\boldsymbol{T}=\begin{pmatrix}1 & 0 & 0\\0 & 1 & 0\\l & m & 1\end{pmatrix}$	
镜像变换	对 X 轴镜射	$\boldsymbol{T}=\begin{pmatrix}1 & 0 & 0\\0 & -1 & 0\\0 & 0 & 1\end{pmatrix}$	
	对 Y 轴镜射	$\boldsymbol{T}=\begin{pmatrix}-1 & 0 & 0\\0 & 1 & 0\\0 & 0 & 1\end{pmatrix}$	
	对+45° 线镜射	$\boldsymbol{T}=\begin{pmatrix}0 & 1 & 0\\1 & 0 & 0\\0 & 0 & 1\end{pmatrix}$	

（续）

变换矩阵名称	矩阵元素意义及说明	变换矩阵	示意图
镜射变换	对-45° 线镜射	$T=\begin{pmatrix}0 & -1 & 0\\ -1 & 0 & 0\\ 0 & 0 & 1\end{pmatrix}$	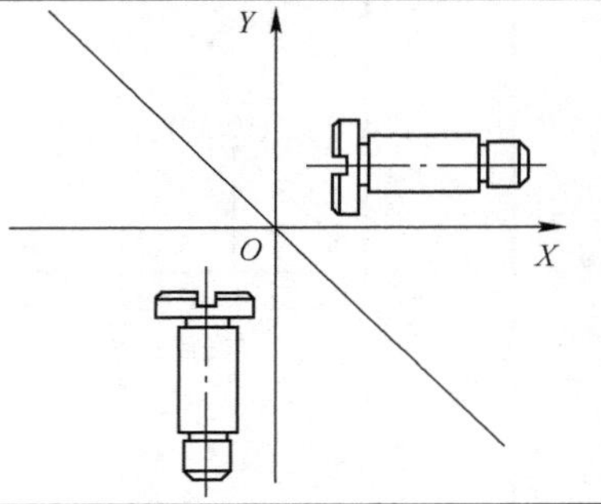
	对坐标系原点镜射	$T=\begin{pmatrix}-1 & 0 & 0\\ 0 & -1 & 0\\ 0 & 0 & 1\end{pmatrix}$	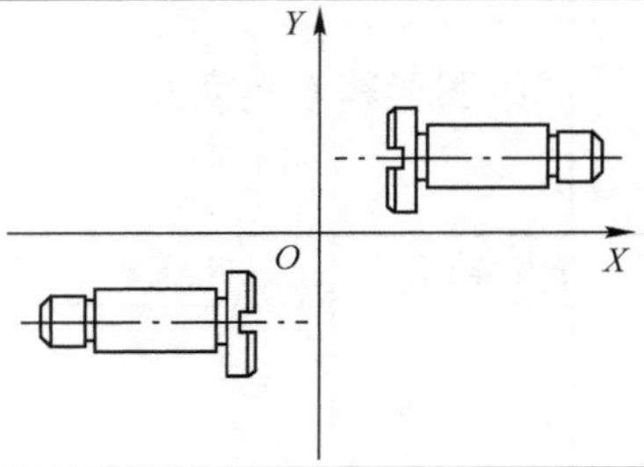
比例变换	a 为 X 方向上的比例因子 d 为 Y 方向上的比例因子	$T=\begin{pmatrix}a & 0 & 0\\ 0 & d & 0\\ 0 & 0 & 1\end{pmatrix}$	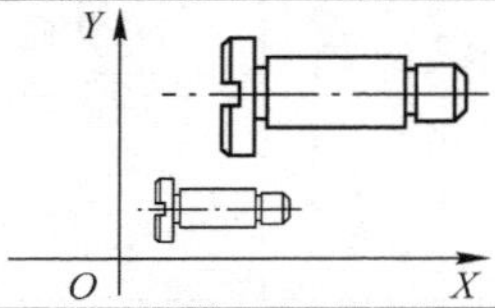
错切变换	沿 X 向错切， c 为错切量，$c\neq 0$	$T=\begin{pmatrix}1 & 0 & 0\\ c & 1 & 0\\ 0 & 0 & 1\end{pmatrix}$	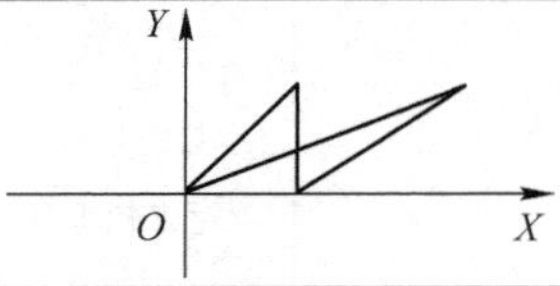
	沿 Y 向错切， b 为错切量，$b\neq 0$	$T=\begin{pmatrix}1 & b & 0\\ 0 & 1 & 0\\ 0 & 0 & 1\end{pmatrix}$	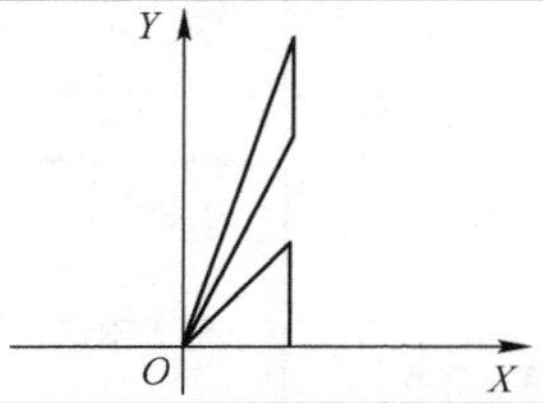
旋转变换	绕坐标原点旋转角度 θ，逆时针为正，顺时针为负	$T=\begin{pmatrix}\cos\theta & \sin\theta & 0\\ -\sin\theta & \cos\theta & 0\\ 0 & 0 & 1\end{pmatrix}$	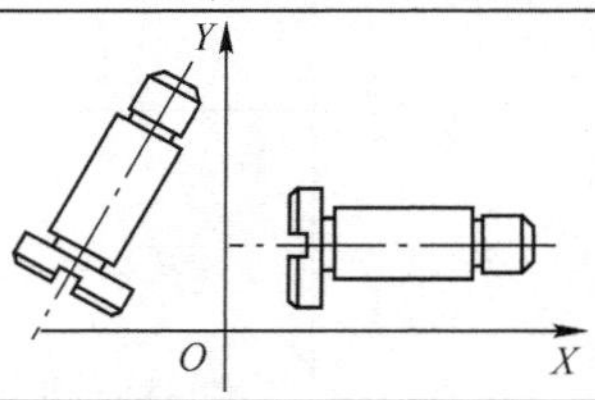
全比例变换	S 为全图的比例因子	$T=\begin{pmatrix}1 & 0 & 0\\ 0 & 1 & 0\\ 0 & 0 & s\end{pmatrix}$	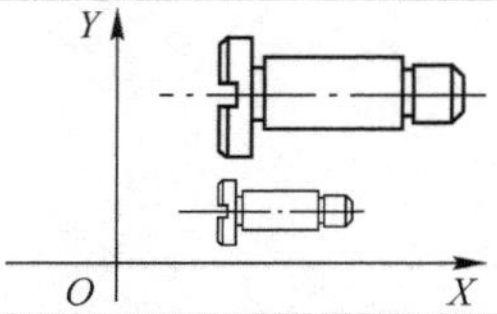

4.2.3 二维图形的组合变换

对于上述五种变换通过一次几何变换就能实现，称为基本变换。但是，有些变换仅用一种变换是不能实现的，如绕任意点旋转的变换，必须由两种或多种基本变换组合才能实现。这种由多种基本变换组合而成的变换称为组合变换，相应变换矩阵叫作组合变换矩阵，等于每次变换矩阵相乘。

1．绕任意点旋转变换

平面图形绕任意点 $P(x_p, y_p)$ 旋转 α 角的旋转变换需要通过以下几个步骤来实现。

1）将旋转中心平移到原点，变换矩阵为

$$\boldsymbol{T}_{-x,-y}=\begin{pmatrix}1 & 0 & 0\\ 0 & 1 & 0\\ -x_p & -y_p & 1\end{pmatrix}$$

2）将图形绕坐标系原点旋转 α 角，变换矩阵为

$$\boldsymbol{T}_{R(\alpha)}=\begin{pmatrix}\cos\alpha & \sin\alpha & 0\\ -\sin\alpha & \cos\alpha & 0\\ 0 & 0 & 1\end{pmatrix}$$

3）将旋转中心平移到原来的位置，变换矩阵为

$$\boldsymbol{T}_{x,y}=\begin{pmatrix}1 & 0 & 0\\ 0 & 1 & 0\\ x_p & y_p & 1\end{pmatrix}$$

因此，绕任意点的旋转变换矩阵为

$$\begin{aligned}\boldsymbol{T}&=\boldsymbol{T}_{-x,-y}\cdot\boldsymbol{T}_{R(\alpha)}\cdot\boldsymbol{T}_{x,y}\\ &=\begin{pmatrix}1 & 0 & 0\\ 0 & 1 & 0\\ -x_p & -y_p & 1\end{pmatrix}\begin{pmatrix}\cos\alpha & \sin\alpha & 0\\ -\sin\alpha & \cos\alpha & 0\\ 0 & 0 & 1\end{pmatrix}\begin{pmatrix}1 & 0 & 0\\ 0 & 1 & 0\\ x_p & y_p & 1\end{pmatrix}\\ &=\begin{pmatrix}\cos\alpha & \sin\alpha & 0\\ -\sin\alpha & \cos\alpha & 0\\ x_p(1-\cos\alpha)+y_p\sin\alpha & -x_p\sin\alpha+y_p(1-\cos\alpha) & 1\end{pmatrix}\end{aligned}$$

2．对任意直线的镜射变换

基本变换中的镜射变换适用于通过坐标原点的任意直线。如果直线不通过原点，则首先将该直线平移，使其过原点，然后再沿用基本的镜射变换，即可求得相对于任意直线的镜射变换矩阵。

设任意直线的方程为 $Ax+By+C=0$，直线在 X 轴和 Y 轴上的截距分别为 $-C/A$ 和 $-C/B$，直线与 X 轴的夹角为 α，$\alpha=\arctan(-A/B)$，如图 4-11 所示。

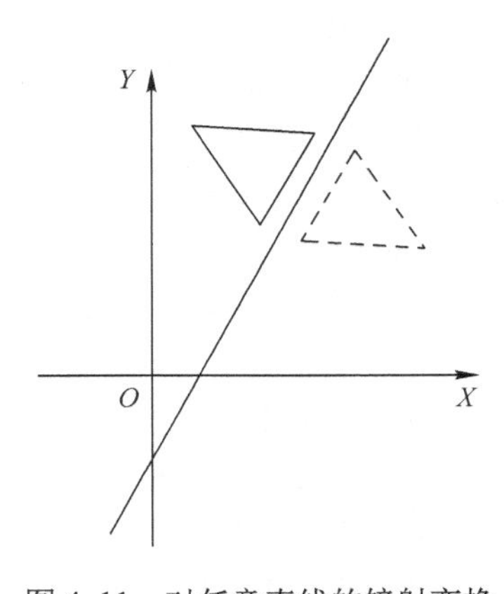

图 4-11　对任意直线的镜射变换

对任意直线的镜射变换可由以下几个步骤来完成。

1）平移直线，沿 X 向将直线平移，使其通过原点（也可以沿 Y 向平移），其变换矩阵为

$$\boldsymbol{T}_{C/A}=\begin{pmatrix}1 & 0 & 0\\ 0 & 1 & 0\\ C/A & 0 & 1\end{pmatrix}$$

2）绕原点旋转，使直线与 X 坐标轴重合（也可以与 Y 轴重合），变换矩阵为

$$\boldsymbol{T}_{\mathrm{R}(-\alpha)}=\begin{pmatrix}\cos(-\alpha) & \sin(-\alpha) & 0\\ -\sin(-\alpha) & \cos(-\alpha) & 0\\ 0 & 0 & 1\end{pmatrix}=\begin{pmatrix}\cos\alpha & -\sin\alpha & 0\\ \sin\alpha & \cos\alpha & 0\\ 0 & 0 & 1\end{pmatrix}$$

3）对 X 轴进行镜射变换，其变换矩阵为

$$\boldsymbol{T}_{\mathrm{M}(X)}=\begin{pmatrix}1 & 0 & 0\\ 0 & -1 & 0\\ 0 & 0 & 1\end{pmatrix}$$

4）绕原点旋转，使直线回到原来与 X 轴成 α 角的位置，变换矩阵为

$$\boldsymbol{T}_{\mathrm{R}(\alpha)}=\begin{pmatrix}\cos\alpha & \sin\alpha & 0\\ -\sin\alpha & \cos\alpha & 0\\ 0 & 0 & 1\end{pmatrix}$$

5）平移直线，使其回到原来不通过原点的位置，变换矩阵为

$$\boldsymbol{T}_{-C/A}=\begin{pmatrix}1 & 0 & 0\\ 0 & 1 & 0\\ -C/A & 0 & 1\end{pmatrix}$$

通过以上五个步骤，即可实现图形对任意直线的镜射变换。其组合变换矩阵为

$$\boldsymbol{T}=\boldsymbol{T}_{C/A}\cdot\boldsymbol{T}_{\mathrm{R}(-\alpha)}\cdot\boldsymbol{T}_{\mathrm{M}(X)}\cdot\boldsymbol{T}_{\mathrm{R}(\alpha)}\cdot\boldsymbol{T}_{-C/A}=\begin{pmatrix}\cos 2\alpha & \sin 2\alpha & 0\\ \sin 2\alpha & -\cos 2\alpha & 0\\ (\cos 2\alpha-1)C/A & (\sin 2\alpha)C/A & 1\end{pmatrix}$$

3. 组合变换顺序对图形的影响

通过上面的变换可以看出，组合变换是通过基本变换组合而成的，点或点集的多次变换可以一次完成，这要比逐次进行变换效率高。矩阵的乘法不符合交换律，即 $\boldsymbol{AB}\neq\boldsymbol{BA}$，因此组合的顺序一般是不能颠倒的，顺序不同，变换的结果亦不同。图 4-12 和图 4-13 显示了对矩形进行不同顺序基本变换组合的变换结果，图中数字表示图形变换的先后顺序。

几个需要注意的问题如下。

1）平移变换只改变图形位置，不改变图形大小和形状。

2）比例变换可改变图形的大小和形状。

3）旋转变换保持图形的线性关系和角度关系，变换后直线长短不变。

4）错切变换会引起图形角度的改变，甚至发生图形的变形。

5）拓扑不变的几何变换不改变图形的连接关系和平行关系。

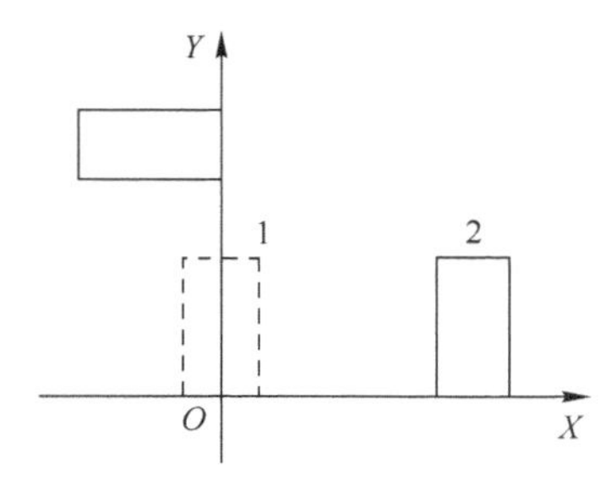

图 4-12　先平移后旋转

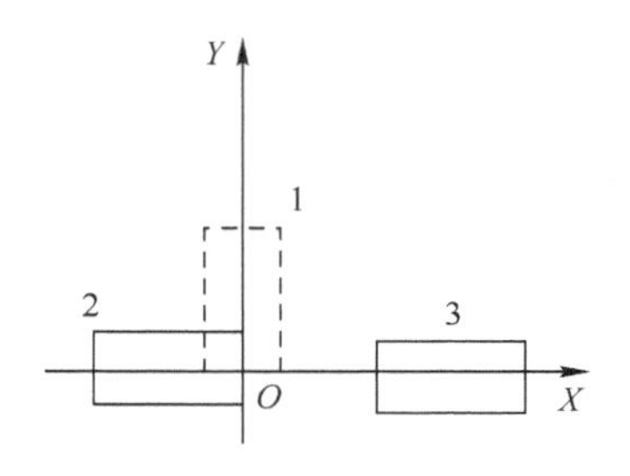

图 4-13　先旋转后平移

4.3　三维图形变换

三维图形变换是二维图形变换的扩展，三维图形变换的方法是在二维图形变换方法的基础上考虑了 z 坐标而得到的。在齐次坐标系中，二维图形变换可以用 3×3 矩阵表示，则三维图形变换可以用 4×4 矩阵表示，因此，三维图形变换的方法是旧点的齐次坐标乘以相应的 4×4 变换矩阵而得到变换后的新点坐标。和二维图形变换相似，组合变换通过依次合并单个变换矩阵而得到一个组合变换矩阵，变换序列中每一后继矩阵从左边去和以前的变换矩阵合并。

4.3.1　三维图形基本变换矩阵

三维点为$(x \quad y \quad z)$，它的齐次坐标为$(x \quad y \quad z \quad 1)$。三维变换矩阵则用 4×4 矩阵表示，同样可以把三维图形基本变换矩阵划分为四块：

$$\boldsymbol{T}=\left(\begin{array}{ccc|c} a & b & c & p \\ d & e & f & q \\ h & i & j & r \\ \hline k & m & n & s \end{array}\right)\text{，即}\left(\begin{array}{c|c} 3\times3 & 3\times1 \\ \hline 1\times3 & 1\times1 \end{array}\right)$$

三维图形基本变换矩阵中各子矩阵块的几何意义如下：

1）$\begin{pmatrix} a & b & c \\ d & e & f \\ h & i & j \end{pmatrix}_{3\times3}$ 产生比例、镜射、错切、旋转等基本变换。

2）$(k \quad m \quad n)_{1\times3}$ 产生平移变换。

3）$\begin{pmatrix} p \\ q \\ r \end{pmatrix}_{3\times1}$ 产生透视变换。

4）$(s)_{1\times1}$ 产生全比例变换。

由此可见，三维平移变换需要定义三个平移变量(k,m,n)，旋转变换需要定义三个旋转角度(α,β,γ)，比例变换则需要定义三个比例因子(a,e,j)，而错切变换则涉及 b，c，d，f，h，i 六个参数。

4.3.2 三维图形的基本变换

1．平移变换

将空间一点 $P(x,y,z)$ 平移到一个新位置 $P'(x',y',z')$，其平移变换矩阵为

$$T=\begin{pmatrix}1&0&0&0\\0&1&0&0\\0&0&1&0\\k&m&n&1\end{pmatrix}$$

平移变换运算为

$$(x'\quad y'\quad z'\quad 1)=(x\quad y\quad z\quad 1)\cdot T=(x+k\quad y+m\quad z+n\quad 1)$$

式中，k，m，n 分别为沿 X，Y，Z 方向的平移偏移量，图 4-14 所示为对 P 点的平移变换。

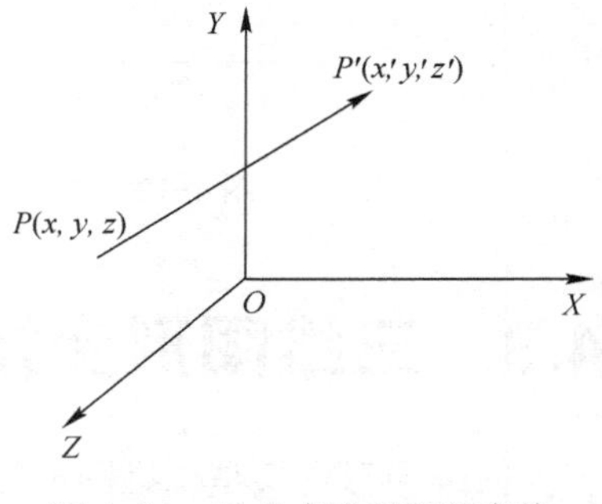

图 4-14　对 P 点进行平移变换

2．旋转变换

三维旋转变换可分为绕各坐标轴旋转变换。三维旋转变换矩阵如下。

1）绕 X 轴旋转 α 角的变换矩阵为：$T_{RX}=\begin{pmatrix}1&0&0&0\\0&\cos\alpha&\sin\alpha&0\\0&-\sin\alpha&\cos\alpha&0\\0&0&0&1\end{pmatrix}$

2）绕 Y 轴旋转 β 角的变换矩阵为：$T_{RY}=\begin{pmatrix}\cos\beta&0&\sin\beta&0\\0&1&0&0\\-\sin\beta&0&\cos\beta&0\\0&0&0&1\end{pmatrix}$

3）绕 Z 轴旋转 γ 角的变换矩阵为：$T_{RZ}=\begin{pmatrix}\cos\gamma&\sin\gamma&0&0\\-\sin\gamma&\cos\gamma&0&0\\0&0&1&0\\0&0&0&1\end{pmatrix}$

几何体分别绕 X，Y，Z 轴旋转 90° 的变换结果如图 4-15 所示。

3．比例变换

三维比例变换矩阵的主对角线元素 a、e、j、s 的作用是分别控制 x、y、z 方向和整体的比例变换。比例变换后坐标为

$$(x'\ y'\ z'\ 1)=(x\ y\ z\ 1)\cdot\begin{pmatrix}a&0&0&0\\0&e&0&0\\0&0&j&0\\0&0&0&s\end{pmatrix}=(ax\quad ey\quad jz\quad s)$$

当 $s=1$ 时，x、y、z 的坐标分别按比例 a、e、j 变化；当 a、e、j 均为 1 时，$s>1$ 时为放大变换，$s<1$ 时为缩小变换。图 4-16 所示为比例（放大）变换。

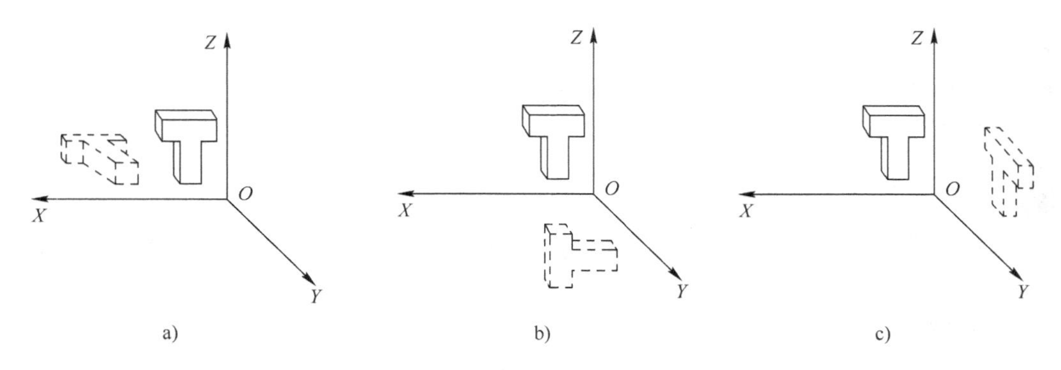

图 4-15　旋转变换

a) 绕 X 轴旋转　b) 绕 Y 轴旋转　c) 绕 Z 轴旋转

4．镜射变换

三维镜射变换包括对原点、对坐标轴和对坐标平面的镜射。镜射变换矩阵如下。

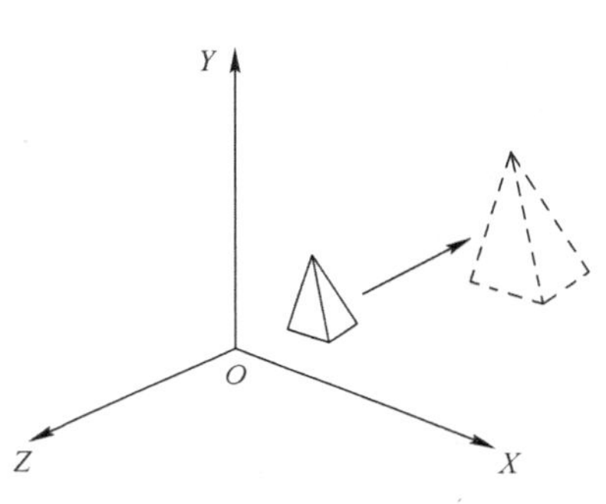

图 4-16　比例（放大）变换

1）对 XOY 平面的镜射变换矩阵为：$\boldsymbol{T}_{XOY}=\begin{pmatrix}1&0&0&0\\0&1&0&0\\0&0&-1&0\\0&0&0&1\end{pmatrix}$

2）对 XOZ 平面的镜射变换矩阵为：$\boldsymbol{T}_{XOZ}=\begin{pmatrix}1&0&0&0\\0&-1&0&0\\0&0&1&0\\0&0&0&1\end{pmatrix}$

3）对 YOZ 平面的镜射变换矩阵为：$\boldsymbol{T}_{YOZ}=\begin{pmatrix}-1&0&0&0\\0&1&0&0\\0&0&1&0\\0&0&0&1\end{pmatrix}$

5．错切变换

三维错切变换是指三维立体沿 X，Y，Z 三个方向产生错切，错切变换是画斜轴测图的基础，其变换矩阵为

$$\boldsymbol{T}=\begin{pmatrix}1&b&c&0\\d&1&f&0\\h&i&1&0\\0&0&0&1\end{pmatrix}$$

$$(x'\quad y'\quad z'\quad 1)=(x\quad y\quad z\quad 1)\cdot\boldsymbol{T}=(x+dy+hz\quad bx+y+iz\quad cx+fy+z\quad 1)$$

从中可以看出，一个坐标的变化受到另外两个坐标变化的影响。各种错切参数的选取如下。

- 沿 x 含 y 错切：$b=c=f=h=i=0,d\neq 0$。
- 沿 x 含 z 错切：$b=c=d=f=i=0,h\neq 0$。
- 沿 y 含 x 错切：$c=d=f=h=i=0,b\neq 0$。

- 沿 y 含 z 错切：$b=c=d=f=h=0, i\neq 0$。
- 沿 z 含 x 错切：$b=d=f=h=i=0, c\neq 0$。
- 沿 z 含 y 错切：$b=c=d=h=i=0, f\neq 0$。

4.3.3 三维图形的组合变换

与二维图形组合变换一样，通过对三维图形基本变换矩阵的组合，可以实现对三维几何体的复杂变换。现在用三维图形组合变换方法来解决绕任意轴旋转变换的问题。

如图 4-17 所示，设旋转轴 AB 由点 $A(x_a, y_a, z_a)$ 和点 $B(x_b, y_b, z_b)$ 决定，空间任意一点 $P(x, y, z)$ 绕 AB 旋转 θ 角到点 $P'(x', y', z')$。

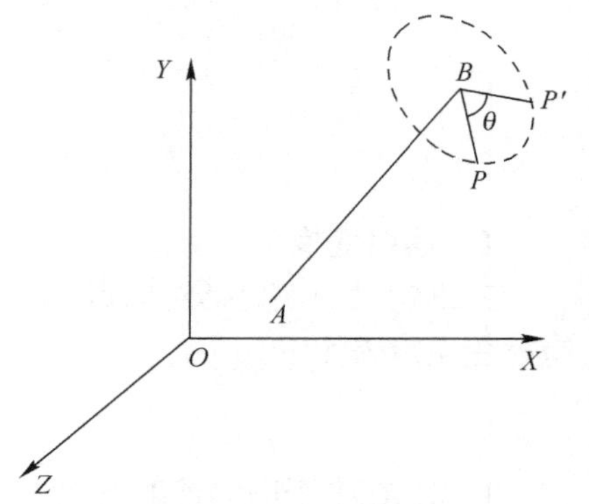

图 4-17　三维图形组合变换

即 $(x' \quad y' \quad z' \quad 1) = (x \quad y \quad z \quad 1)\cdot \boldsymbol{T}_{AB}$。

式中，$\boldsymbol{T}_{AB}$ 为绕任意轴的旋转变换矩阵，它由基本变换矩阵组合而成。

矩阵 $\boldsymbol{T}_{AB}$ 的求解步骤如下：

1）将点与旋转轴一起做平移变换，使旋转轴 AB 过原点且 A 点与原点重合，其变换矩阵为

$$\boldsymbol{T}_1 = \begin{pmatrix} 1 & 0 & 0 & 0 \\ 0 & 1 & 0 & 0 \\ 0 & 0 & 1 & 0 \\ -x_a & -y_a & -z_a & 1 \end{pmatrix}$$

2）令 AB 首先绕 X 轴旋转 α 角，使其与 XOZ 平面共面，然后绕 Y 轴旋转 β 角，使其与 Z 轴重合，其变换矩阵为

$$\boldsymbol{T}_2 = \boldsymbol{T}_{2X}\cdot \boldsymbol{T}_{2Y} = \begin{pmatrix} 1 & 0 & 0 & 0 \\ 0 & \cos\alpha & \sin\alpha & 0 \\ 0 & -\sin\alpha & \cos\alpha & 0 \\ 0 & 0 & 0 & 1 \end{pmatrix}\begin{pmatrix} \cos(-\beta) & 0 & -\sin(-\beta) & 0 \\ 0 & 1 & 0 & 0 \\ \sin(-\beta) & 0 & \cos(-\beta) & 0 \\ 0 & 0 & 0 & 1 \end{pmatrix}$$

其中，α、β 可通过旋转轴的两个端点坐标计算得到。

3）将 P 点绕 Z 轴（即 AB）旋转 θ 角，变换矩阵为

$$\boldsymbol{T}_3 = \begin{pmatrix} \cos\theta & \sin\theta & 0 & 0 \\ -\sin\theta & \cos\theta & 0 & 0 \\ 0 & 0 & 1 & 0 \\ 0 & 0 & 0 & 1 \end{pmatrix}$$

4）对步骤 2）进行逆变换，将 AB 旋转回原来的位置，变换矩阵为

$$\boldsymbol{T}_4 = \begin{pmatrix} \cos\beta & 0 & -\sin\beta & 0 \\ 0 & 1 & 0 & 0 \\ \sin\beta & 0 & \cos\beta & 0 \\ 0 & 0 & 0 & 1 \end{pmatrix}\begin{pmatrix} 1 & 0 & 0 & 0 \\ 0 & \cos\alpha & -\sin\alpha & 0 \\ 0 & \sin\alpha & \cos\alpha & 0 \\ 0 & 0 & 0 & 1 \end{pmatrix}$$

5）对步骤1）进行逆变换，将 AB 平移到原来的位置，变换矩阵为

$$\boldsymbol{T}_5=\boldsymbol{T}_1^{-1}=\begin{pmatrix}1&0&0&0\\0&1&0&0\\0&0&1&0\\x_a&y_a&z_a&1\end{pmatrix}$$

将上述五步中的各个变换矩阵依次相乘，便可得到绕任意轴旋转的变换矩阵，即 $\boldsymbol{T}_{AB}=T_1T_2T_3T_4T_5$。

习题

1．证明下述几何变换矩阵运算具有互换性。

1）两个连续的平移变换。

2）当比例系数相等时的旋转和比例变换。

2．推导二维图形平移变换矩阵。

3．推导二维图形旋转变换矩阵。

4．证明二维点相对 X 轴做对称变换，再相对 $y=-x$ 直线做对称变换，完全等价于该点相对坐标原点做旋转变换。

5．已知三角形各顶点坐标分别为（10,10），（10,30）和（30,20），先绕原点逆时针旋转 90°，沿 X 正方向平移 10，再沿 Y 负方向平移 20，写出变换矩阵。

6．三角形各顶点坐标为 $A(3,0)$，$B(4,2)$，$C(6,0)$，其绕原点逆时针旋转 90°，再沿 X 方向平移 2，Y 方向平移−1，写出变换结果；反之，如果先进行平移变换再进行旋转变换，会得出什么结果和结论。

7．证明 $\boldsymbol{T}=\begin{pmatrix}\dfrac{1-t^2}{1+t^2}&\dfrac{2t}{1+t^2}\\\dfrac{-2t}{1+t^2}&\dfrac{1-t^2}{1+t^2}\end{pmatrix}$ 表示一个旋转变换。

8．写出三维图形变换矩阵，并说明各部分的变换功能。

9．什么是三维复合变换，复合变换结果是否可逆？

第 5 章　实体建模技术

本章要点

- 几何模型的定义、分类、数据结构及特点。
- 特征建模的概念及特征表示方法。
- 参数化与变量化建模技术原理及特点。
- 装配建模概念及方法。

几何建模技术是将现实世界中的物体及其属性转化成计算机内部数字化模型的原理和方法，是定义产品数字模型、数字信息以及图形信息的工具，是产品信息化的源头。它为产品设计、制造、装配、工程分析以及生产过程管理等提供有关产品信息的描述与表达方法，是实现计算机辅助设计与制造的前提条件，也是计算机辅助建模技术的核心内容。它的实质是物体的几何建模，目的是使计算机能够识别和处理对象，并为其他产品数字化开发模块提供原始信息。

本章主要讨论实体建模技术，使读者了解线框模型、表面模型和实体模型几何建模方法的数据结构及应用特点，掌握在机械 CAD 技术应用中特征建模技术、参数化建模技术、变量化建模技术及装配建模技术的特点，为熟练应用 CAD 技术奠定理论基础。

5.1　几何建模

几何建模技术是研究几何外形的数学描述、三维几何形体的计算机表示与建立、几何信息处理与几何数据管理、几何图形显示的理论、方法和技术。通常把能够定义、描述、生成几何模型，并能交互地进行编辑的系统称为几何建模系统。几何模型通常分为线框模型、表面模型和实体模型。通过几何建模所形成的模型是对原几何体及其状态的计算机化表达与模拟，其信息能够为后续设计提供帮助，如产生有限元网格、编制数控加工刀具轨迹、进行干涉检查和物性计算等。三维实体建模需要考虑实体的几何信息及拓扑信息。几何信息是指构成几何形体的各几何元素在欧氏空间中的位置与大小，拓扑信息只考虑构成几何形体的各几何元素的数目及相互之间的连接关系。也就是说，拓扑关系允许三维实体弹性运动，可以随意地伸张和扭曲。因此，对于两个形状、大小不一的实体，其拓扑关系却可能等价。

5.1.1　线框模型

三维线框模型是在二维线框模型基础上发展起来的。它在二维图形绘制的基础上增加了用于表示深度的 Z 坐标，即把原来的平面直线和圆弧扩展为空间直线和圆弧，并采用它们表示形体的边界和外部轮廓。线框模型用一系列点和线构成的线框来描述三维形体。以立方体为例，其线框模型是由立方体的 8 个顶点 $v_1,v_2,\cdots,v_8$ 的坐标确定形状和位置的，如图 5-1a 所示，再用 $e_1,e_2,\cdots,e_{12}$ 共 12 条棱边就可以把立方体表示出来，如图 5-1b 所示。

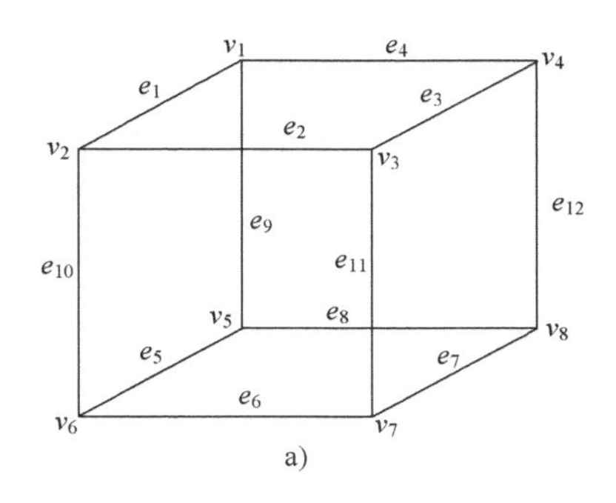

a)

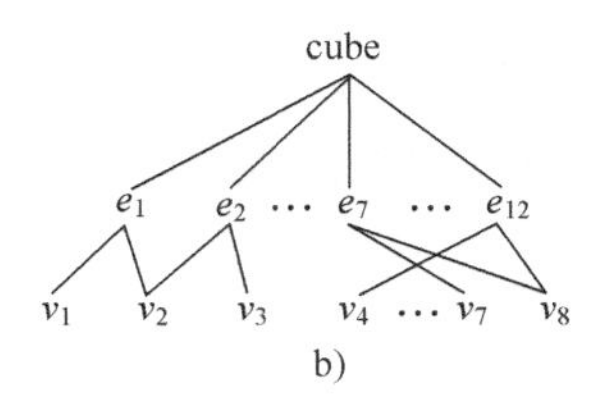

b)

图 5-1 立方体的表示

a) 立方体 b) 立方体棱边和点的关系

线框模型棱边和点的关系及在计算机另一个是内存储的数据结构原理如图 5-2 所示。其中共有两个表，一个是顶点表，记录各顶点坐标值，另一个是棱边表，记录每条棱边所连接的两顶点，由此可见线框模型是用它的全部顶点及边的集合来描述。

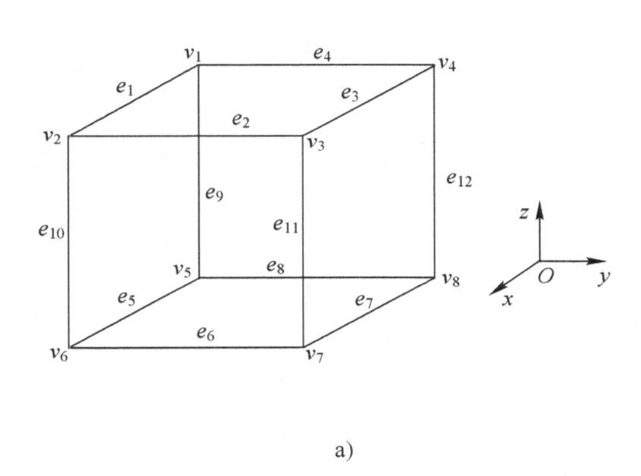

a)

顶点	坐标		
	x	y	z
1	1	0	1
2	1	1	1
3	0	1	1
4	0	0	1
5	1	0	0
6	1	1	0
7	0	1	0
8	0	0	0

b)

棱边	顶点号	
1	1	2
2	2	3
3	3	4
4	4	1
5	5	6
6	6	7
7	7	8
8	8	5
9	1	5
10	2	6
11	3	7
12	4	8

c)

图 5-2 线框模型的数据结构原理

a) 立方体 b) 顶点表 c) 棱边表

线框模型的优点是结构简单、容易处理、数据量小，能产生任意二维工程视图、任意视点或视向的轴测图与透视图，构造模型时操作简单，在 CPU 运算时间及存储方面占用较低。线框模型的缺点也比较明显，因为所有的棱边全部显示出来，物体的真实形状须由人脑的解释才能理解，因此容易出现二义性，如图 5-3 所示。当形状复杂时，棱边过多也会引起模糊理解。因缺少曲面

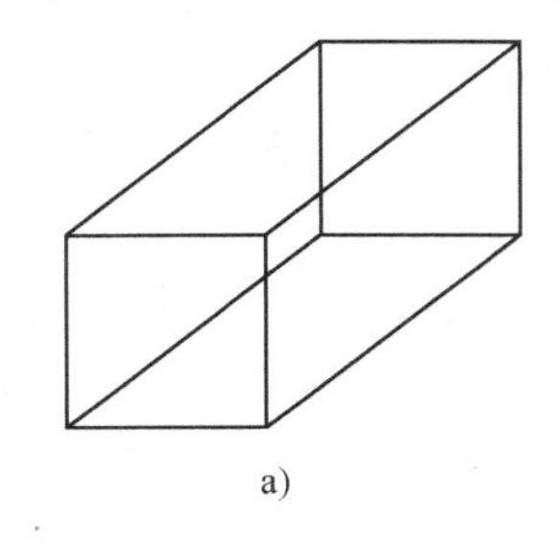
a)

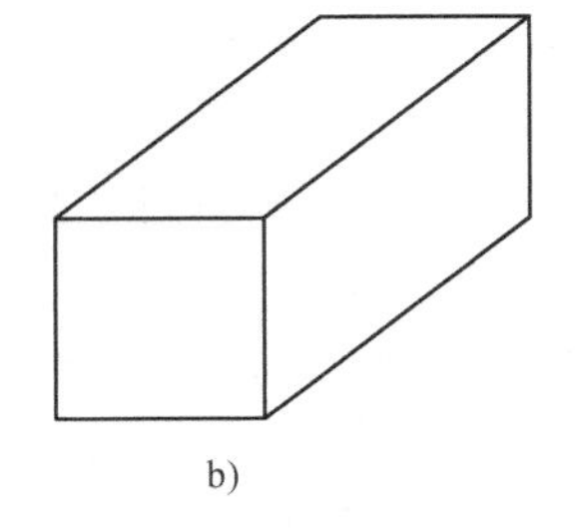
b)

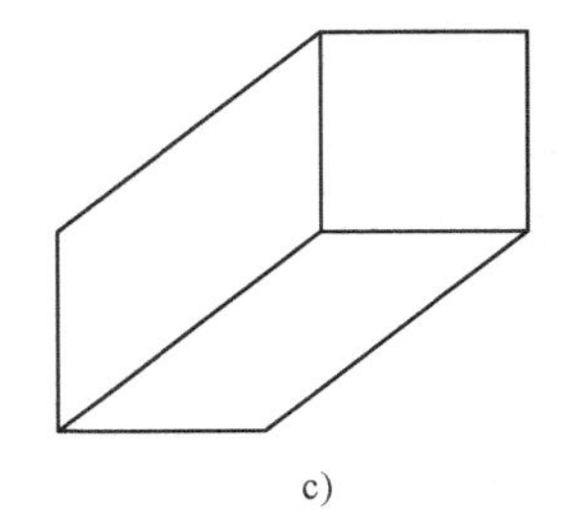
c)

图 5-3 线框模型的二义性

a) 原物体 b) 第一种理解 c) 第二种理解

轮廓线，在数据结构中缺少边与面、面与体之间关系的信息，即所谓的拓扑信息，故不能构成实体，无法识别面与体，更不能区别体内与体外。因此从原理上，此种模型不能消除隐藏线，不能任意剖切，不能计算物性，不能进行两个面的求交，无法生成数控加工刀具轨迹，不能自动划分有限元网格，不能检查物体间的碰撞、干涉等。

5.1.2 表面模型

表面模型是对形体各表面或曲面进行描述的一种三维几何形体构造模型。根据特征的不同，表面模型分为平面模型和曲面模型，平面模型将物体表面划分成多边形网格，曲面模型将物体表面划分成若干曲面片再进行拼接。平面模型在计算机中的存储结构仅仅是在原线框模型由顶点表和棱边表组成的数据结构的基础上，再增加一个表面表，以记录边与面间的拓扑关系。以图 5-2a 所示立方体为例，表面模型的数据结构原理如图 5-4 所示。

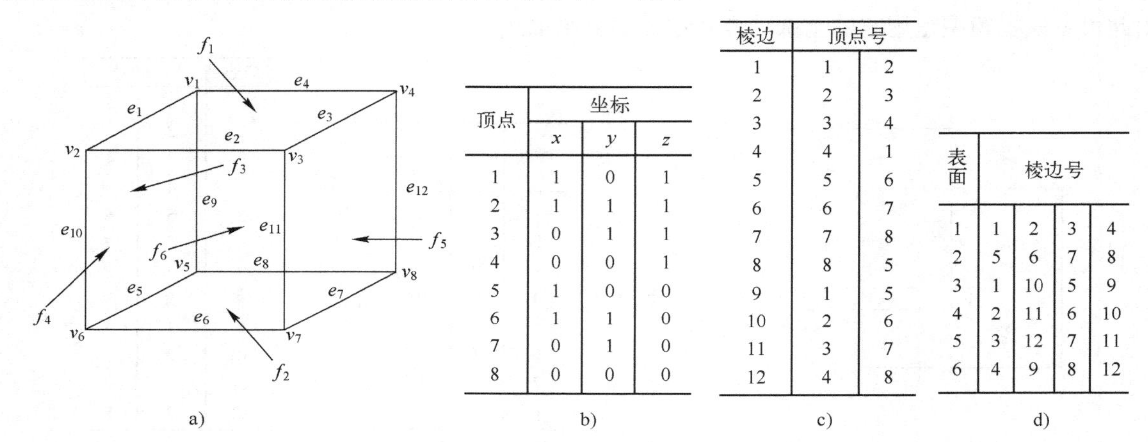

顶点	坐标		
	x	y	z
1	1	0	1
2	1	1	1
3	0	1	1
4	0	0	1
5	1	0	0
6	1	1	0
7	0	1	0
8	0	0	0

b)

棱边	顶点号	
1	1	2
2	2	3
3	3	4
4	4	1
5	5	6
6	6	7
7	7	8
8	8	5
9	1	5
10	2	6
11	3	7
12	4	8

c)

表面	棱边号			
1	1	2	3	4
2	5	6	7	8
3	1	10	5	9
4	2	11	6	10
5	3	12	7	11
6	4	9	8	12

d)

图 5-4　表面模型的数据结构原理

a) 立方体　b) 顶点表　c) 棱边表　d) 表面表

表面模型中的曲面建模有以下几种形式。

1）基本曲面：包括圆柱面、圆锥面、球面和环面等，商用软件建模系统会提供这些基本曲面，或通过拉伸、回转、扫描等方式生成这些基本曲面。

2）规则曲面：包括平面、直纹面、回转面和柱状面等。平面常用的三点定义，可用作剖切平面，如图 5-5a 所示。直纹面如图 5-5b 所示，它的导线是两条不同的空间曲线，母线是直线，其端点必须沿导线移动，可表示非扭转的曲面，建模系统中用专门的命令生成直纹面。回转面如图 5-5c 所示，先绘制一平面线框图，再绕一轴线旋转生成。柱状面如图 5-5d 所示，先绘制一平面曲线，然后沿垂直于该面的方向拉伸而成，柱状曲面具有相同的截面。

3）自由曲面：自由曲面的基本生成原理是先确定曲面上特定离散点（型值点）的坐标位置，通过拟合使曲面通过或逼近给定的型值点，得到相应的曲面。一般曲面的参数方程不同就可以得到不同类型及特性的曲面。常见的复杂曲面有贝塞尔（Bezier）曲面、B 样条（B-Spline）曲面、孔斯（Coons）曲面等。在建模系统中，上述自由曲面主要通过蒙皮的方法生成，其本质就是数据点的插值与拟合。

a）贝塞尔曲面：贝塞尔曲面是以逼近为基础的曲面设计方法。它先通过控制顶点的网格勾画出曲面的大体形状，再通过修改该控制点的位置来修改曲面的形状。这种方法比较直观，易为工程设计人员所接受。该方法存在局部性修改的缺陷，即修改任意一个控制点都会影响整张曲面的形状，如图 5-5e 所示。

b）B 样条曲面：B 样条曲面是 B 样条曲线和贝塞尔曲面方法在曲面构造上的推广。它以 B 样条基函数来反映控制顶点对曲面形状的影响。该方法不仅保留了贝塞尔曲面设计方法的优点，而且解决了贝塞尔曲面设计中存在的局部修改问题，如图 5-5f 所示。

c）孔斯曲面：孔斯曲面是由四条封闭边界所构成的曲面。孔斯曲面几何意义明确、曲面表达式简洁，主要用于构造一些通过给定型值点的曲面，但不适合用于曲面的概念性设计，如图 5-5g 所示。

4）派生曲面：包括圆角曲面（图 5-5h）、等距曲面（图 5-5i）和过渡曲面等。派生曲面是在已经存在的曲面或实体上生成的曲面，商用建模软件系统中会提供专门的命令来生成这些曲面。

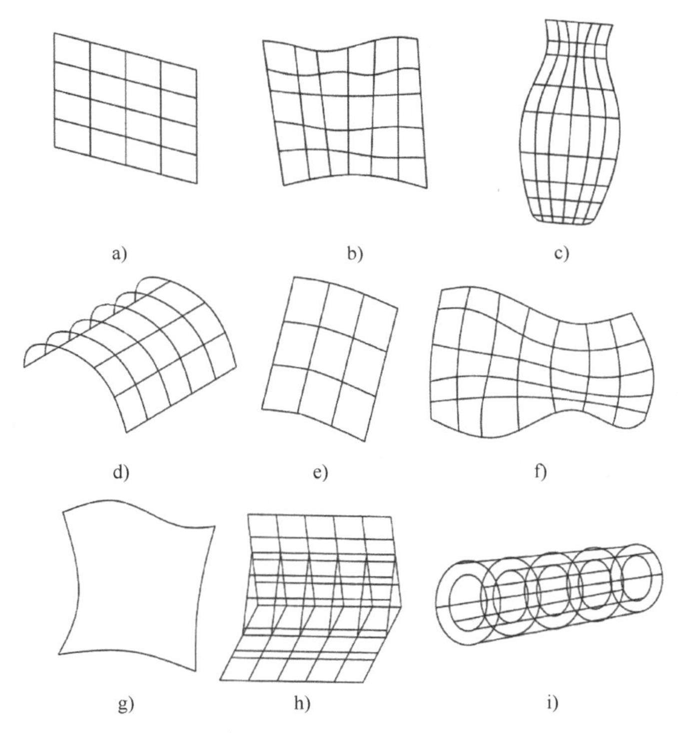

图 5-5　表面模型的种类

a) 平面　b) 直纹面　c) 回转面　d) 柱状面　e) Bezier 曲面　f) B-Spline 曲面　g) Coons 曲面　h) 圆角曲面　i) 等距曲面

表面模型可以用于实现以下功能：消隐、着色、表面积计算、二个曲面的求交、数控刀具轨迹生成、有限元网格划分等，对于构建模具、汽车、飞机等物体的复杂表面较为方便。其缺点是只能表示物体的表面及边界，不是实体模型，不能剖切、计算物性、检查物体间碰撞和干涉。

5.1.3 实体模型

实体模型的数据结构由形体的全部集合信息与全部点、线、面、体的拓扑信息组成。因此，它所描述的形体是唯一的。由于存储了形体完整的几何与拓扑信息，所以它比线框模型、表面模型更优越，它能通过确定面的法线方向来区分面在体内或体外的哪一侧。在实体模型中为了确定形体轮廓表面的哪一侧存在实体，常用有向棱边的右手法则来确定所在面的法向，并且规定其正方向指向体外。

几何形体的线框模型、表面模型和实体模型是一种广义的概念，并不反映形体在计算机内部或对最终用户而言所用的具体表示方式。从用户角度看，形体几何以特征表示和构造的实体几何表示较为方便；从计算机对形体的存储管理和操作运算角度看，以边界表示最为常用。为适应某些特定的应用要求，几何形体还有一些辅助表示方式，如单元分解表示和扫描表示。一般地，表示实体的方法大致分为三类。

1．几何体素构造法

几何体素构造法（Constructive Solid Geometry，CSG）的含义是任何复杂的形体都可以用简单几何形体（体素）的组合来表示。它将一些简单物体定义为体素，将实体表示为基本体素的组合，通常用正则集合运算和几何变换来实现这种组合。形体的 CSG 表示可看成一棵有序的二叉树，称为 CGS 树。其终端结点或是体素，如长方体、圆柱体等；或是刚体运动的变换参数，如平移参数$\triangle x$等。非终端结点或是正则运算的集合运算，一般有交、并、差运算；或是刚体的几何变换，如平移、旋转等。这种运算或变换只对其紧接着的子结点（子形体）起作用。每棵子树都代表一个集合，表示了其下两个结点组合及变换的结果，它是用算子对体素进行运算后生成的。树根表示最终的结点，整个形体的 CSG 树如图 5-6 所示。CSG 可能是一棵不完全二叉树，这取决于用户拼合该物体时所设计的步骤。

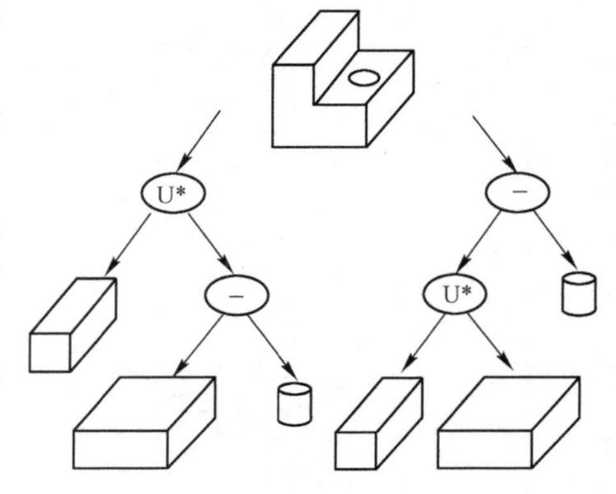

图 5-6　定义形体的 CSG 树

基本体素是指能用有限个参数进行定形和定位的简单封闭空间，如长方体可以通过长、宽、高来定义。此外还要定义体素在空间中的基准点、位置和方向。常用的体素有长方体、圆柱体、圆锥体、圆环体、球体、棱柱体等。也可以将体素理解为特定轮廓沿给定空间参数做平移扫描和回转扫描运动所产生的实体。

正则集合运算是在传统点集的运算基础上附加一定的限制而定义的。传统点集之间的并、交、差运算可能改变点集的正则性质，也就是说，两个正则点集的集合运算结果可能产生一个非正则点集。但在实际生活中，两物体并、交、差运算的结果总是产生一个新的物体（或一个空物体），为了反映这样一个事实，有必要对传统点集的几何运算施加一定的限制。为此，对点集的正则运算做如下定义。

$$\mathrm{M}\cup^*\mathrm{N}=r(\mathrm{M}\cup\mathrm{N})$$
$$\mathrm{M}\cap^*\mathrm{N}=r(\mathrm{M}\cap\mathrm{N})$$
$$\mathrm{M}-^*\mathrm{N}=r(\mathrm{M}-\mathrm{N})$$

其中，$\cup^*$、$\cap^*$、$-^*$分别称为正则并、正则交、正则差，而$\cup$、$\cap$、$-$则表示传统点集的并、交、差运算，r 表示点集正则化算子。CSG 树是无二义性的，但不是唯一的，它的定义域取决于其所用体素、所允许的几何变换和正则集合运算算子。

CSG 树代表了 CSG 方法的数据结构，可以采用遍历算法进行拼合运算，其优点是描述物体非常紧凑，缺点是当进行真正的拼合运算时，还需将这种数据结构按“边界计算程序”进行转换，因此，在计算机内除了存储 CSG 树外，还需一套数据结构来存放体素的体-面-边的信息，如图 5-7 所示。

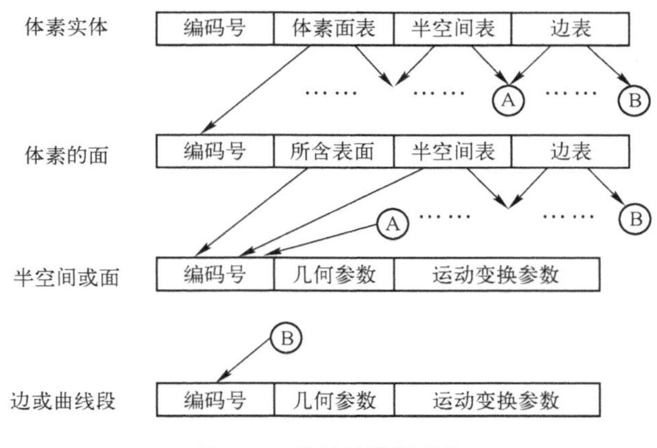

图 5-7　体素的数据结构

CSG 法的优点如下：

1）数据结构比较简单，数据量比较小，内部数据的管理比较容易。

2）每个 CSG 表示都和一个实际的有效形体相对应，不存在二义性。

3）CSG 表示可方便地转换成边界表示法来表示，从而支持更广泛的应用。

4）比较容易修改 CSG 表示形体的形状。

CSG 的缺点如下：

1）产生和修改形体的操作种类有限，基于几何运算对形体的局部操作不易实现。

2）由于形体的边界几何元素（点、边、面）是隐含地表示在 CSG 中，故显示与绘制 CSG 表示的形体需要花费较长的时间。

2．边界表示法

边界是物体内部点与外部点的分界面。边界表示法（Boundary Representation，B-Rep）将实体定义为封闭的边界表面围成的有限空间，描述构成实体边界的点、边、面，以达到表示实体的目的，实体与其边界一一对应。CATIA、EUCLID 等软件就是以该方法为基础的。封闭的边界表面既可以是平面，也可以是曲面。每一个表面可以由边界的边及顶点表示。

B-Rep 强调形体的外表细节，包含了描述三维物体所需要的几何信息和拓扑信息。其中，几何信息包括形体的大小、形状及位置，拓扑信息则描述了形体上所有顶点、边与表面之间的连接关系。边界表示法存储信息完整，相应的信息量也很大。图 5-8 所示为 B-Rep 构建的实体模型。

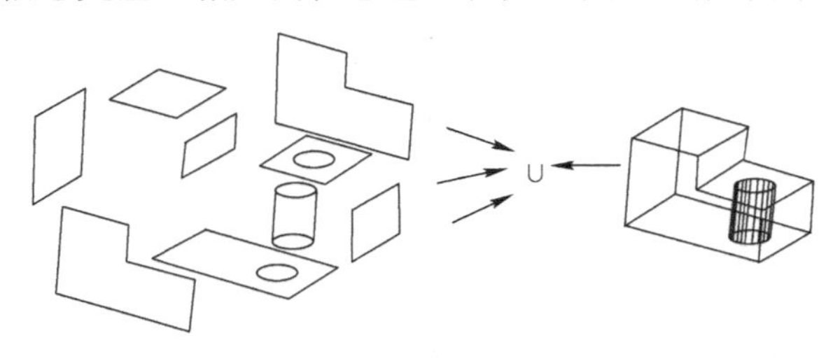

图 5-8　B-Rep 构建的实体模型

B-Rep 方法描述三维实体时应用欧拉公式表示多面体中点、线、面的连接关系。没有孔的多面体称为简单多面体。对于简单多面体，用下面公式表示顶点、棱边和表面数目之间的关系。

$$V-E+F=2 \tag{5-1}$$

式中 V——多面体的顶点数；

E——多面体的棱边数；

F——多面体的表面数。

对于简单多面体，符合欧拉公式不是充分而是必要条件。为确保所描述三维实体的有效性，需要附加一些约束条件，即每一条棱边必须连接两个顶点，同时属于两个表面；每个顶点处必须有三条棱边相交，表面之间不允许交错。

对于有孔的多面体，欧拉公式为

$$V-E+F-H=2(S-P) \tag{5-2}$$

式中 S——独立形体的个数；

P——穿透形体的孔数。

其他符号的意义与式 5-1 相同。

在 B-Rep 法所建立的系统中，运用解析几何知识，其面、边和顶点的几何定义能够被推导出来，因此，数据结构中只需存储某一类几何数据就足够了；拓扑信息采用体、面、环、边和顶点表构成。图 5-9 表示了用面-环-边-顶点，即 F-L-E-V 表示拓扑信息的数据结构原理。在拓扑翼边结构中，如图 5-10 所示，将 $e\rightarrow\{f\}$，$e\rightarrow\{v\}$，$e\rightarrow\{e\}$的关系存储起来，并以边为中心加以安排，这样就可以方便地找到与这条边有连接关系的上下两个顶点、左右两个邻面及上下左右四条邻边，付出的代价是存储信息量大。

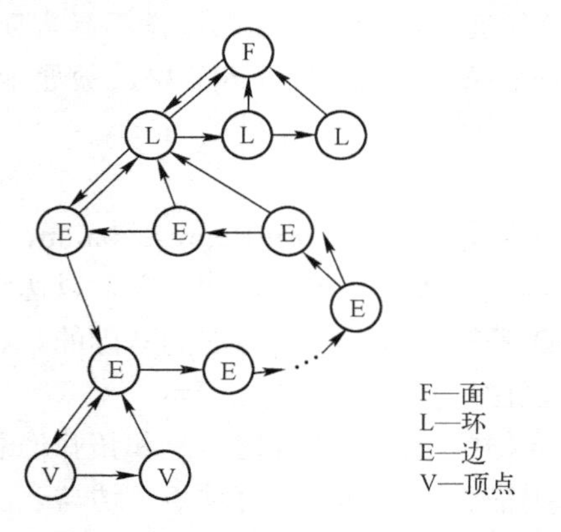

图 5-9 F-L-E-V 数据结构

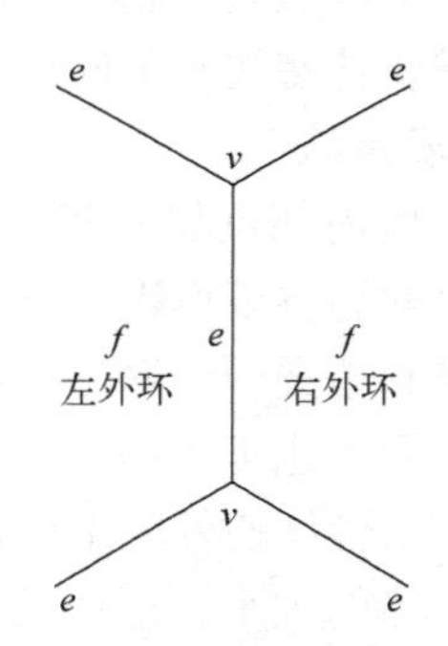

图 5-10 以边为中心的拓扑翼边结构

图 5-11 所示为翼边结构的双链表数据结构，包含三维实体的拓扑信息。顶点表数据结构存储三维实体各个顶点的坐标信息。边表数据结构存储三维实体中各棱边的拓扑信息，包含两个点指针、两个环指针及四个边指针：两个点指针分别指向棱边的起点和终点；两个环指针分别指向与棱边相邻接的两个环，由边环关系可以确定棱边与邻面之间的拓扑关系；四个边指针分别指向右上边、左上边、右下边、左下边，右上边为棱边右外环中沿逆时针方向连接的下一条边，其余以此类推。面表数据结构存储三维实体各个面对应的平面方程系数指针及两个环指针，$Ax+By+Cz+D=0$ 即为平面方程，两个环指针分别指向平面包含的外环及内环，由平面方程与

面环关系即可确定平面的拓扑信息。

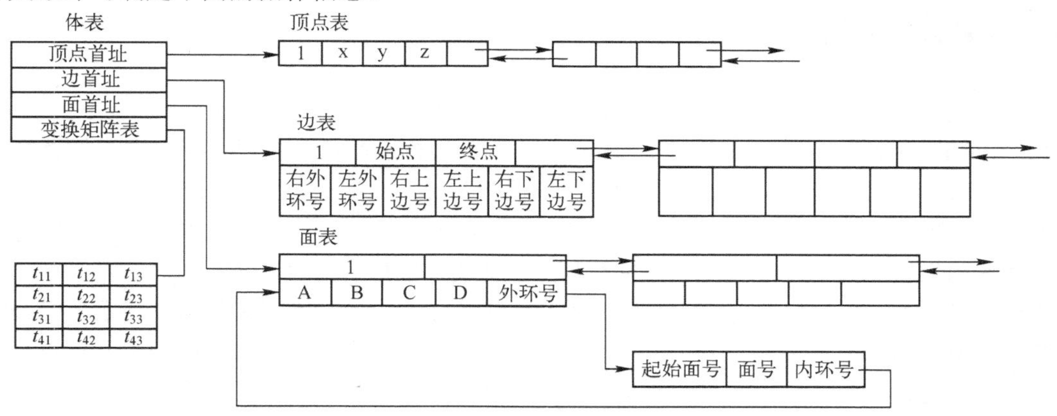

图 5-11　翼边结构的双链表数据结构

B-Rep 表示的优点如下：

1）对形体的点、边、面等几何元素是显式表示的，使得 B-Rep 表示形体的速度较快，而且比较容易确定几何元素间的连接关系。

2）对形体的 B-Rep 表示可有多种操作和运算。

B-Rep 表示的缺点如下：

1）数据结构复杂，需要大量的存储空间，维护内部数据结构的程序比较复杂。

2）修改形体的操作比较难实现。

3）B-Rep 表示并不一定对应一个有效形体，即需要有专门的程序来保证 B-Rep 表示形体的有效性、正则性等。

3. 扫描表示法

扫描表示法是指通过平移、旋转及对称变换来构造三维物体的方法。一个集合在空间运动就能“扫”成一实体。通常用二维图形及它的运动轨迹来表示扫描生成的实体。有两种扫描方法：平移扫描和旋转扫描，如图 5-12 和图 5-13 所示。

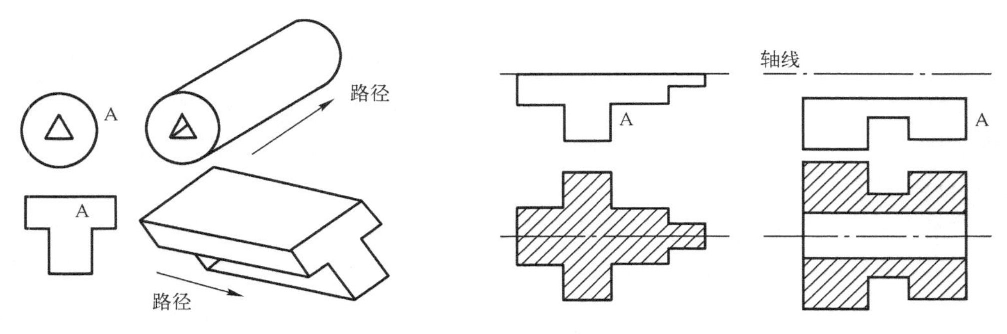

图 5-12　平移扫描形成的实体　　　图 5-13　旋转扫描形成的实体

实体模型完整定义了三维形体，存储的信息最完整。能够确定物性参数，如体积、面积、重心和形心等。根据实体模型可以方便地生成三维物体的多视图和剖视图，也可以消除隐藏线和隐藏面。另外，以实体模型为基础，可以直接进行数控加工编程。

5.2 特征建模

通过几何建模技术可以建立产品的几何模型，但这种模型存在以下不足。

1）几何建模技术主要通过点、线、面、体的操作来构成实体，难以在模型中表达特征，不符合设计者进行产品构形时以产品特征为主的习惯。

2）几何建模所产生的零件模型信息不完整，仅有零件的几何数据，缺少表达工程语义的材料、公差、粗糙度等信息，不能提供支持产品全生命周期的所有信息。

因此，20 世纪 80 年代出现了一种新型的实体建模技术——特征建模技术。特征建模技术能有效解决 CAD/CAM 集成系统的产品表达问题，支持基于产品生命周期各阶段的不同需求来描述产品，能够完整、全面地描述产品的信息，进行零件模型重构，使得各应用系统可以直接从该零件模型中抽取所需的信息。

5.2.1 特征建模的概念

特征是指与设计、制造活动有关，并含有工程语义的基本几何形体和几何信息。这个定义包含以下几个含义。

1）特征包括几何形状、精度、材料、技术特征和管理等属性。

2）特征是与设计和制造活动有关的几何实体，是面向设计和制造的。

3）特征含有工程语义信息，可反映设计者和制造者的意图。

特征建模将工程图所表达的产品信息抽象为特征的有机集合，它不仅构造由一定的拓扑关系组成的几何形状，而且反映了特定的工程语义，支持零件从设计到制造整个生命周期内各种应用所需的几乎全部信息。特征建模所产生的模型被称为特征模型，可见特征模型为进行产品设计提供了一个设计和制造之间相互通信和理解的基础，让设计和制造工程师以相同的方式考虑问题。特征建模技术使几何设计数据与制造数据相关联，并且允许用一个数据结构同时满足设计和制造的需要，从而可以方便地提供计算机辅助编制工艺规程和数控机床加工指令所需的信息，真正地实现 CAD/CAM 一体化。

利用特征建模的概念进行设计的方法经历了赋值法、特征识别法和基于特征的设计三个阶段。

1. 赋值法

首先建立产品的几何实体模型，然后由用户直接拾取图形来定义形状特征所需要的几何元素，并将特征参数、精度特征和材料特征等信息作为属性赋值到特征模型中。这种建模方法自动化程度低，信息处理过程中容易产生人为错误，与后续系统的集成较困难，程序的开发工作量大。

2. 特征识别法

通过搜索产品几何数据库提取出产品的几何模型，然后将几何模型与预先定义的特征进行比较，再匹配特征的拓扑几何模型，继而通过从数据库中提取已识别的特征信息来确定参数，最后完成特征几何模型。这一方法也可以将简单特征组合起来以获得高级特征。该方法仅对简单形状有效，仅能识别加工特征，缺乏公差和材料等信息，而且提取产品的特征信息非常困难，需要研究专门的算法。

3. 基于特征的设计

直接采用特征建立产品模型，将特征库中预定义的特征实例化后，以实例特征为基本单元建立特征模型，从而完成产品的定义，而不是事后去识别特征来定义零件几何体。其特征库中的特征覆盖了产品生命周期中各应用系统所需要的信息，因此这一方法被广泛采用。

另外，通过结合参数化方法与特征技术，可以形成参数化特征建模系统，从而大大增强三维建模能力。这种方法利用参数化生成一维初始草图，并对草图进行修改；利用特征方法快速建立三维模型，在模型的修改过程中始终贯穿着参数化，使零件的设计效率大为提高。

5.2.2 特征的表示

从不同的应用角度可产生不同的特征分类标准。例如，从产品的整个生命周期来看，特征可分为设计特征、分析特征、加工特征和装配特征等；根据所描述信息的不同，特征可分为形状特征、精度特征和材料特征等。一般来说，特征模型所包含的信息可以分为管理信息、几何信息和工艺信息三部分。其中，管理信息主要指零件的宏观描述信息，包括零件号、零件类型 GT（Group Technology）码等。几何信息定义了零件的几何形状和拓扑关系。

工艺信息主要如下。

1）形状特征：用于描述有一定工程意义的几何形状信息，如孔特征、槽特征等。形状特征是精度特征和材料特征的载体。

2）精度特征：用于描述几何形状和尺寸的许可变动量或误差，如尺寸公差、几何公差（形位公差）。表面粗糙度等。

3）装配特征：用于表达零件在装配过程中应该具备的信息。

4）材料特征：用于描述材料的类型与性能及热处理等信息。

5）性能分析特征：用于表达零件在性能分析时所使用的信息，如有限元网格划分等。

6）附加特征：根据需要表达一些与上述特征无关的其他信息。

形状特征是所有特征类型中最重要、最基础的特征，通常是其他特征的载体。形状特征在不同应用领域有不同的理解和分类方法。在面向设计的形状特征定义中，一般从零件的功能要求出发，定义能够满足一定功能要求的设计特征，而在面向加工的特征定义中，确定特征的原则是一个特征对应一个或几个加工工序，这样就可以与 CAPP 共享特征信息。按照设计特征构造出来的零件模型在与 CAPP 集成时，还需要将设计特征映射成加工特征，所以，为了减少特征在映射过程中的困难和保证信息的完整性，一般按加工要求对形状特征进行分类，通常分为主特征和辅助特征。主特征用来构造零件的基本外形，辅助特征附着在主特征上，也可以附着在另一个辅助特征上。主、辅特征分类如图 5-14 所示。

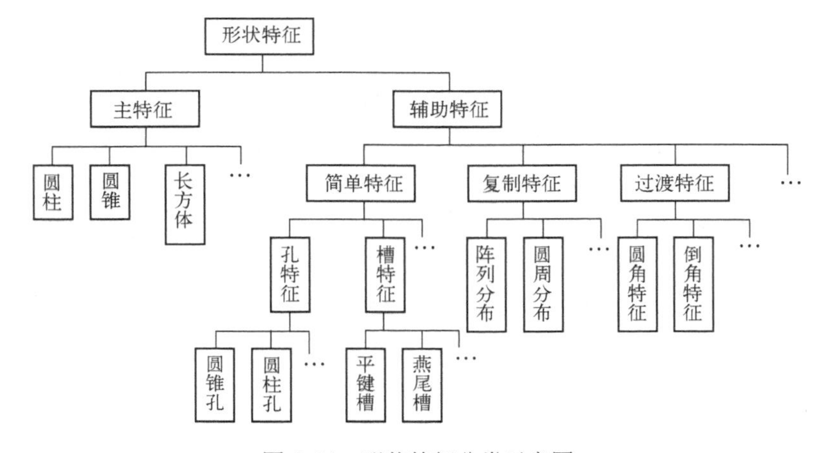

图 5-14　形状特征分类示意图

STEP 标准中，应用协议 AP214 将形状特征划分为过渡特征类、组合钣金类、组合实体类、加工钣金类、一般特征类、分布特征和加工实体类，如图 5-15 所示。

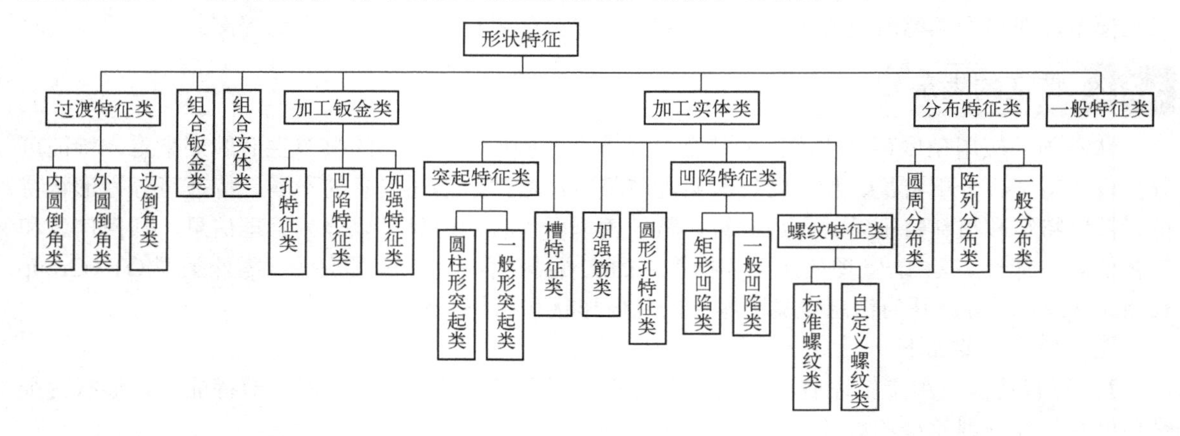

图 5-15　AP214 中的形状特征分类

5.3　参数化与变量化建模

早期的 CAD 系统都用固定的尺寸值定义几何元素，这样模型中的每一个几何元素都有确定的位置和形状。当需要进行修改时，必须先删除原有几何元素，然后重建模型，无法自动处理因尺寸变动而引起的图形变化。但是，在实际的产品设计过程中，为了进行形状和尺寸的综合协调和优化，对产品模型的修改会反复出现。而在产品定型后，还要根据用户提出的要求形成系列产品。这都要求产品的设计模型可以随着某些结构尺寸的修改或规格系统的变化而自动生成。在这种情况下，参数化建模技术和变量化建模技术便应运而生了。

5.3.1　参数化与变量化建模的基本概念

1. 参数化建模的概念

参数化建模技术用约束来表达产品几何模型，通过定义一组参数来控制设计结果，从而通过调整参数来修改设计模型。与传统方法相比，参数化建模技术最大的不同在于它存储了设计的整个过程，能支持对产品族的设计。它通过定义产品模型尺寸与参数的关系，而不是用确定的数值来建立产品的参数化模型，并通过调整参数来修改和控制几何形状，实现产品的自动精确建模。这种建模方法使得工程设计人员不需要考虑细节就能尽快草拟零件图，当发现设计有问题时，只需变动某些约束参数而不必重新建模而达到更新设计的目的。由于具有这些优点，参数化建模不仅可广泛用于产品的概念设计阶段以形成初始产品模型，而且还便于快速形成多种设计方案。

参数化建模系统的主要功能如下：

1）从参数化模型自动导出精确的几何模型，即不需要输入精确图形，只要输入一个草图，标注一些几何元素的约束，然后通过改变约束条件自动导出即可。

2）通过修改局部参数实现几何模型自动修改，即只需修改一个参数，即可生成形状相似的一系列新零件，这对变异设计具有重要的意义。

约束是参数化建模表达产品几何模型的手段，而参数化设计中的约束可分为尺寸约束和几何约束两种。

1）尺寸约束也称为显示约束，是规定线性尺寸和角度尺寸的约束。

2）几何约束也成为隐式约束，是规定几何对象之间相互位置关系的约束，如水平、垂直、相切、同心、共线、平行、重合、对称和固定等约束形式。

在参数化建模技术中，几何约束关系主要通过算术运算符、逻辑比较运算符和标准数学函数组成的等式或不等式关系、曲线关系，以及基于知识等方式来表达。

2. 变量化建模的基本概念

参数化设计的成功应用，使它在20世纪90年代前后几乎成为CAD业内标准。但是，在应用过程中，参数化建模技术也暴露出以下不足。

1）当所设计的零件尺寸过于复杂时，尺寸会变得非常多，如何迅速地找到需要改变的尺寸以达到所需的形状变得难以解决。

2）在设计中，如果关键几何体的拓扑关系发生改变，或一个几何特征失去了某些约束，将造成系统数据的混乱。

为此，在参数化建模技术的基础上，人们提出了变量化建模技术。所谓变量化建模是指给予设计对象修改更大的自由度，通过求解一组约束方程来确定产品的尺寸和形状。其约束方程可以是几何关系，也可以是工程计算条件，设计结果的修改受到约束方程驱动。变量化建模的指导思想是：设计者可以采用先形状后尺寸的设计方式，允许采用不完全尺寸约束，只需给出必要的设计条件，这种情况下仍能保证设计的正确性及高效性。产品建模过程是一个类似工程师通过大脑思考和设计方案的过程。几何形状是否满足设计要求是首先要考虑的问题，尺寸细节可以逐步完善。这样的设计过程相对自由宽松，设计者可以有更多的时间和精力去考虑设计方案，而不需要过多关心软件的内在机制和设计规则限制，符合工程师的创造性思维规律。可以看出，变量化建模技术既保持了参数化建模技术的原有优点，又克服了它的许多不足之处。它的成功应用为CAD技术的发展提供了更大的空间和机遇。

3. 两种建模技术的异同

参数化建模和变量化建模技术的相同点在于：两种技术都属于基于约束的实体建模系统，都强调基于特征的设计、全数据相关，并可实现尺寸驱动设计修改，也都提供相应的方法与手段来解决设计时所必须考虑的几何约束和工程关系等问题。这些方面的共同点使得这两种技术看起来很类似，也就导致了这两种技术极难区分，经常被混为一谈。事实上，两者之间存在明显的差异，而这些差异对今后CAD技术的发展以及用户的选型应用至关重要。这些差异主要体现在以下几个方面：

1）在设计全过程中，参数化建模技术将形状和尺寸联合起来一并考虑，通过尺寸约束来实现对几何形状的控制；而变量化建模技术则将形状约束和尺寸约束分开处理。

2）当有非全约束存在时，参数化建模技术不允许后续操作的进行；而变量化建模技术可以适应各种约束情况，操作者可以先决定所感兴趣的形状，然后再给一些必要的尺寸，尺寸是否齐备并不影响后续的操作。

3）参数化建模技术的工程关系不直接参与约束管理，而是由另外一个单独的处理器处理；在变量化建模技术中，工程关系可以作为约束直接与几何方程耦合，最后再通过约束解算器统一解算。

4）参数化建模技术苛求全约束，每一个方程必须是显函数，即所使用的变量必须在前面的方程式内已经定义过并赋值于某尺寸参数，其几何方程的求解只能是顺序求解；而变量化建模技术为适应各种约束条件，采用联立求解的数学手段，方程求解无先后顺序要求。

5）参数化建模技术解决的是特定情况（全约束）下的几何图形问题，变形形式是尺寸驱动几何形状修改；而变量化建模技术解决的是任意约束情况下的产品设计问题，不仅可以做到尺寸驱动，也可以实现约束驱动，即由工程关系来驱动几何形状的改变，这对产品结构优化来说十分有意义。

5.3.2 参数化建模技术

进行参数化建模时，首先必须建立产品的参数化模型。产品的几何模型由几何元素和拓扑关系构成。根据几何信息和拓扑信息之间的依存关系，参数化模型可以分为两类。

1）具有固定拓扑关系的参数模型。这种模型中几何约束值的变化不会使拓扑关系发生改变。例如，对系列化产品而言，不同型号的产品往往只是尺寸不同而结构相同，即几何信息不同而拓扑信息相同。因此，参数化模型需要保留零件的拓扑关系，从而保证设计过程中的几何拓扑关系的一致性，而零件的拓扑关系主要来自用户的草图输入。

2）具有变化拓扑关系的参数化模型。这种模型中先定义几何构成要素之间的约束关系，而模型的拓扑关系则由约束关系决定。例如，在法兰的设计中，根据法兰盘的直径以及其他约束关系，自动设计出盘缘螺栓孔的个数。

几何信息的修改需要根据用户输入的约束参数来确定，因此还需要在参数化模型中建立几何信息和参数的对应机制。例如，一种基于尺寸的参数化模型生成机制是将图形上的每个尺寸都看成参数，设计时先画出草图，只要表明零件的拓扑关系即可，而不制定尺寸参数的具体数值。拓扑关系确定后再给定尺寸参数的具体数值，并根据给定的参数数值生成图形。同时，建立参数化模型时也可以将部分尺寸指定为尺寸参数，而将部分尺寸视为约束条件。当指定尺寸参数的具体数值时，需要检查尺寸约束是否满足，如果不满足，则对尺寸参数的数值进行调整，直到满足为止。如图 5-16 所示，如果仅仅改变 H 值，不改变 h 的值，中间的圆形就会偏离对称中心线，因此必须定义约束条件 $h=H/2$，使得圆形的圆心一直处于对称中心。

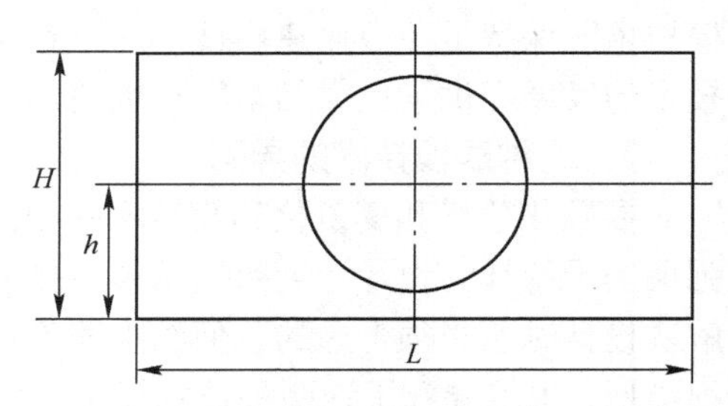

图 5-16　图形的参数化模型示例 1

对于拓扑关系改变的情况，可以通过尺寸参数变量来建立起参数化模型。如图 5-17 所示，假设 N 为圆形单元的数目，D 为圆形的直径，L、H 为总长和总宽。圆形单元数目 N 的变化将会引起尺寸的变化，但它们必须满足如下约束条件：

$$L = N \times D + (N+1) \times T$$

$$H = D + 2T$$

最常见的参数化建模方法是参数化驱动法，也叫尺寸驱动法。它基于图形数据的操作和对几何约束的处理，利用驱动树分析几何约束来实现对图形的参数化控制。

参数化驱动法的驱动机制基于对图形数据的操作。当一个图形绘制完成后，图形中的各个实体（如点、线、圆和圆弧等）都全部映射到图形的数据库中。虽然不同的实体类型有不同的数据形式，但总体来说，其内容可分为两类：一类是实体属性数据，如颜色、线型、类型名和所在的图层名等；另一类是实体的几何特征数据，如圆形的圆心、半径。圆弧的圆心、半径和起始角等。由于在参数化建模时，不增加、删除实体，也不修改实体的属性数据，所以可以通过修改原图形的几何数据来达到对图形进行参数化建模的目的。

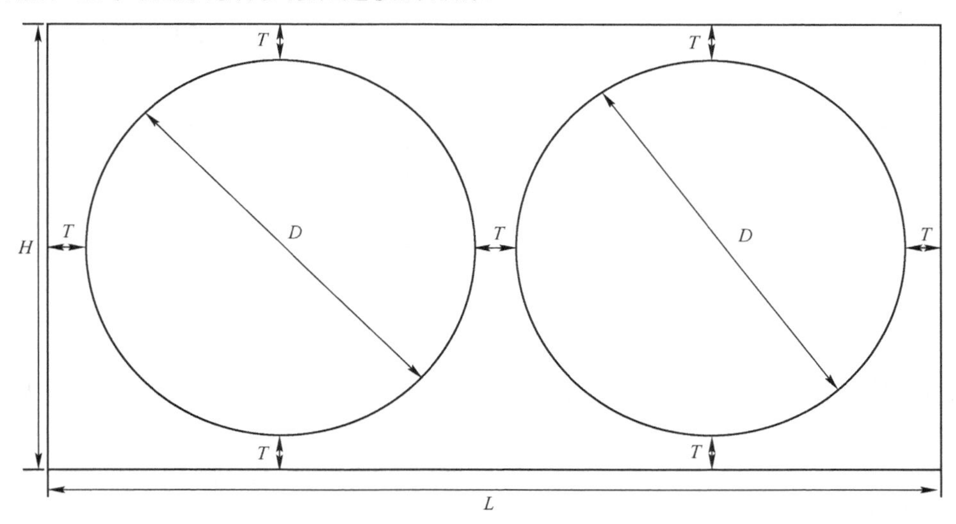

图 5-17　图形的参数化模型示例 2

通过参数化驱动机制，可以对图形中所有的几何数据进行参数化修改。但是，仅仅依靠尺寸线终点来标识所要修改的数据是远远不够的，还需要通过约束之间的关联性驱动手段来实现约束联动。一般来说，一个图形所具有的约束可能十分复杂、数据量极大，而能实际由用户控制的，即能够独立变化的参数，一般只有几个，称为主参数或主约束；其他可由图形结构特征确定或与主约束有确定关系的约束称为次约束。主约束是不能简化的，而次约束的简化可以用图形特征联动和相关参数联动两种方式来实现。

所谓图形特征联动就是保证在图形拓扑关系（连续、相切、垂直和平行等）不变的情况下，对次约束进行驱动。也就是说，根据各种几何关系相关性准则去识别与被动点存在拓扑关系的形体及几何数据，在保证原拓扑关系不变的前提下，求出新的几何数据（称为从动点）。如图 5-28 所示，图 a 中 *AB* 与 *BC* 垂直，驱动点与被动点重合于点 *B*。如果没有约束联动，当 *s* 改变时，*AB* 与 *BC* 的垂直关系就被破坏了，如图 5-18b 所示。因此，在进行尺寸驱动时，必须保证 *AB* 与 *BC* 之间的垂直关系，才能得到正确的图形。

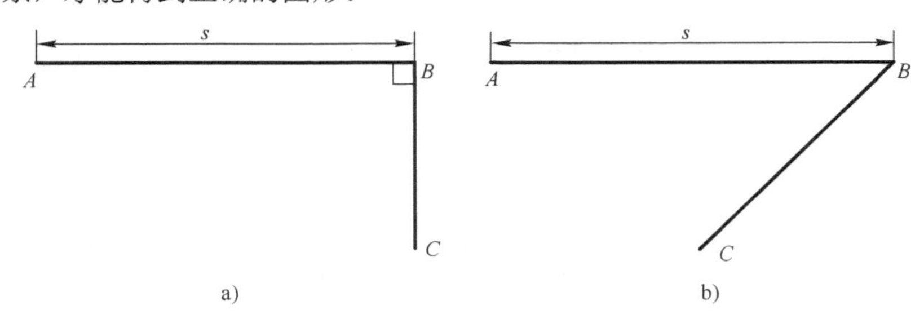

图 5-18　图形特征联动

所谓相关参数联动就是建立次约束与主约束在数值上和逻辑上的关系。图 5-19a 所示图形的主参数是 s 和 t。如果要使 s 变长，根据参数驱动及图形特征联动，图形元素的连接关系（即拓扑关系）没有变，但图形已经不正确了，变成了如图 5-19b 所示的样子。为了保证图形的正确性，应确定 s 与 t 之间的数值关系。假设 $t=s+5$，并用这个关系式替换原来的 t，结果如图 5-19c 所示。

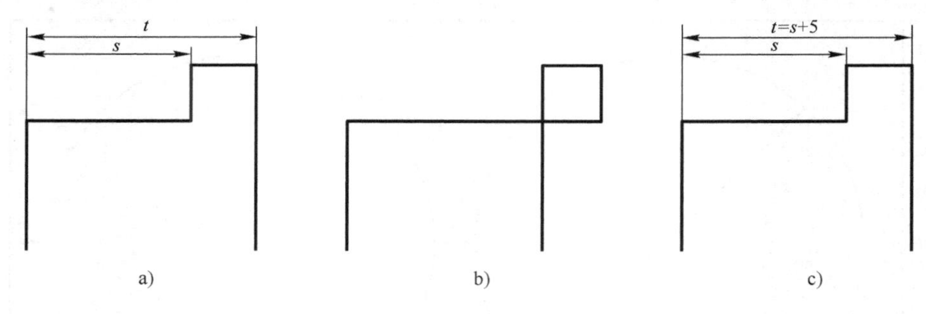

图 5-19　相关参数联动

可以看出参数驱动法的基本特征是直接对数据库进行操作，因此它具有很好的交互性，用户可以利用绘图系统全部的交互功能修改图形及其属性，进而控制参数化的过程。参数驱动法具有简单、方便、容易开发和使用的特点，能够在现有绘图功能的基础上进行二次开发，而且对三维问题也同样适用。

5.3.3 变量化建模技术

目前最常见的变量化建模方法是几何变量法。该方法将一系列几何约束转变为一系列关于特征点的非线性方程组，然后通过数值方法求解此线性方程组：

$$F(D,X)=0$$

其中，$\boldsymbol{F}=(f_1,f_2,\cdots,f_n)$，是一系列函数；$D=(d_1,d_2,\cdots,d_n)$，是 F 函数的变量，表示尺寸约束；$X=(x_1,x_2,\cdots,x_n)$，是 F 函数的变量，表示最后获取的几何特征坐标，包括结果值。

例如，图 5-20 所示的三角形中，设点(x_1,y_1)在坐标原点处，点(x_2,y_2)在 X 轴上，三条边的长度分别是 d_1、d_2 和 d_3。当需要确定这个三角形时，必须根据待定参数的值把三个顶点的精确几何坐标求出，这三个点即为这个三角形的特征点。对于上述三角形，在几何变量法中，其做法是整体上列出一个方程组，即

$$\begin{cases}(x_2-x_3)^2+(y_2-y_3)^2=d_1^2\\(x_1-x_3)^2+(y_1-y_3)^2=d_2^2\\(x_1-x_2)^2+(y_1-y_2)^2=d_3^2\\x_1=0\\y_1=0\\z_1=0\end{cases}$$

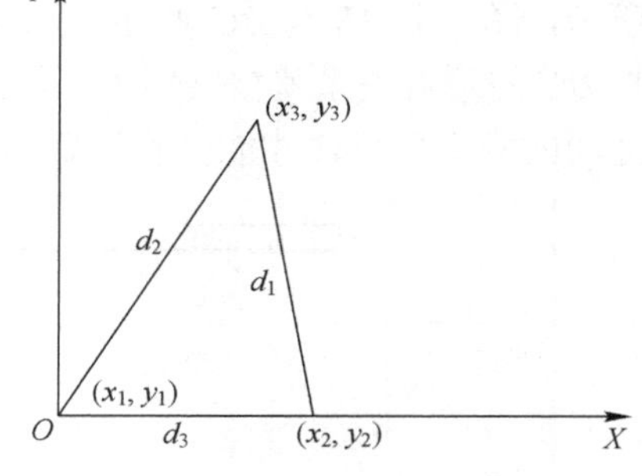

图 5-20　几何变量法

对于 x_1，y_1，x_2，y_2，x_3，y_3 这六个未知数需要六个方程联立求解。很明显，其尺寸约束有三个，即 d_1，d_2，d_3，可得前三个方程。而点(x_1,y_1)作为坐标原点，则得方程式第四个和第五个。由于点(x_2,y_2)在 X 轴上，故可列出第六个方程。通过解方程组求得精确的 x_1，y_1，x_2，y_2，x_3，y_3。当需要修改图形时，若 d_1

拉长，系统自动把(x_2,y_2)定位到了一个新的位置。可见，变量化几何法是一种整体求解法。

变量化几何法是最早的变量化建模方法，目前基本成熟。这种方法的优点是通用性好，对任何几何图形总可以转换出一个方程组，进而求解得出精确解。但是，变量化几何法也有明显的不足之处。

1）缺乏检查有效约束的手段，即不能确定外部输入的约束是否合适，如果不合适，则更不能确定错误在何处。

2）局部修改性能差。所谓局部修改是给出某一尺寸，它只需影响一个点，但由于几何变量法是一个整体方程组，故需要对整个方程组求解，效率较低。

3）难以求解复杂模型。模型越复杂，约束越多，非线性方程组的规模也就越大，求解就变得越困难。

4）所得几何形状不唯一。由于一个方程组可能有多个解，所以可能得出多个满足约束的几何图形，需要人工交互选择。

变量化几何法的早期工作主要是解代数方程组的数值计算，后来发展到用几何推理的方法来进行几何变动。由于前者需要尺寸约束过度和约束不足才能解方程组，而后者需要大量的时间进行知识推理，这对于微机来说是难以进行的。

除了变量化几何法以外，常见的变量化建模方法还有局部求解法、几何推理法和图形操作法。局部求解法是在作图过程中同步建立结构图形约束的方法。所记录的约束种类和项目可通过预先选择菜单项进行设置。局部求解法能够及时确定每个新增加的几何元素约束，及早发现几何元素和尺寸之间的欠约束或过约束，提高求解的效率和可靠性。该方法简单易用，但对于复杂图形的几何约束难以表示和处理，在某些需要人为施加约束的地方，可能会与自动记录的约束发生干涉而造成失败。

几何推理法基于几何构成，将几何约束（必要时引入辅助线）转化为一阶谓词逻辑，并进行符号处理、知识表示，通过专家系统进行几何推理，逐步确立出未知的几何元素。该方法强调了作图的几何概念，对于约束的一致性、稳定性、有效性方面有较强处理能力，具有较强的智能性，但存在着系统复杂、推理繁琐、无法解决循环约束等问题。

图形操作法直接在图形设计、绘制的交互过程中表示几何约束，对于每一步图形操作，通过一定的计算程序得到几何元素，所有的计算都是局部的。辅助线作图法是图形操作法中的一种典型方法。这一方法模拟设计人员在设计图纸过程中打样的习惯，类似手工绘图的过程。该方法首先确定辅助线，然后连接几何元素的轮廓线。在作图过程中每一步都是确定的，每一条辅助线都只依赖于至多一个变量。当需要修改某一尺寸值时，只需要检索与其相关的辅助元素，做相应的修改即可。当线条太多、太密时，辅助线之间存在相互干扰，会造成一些不便。

5.4 装配建模

5.4.1 装配建模概述

前面介绍的线框建模、表面建模、实体建模等建模技术，它们实质上是面向零件的建模技术，这些建模得到的信息模型中并没有包含产品完整结构的信息。而在产品制造过程中还有一个非常重要的装配过程，需要处理零部件间相互连接、配合和装配的信息，这就要求现代CAD系统十分重视在装配层次上的产品建模。装配建模或装配设计是指在计算机上将各种零件组合在一起形成一个完整的产品装配体的过程。

1．部件

部件是一个包封的概念，一个部件可以包含一个零件或一个子装配体，甚至可以什么都不包含，也就是空部件。组成装配的单元为部件，一个装配是由一系列部件按照一定的约束关系组合在一起的。

2．子装配体

当某一装配体是另一个装配体的部件时，则称它为子装配体，即子装配体在更高一层装配建模中作为一个部件被装配。可以多层嵌套子装配体，以反映设计的层次关系。

3．基部件

基部件是放到装配中的第一个部件。它和部件建模中的基特征非常相似。基部件不能被删除或禁止，不能被阵列，也不能变成附加部件。

4．主模型

装配过程的实质是建立部件之间的连接关系，这种连接关系是通过关联条件在零部件之间建立的，用以确定零部件在产品中的位置和自由度，形成各种机构。在装配过程中，零部件的几何体在装配模型中是被引用，而不是复制一个新的几何体到装配模型中。因此，无论在何处编辑和如何编辑部件，在装配中各部件始终保持关联性。如果某部件做了修改，则引用它的装配模型也会自动更新，它的工程图样、数控编程和工程分析也会更新，即装配、工程图、数控编程和工程分析等都是共同引用部件模型，这个模型称为主模型。

对于 CAD/CAE/CAM 集成系统，主模型的数据结构保证了产品设计信息的一致性，避免了由于过多的产品数据而造成设计信息冲突。

5.4.2 装配建模方法

装配建模方法通常有三种类型，分别是自底向上的装配建模方法、自顶向下的装配建模方法和混合装配建模方法。

1．自底向上的装配建模方法

在装配车间进行实际装配生产时，先要根据产品明细表把全部需要的零部件准备好，然后从一个基础件（如底座、床身、底盘）开始，按照装配工艺规定的顺序和要求逐一安装。

自底向上的装配建模与产品的实际装配过程类似，即事先创建好所有的零部件模型，然后根据产品的结构特点，把创建好的零件装配成组件或子装配，再把零部件、子装配等装配成完整的产品。这种由最底层的零件开始装配，并逐层向上进行装配建模的方法称为自底向上的设计方法。

由于自底向上的装配模型方法中各个零部件的模型是独立设计完成的，建立零部件之间的相互关系和模型的重建行为较为简单，可以让设计人员更加关注单个零件的设计建模工作。但是该建模方法与传统的产品设计过程不同步，不是直接从产品总体功能实现的装配模型开始设计，而是从底层零部件开始，缺乏产品模型的总体思想，对复杂产品建模难以适用。

2．自顶向下的装配建模方法

自顶向下的装配建模方法与产品的研发过程类似，即从产品的总体设计开始，确定产品的总体设计原则和总体设计方案，考虑产品的构成，把产品分解为一系列的部件，并大致确定部件的结构和尺寸；然后进行零件的设计，大致确定部件中的零件结构和尺寸；最后进行零件的详细设计，当零件设计完成后，产品的设计也基本完成。这种由产品装配体开始，并逐级逐层向下设计的装配建模方法称为自顶向下的设计方法。

自顶向下的装配建模从装配模型的总体构思开始，产品设计开发的实际流程与设计人员的思维习惯相符，并且在装配建模过程中可以利用某一零件的几何体来构建另一零件的几何图素，自动实现零件和零件之间的几何和尺寸关联，可以在装配过程中利用草图构建零件结构，完成从概念构思到详细结构设计的过程。

在产品系列化设计中，由于产品的零部件结构相对稳定，零件设计基础好，大部分的零件模型已经具备，只需要补充部分设计和修改部分零件模型，这时采用自顶向下的设计方法比较合适。在创新性设计中，由于事先零部件结构细节不可能具体，设计时总是要从比较抽象笼统的装配模型开始，边设计边细化，边设计边修改，逐步求精，这时采用自上向下的设计方法比较合适。同时自顶向下的设计方法也特别有利于创新设计，因为这种设计方法从总体设计阶段开始就一直能把握整体设计情况，着眼于零部件之间的关系，并且能够及时、方便地发现、调整和修改设计中的问题，能实现设计的一次成功。

3．混合装配建模方法

自顶向下和自底向上的两种装配建模方法各有所长，不同的应用场合使用不同的建模方法。对于某些应用情况（例如，对一些系列化产品的局部做较大的升级性设计改造，而且大多数的设计都是在参考一些已有设计和结构的基础上进行的），设计中既有旧结构的应用和改进，也有完全创新的结构设计，这时可能需要采用上述两种建模方法的组合，为此采用混合装配建模方法。混合装配建模方法是将自底向上和自顶向下两种建模方法有机地结合在产品的建模过程中。对于产品结构相对固定、零件模型相对完备的部分，可以采用自底向上的建模方法；对于结构改进较大、零件模型不够完善，或完全创新的产品结构，则采用自顶向下的建模方法。

习题

1．解释三维实体模型的几何信息及拓扑信息。
2．几何建模有哪几种模型？各有什么特点？
3．表面模型中的曲面建模方法有哪几种形式？
4．试述扫描表示法的基本思想。
5．分析比较 CSG 法与 B-rep 法的优缺点。
6．边界表示有哪些基本实体？边界表示常用哪种数据结构？边界表示有什么特点？
7．特征建模中的工艺信息包括哪几种特征？
8．参数化建模有哪些功能？
9．变量化几何法有哪些不足之处？
10．装配建模方法有哪几种？

第6章 零件建模

本章要点

- 工作界面组成。
- 典型零件建模。
- 参数化建模方法。

在产品开发过程中，当概念设计完成后，要进行零部件的三维建模。零件建模为产品装配、运动仿真和分析提供了模型基础，也是生成二维工程图、指导生产实践的关键环节。Pro/Engineer是1988年PTC（Parametric Technology Corporation，参数技术公司）研发的集CAD/CAM/CAE一体化的参数化软件系统，凭借其强大的功能，已经成为当今世界上流行的CAD/CAM软件之一，在国内产品设计领域占据重要位置。2010年PTC公司又推出了Creo设计软件，Pro/Engineer更名为Creo。它整合了Pro/Engineer、Co Create和Product View三大软件，采用统一的文件格式，具备互操作性、开放、易用三大特点，内容涵盖了产品从概念设计、工业造型设计、三维模型设计、动态模拟与仿真、分析计算、工程图输出到生产加工成产品的全过程，其中还包含了大量的电缆及管道布线、模具设计与分析等模块，应用范围涉及汽车、机械、航空航天、船舶、数控加工、医疗、玩具和电子等领域。Creo 5.0是PTC公司在2018年春季正式发布的新版本，该版本改进了用户界面和提供了可提高生产能力的增强建模功能，以及拓扑优化、分析、增材制造、计算机辅助制造、增强现实（AR）等新功能，支持从概念设计到制造的整个产品开发过程。

本章将以Cero 5.0的Cero Parametric 5.0作为建模工具，以机械设计中典型的盘盖、弹簧、螺栓、箱体和轴等零件为例进行建模操作过程介绍。可以使读者熟练掌握机械CAD常用的现代建模工具，提高其数字化设计能力，并为CAE和CAM应用奠定基础。

6.1 Creo 5.0 工作界面

6.1.1 工作界面组成

Creo 5.0的设计环境是随着不同的设计过程而不断变化的，对于不同的设计环境，工作界面的呈现有所不同，图6-1所示为Creo 5.0零件建模工作界面。

Creo 5.0的工作界面主要由标题栏、菜单栏、工具栏、导航区、工作区、特征工具栏、信息提示区和过滤器等部分组成。下面分别介绍各部分的功能。

1. 标题栏

标题栏位于工作界面的最上方，功能与常用软件的标题栏基本相同，同时显示当前的软件版本以及活动的模型文件名称。

2. 菜单栏

菜单栏又称为主菜单栏，位于标题栏的下方，包括软件所有的操作命令。进入Creo 5.0不同的功能模块，系统会加载不同的菜单。当进入零件模块时，菜单栏依次排列着“文件”“模型”“分析”“注释”“工具”“视图”“柔性建模”“应用程序”八个选项卡。当选择不同的选项卡时，除“文件”以下拉菜单的形式显示其功能外，其余的选项卡均在功能区以选项板组的形式显示其包含的操作功能。

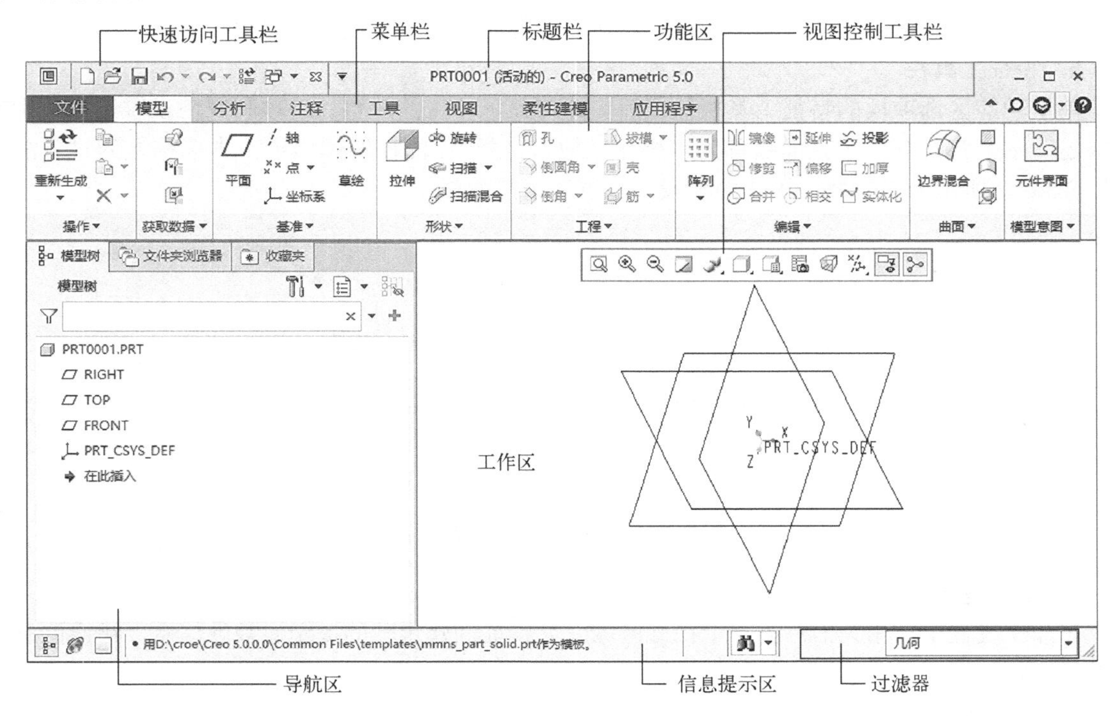

图 6-1 Creo 5.0 零件建模工作界面

3. 工具栏

在 Creo 5.0 默认状态下工具栏分为两种，一种是在菜单栏上方横向排列的快速访问工具栏；一种是在工作区上方的视图控制工具栏。用户单击工具栏上的图标可以直接启动相应的命令，以便快速执行命令及设置工作环境。

4. 导航区

窗口左侧的导航区包括“模型树”“文件夹浏览器”“收藏夹”三个选项卡，单击导航区右侧边框上的按钮可隐藏或显示导航区。下面依次介绍导航区各选项卡的含义及功能。

1）“模型树”选项卡：该选项卡记录了特征的创建、零件以及组件所有特征创建的顺序、名称、编号状态等相关数据。每一类特征名称前皆有该类特征的图标。模型树也是用户进行编辑操作的区域，用户可以用鼠标右键单击特征名称，在弹出的快捷菜单中进行特征的“编辑”“编辑定义”“删除”等操作。

2）“文件夹浏览器”选项卡：该选项卡的功能类似于 Windows 中的资源管理器，用鼠标右键单击对象，即可弹出相应的快捷菜单。选择文件夹，则会自动弹出“浏览器”对话框并显示该文件夹中的文件，在“浏览器”对话框中选择 Creo 5.0 的文件，则会出现“预览”窗口。

3）“收藏夹”选项卡：与 IE 浏览器的“收藏夹”一样，用于保存用户常用的网页地址。

5. 工作区

工作区是 Creo 5.0 软件的主窗口区，也是最重要的设计绘图区。在此区域，用户可以通过视图操作进行模型的旋转、平移、缩放以及选取模型特征，并可进行编辑和变更等操作。工作区的默认背景色是灰色渐变。用户可以选择“文件”→“选项”→“系统外观”命令，在弹出的“系统外观”对话框中单击“系统颜色”按钮，然后选择相应的选项进行背景色设置。

6. 特征工具栏

单击功能区选项板的特征工具栏按钮后，即可显示相应的放置、选项和属性设置选项。为方便叙述，本书将打开的工具面板称为“操作面板”，对于该面板的弹出项，本书称之为“下滑面板”。图 6-2 所示为“拉伸”操作面板及“放置”下滑面板。

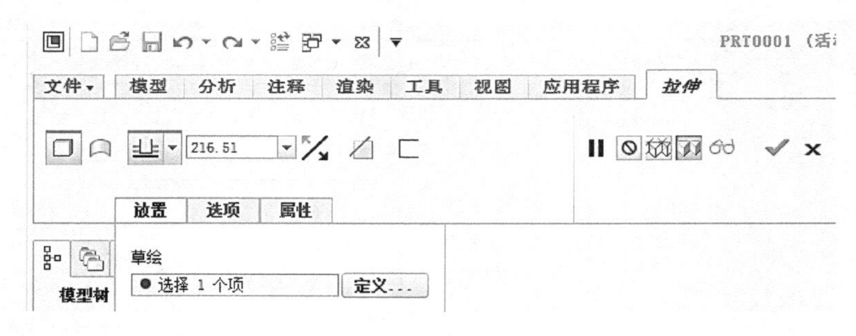

图 6-2 “拉伸”操作面板与“放置”下滑面板

7. 信息提示区

在操作过程中，相关信息会显示在此区域，如特征创建步骤的提示、警告信息、错误信息和结果等信息。

8. 过滤器

当面对众多特征复杂的设计模型时，经常发生无法顺利选取目标对象的情况，此时可通过过滤器选择所需要的对象类型，如“特征”“几何”“顶点”等，这样就可以在鼠标选择时过滤掉非此类型的特征对象。

6.1.2 设置工作环境

在 Creo 5.0 中，用户可以根据自己的设计需求设置工作环境。启动软件，在“文件”菜单中选择“选项”命令，弹出“Creo Parametric 选项”对话框。当选择左侧“配置编辑器”选项时，右侧显示其所包含的设置内容，用户可以对其中的默认值进行修改操作。“Creo Parametric 选项”对话框的选项很多，Config.pro 是最主要的系统配置文件，这里仅对系统配置文件 Config.pro 和工作界面的配置文件设置进行介绍。

1. 设置系统配置文件 Config.pro

Config.pro 包含了大量的配置选项，主要用来设置软件系统的运行环境，如系统颜色、单位、尺寸显示方式、界面语言、库、工程图、零部件搜索路径等。

1）用户可以利用 Config.pro 系统配置文件进行 Creo 5.0 工作环境的预设和全局设置。设置 Config.pro 文件的方法是在文件中添加一定数量的选项，并给每个选项赋予相应的值，然后保存文件。一般将系统的配置文件存放在软件安装目录的 text 文件夹中。

2）假设 Creo 5.0 的安装目录为 C:\Program Files\PTC\Creo 5.0.0.0，则应将上述修改设置的

Config.pro 文件复制到 C:\Program Files\PTC\Creo 5.0.0.0\ Common Files\text 目录下。退出 Creo 5.0，然后再重新启动 Creo 5.0，Config.pro 文件中的设置将生效。

2．设置工作界面配置文件

用户可以利用系统配置文件预设 Creo 5.0 软件工作环境的工作界面，步骤如下：

1）进入配置界面选择“文件”菜单中的“选项”命令，系统弹出“Creo Parametric 选项”对话框。

2）导入配置文件。在“Creo Parametric 选项”对话框中单击“自定义”→“功能区”区域，单击“导入导出”按钮，选择“导入自定义文件”选项，系统弹出“打开”对话框。

3）选中文件中的系统配置文件，文件类型为.ui，单击“打开”按钮，然后单击“导入所有自定义”按钮。

6.2 典型零件建模

6.2.1 盘盖类零件建模

盘盖类零件是机械加工中常见的典型零件之一，主要起传动、连接、支承、密封和轴向定位等作用。其主体一般为回转体或其他平板形状，多数具有扁平的典型特征。常见的盘盖类零件包括轴承盖、法兰盘、阀盖、手轮、带轮及其他各种端盖，在结构特征上常有凸台、凹槽、销孔、螺孔、键槽和轮辐等。在 Creo 5.0 中，创建此类模型常用拉伸、旋转、创建孔特征和阵列等命令，在本实例中，将完成图 6-3 所示端盖的三维建模，创建完成的模型见本书配套电子资源中第 6 章素材 ch6.01/ duangai.prt。

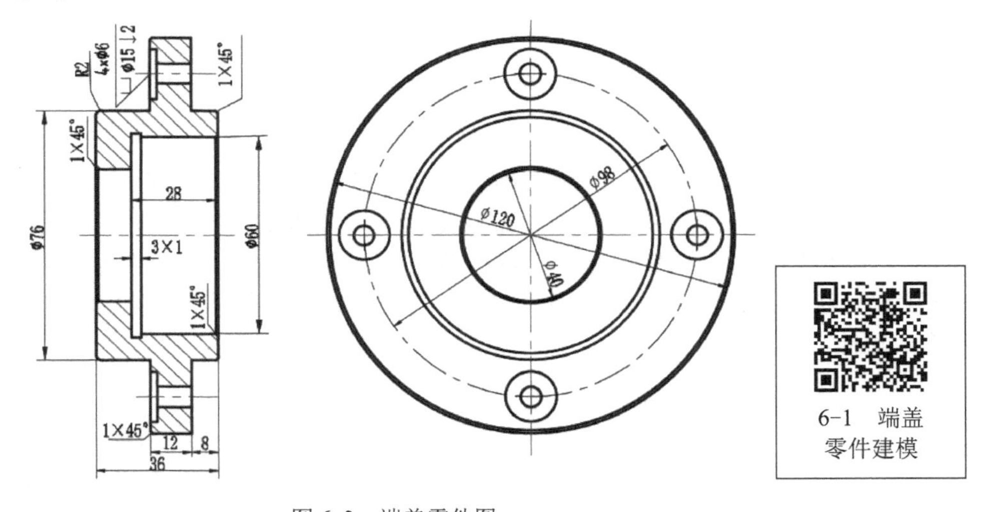

图 6-3　端盖零件图

由于端盖为旋转体，主体外轮廓由Φ76 和Φ120 的圆组成，所以主体轮廓建模可以采用旋转命令，绘制旋转截面和旋转中心线即可创建。端盖中间的通孔也可以采用相同的方法。在本例中，将外轮廓应用三次拉伸进行创建，中间的通孔采用旋转操作。

工作目录是检索和存储文件的指定区域。用户也可以根据设计情况选择不同的工作目录，一般将同属于某设计项目的模型文件集中放置在同一个工作目录下。设定当前工作目录可以方便以后文件的打开与保存操作，便于文件的管理。在开始建模操作前，建议预先设置好工作目录。

步骤 01：设置工作目录。

运行 Creo 5.0，在工具栏中单击“选择工作目录”按钮，弹出“选择工作目录”对话框，可以设置或选择工作目录。

步骤 02：创建文件。

选择“文件”→“新建”命令，在“类型”里选择“零件”，将“文件名”定义为 duangai，取消选择“使用默认模板”，单击“确定”按钮，在弹出的“新文件选项”中选择公制模板 mmns_part_solid，单击“确定”按钮。

步骤 03：拉伸外轮廓。

1）在功能区选项板选择“形状”→“拉伸”工具，打开“拉伸”操作面板，如图 6-4 所示。单击“放置”→“草绘”→“定义”按钮，定义草绘截面。在模型树里或绘图区选择任一平面作为草绘平面。此处选择 TOP 面为草绘平面，方向和参照都为默认。单击快速访问工具栏中的“草绘视图”，使绘图平面与屏幕平行。绘制图 6-5 所示的草绘截面 1，单击✔按钮完成草绘，“拉伸深度”输入 16，单击✔按钮完成拉伸。

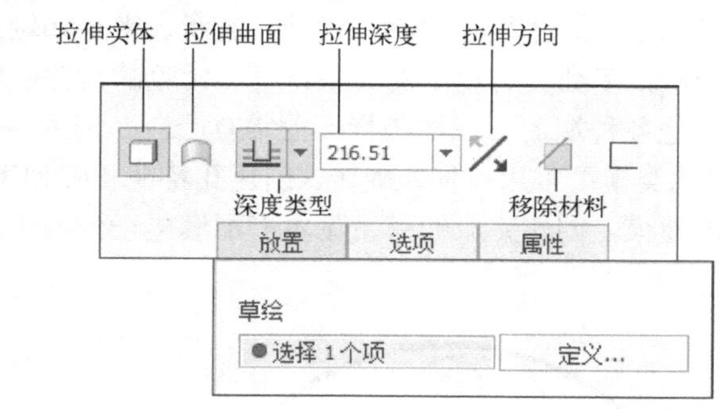

图 6-4 “拉伸”操作面板

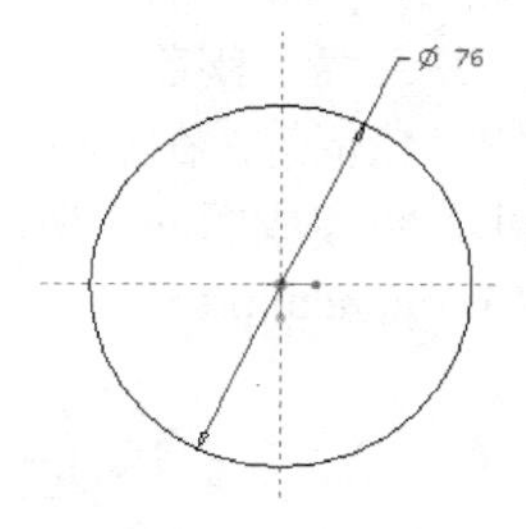

图 6-5 草绘截面 1

2）单击“拉伸”工具，选择刚创建的拉伸体的上表面为草绘平面，参照和方向为默认，绘制图 6-6 所示的草绘截面 2，单击✔按钮完成草绘，“拉伸深度”输入 12，单击✔按钮完成拉伸。

3）单击“拉伸”工具，选择步骤 2）创建的拉伸体的上表面作为草绘平面，参照和方向选择默认，绘制图 6-7 所示的草绘截面 3，单击✔按钮完成草绘，“拉伸深度”输入 8，单击✔按钮完成拉伸。

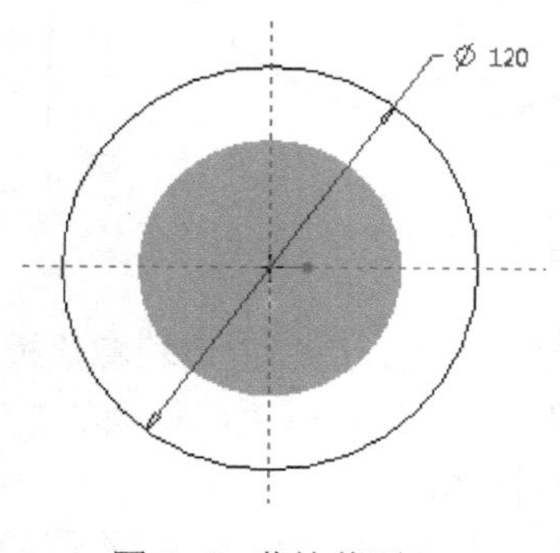

图 6-6 草绘截面 2

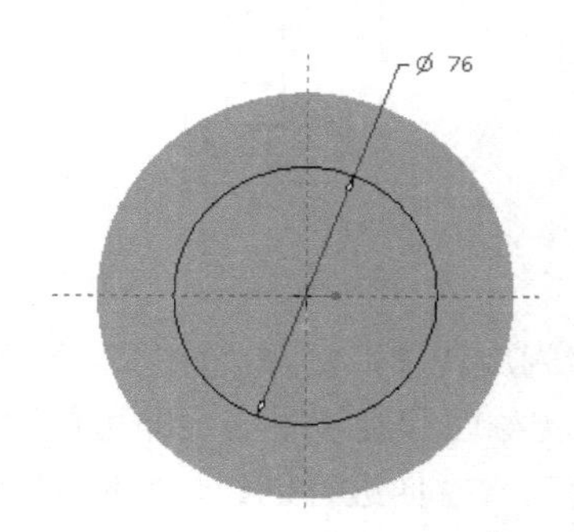

图 6-7 草绘截面 3

步骤04：绘制内部通孔。

1）单击“旋转”工具，在“旋转”操作面板中单击“放置”→“草绘”→“定义”按钮，定义旋转截面。

2）选择 RIGHT 平面为草绘平面，参照和方向都为默认，绘制图 6-8 所示的封闭截面，然后再创建一条旋转的几何中心线，单击✔按钮完成草绘。

3）单击“移除材料”按钮，“旋转角度”设为 360，单击✔按钮完成旋转方式去除材料，生成内部通孔。

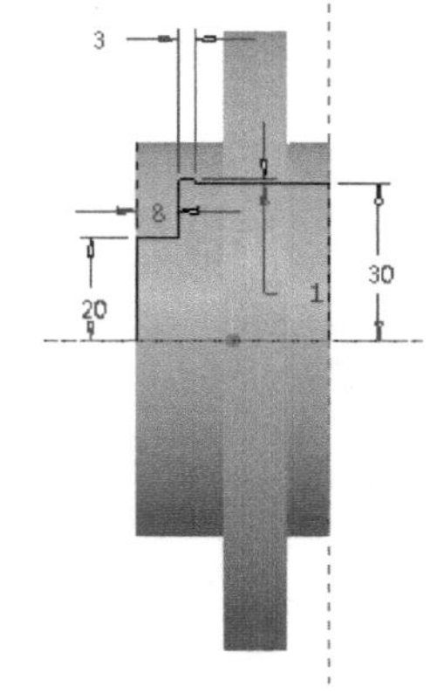

图 6-8　草绘截面

步骤05：完成倒圆角和倒角。

1）单击“倒圆角”工具，选择小孔端外圆表面的边，倒圆角半径为 2，在“倒圆角”操作面板“集”→“参考”中，可以移除倒角的边，重新选择，单击✔按钮完成倒圆角，如图 6-9 所示。

2）单击“倒角”工具，“倒角”操作面板上“倒角类型”为 D×D，D 为 1，选择小孔端内圆表面的边，1×45° 倒角如图 6-10 所示。再依次完成其他几处倒角。

图 6-9　倒圆角

图 6-10　倒角

步骤06：创建沉孔。

1）单击“孔”工具，打开“孔”操作面板，如图 6-11 所示，默认为简单孔。

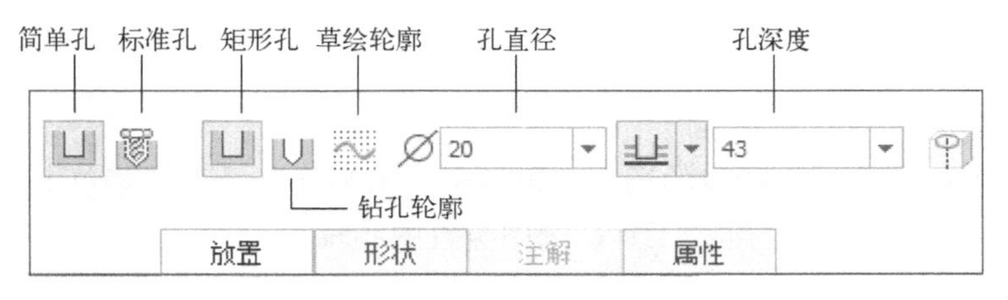

图 6-11　“孔”操作面板

2）打开“放置”下滑面板，选择直径为 120 的圆上表面作为草绘面，在“偏移参考”中选择两个参照面 FRONT 和 RIGHT 作为约束，并修改两基准面的偏移量，如图 6-12 所示。

3）打开“形状”下滑面板，设置孔的直径和深度参数，也可以在“孔”操作面板中设置，单击✔按钮完成。

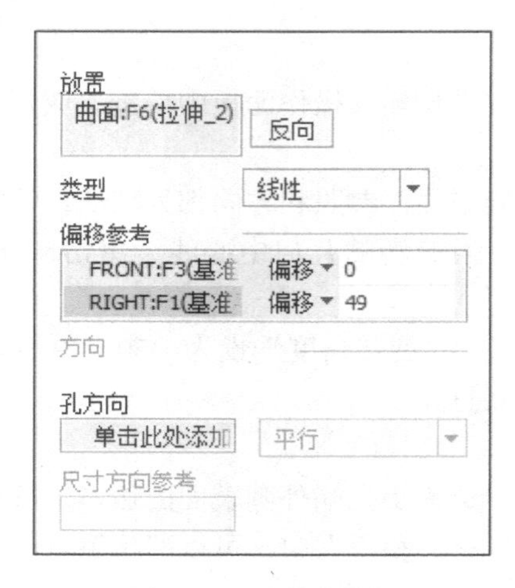

图 6-12　孔基准设置

4）重复上述孔操作，选择刚绘制的Φ15 孔的下表面作为草绘平面，参照与之前相同，参照面、基准偏移量设置与上面相同，孔参数如图 6-13 所示，绘制完成后的效果如图 6-14 所示。

注：孔参数设置："盲孔"命令作用是该孔深度可以控制；"穿透"命令作用是从孔的草绘平面直接将该实体打通形成通孔。

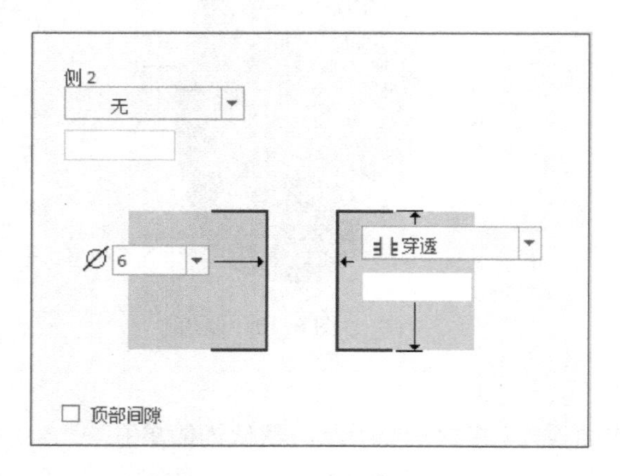

图 6-13　Φ6 孔参数设置

图 6-14　通孔绘制

步骤 07：孔阵列。

1）在左侧模型树中选择刚创建的通孔，再单击"阵列"工具下拉菜单中的"几何阵列"工具，在下拉菜单中选中"轴"阵列工具，选中竖直中心轴。

2）在参数设置下滑面板里输入"阵列成员数"为 4，"间隔角度"为 90，完成后的效果如图 6-15 所示。

在"阵列类型"中，各选项的功能如下。

- "尺寸"：通过改变现有尺寸来创建阵列。
- "方向"：使用方向来定义阵列成员。
- "轴"：选择创建阵列的轴来创建阵列。

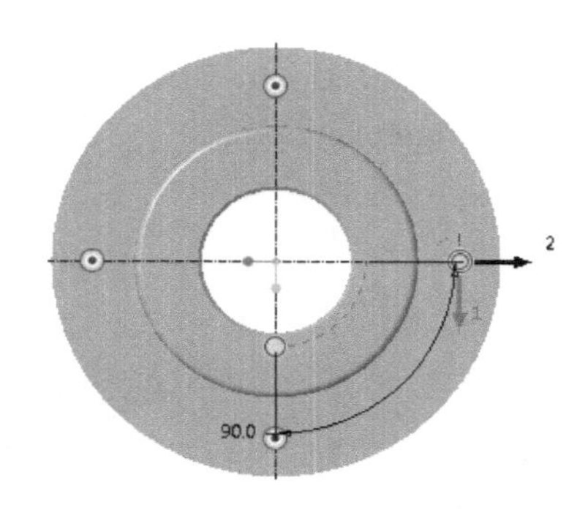

图 6-15 阵列

- “填充”：用阵列成员来填充草绘区域。
- “表”：使用值表来定义阵列成员。
- “参考”：参考现有阵列来完成阵列。
- “曲线”：沿着现有曲线来创建阵列。
- “点”：通过草绘的点创建阵列。

以上阵列类型中，常用的阵列方式为“尺寸”“方向”和“轴”，其中，利用“尺寸”和“方向”可以做矩形阵列，“轴”可以做圆周阵列。

6.2.2 弹簧和螺栓类零件建模

在 Creo 5.0 中，弹簧和螺栓类零件建模具有共同的特点，即都是通过螺旋扫描创建几何特征。螺旋扫描是一种沿螺旋轨迹扫描二维截面来创建三维几何的特征创建方法，其中螺旋轨迹由螺旋扫描轮廓围绕旋转中心轴线定义而成，当定义二维扫描截面后，该截面沿螺旋扫描轨迹形成螺旋扫描特征，如图 6-16 所示。

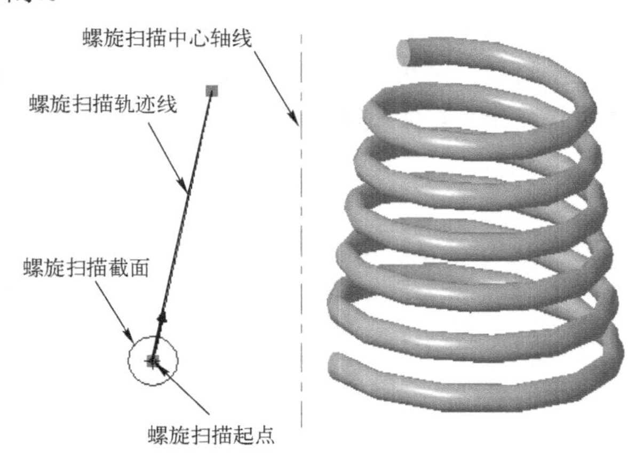

图 6-16 螺旋扫描特征

1. 弹簧建模

弹簧类零件是一种可以储能和变形的机械零件，常用于夹紧、减震和测量等装置或机械设备中。根据形状的不同，弹簧可分为螺旋弹簧、板弹簧、平面涡卷弹簧和碟形弹簧等，根据受力不同，则可以分为压缩弹簧、拉伸弹簧和扭转弹簧等。在本实例中，应用“螺旋扫描”功能创建等距圆柱螺旋弹簧，并通过扫描方式创建两端的挂钩，如图 6-17 所示，创建完成的三维模型见本书配套电子资源中的第 6 章素材 ch6.02/ tanhuang.prt。

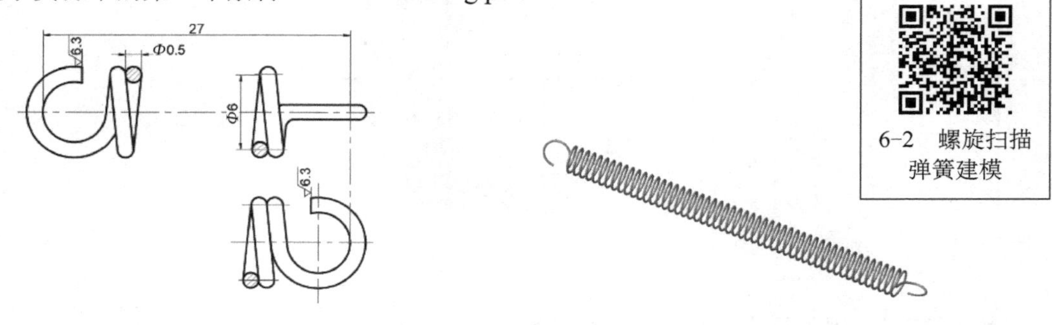

6-2 螺旋扫描弹簧建模

图 6-17 等距圆柱螺旋弹簧

已知弹簧参数：弹簧刚度 P' 为 0.0937N/mm，在试验负荷 P_s 为 7.2N 时，弹簧变形量 F_s 为 76.8mm，有效圈数 n 为 30.5，弹簧自由高度 H_0 为 27mm，弹簧钢丝直径 d 为 0.5mm。由弹簧节距计算公式 $t=(H-1.5d)/n$，计算得到弹簧节距 t 为 2.52mm，即弹簧建模的螺距值。建模步骤如下。

步骤 01：设置工作目录。

步骤 02：创建新文件。

选择“文件”→“新建”命令，在“类型”里选择“零件”，将“文件名”定义为 tanhuang，取消选择“使用默认模板”，单击“确定”按钮，在“新文件选项”中选择公制模板 mmns_part_solid，单击“确定”按钮。

步骤 03：创建螺旋扫描。

1）在功能区选择“形状”→“螺旋扫描”，弹出“螺旋扫描”操作面板。

2）创建扫描轮廓线和螺旋中心线。单击“参考”按钮选择 TOP 平面作为草绘平面，绘制螺旋扫描轮廓与螺旋中心线，如图 6-18 所示，单击按钮完成，完成扫描轮廓创建。

3）单击“创建或编辑扫描截面”按钮，在轮廓线起点处绘制弹簧钢丝截面 Φ0.5 圆，单击按钮完成，如图 6-19 所示，并在“螺旋扫描”操作面板上将“间距值”修改为 2.52，单击按钮完成。

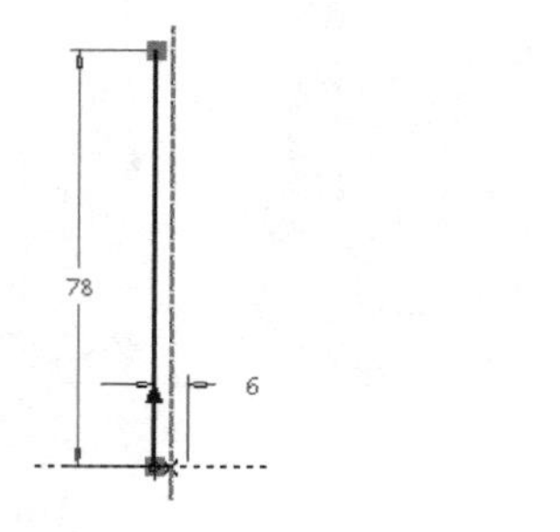

图 6-18 绘制扫描轮廓线与螺旋中心线

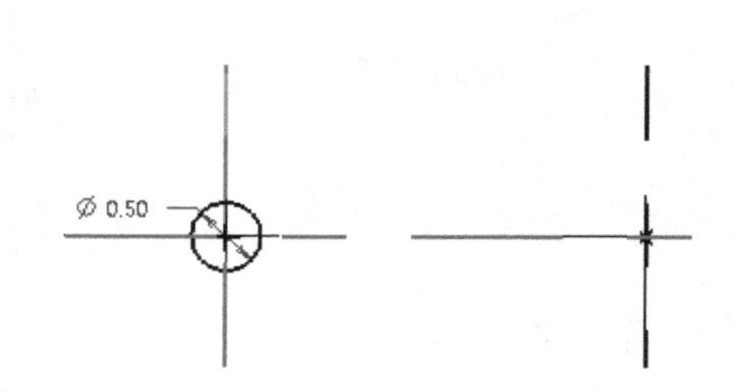

图 6-19 绘制扫描截面轮廓

步骤 04：创建一端挂钩。

1）绘制挂钩的第一段扫描轨迹。单击功能区选项板“基准”→“草绘”单选按钮，选中 FRONT 面作为草绘平面，绘制端面挂钩的扫描轨迹线，如图 6-20 所示，单击按钮完成。

2）选中刚完成的草绘轨迹，单击“形状”→“扫描”按钮，单击“创建或编辑扫描截面”

按钮，根据图 6-21 所示尺寸要求，绘制第一段的扫描截面，单击按钮完成。

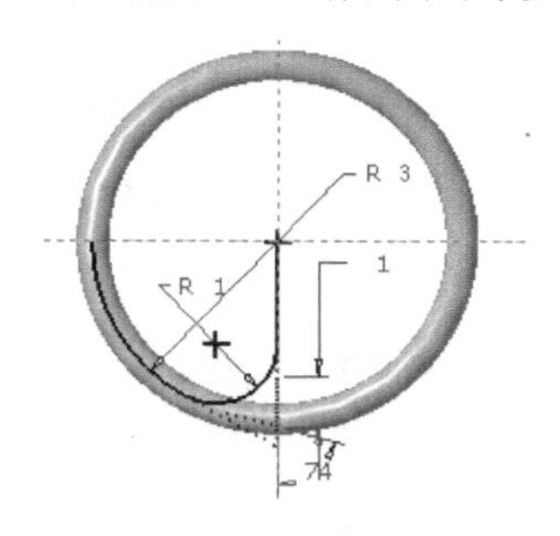

图 6-20　绘制第一段扫描轨迹

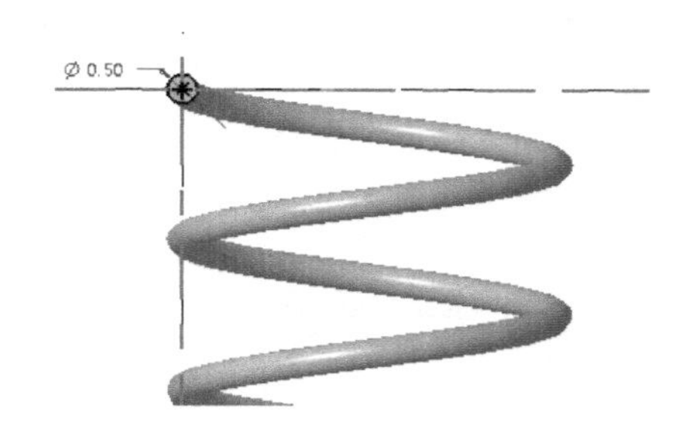

图 6-21　绘制第一段的扫描截面

3）绘制挂钩的第二段扫描轨迹。单击“草绘”单选按钮，选中 RIGHT 面作为草绘平面，绘制扫描轨迹，如图 6-22 所示，单击按钮完成。

4）选中刚完成的草绘图形，单击“形状”→“扫描”按钮，单击“创建或编辑扫描截面”按钮，绘制第二段的扫描截面，如图 6-23 所示，单击按钮完成。

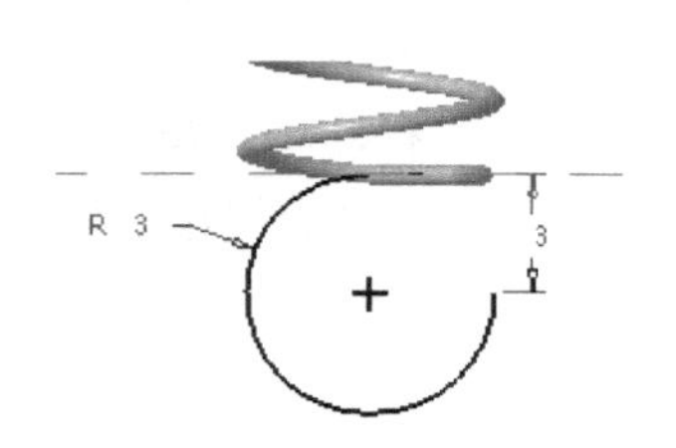

图 6-22　绘制第二段扫描轨迹

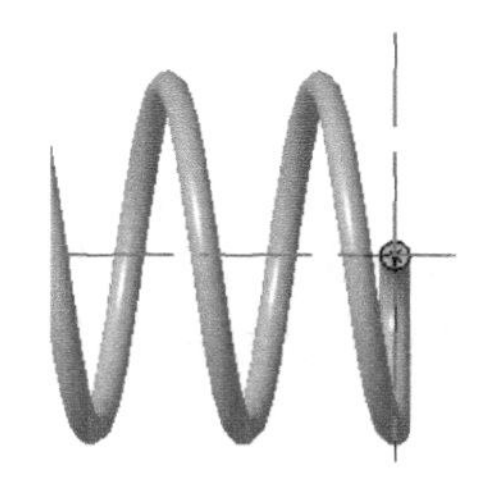

图 6-23　第二段的扫描截面

步骤 05：创建另一端挂钩。

1）创建基准平面。由已知条件弹簧变形量 F_s 为 76.8mm，弹簧钢丝直径 d 为 0.5mm，计算得出两端平面距离为 77.8mm，单击“平面”工具，选择 FRONT 平面，“偏移距离”取整为 78，建立 DTM1 平面。

2）单击“草绘”单选按钮，选中刚创建的 DTM1 面作为草绘平面，绘制扫描轨迹，如图 6-24 所示，单击按钮完成。

3）选中刚完成的草绘图形，单击“形状”→“扫描”按钮，单击“创建或编辑扫描截面”按钮，绘制扫描截面，如图 6-25 所示，单击按钮完成。

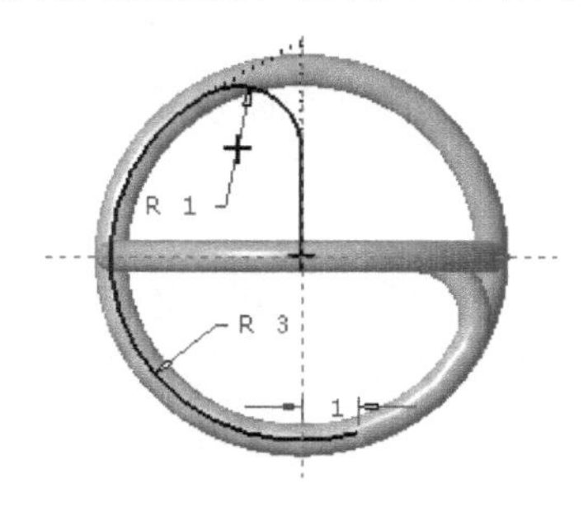

图 6-24　扫描轨迹 1

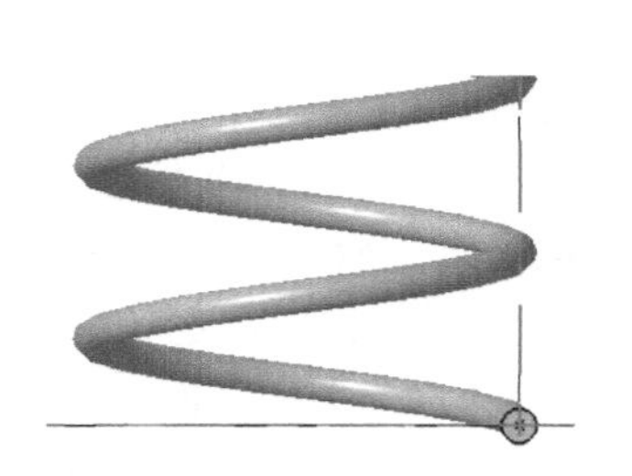

图 6-25　扫描截面 1

4）继续绘制扫描轨迹线。单击“草绘” 单选按钮，选中 RIGHT 面作为草绘平面，绘制扫描轨迹，如图 6-26 所示，单击 按钮完成。

5）选中刚完成的草绘图形，单击“形状”→“扫描” 按钮，单击“创建或编辑扫描截面” 按钮，绘制扫描截面，如图 6-27 所示，单击 按钮完成。最终完成的模型如图 6-17 所示。

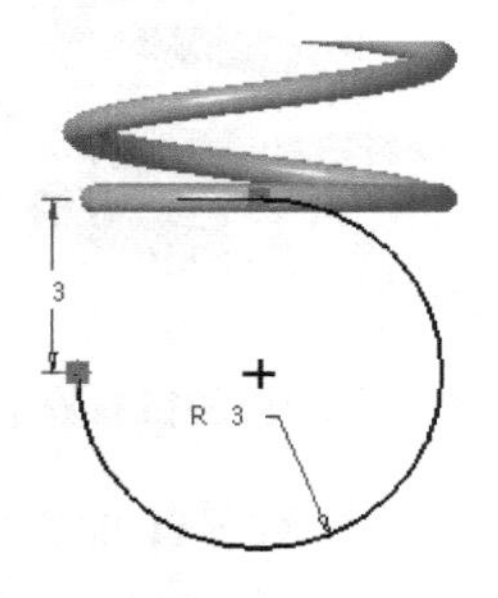

图 6-26　扫描轨迹 2

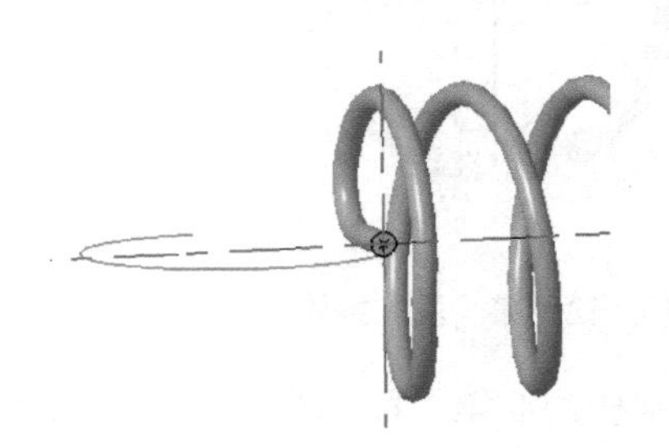

图 6-27　扫描截面 2

2．螺栓建模

螺栓由头部和带有外螺纹的螺杆两部分组成，需要与螺母配合完成紧固零件的联接。螺栓联接属于可拆卸联接，主要用作机械设备的紧固。六角头螺栓是常用的紧固件，又可分为外六角螺栓和内六角螺栓。本实例将以图 6-28 所示外六角螺栓为例，应用拉伸特征、倒角特征、圆角特征和螺旋扫描特征完成其三维建模。创建过程大致为：拉伸螺栓头部实体、创建螺杆、端部倒角、创建外螺纹以及倒圆角，创建完成的三维模型见本书配套电子资源的第 6 章素材 ch6.03/luoshuan.prt。

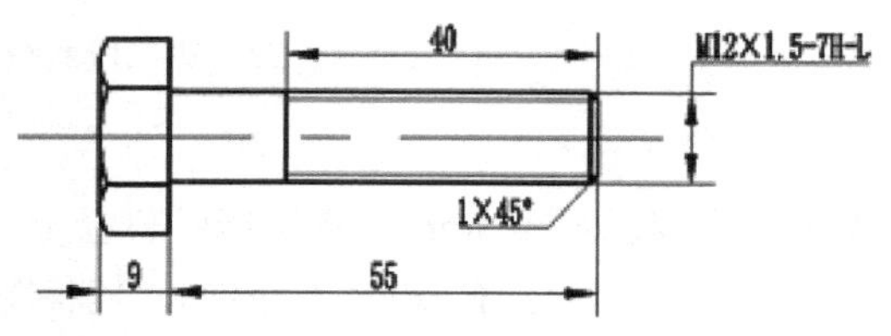

6-3　外六角螺栓建模

图 6-28　外六角螺栓

具体绘制步骤如下。

步骤 01：设置工作目录。

步骤 02：创建新文件。

选择“文件”→“新建”命令，在“类型”里选择“零件”，将“文件名”定义为 luoshuan，取消选择“使用默认模板”，单击“确定”按钮，在“新文件选项”中选择公制模板 mmns_part_solid，单击“确定”按钮。

步骤 03：创建螺栓头部实体。

1）在功能区选项板选择“形状”→“拉伸”工具，打开“拉伸”操作面板。单击“放置”→“草绘”→“定义”按钮，定义草绘截面。以 FRONT 面作为草绘平面，绘制图 6-29 所示的螺栓头部截面。绘制六边形的截面可以选择“草绘”→“选项板”，打开“草绘器选项板”对话框，选中六边形拖拽到绘图区，修改尺寸即可。

2）在“拉伸”操作面板单击 按钮，“拉伸深度”设为 9，单击 按钮完成拉伸操作。

步骤04：创建螺杆。

在功能区选项板选择“形状”→“拉伸”工具，打开“拉伸”操作面板。单击“放置”→“草绘”→“定义”按钮，定义草绘截面。以六角螺栓头部的上端面或下端面做草绘平面，绘制图6-30所示Φ12的截面圆，并指定“拉伸深度”为55，单击按钮完成拉伸操作。

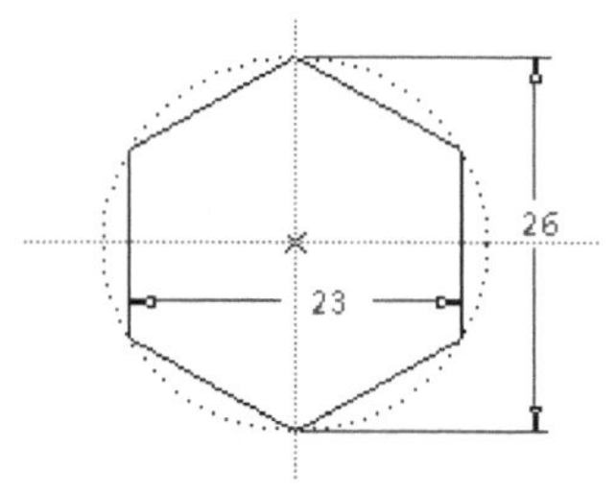

图6-29 螺栓头部截面

图6-30 螺杆截面

步骤05：创建倒角。

单击“倒角”工具，在“倒角”操作面板上设置“倒角类型”为D×D，D为1，选择螺杆端面与侧面的交线圆创建1×45°倒角，如图6-31所示。

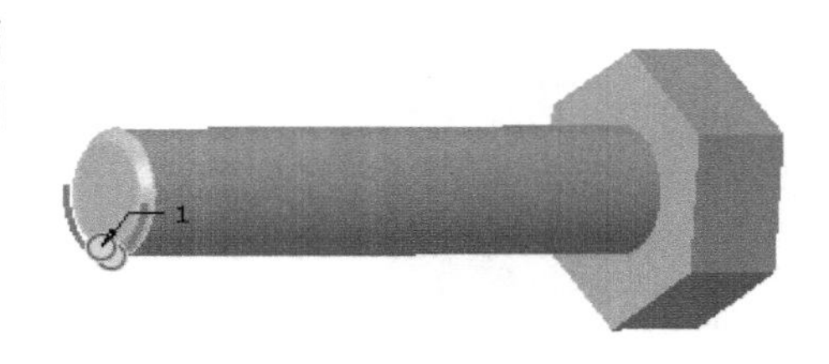

图6-31 螺杆端面倒角

步骤06：创建外螺纹。

1）在功能区单击“形状”→“螺旋扫描”按钮，弹出“螺旋扫描”操作面板。

2）创建扫描轮廓线。单击“参考”按钮，选择TOP平面作为草绘平面，绘制螺旋扫描轮廓线与螺旋中心线，如图6-32所示，单击完成扫描轮廓创建。其中将扫描轮廓线两端延长，使扫描螺纹进刀退刀符合实际加工工艺。

3）创建螺纹。在“螺旋扫描”操作面板中单击“创建或编辑扫描截面”按钮，如图6-33所示；在轮廓线起点处绘制扫描截面轮廓，尺寸如图6-34所示，单击按钮完成，如图6-35所示；单击“移除材料”按钮、“左旋”按钮，将“间距”值修改为1.5，单击按钮完成。

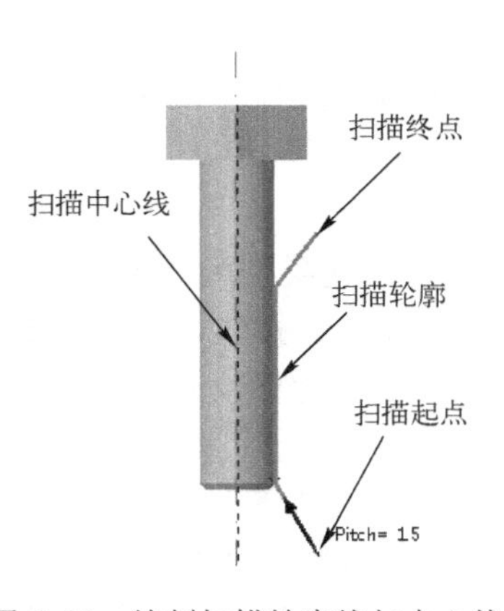

图6-32 绘制扫描轮廓线与中心线

图6-33 创建或编辑扫描截面

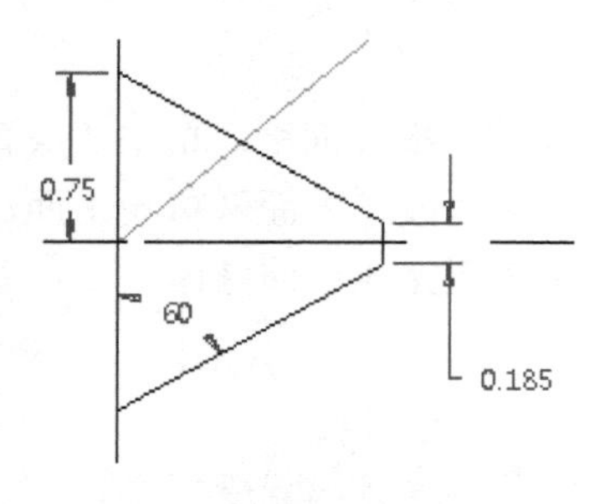

图 6-34　扫描截面轮廓

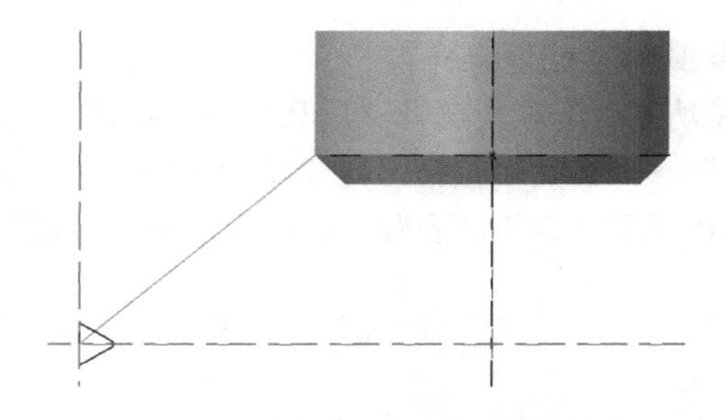

图 6-35　创建或编辑扫描截面参照

步骤 07：旋转创建螺栓头部顶面有过渡圆角特征。

单击“旋转”工具，在“旋转”操作面板中单击“放置”→“草绘”→“定义”按钮，定义旋转截面。选择 TOP 面作为草绘平面，参照和方向都为默认，绘制图 6-36 所示的封闭截面，然后再创建一条旋转的几何中心线，单击✔按钮完成草绘，选择“移除材料”，“旋转角度”设为 360，单击✔按钮完成旋转。绘制完成，完整螺栓如图 6-37 所示。

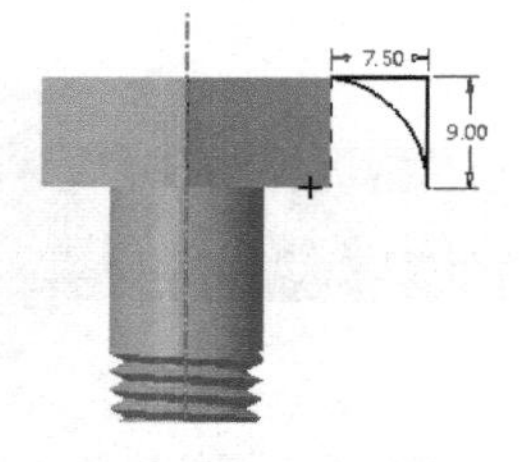

图 6-36　绘制旋转截面

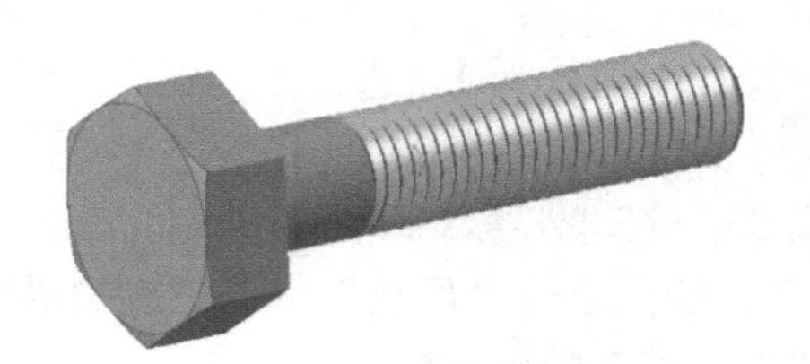

图 6-37　螺栓实体

6.2.3 箱体类零件建模

箱体是机器或部件的基础零件，具有容纳、支承、定位和密封等作用。箱体类零件具有形状复杂、壁薄不均匀、内部为型腔、加工难度大等特点。常见的箱体类零件有机床主轴箱、减速器箱体、发动机箱体、阀体和泵体等。本节以图 6-38 所示减速器下箱体为例进行箱体建模，其三维模型见本书配套电子资源的第 6 章素材 ch6.04/xiaxiangti.prt。减速器下箱体有底板、底座箱体、箱体凸缘、轴承座孔、放油孔、油标孔、凸台、筋板、铸造圆角和拔模斜度等典型结构，因此零件建模比较繁琐，需要提前规划三维建模步骤，才能提高设计效率。

下面通过先构建箱体总体轮廓，再添加局部特征的方法来创建箱体，具体步骤如下。

步骤 01：设置工作目录。

步骤 02：创建文件。

选择“文件”→“新建”菜单命令，弹出“新建”对话框，选择新建类型为“零件”，子类型为“实体”，取消选择“使用缺省模板”，命名为 xiaxiangti，单击“确定”按钮，弹出“新文件选项”对话框，选择模板为 mmns_part_solid，单击“确定”按钮，创建一个新文件。

步骤 03：拉伸凸缘。

1）选择“形状”→“拉伸”工具，弹出“拉伸”操作面板，单击“放置”按钮，打开“放置”下滑面板，选择“草绘”→“定义”，系统弹出“草绘”对话框，选择 TOP 基准面作为草绘平面，采用默认的参照平面及草绘方向，单击“草绘”按钮，系统进入草绘环境，单击快速访问

工具栏中的 按钮，使草绘平面与屏幕平行。

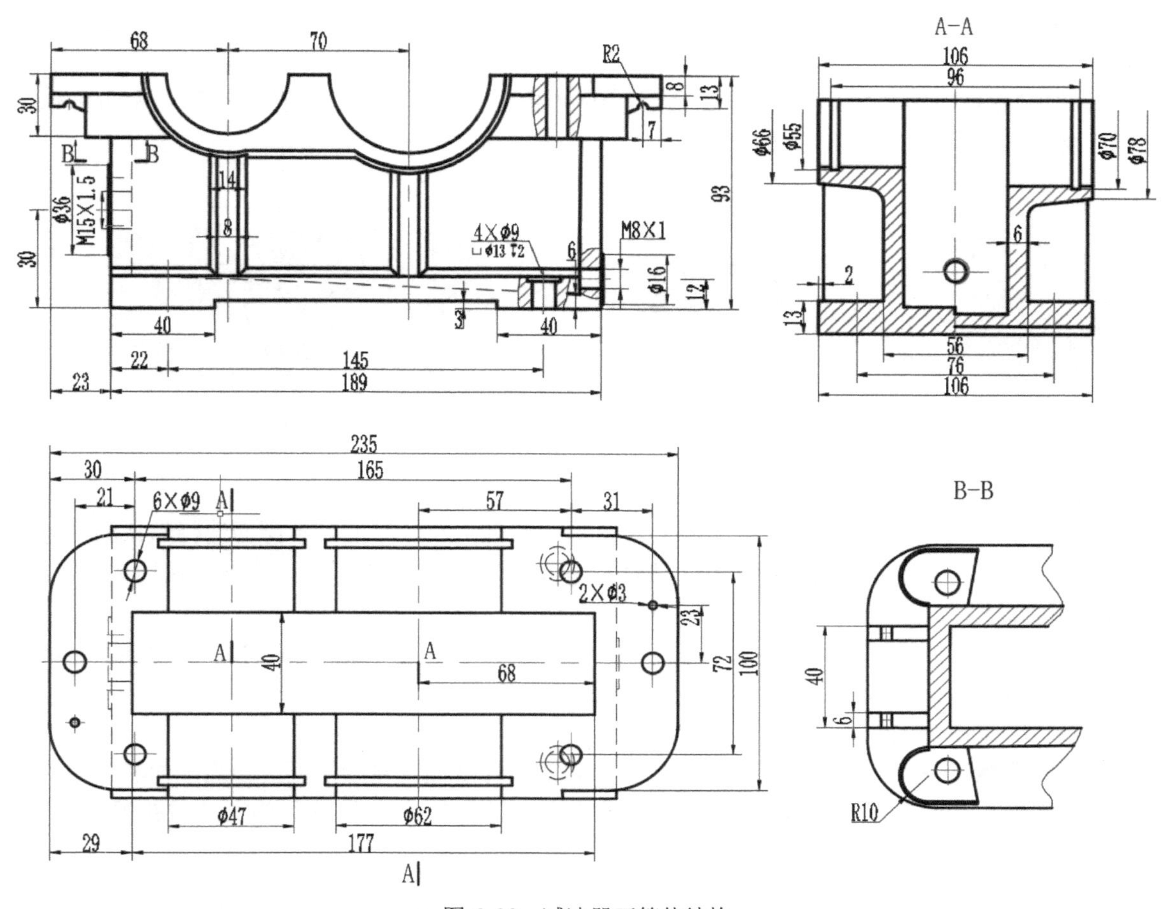

图 6-38　减速器下箱体结构

2）绘制剖分面凸缘截面，如图 6-39 所示，单击 按钮完成草绘，拉伸值为 8，单击 按钮完成所绘图形。

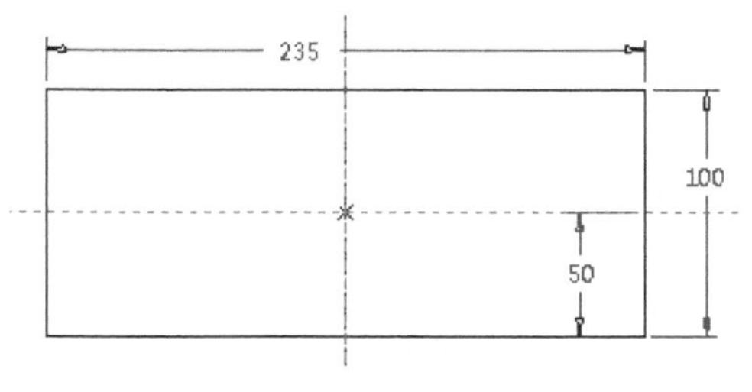

图 6-39　剖分面凸缘截面

步骤 04：倒圆角。

单击“工程”→“倒圆角”命令 ，半径值为 26，按住〈Ctrl〉键选择图 6-40 所示的边，选择完成后单击 按钮，完成倒圆角操作。

步骤 05：创建箱体。

1）选择“形状”→“拉伸”工具 ，弹出“拉伸”操作面板，单击“放置”按钮，打开

“放置”下滑面板，单击“定义”按钮，系统弹出“草绘”对话框，选择刚创建的拉伸面，即 TOP 面为草绘平面，采用默认的参照平面及草绘方向，单击“草绘”按钮，系统进入草绘环境。

2）绘制箱体拉伸截面，如图 6-41 所示，击✔按钮完成草绘，拉伸值设为 72，单击✔按钮完成所绘图形。

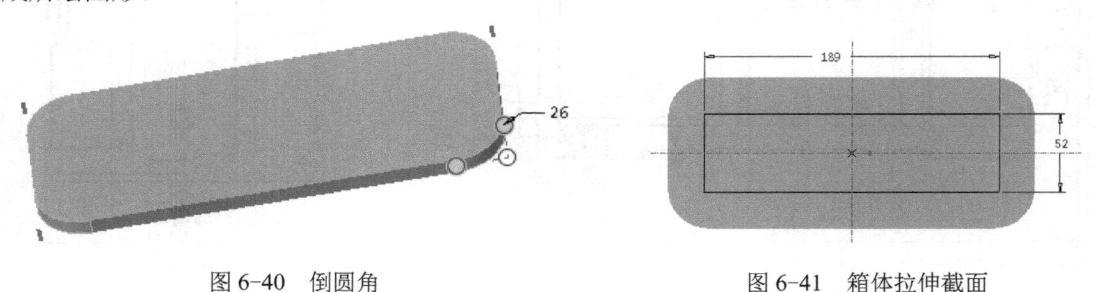

图 6-40 倒圆角　　　图 6-41 箱体拉伸截面

步骤 06：创建两侧轴承座孔凸台。

1）选择“形状”→“拉伸”工具，选 FRONT 面为草绘平面，参照面选择默认面，方向为左，单击“草绘”按钮，绘制轴承座孔凸台拉伸截面，如图 6-42 所示，单击✔按钮完成草绘，输入拉伸深度 53。

2）选择刚创建的拉伸体，选择“编辑”→“镜像”工具，选择 FRONT 面为参照面，单击✔按钮完成镜像。

步骤 07：创建底座。

单击“形状”→“拉伸”工具，选择拉伸体的箱体底面为草绘平面，参照平面和方向为默认，绘制截面，如图 6-43 所示，单击✔按钮完成草绘，拉伸深度为 13，单击✔按钮得到模型。

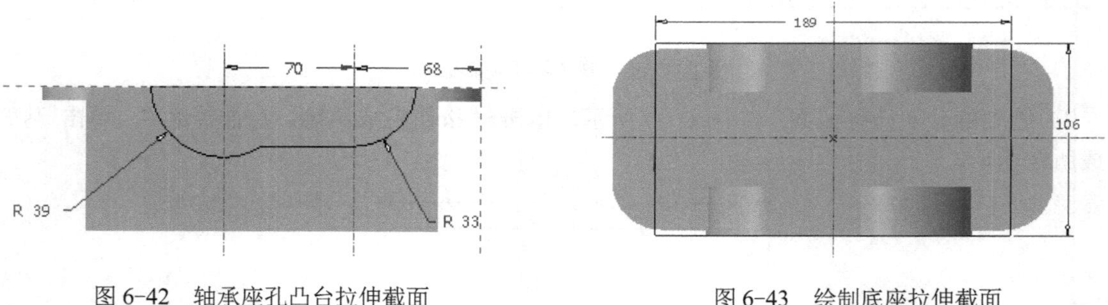

图 6-42 轴承座孔凸台拉伸截面　　　图 6-43 绘制底座拉伸截面

步骤 08：创建油标孔凸台。

单击“形状”→“拉伸”工具，选择靠近轴承座孔小端凸台的箱体侧面为草绘平面，参照和方向都选择默认，绘制图 6-44 所示的截面，单击✔按钮完成草绘，输入拉伸深度为 1，单击✔按钮完成凸台建模。

步骤 09：创建放油孔凸台。

单击“形状”→“拉伸”工具，选择与绘制油标孔凸台相对一侧的箱体表面为草绘平面，参照和方向都选择默认，绘制截面，如图 6-45 所示，单击✔按钮完成草绘，拉伸深度为 1，单击✔按钮完成凸台建模。

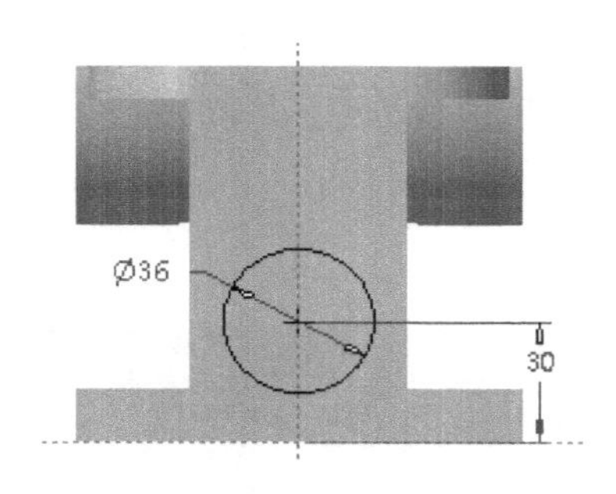

图 6-44　油标孔凸台拉伸截面

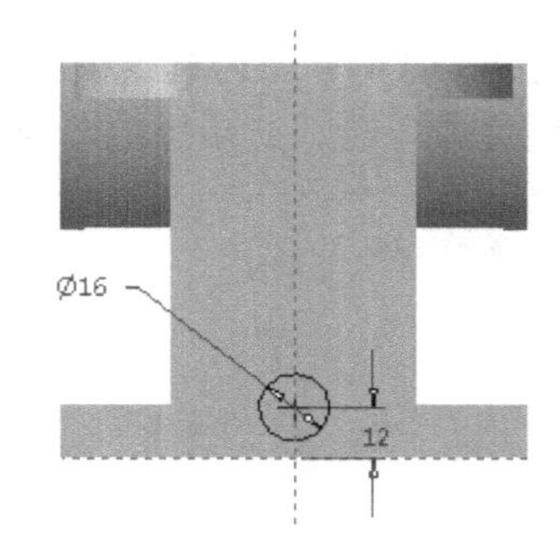

图 6-45　放油孔凸台拉伸截面

步骤 10：创建放油孔。

放油孔为螺纹孔，采用标准孔创建。单击功能区选项板的“工程”→“孔”工具，打开“孔”操作面，选择“标准孔”，“螺纹系列”为“ISO”，尺寸设为 M8×1，孔的类型为，指定深度只要穿透箱体壁即可，本次操作设为 15。再打开“放置”下滑面板，如图 6-46 所示，选择放油孔凸台上表面为放置平面，类型默认为“线性”，在“偏移参考”中选择底座下表面和箱体侧面为参照面，偏移距离分别为 12 和 28，单击✓按钮完成孔的创建，如图 6-47 所示。

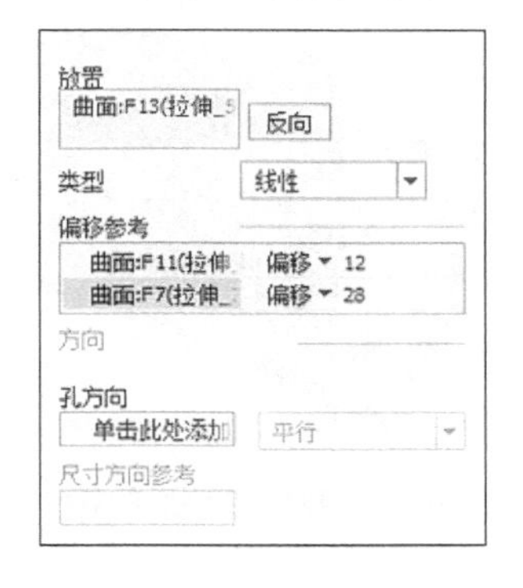

图 6-46　“放置”下滑面板

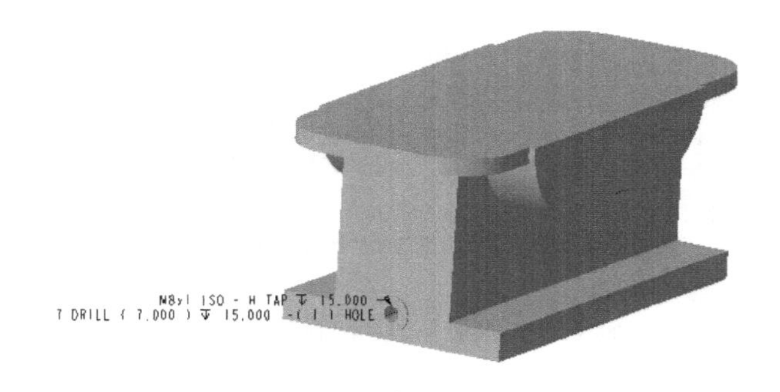

图 6-47　生成孔模型

步骤 11：创建油标孔。

油标孔是螺纹孔，也采用标准孔创建，步骤同放油孔创建过程，只是螺纹系列为“ISO”，尺寸为 M16×1.5，选择放油孔凸台上表面为放置平面，参考面相同，在“偏移参考”中输入偏移距离为 30 和 28，即可得到油标孔。

放油孔和油标孔所在的平面为拉伸的圆柱体底面，系统自动为圆柱体创建了一根轴线，因此，孔的创建也可采用同轴的方式，如图 6-48 所示，在“放置”中添加所选择的凸台表面和凸台的轴线即可。

步骤 12：创建底板凹槽。

单击“形状”→“拉伸”工具，选取 FRONT 面为草绘平面，RIGHT 为参照平面，绘制图 6-49 所示的截面，单击✓按钮完成草绘，选择“拉伸”操作面板中的“对称拉伸”，选中“移除材料”，输入“拉伸深度”，并大于底板宽度 106，单击✓按钮完成拉伸操作。

步骤 13：创建箱体内部型腔。

1）已拉伸的箱体为实体，需要通过再次拉伸操作去除中间的材料。单击“形状”→“拉伸”

工具，选择FRONT面为草绘平面，参照和方向为默认，绘制型腔拉伸截面，如图6-50所示，单击✔按钮完成草绘。此步骤的草绘平面和参照需要根据前面建立的三维模型来灵活选择。

图6-48 “同轴”方式打孔

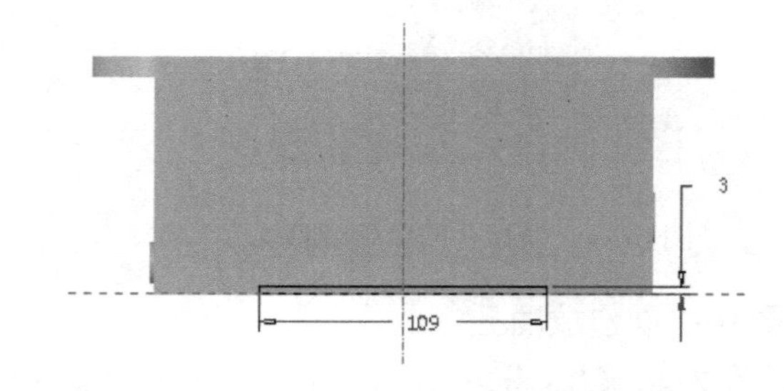

图6-49 底板凹槽拉伸截面

2）在“拉伸”操作面板中，选择“对称拉伸”按钮和“移除材料”按钮，输入“拉伸深度”为40，单击✔按钮完成拉伸，如图6-51所示。

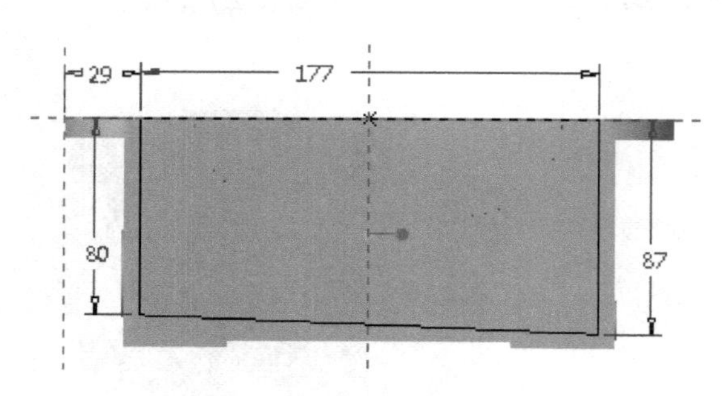

图 6-50 型腔拉伸和除料截面

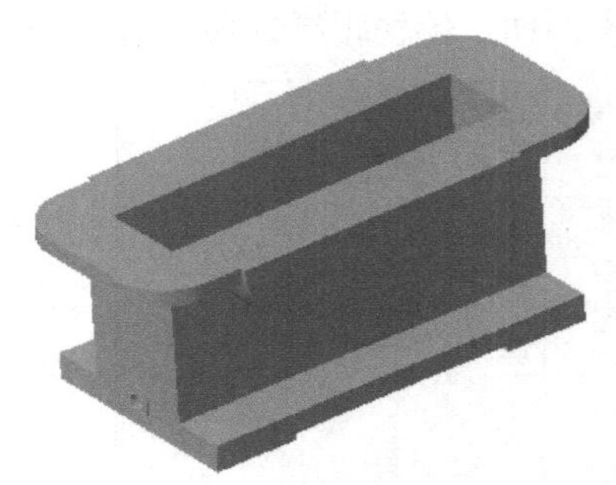

图6-51 拉伸除料后的箱体

步骤14：创建下箱盖螺栓连接凸台。

1）选择“形状”→“拉伸”工具，箱体凸缘的下表面为草绘平面，单击“草绘”按钮，绘制拉伸截面1，尺寸如图6-52所示，单击✔按钮完成草绘，输入拉伸深度17。

2）选择“基准”→“轴”，单击凸台的圆柱面创建轴线。

3）选择“工程”→“孔”，在弹出的下滑面板中输入孔直径$\Phi 9$，深度为通孔，单击“放置”，打开“放置”下滑面板，在孔的“类型”中选择“同轴”，在“放置”中选择凸台的红色表面为打孔平面，按住〈Ctrl〉键选择刚刚创建的轴线，生成的通孔如图6-53所示。

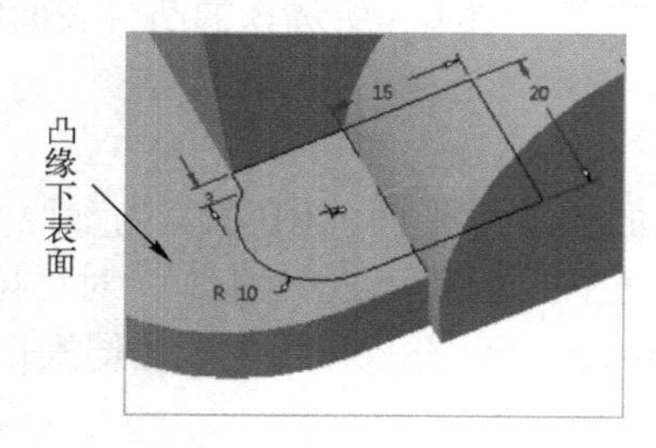

图6-52 连接螺栓凸台的拉伸截面1

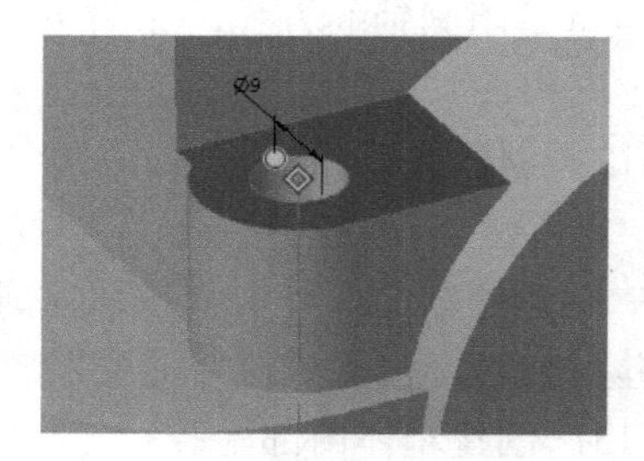

图6-53 凸台表面打孔

4）单击“工程”→“拔模”工具，打开“拔模”操作面板，在“拔模角度”中输入6，通过按钮调整拉伸方向，再打开“参考”下滑面板，在“拔模曲面”中选择凸台的侧面，在“拔模枢轴”中选择凸台的端面，单击按钮完成拔模，如图 6-54 所示。

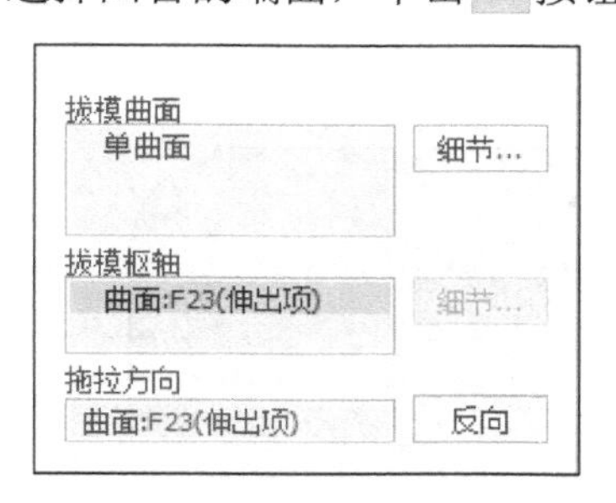

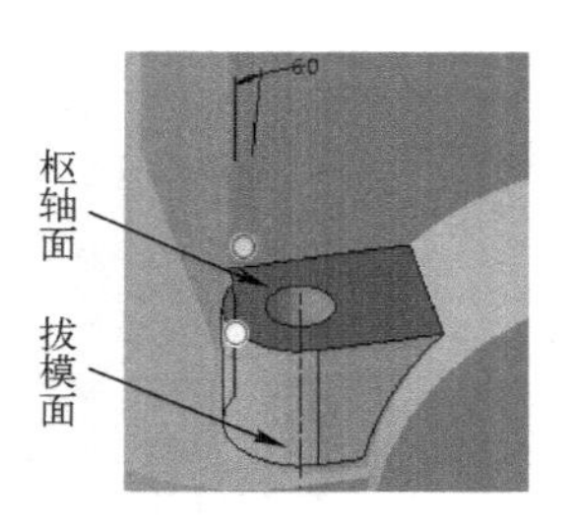

图 6-54　螺栓连接凸台的拔模

5）在模型树中选择凸台拉伸体、孔和拔模斜度特征，再选择“编辑”→“镜像”工具，选择 FRONT 面为参照面，单击按钮完成镜像。

6）创建另一侧螺栓连接凸台，步骤同上。绘制拉伸截面 2，尺寸如图 6-55 所示。

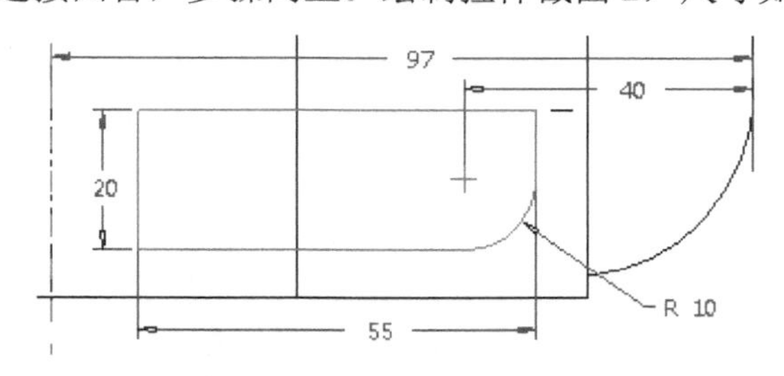

图 6-55　螺栓连接凸台拉伸截面 2

步骤 15：吊钩建模。

1）创建吊钩的草绘面。选择“基准”→“平面”，创建基准面 DTM1，使其平行于 FRONT 面，偏移距离为 26，也可以直接将箱体上带有螺栓凸台的表面作为草绘平面。

2）单击“形状”→“拉伸”工具，选择 DTM1 为草绘平面，参照平面和方向为默认，绘制截面，如图 6-56 所示，单击✓按钮完成草绘，拉伸深度为 6，单击按钮得到模型。

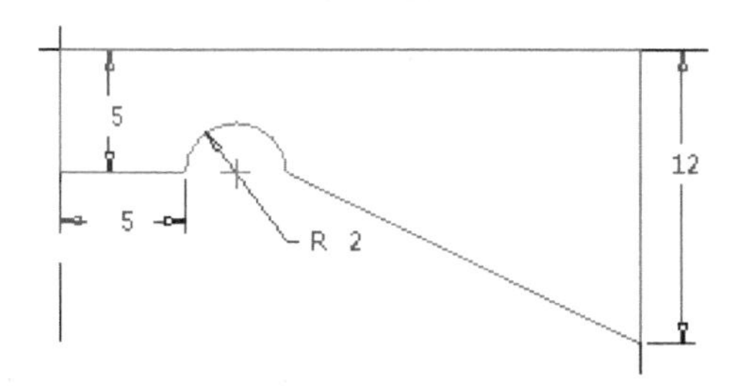

图 6-56　吊钩拉伸截面

3）在模型树中选择吊钩拉伸特征，再选择“编辑”→“镜像”工具，选择 FRONT 面为参照面，单击按钮完成镜像。同样再将两个吊钩按照 RIGHT 面进行“镜像”操作，得到对侧的两个吊钩。

步骤16：绘制起盖螺钉孔。

1）单击“形状”→“拉伸”工具，选择箱体凸缘上表面为草绘平面，绘制$\Phi9$的圆，如图6-57所示，单击按钮完成草绘，单击“移除材料”按钮，拉伸深度应不低于板厚13，单击按钮得到模型。

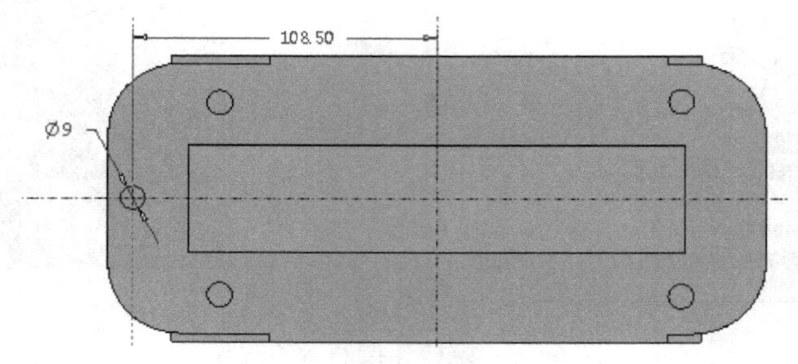

图6-57　起盖螺钉孔

2）在模型树中选择螺钉孔特征，再选择“编辑”→“镜像”工具，以RIGHT面为对称面进行镜像，得到另一侧螺钉孔。

步骤17：绘制轴承座孔。

单击“形状”→“拉伸”工具，选择轴承座孔凸台的外端面为草绘平面，绘制$\Phi47$和$\Phi62$的两个封闭半圆截面，如图6-58所示，单击按钮完成草绘，拉伸类型选择“通孔”，单击按钮得到模型。

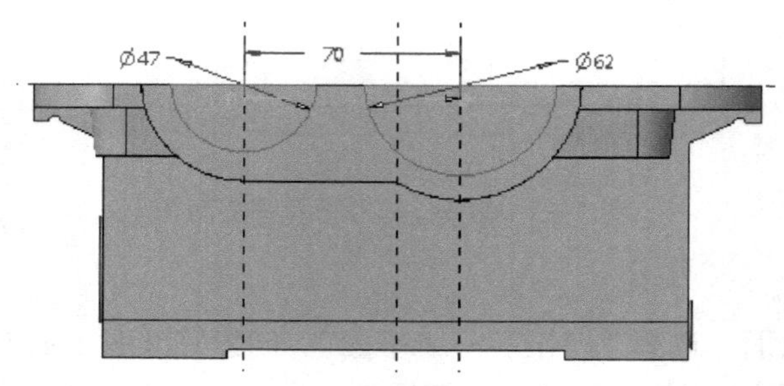

图6-58　轴承座孔拉伸截面

步骤18：绘制轴承座孔密封槽。

1）密封槽外端面与轴承座凸台外端面距离为5，选择“基准”→“平面”，创建基准面，选择轴承座凸台外端面为参照平面，偏移距离为5。

2）单击“形状”→“拉伸”工具，选择刚创建的基准面为草绘平面，绘制截面，如图6-59所示，单击按钮完成草绘，选择拉伸方式，拉伸深度为3，单击按钮得到模型。

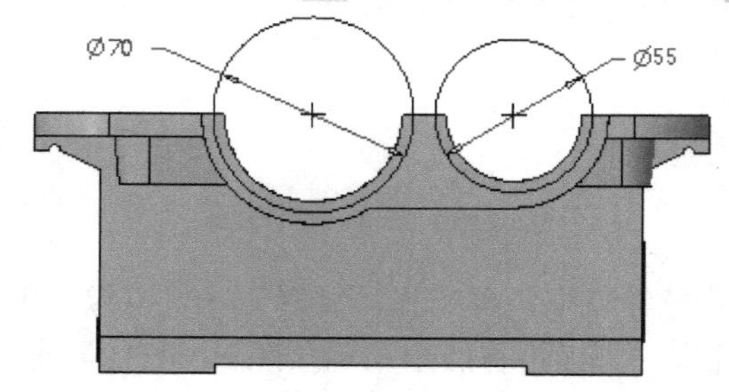

图6-59　轴承座孔密封槽拉伸截面

3）在模型树中选择密封槽特征，再选择“编辑”→“镜像”工具，以 FRONT 面为对称面进行镜像，得到另一侧密封槽特征。

步骤 19：创建筋板。

轴承座大端面筋板用轮廓筋创建，小端面筋板上部两端不对称，用拉伸创建。

1）选择“基准”→“平面”，创建基准面，选择穿过轴承座孔大径端的轴线，与 RIGHT 面偏移角度为 0。

2）单击“轮廓筋”工具，单击“参考”→“草绘”，选择刚定义的基准平面，进入草绘环境，绘制轮廓线，如图 6-60 所示，单击按钮完成草绘，筋厚度值设为 8，单击按钮完成轮廓筋创建，如图 6-61 所示。

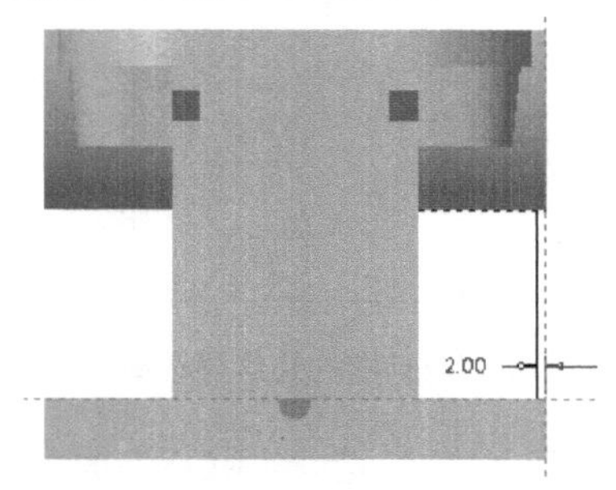

图 6-60　轮廓筋草绘图

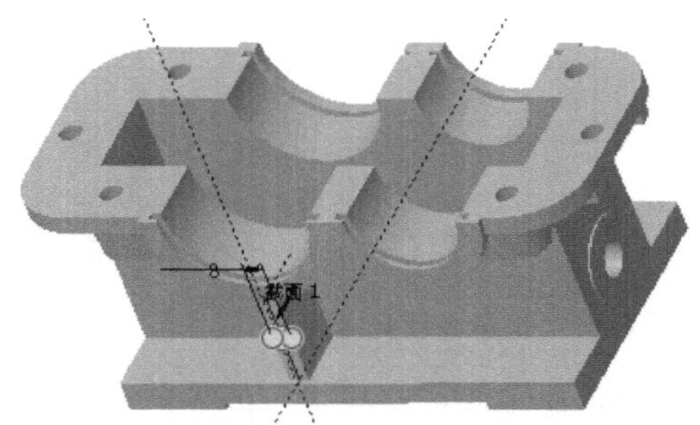

图 6-61　生成轮廓筋

3）用拉伸创建另一侧筋板，选择与上步操作相同的基准面，绘制拉伸筋板轮廓，如图 6-62 所示，单击按钮完成草绘，选择拉伸方式为“到指定面”，选择箱体外表面，单击按钮得到模型。

4）在模型树中选择轮廓筋特征和拉伸筋板特征，再选择“编辑”→“镜像”工具，以 FRONT 面为对称面进行镜像，得到另一侧筋板，如图 6-63 所示。

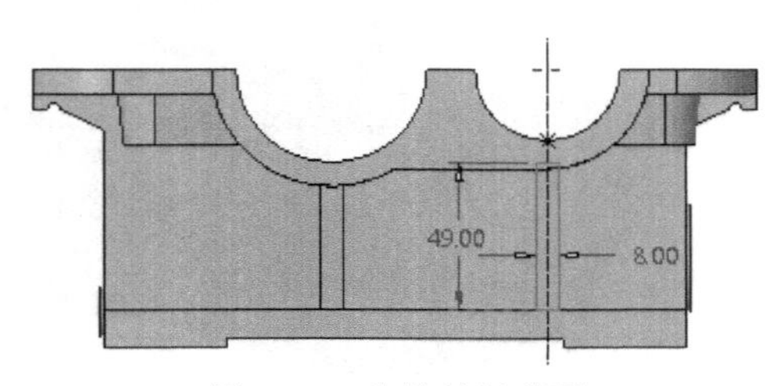

图 6-62　拉伸筋板截面

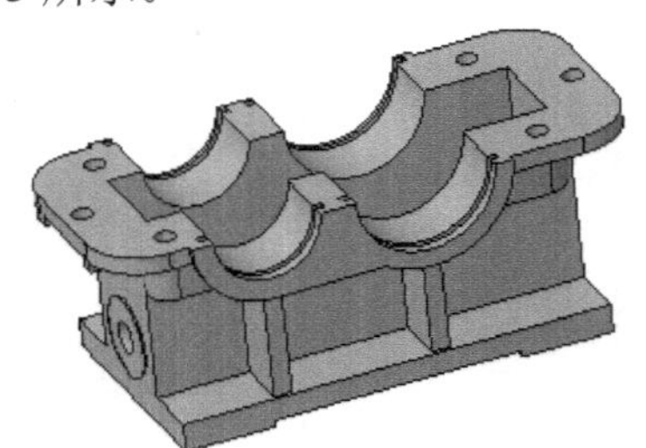

图 6-63　镜像筋板

步骤 20：轴承座孔凸台和筋板拔模。

1）单击“工程”→“拔模”工具，打开“拔模”操作面板，在“拔模角度”中输入 6，通过按钮调整拉伸方向，再打开“参考”下滑面板，在“拔模曲面”中选择筋板侧面和凸台外表面，在“拔模枢轴”中选择凸台端面，如图 6-64 所示，单击按钮完成拔模。

2）用同样的方法完成另一侧轴承座孔凸台拔模。

步骤 21：创建地脚螺栓孔。

1）单击功能区选项板的“工程”→“孔”工具，

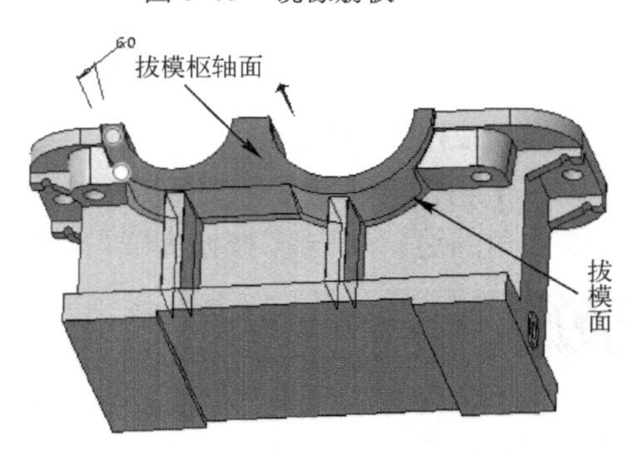

图 6-64　拔模面和拔模枢轴面选择

打开“孔”操作面板，选择“简单孔”和“使用草绘定义钻孔轮廓”按钮，单击“激活草绘器以创建截面”进入草绘空间。首先绘制中心线，再绘制孔截面，如图 6-65 所示，单击按钮完成草绘。

2）打开“放置”下滑面板，选择底座上表面作为孔的放置平面，在“偏移参考”中选择底板两侧面，设置孔中心的偏移距离，如图 6-66 所示，单击按钮完成打孔。

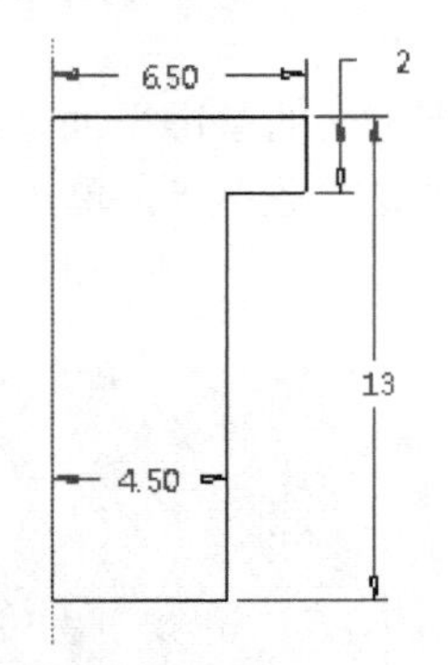

图 6-65　地角螺栓孔截面

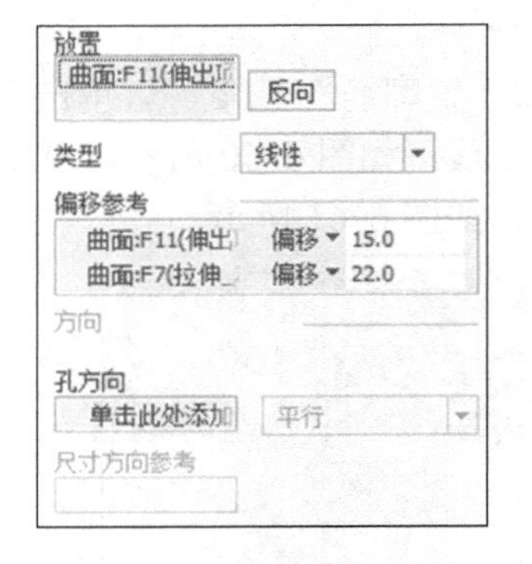

图 6-66　地脚螺栓孔偏移距离

3）在模型树中选择孔特征，再选择“编辑”→“镜像”工具，选择 FRONT 面为参照面，单击按钮完成镜像。同样再将两个孔按照 RIGHT 面进行镜像，得到对侧的两个地脚螺栓孔。

步骤 22：创建定位销孔。

定位销孔创建同地脚螺栓孔，绘制中心线和孔的截面，如图 6-67 所示。在“偏移参考”中选择 FRONT 面和箱体凸缘侧面，偏移距离如图 6-68 所示，打孔结果如图 6-69 所示。

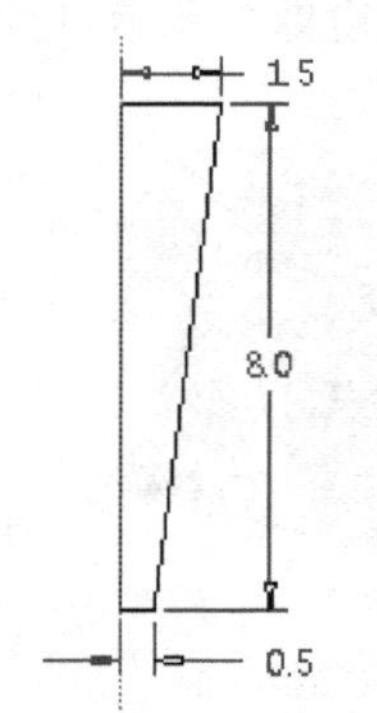

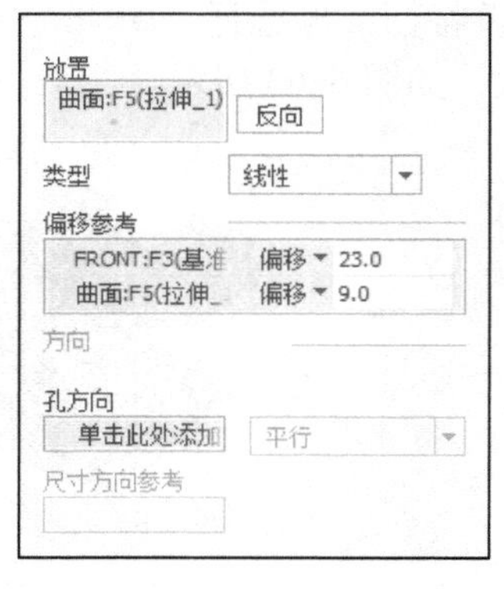

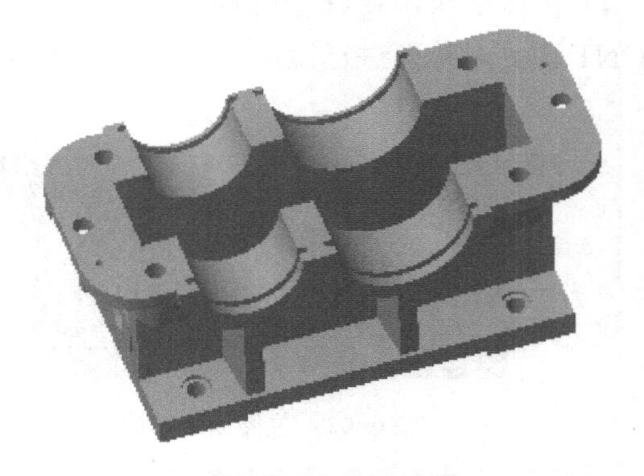

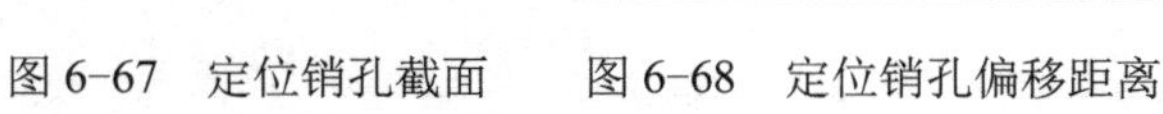

图 6-67　定位销孔截面　　图 6-68　定位销孔偏移距离　　图 6-69　打孔结果

步骤 23：倒圆角。

由于箱体为铸造件，圆角较多。在功能区选项板中单击“工程”→“倒圆角”按钮，选择需要倒角的边，单击按钮完成，结果如图 6-70 所示。

6.2.4 轴类零件建模

轴类零件是组成机器的主要零件之一，其主要功能是支承回转零件、传递运动和动力。根据结构和形状的不同，轴类零件可分为光轴、阶梯轴、空心轴和曲轴等。作为旋转体零件，轴的长度大于直径，一般由同心轴的外圆柱面、圆锥面、键槽、内孔、螺纹及相应的端面所组成。因此，在 Creo 5.0 中，轴类零件建模常用旋转、拉伸、倒角和圆角等命令，本节将以图 6-71 所示的减速器主动轴为例介绍阶梯轴类零件的建模过程，创建完成的轴三维模型见本书配套电子资源的第 6 章素材 ch6.05/ zhou.prt。

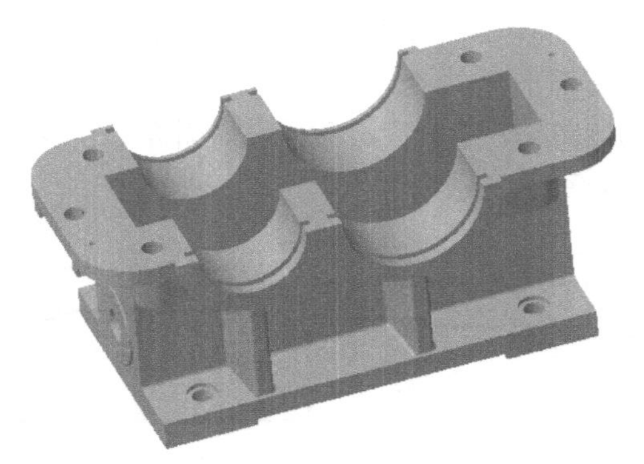

6-4 下箱体建模

图 6-70 倒圆角结果

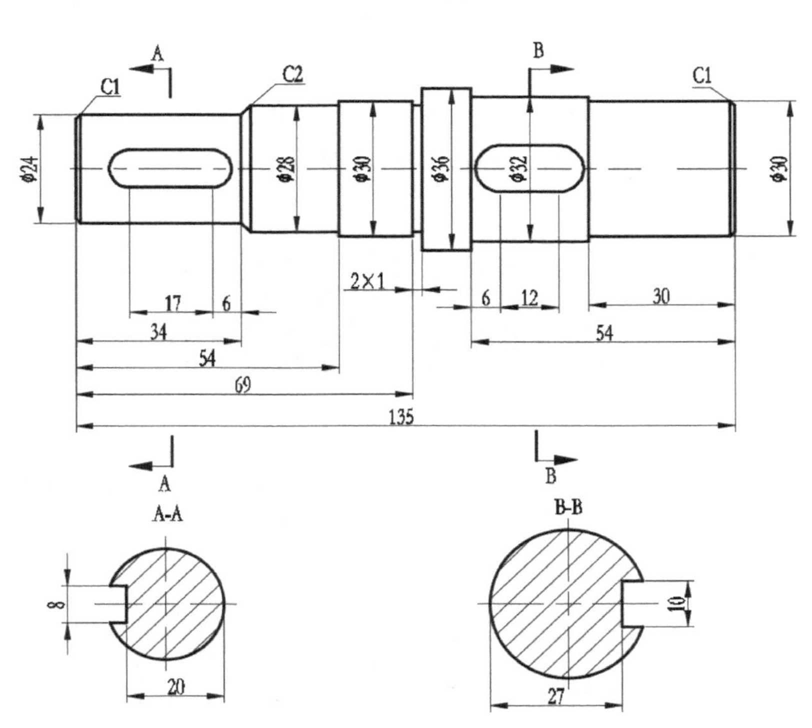

图 6-71 绘制的轴

具体创建过程如下。

步骤 01：设置工作目录。

步骤 02：创建文件。

选择“文件”→“新建”命令，在“类型”里选择“零件”，将“文件名”定义为 jietizhou，取消选择“使用默认模板”，单击“确定”按钮，在“新文件选项”中选择公制模板 mmns_part_solid，单击“确定”按钮。

步骤03：创建阶梯轴主体。

1）在功能区选项板选择“形状”→“旋转”工具，打开“旋转”操作面板，单击“放置”→“草绘”→“定义”按钮，定义截面。

2）选择FRONT面为草绘平面，参照和方向为默认，开始草绘，单击快速访问工具栏中的“草绘视图”，使绘图平面与屏幕平行。

3）定义一条中心线作为旋转轴，绘制旋转截面，如图6-72所示，单击✔按钮完成草绘，旋转角度值为360，单击✔完成旋转。

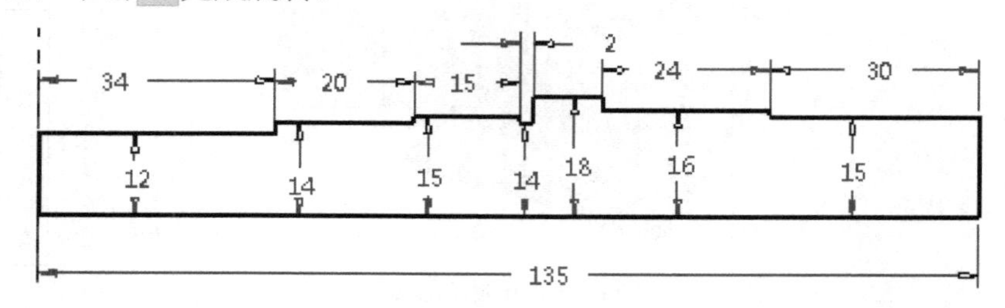

图6-72　旋转截面

步骤04：创建左端键槽。

1）单击“基准”→“平面”工具，选择FRONT面为参照平面，由键槽深度求得偏移距离为8，单击“确定”按钮创建DTM1平面，如图6-73所示。

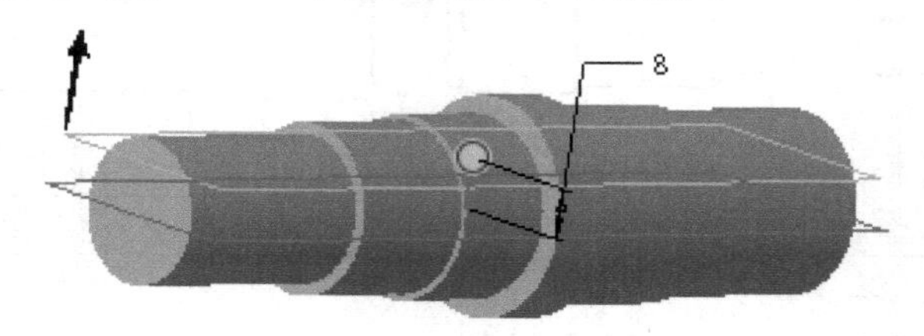

图6-73　创建基准面DTM1

2）单击“拉伸”工具，选择刚创建的DTM1为草绘平面，绘制图6-74所示的拉伸截面，单击✔按钮完成草绘，选择“移除材料”，拉伸深度为默认值，单击✔按钮完成键槽的创建。

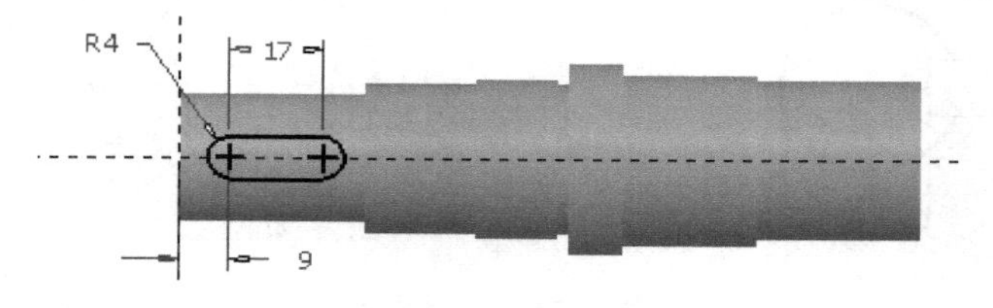

图6-74　左端键槽截面

步骤05：创建右端键槽。

1）单击“基准”→“平面”工具，选择FRONT面为参照平面，由键槽深度求得偏移距离为11，单击“确定”按钮创建DTM2平面。

2）单击“拉伸”工具，选择刚创建的DTM2作为草绘平面，绘制图6-75所示的截面，单击✔按钮完成草绘，选择“移除材料”◪，拉伸深度为默认值，单击✔按钮完成键槽的创建，如图6-76所示。

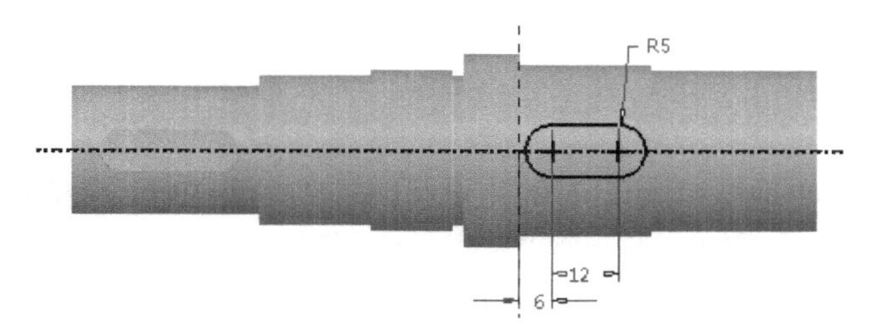

图6-75　右端键槽截面

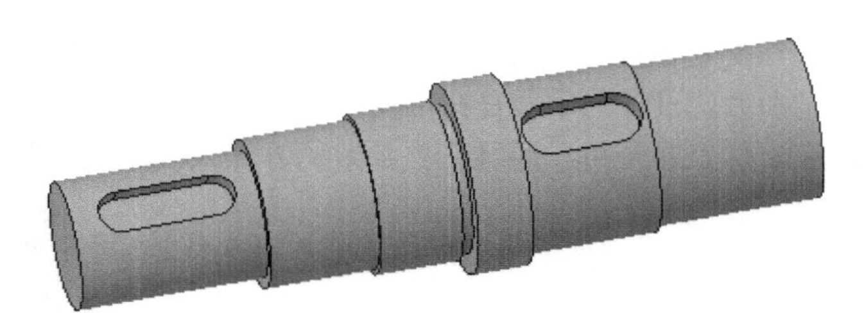

图6-76　键槽的创建

步骤06：创建轴端倒角。

1）单击“倒角”工具，在轴的两端创建倒角，输入值为1，先选左端面的倒角边，再按住〈Ctrl〉键，同时选择右侧倒角的边，单击✔按钮完成倒角。

2）单击“倒角”工具，选择左侧第二个边倒角，输入值为2，如图6-77所示，单击✔按钮完成倒角。

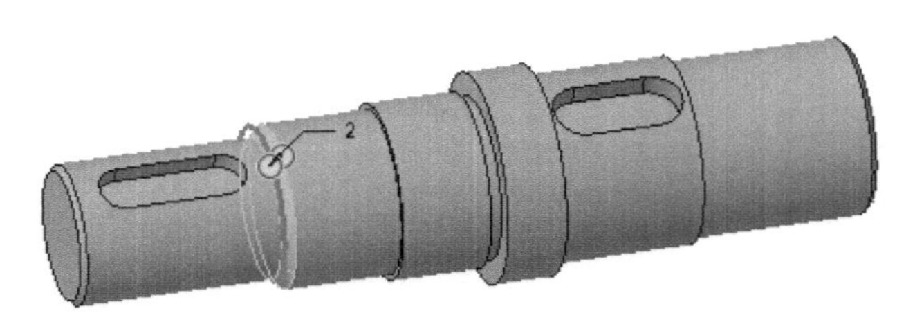

6-5　轴建模

图6-77　选择倒角的边

6.3　参数化建模

参数化建模是20世纪80年代末逐渐占据主导地位的一种计算机辅助设计方法，是参数化设计的重要过程。参数化不仅可以通过尺寸来驱动模型，还可以建立各尺寸之间的数学关系，大大提高模型的生成和修改速度。参数化功能使得产品的通用化、系列化以及标准化成为可能，在产品的系列设计、相似设计及专用CAD系统开发方面都具有较大的应用价值。本节将以管接头和齿轮为例进行参数化建模介绍。

6.3.1 参数化建模基础

1. 参数

参数是参数化设计的核心概念，在一个模型中，参数是通过尺寸的形式来体现的。

（1）参数的含义

第一，提供设计对象的附加信息是参数化设计的重要因素之一。参数和模型一起存储，参数可以标明不同模型的属性。例如，在一个“族表”中创建参数“成本”后，对于该族表的不同实例可以设置不同的值，以示区别；第二，使用配合关系来创建参数化模型，通过变更参数的数值来改变模型的形状和大小。

（2）参数的分类

参数可以分为两类：一类是各种尺寸值，称为可变参数；另一类为几何元素间的各种连续几何信息，称为不变参数。参数化设计的本质是在可变参数的作用下，系统能够自动维护所有的不变参数。参数化设计的突出优点在于可以通过变更参数的方法来方便地修改设计意图。

（3）参数的组成

在 Creo 零件模式下，单击菜单栏的“工具”→“模型意图”→“参数”命令，即可打开“参数”对话框，如图 6-78 所示，使用该对话框可添加或编辑一些参数。单击列表下方的“+”“-”按钮，可以增加或删除参数；单击“属性”按钮，弹出“参数属性”对话框；单击“设置局部参数列”按钮，弹出“参数”对话框。

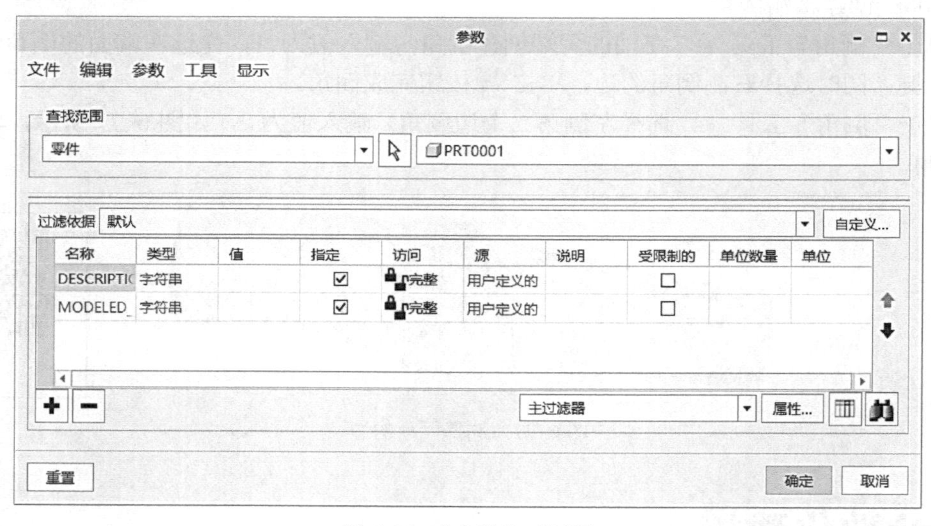

图 6-78 “参数”对话框

参数的组成说明如下。

1）名称：参数的名称和标识，用于区分不同的参数，是引用参数的依据。定义的参数名称必须以字母开头，不能包含非字母数字字符，如@、$、!、#等。

2）类型：指定参数的类型，包括整数数据、实数数据、字符串数据和布尔型数据。

3）值：为参数设置一个初始值，该值可以在随后的设计中修改。

4）指定：勾选该复选框可以使参数在 PDM（Product Data Management，产品数据管理）系统中可见。

5）访问：为参数设置访问权限。

a）完整：无限制的访问权，用户可以随意访问参数。

b）限制：具有限制权限的参数。

c）锁定：锁定的参数，这些参数不能随意更改，通常由关系式确定。

6）源：指定参数的来源。

a）用户定义的：用户定义的参数，其值可以随意修改。

b）关系：由关系式驱动的参数，其值不能随意修改。

7）说明：关于参数含义和用途的注释文字。

8）受限制的：创建其值受限制的参数。创建受限制参数后，它们的定义存在于模型中而与参数文件无关。

9）单位数量：输入参数的单位数量类型，如长度、质量和力。

10）单位：为参数指定单位，可以从其下拉列表框中选择。

以上的10项参数组成中，除了“名称”属性外，其余各项均可以根据实际需要增加或删除。

2. 关系

（1）关系的含义

关系是参数化设计的另一个重要因素，它是用户自定义的尺寸符号与参数之间的关系式。关系捕获的是特征之间、参数之间或组件之间的设计关系。

在参数化建模中，为了满足设计意图，需要建立参数间的各种约束关系。关系式则是参数化设计中的又一项重要内容，它体现了参数之间相互制约的“父子”关系。在参数化设计系统中，设计人员根据工程关系和几何关系来指定设计要求。要满足这些设计要求，不仅需要考虑尺寸或工程参数的初值，而且还要在每次改变这些设计参数时来维护这些基本关系。

因此，可以这样来理解参数化建模的意义：当参数化模型建立完成后，参数的意义是可以确定一系列的产品，通过更改参数即可生成不同尺寸的零件，而关系是确保在更改参数的过程中，该零件能满足基本的形状要求。如参数化齿轮，通过更改模数、齿数等参数而生成同系列、不同尺寸的多个模型，而关系则使得在更改参数的过程中齿轮不会变成其他的零件。

（2）关系式的组成

关系式的组成主要有尺寸符号、数字、参数、保留字和注释等。在不同的模式下，系统会给每一个尺寸数值创建一个独立的尺寸编号，例如，在草绘模式下，系统创建的尺寸符号为“sd#”，而在零件模式下，尺寸符号为“d#”，其中，“#”代表系统分配的数字序号。表6-1为常用的尺寸符号和尺寸公差符号。

表6-1 关系式中的符号说明

符号类别	符号名称	说明
尺寸符号	sd#	草绘的一般尺寸符号
	rsd#	草绘的参考型尺寸符号
	d#	零件与组件模式的尺寸符号
	rd#	参考尺寸符号
	kd#	已知型的尺寸符号
	d#:#	在组件模式下，组件模式的尺寸符号
	rd#:#	在组件模式下，组件的参考型尺寸符号

（续）

符号类别	符号名称	说　明
尺寸公差符号	tpm#	上下对称型公差符号
	tp#	上公差符号
	tm#	下公差符号

在 Creo 零件模式下，单击菜单栏的“工具”→“模型意图”→“关系”命令即可打开“关系”对话框，如图 6-79 所示，可以创建关系式，将尺寸参数和模型尺寸通过关系式联系在一起，从而控制模型的修改效果。

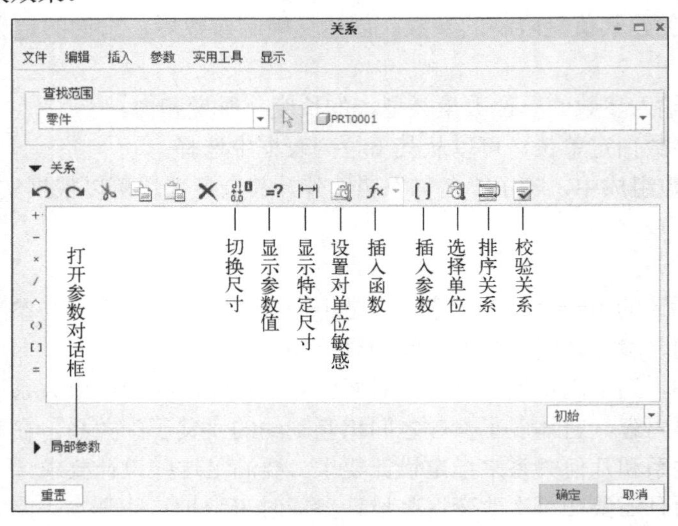

图 6-79 “关系”对话框

6.3.2 管接头参数化建模

管接头是管道与管道之间的连接工具，是元件和管道之间可以拆装的连接点，在管件中充当着不可或缺的重要角色。在实际应用中，由于广泛应用于不同直径管道之间的连接，管接头直径、长度与和管壁厚度随着连接管径的变化而变化。因此，管接头进行参数化后对提高设计效率、加快投入使用具有重要意义。根据实际工程应用中产品的规格型号，建立产品的尺寸参数及参数间关系。图 6-80 所示为参数化管接头的外形尺寸，表 6-2 为管接头的参数和参数间的关系。创建完成的管接头三维模型见本书配套电子资源的第 6 章素材 ch6.06/ guanjietou.prt。

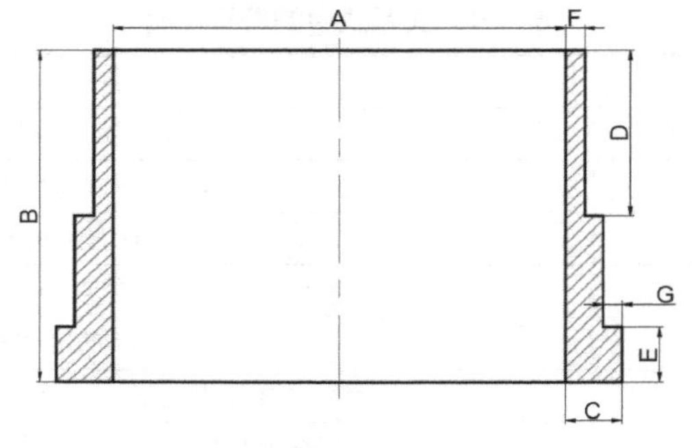

6-6　管接头参数化建模

图 6-80　管接头尺寸

表 6-2　管接头参数及参数间关系

序号	参数名称	参数值	参数注释	存在关系
1	A	160	管接头孔直径	
2	B	120	管接头高度	
3	C	20	管接头壁厚	
4	D	60	管接头高度分段-1	D=B/2
5	E	20	管接头高度分段-2	E=B/6
6	F	6.67	管接头厚度分段-1	F=C/3
7	G	6.67	管接头厚度分段-2	G=C/3

在参数化设计中，输入的直接参数是管接头孔直径（A）、管接头高度（B）和管接头壁厚（C），建立的关系包括：管接头高度分段-1（D）为 B/2，管接头高度分段-2（E）为 B/6，管接头厚度分段-1（F）为 C/3，管接头厚度分段-2 (G)为 C/3。具体参数化过程如下。

步骤 01：设置工作目录。

步骤 02：创建文件。

选择“文件”→“新建”菜单命令，弹出“新建”对话框，选择新建类型为“零件”，子类型为“实体”，取消选择“使用默认模板”，命名为 guanjietou，单击“确定”按钮，弹出“新文件选项”对话框，选择模板为 mmns_part_solid，单击“确定”按钮，创建一个新文件。

步骤 03：设置参数。

1）在主菜单上单击“工具”→“模型意图”→“参数”，系统弹出“参数”对话框。

2）在“参数”对话框内单击 + 按钮，可以看到“参数”对话框增加了一行，包括新参数的名称、类型、值等属性，依次输入管接头孔径（A）、管接头高度（B）和管接头壁厚（C）参数及属性。输入的参数应为大写字母，否则 Cero 系统无法识别。完成后的参数设置如图 6-81 所示。

图 6-81　添加管接头参数

步骤 04：建立管接头模型。

1）在工具栏内单击“草绘”按钮，系统弹出“草绘”对话框。

2）选择 FRONT 面作为草绘平面，选取 RIGHT 面作为参考平面，参考方向为向右。单击“草绘”进入草绘环境。

3）绘制管接头旋转截面，如图 6-82 所示，设置初始尺寸，见表 6-2，单击✓按钮，完成草图的绘制。

4）在功能区选项板中选择“形状”→“旋转”工具，生成管接头实体，如图 6-83 所示。

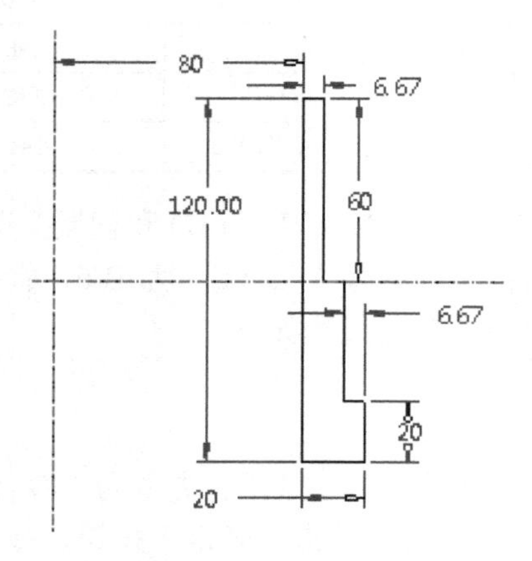

图 6-82　绘制管接头旋转截面

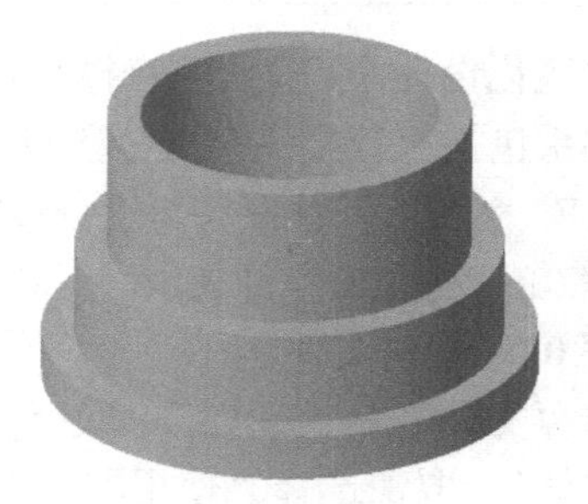

图 6-83　管接头实体

步骤 05：输入管接头尺寸关系式。

在主菜单上单击“工具”→“模型意图”→“参数”，系统弹出“关系”对话框，单击管接头模型，显示图 6-84 所示的尺寸标号，在“关系”对话框中输入管接头各个尺寸之间的关系，其中标号 d0、d1 等是系统自动生成的，与建模的过程和顺序有关，输入关系式时与预设参数对应即可，结果如图 6-85 所示。

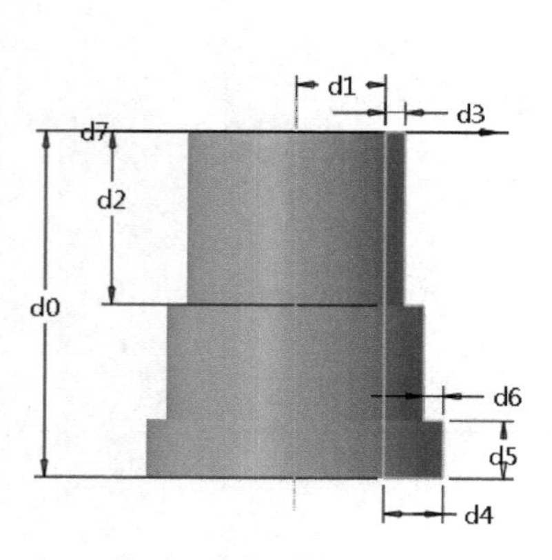

图 6-84　管接头尺寸标号

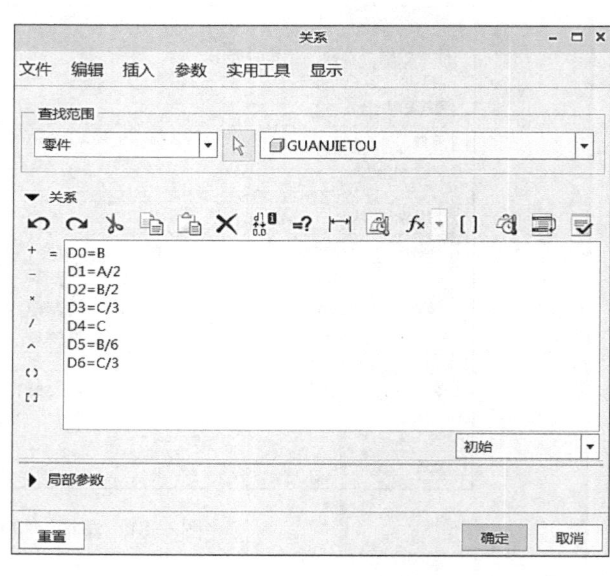

图 6-85　输入关系式

步骤06：参数化管接头。

1）在主菜单上单击“工具”→“参数”，弹出“参数”对话框，修改管接头孔径参数 A 为 50，单击“确定”按钮，退出“参数”对话框。

2）在主菜单中选择“模型”→“重新生成”命令，重新生成管接头内径为50的实体模型，如图6-86所示。

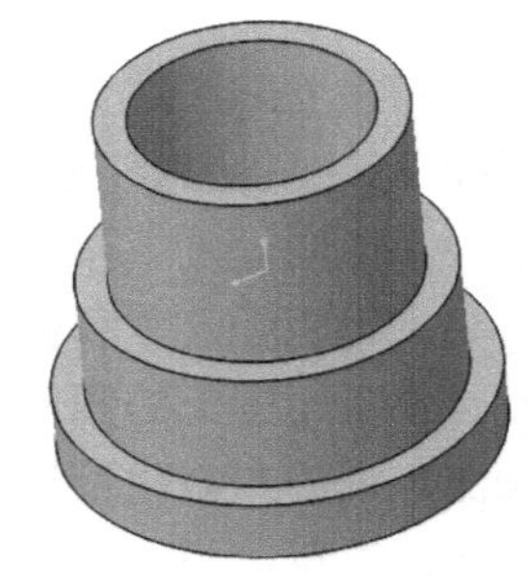

图6-86　重新生成实体模型

步骤07：管接头参数重新生成管理控制器。

为了方便每次重新生成时，提示输入参数和数值的操作，可以设计并编辑管理控制器。

1）单击菜单栏中的“工具”→“模型意图”→“程序”，在“菜单管理器”中选择“编辑设计”→“从模型”，打开记事本文件，添加如下程序，如图6-87所示。

A NUMBER　"请输入管接头孔直径 =="

B NUMBER　"请输入管接头高度 =="

C NUMBER　"请输入管接头壁厚 =="

2）保存记事本文件并关闭，弹出“确认”对话框，单击“是”按钮，单击“菜单管理器”→“输入”按钮，选择需要修改的管接头参数进行修改，单击“完成”按钮。

3）当需要对管接头进行参数化修改时，在功能区选项板中选择“操作”→“重新生成”→“输入”命令，进行参数修改，如图6-88所示，单击“完成选择”命令。

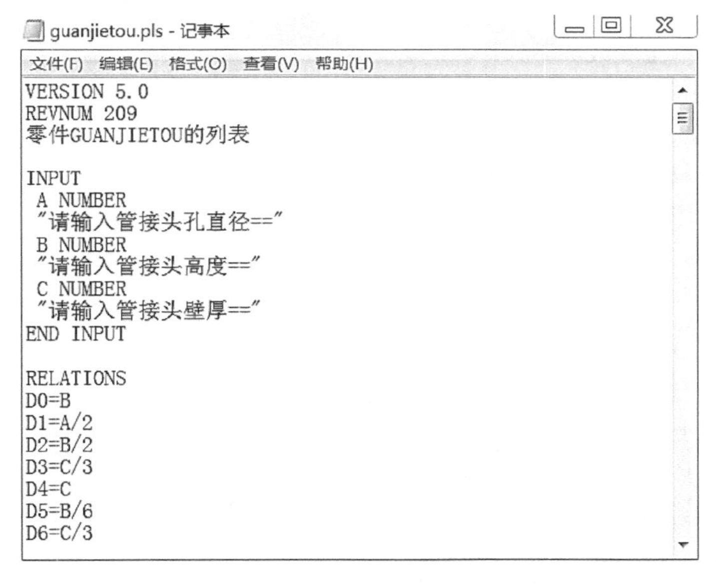

图6-87　添加程序

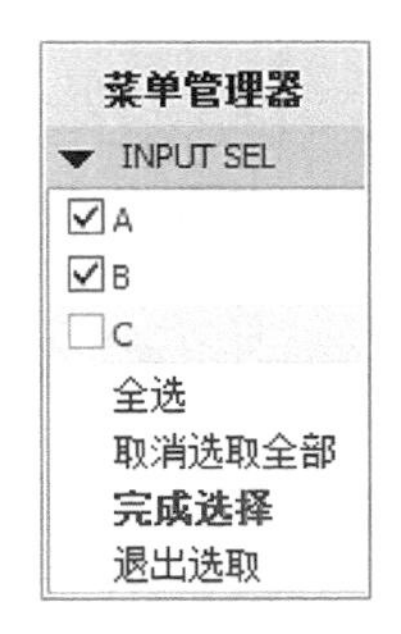

图6-88　选择参数

4）在绘图区上方弹出参数输入框，如图6-89所示，输入参数值，单击✓按钮。

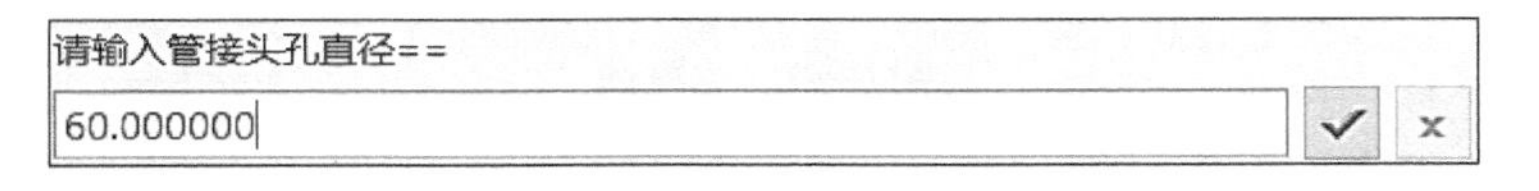

图6-89　输入参数

习题

1．在 Creo 5.0 草绘环境中，如果要改变绘图区背景为白色，中心线为红色，强尺寸标注为蓝色，标注尺寸为整数，写出环境配置过程，并说明这些配置选项存储在哪个配置文件中。

2．说明设置工作目录的方法及意义。

3．说明强尺寸和弱尺寸的区别。

4．草绘图元的几何约束有哪些？说明各自的功能。

5．说明参数化设计的两个重要因素，尺寸参数和模型尺寸是如何建立联系的。

6．在草绘模块绘制下列图形，并标注所有尺寸，如图 6-90 和图 6-91 所示。

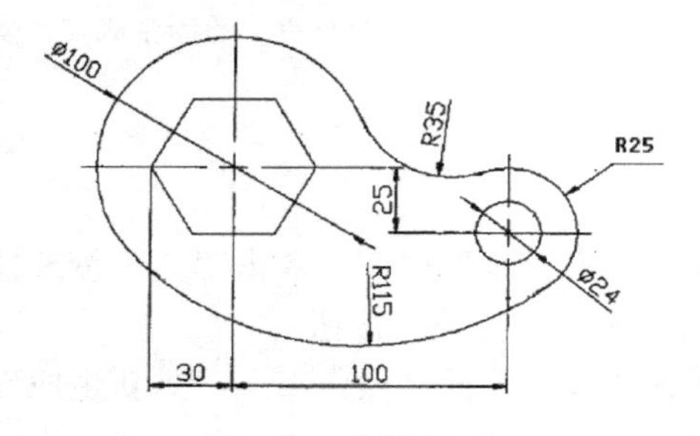

图 6-90　草绘练习 1

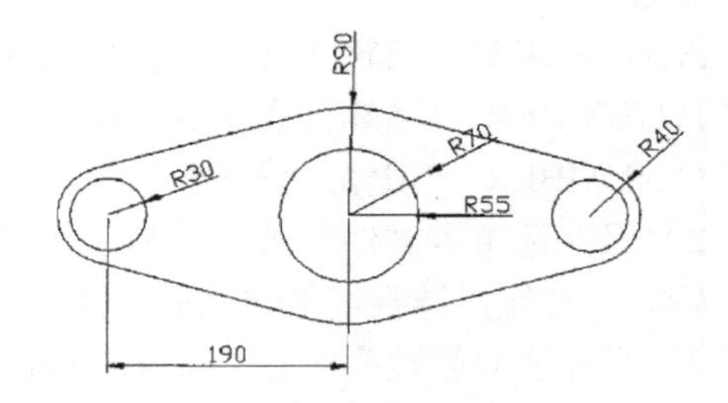

图 6-91　草绘练习 2

7．在图 6-92 所示的立方体模型上完成如下操作。

（1）在边 EF 的中点创建一个基准点 P；

（2）创建经过边 AB 和 EF 的基准平面 DTM1；

（3）创建经过边 CD 并平行于 DTM1 的平面 DTM2；

（4）在正方体上表面 ABCD 的中心建立一个坐标系 CS0。

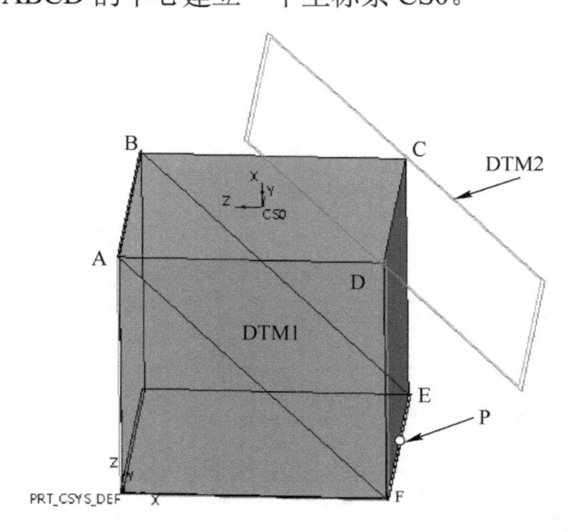

图 6-92　立方体

8．创建与图 6-28 所示外六角螺栓相配合的螺母。

9．根据图 6-93 所示端盖零件图创建端盖三维模型。

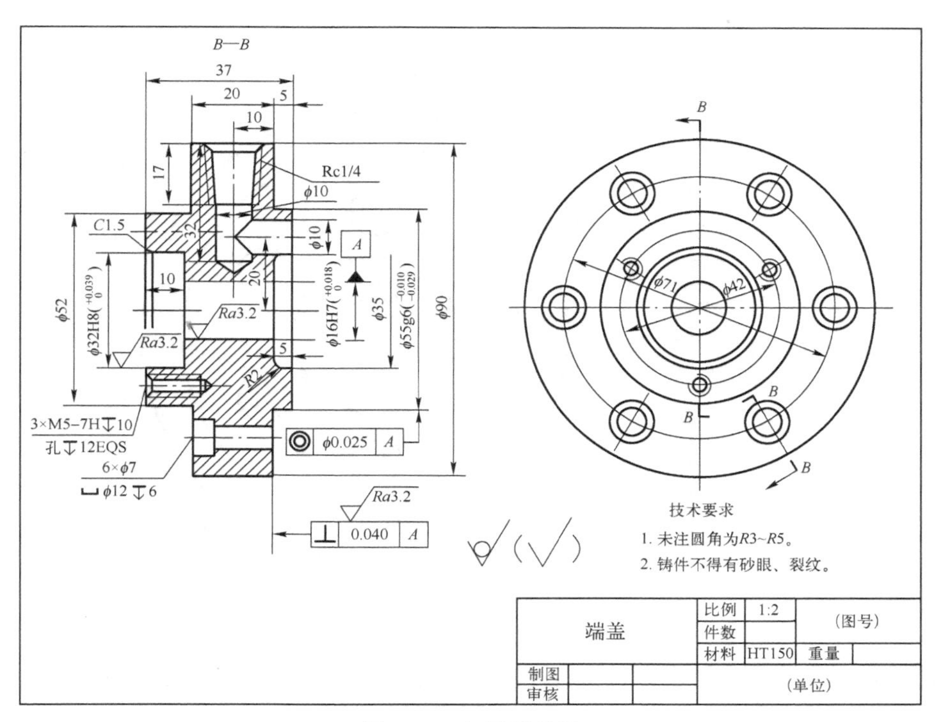

图 6-93　缸筒零件图

10．根据图 6-94 所示活塞杆零件图创建活塞杆三维模型。

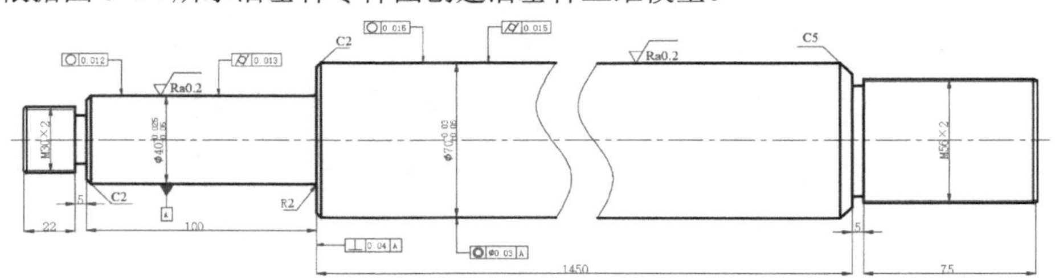

图 6-94　活塞杆零件图

11．根据图 6-95 所示支撑座零件图创建支撑座三维模型。

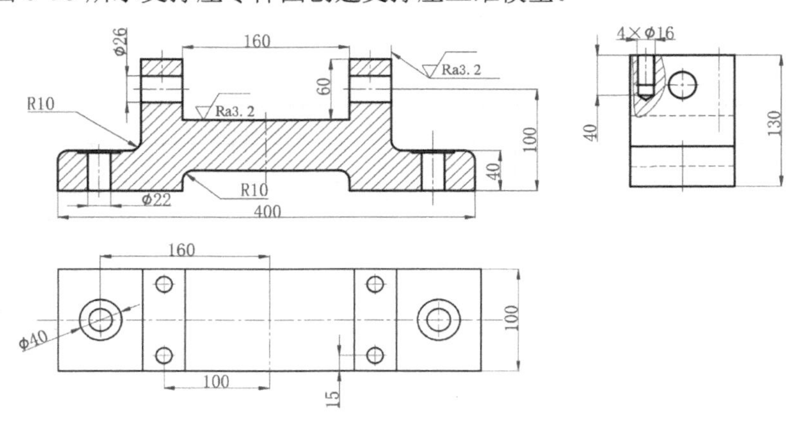

图 6-95　支撑座零件图

12．根据图 6-96 所示滑轮零件图创建滑轮三维模型。

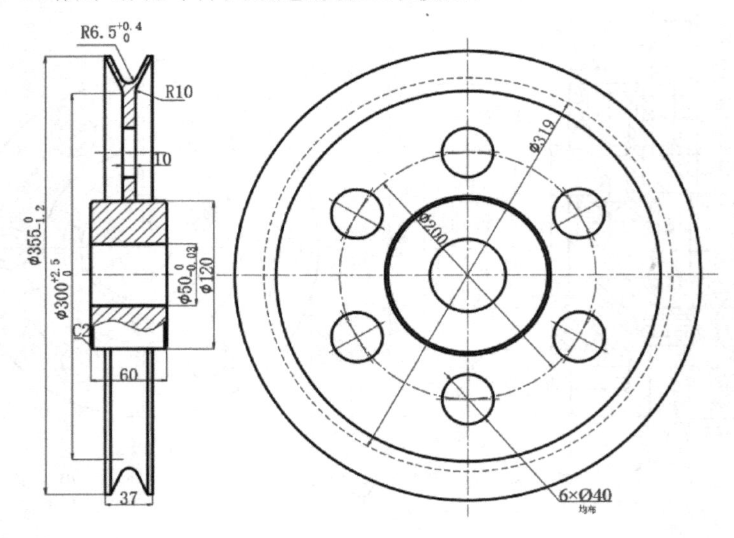

图 6-96　滑轮零件图

13．用参数化设计方法创建直齿圆柱齿轮，如图 6-97 所示，参数见表 6-3。

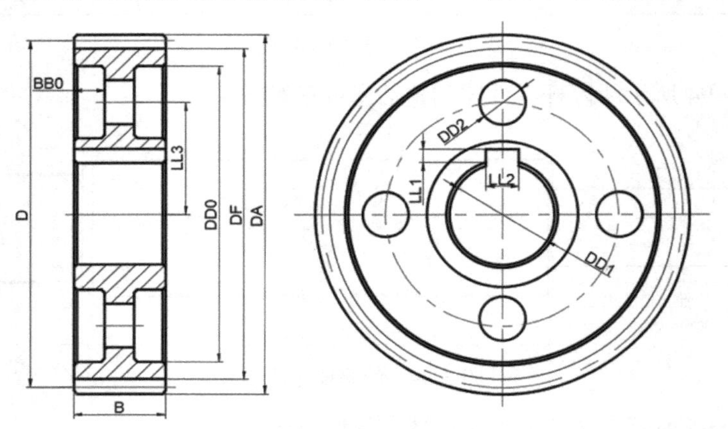

图 6-97　齿轮二维图

表 6-3　齿轮参数

序号	参数名称	参数值	参数注释
1	M	2	模数
2	Z	55	齿数
3	ALPHA	20	压力角
4	HAX	1.0	齿顶高系数
5	CX	0.25	齿顶隙系数
6	B	33	齿宽
7	HA	2.0	齿顶高
8	HF	2.5	齿根高

（续）

序号	参数名称	参数值	参数注释
9	X	0	变位系数
10	DA	114	齿顶圆直径
11	DB	103.366189	基圆
12	DF	105	齿根圆直径
13	D	110	分度圆直径
14	DD0	88	凹槽直径
15	BB0	9.9	腹板凹槽深度
16	DD1	35.2	轴孔直径
17	DD2	13.2	腹板小孔直径
18	LL1	3.3	键高
19	LL2	8.8	键宽
20	LL3	33	小孔圆心到轴孔圆心距离

第7章 零件装配

本章要点

- Creo 5.0 装配建模界面。
- 装配约束的类型及应用规则。
- 减速器装配建模实例。
- 分解装配视图的方法。

零件装配是机械产品设计中的一项重要内容，现代机械 CAD 技术应用中，在完成零件建模之后，将零件模型按设计要求的约束条件或连接方式装配在一起，形成一个完整的产品或机构装置，这个过程称为装配。但是，装配的目标已经不再局限于单纯表达零件之间的配合关系，而是拓展到更多的应用领域，如运动分析、干涉检查、自顶向下设计等诸多方面。机械产品通常是由支撑、传动和核心功能等多个功能单元构成的集成体，而零部件之间又通过静态配合和运动连接共同实现产品的整体功能。一般情况下，在 Creo 中的零件装配过程与生产实际的装配过程相同。机械产品设计的最终结果是一个装配体，设计的目的是得到结构最合理的装配体。因此，装配环境已成为机械产品综合性能验证的重要基础环境。

本章将基于 Creo 5.0 的装配环境介绍其装配功能，包括装配建模界面、装配约束类型及约束规则，以减速器为例完成其高速轴、低速轴、上箱体、下箱体、端盖等零部件的装配，最后完成减速器的总体装配，并通过分解装配视图生成减速器的爆炸图。通过本章的学习，读者能熟练掌握 Creo 5.0 的零件装配功能，在机械 CAD 技术应用中能够完成设计零件的装配建模，生成三维数字化模型，进而提高读者利用计算机从事工程设计的实践能力。

7.1 装配建模界面

7.1.1 进入零件装配环境

在启动 Creo 5.0 软件后，选择“文件”菜单中的“新建”子菜单或单击快速访问工具栏中的“新建”按钮。在“类型”选项组中选择“装配”单选按钮，在“子类型”选项组中选择“设计”单选按钮，在“文件名”文本框中输入文件名或接受默认的文件名，单击“确定”按钮，如图 7-1 所示。弹出“新文件选项”对话框，在“模板”列表框中选择 mmns_asm_design 选项，即公制模板，如图 7-2 所示。单击“确定”按钮，进入装配建模环境。装配界面如图 7-3 所示，此时，在导航区模型树只显示装配文件名称，在工作区显示装配操作的基本平面和坐标系。在导航区中，单击“设置”按钮，选择下拉菜单中的“树过滤器选项”，弹出“模型树项”对话框，如图 7-4 所示。在左侧“显示”选项中勾选“特征”和“放置文件夹”复选框，单击“确定”按钮，在导航区的模型树中会增加显示装配的基本平面 ASM_RIGHT、ASM_TOP、ASM_FRONT 和系统坐标系 ASM_DEF_CSYS。

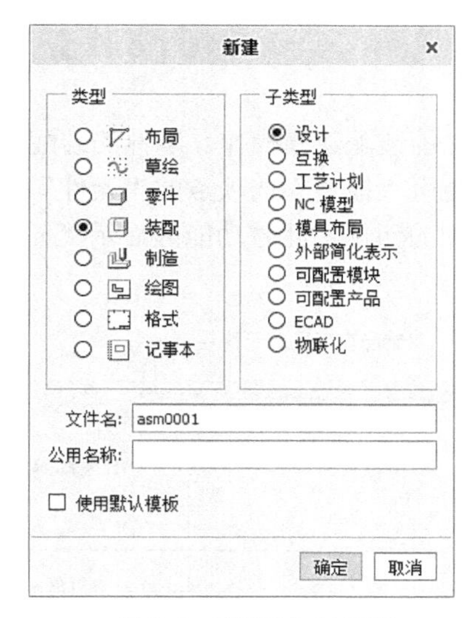

图 7-1 “新建”对话框

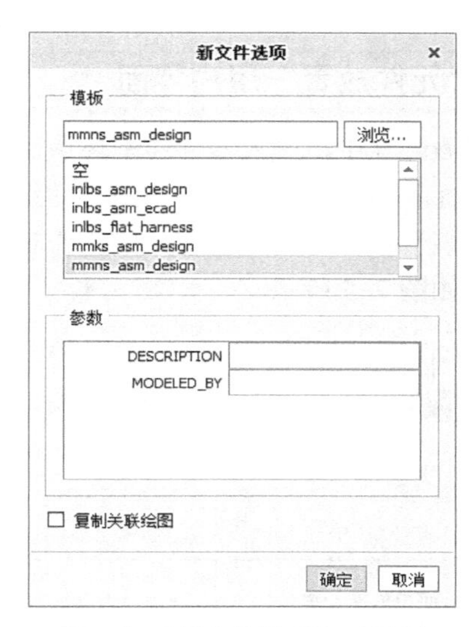

图 7-2 “新文件选项”对话框

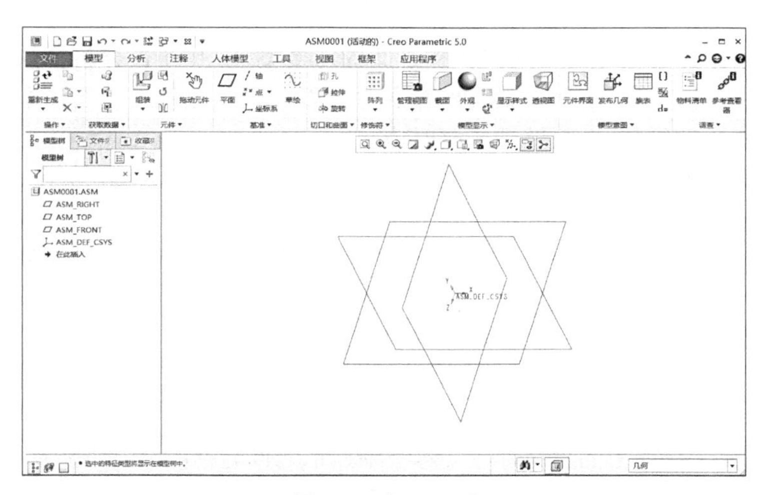

图 7-3 装配界面

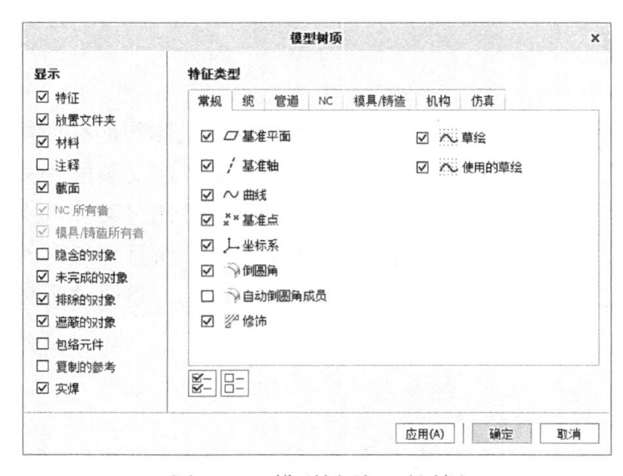

图 7-4 “模型树项”对话框

7.1.2 “元件放置”用户界面

在 Creo 5.0 中，进入零件装配环境后，可以进行零件的装配建模操作。零件的装配过程就是不断将元件利用各种约束添加到组件的组装过程。在功能区“模型”选项卡的“元件”选项组中单击“组装”按钮，在设置好的工作目录中打开要添加的元件，此时功能区显示“元件放置”选项卡，如图 7-5 所示。

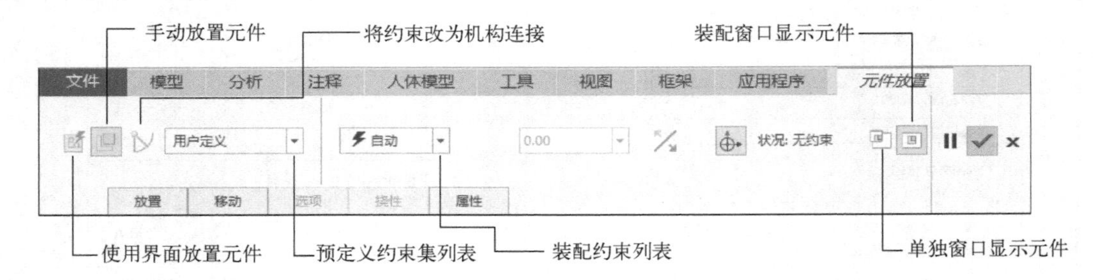

图 7-5 “元件放置”选项卡

在“预定义约束集列表”中可以选择机构之间的连接类型，用于创建机构的运动仿真；在“装配约束列表”中可以选择元件之间的装配约束关系类型。在“元件放置”选项卡下方有“放置”“移动”“选项”“挠性”“属性”面板，各面板功能如下。

1）“放置”面板：启用和显示元件放置和连接定义，包含两个区域，一个是用来显示集和约束的区域，另一个是约束属性区域。

2）“移动”面板：暂停所有其他元件的放置操作。可以根据所选的运动参照对零件或装配件进行定向模式、平移、旋转和调整操作。

3）“选项”面板：仅可用于具有已定义界面的元件。

4）“挠性”面板：仅对具有已定义挠性的元件是可用的。单击“可变项”按钮，则打开“可变项”对话框来进行相关挠性设置。当“可变项”对话框打开时，元件放置将暂停。

5）“属性”面板：该面板的“名称”文本框中显示元件名称，单击“显示此特征的信息”按钮，将显示文件名称、元件编号和内部特征 ID 等信息。

7.2 装配约束

在进行产品的实际装配时，需要不断地选择零件和装配体间的接触面和定位面，以保证零件间的相对位置和装配关系。在 Creo 5.0 的装配环境中，通过定义装配约束，可以指定一个元件相对装配体（组件）中其他元件的放置方式和位置。一个元件通过装配约束添加到装配体后，它的位置会随着与其具有装配约束关系的元件位置改变而改变，而且可以对约束设置的参数值进行随时修改。生成装配体的过程就是对零件进行不断约束的过程，整个装配体实际上是一个参数化的装配体。以下将介绍装配约束类型的使用及选取规则。

7.2.1 装配约束类型

在 Creo 5.0 的装配环境中，装配约束共有 10 种，分别为“距离”“角度偏移”“平行”“重合”

“法向”“共面”“居中”“相切”“固定”“默认”。

1.“距离”约束

使用“距离”约束可以定义两个装配元件点、线和平面之间的距离值。约束对象可以是元件中的平整表面、边线、顶点、基准点、基准平面和基准轴，所选对象不必是同一种类型，例如定义距离，当约束对象是两平面时，两平面平行；当约束对象是两直线时，两直线平行；当约束对象是一直线与一平面时，直线与平面平行。当距离为 0 时，所选对象将重合、共线或共面。如图 7-6 所示，A 面与 B 面平行且有一定距离，C 面与 D 面距离为 0。

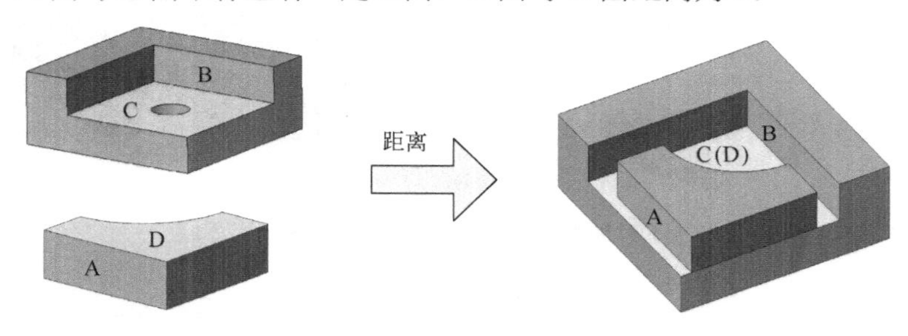

图 7-6 “距离”约束

2.“角度偏移”约束

使用“角度偏移”约束可以定义两个装配元件中平面之间的角度，也可以约束线与线、线与面之间的角度。该约束通常需要与其他约束配合使用才能准确地定位角度。如图 7-7 所示，A 面与 B 面为角度偏移 30° 的约束。

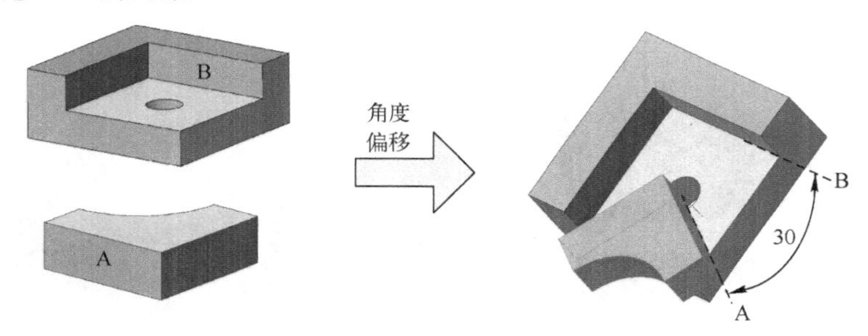

图 7-7 “角度偏移”约束

3.“平行”约束

使用“平行”约束可以定义两个装配元件中的平面平行，也可以约束线与线、线与面平行。如图 7-8 所示，A 面与 B 面为平行约束。

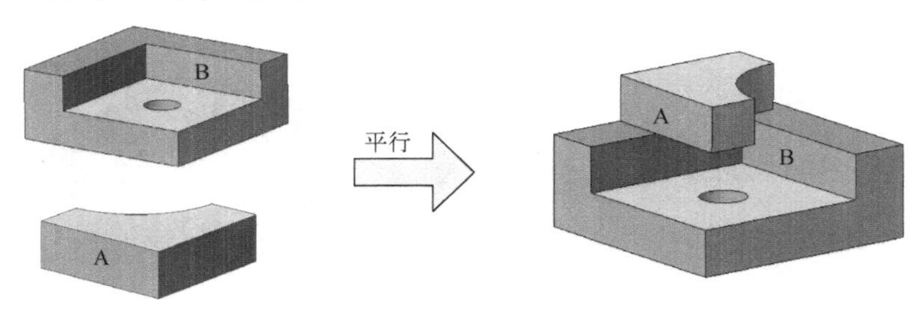

图 7-8 “平行”约束

4．“重合”约束

在 Creo 5.0 装配环境中，“重合”约束是装配中应用最多的一种约束，使用该约束可以定义两个装配元件中的点、线和面重合。约束的对象可以是实体的顶点、边线和平面，也可以是基准特征和具有中心轴线的旋转面。如图 7-9 所示，A 面与 B 面为“重合”约束。如图 7-10 所示，元件 2 上的顶点 O 与平面 A 重合。如图 7-11 所示，元件 2 上的边线 EF 与平面 A 重合。

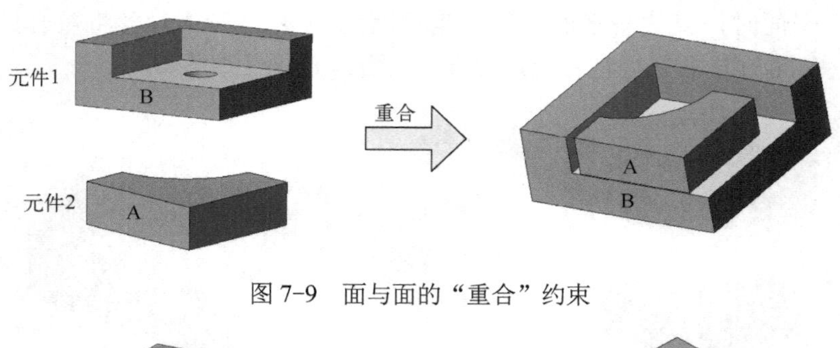

图 7-9　面与面的“重合”约束

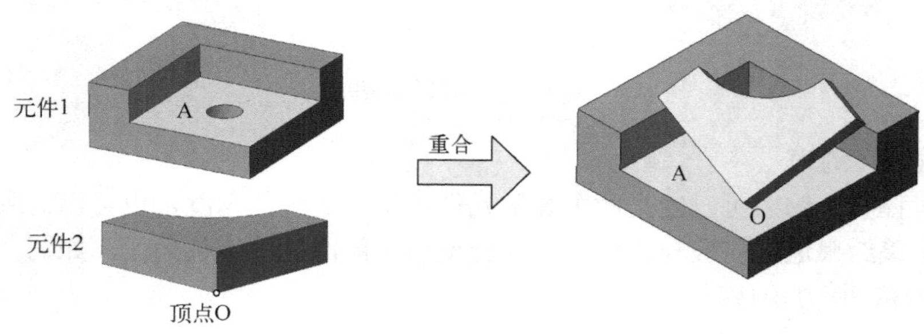

图 7-10　点与面的“重合”约束

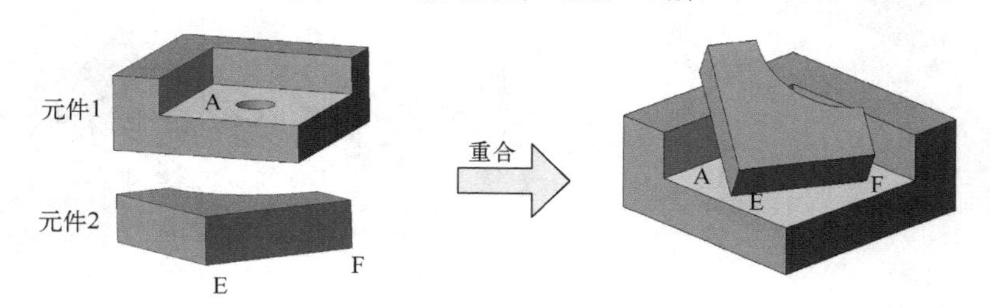

图 7-11　线与面的“重合”约束

5．“法向”约束

使用“法向”约束可以定义两元件中的直线或平面垂直。如图 7-12 所示，A 面与 B 面为“法向”约束。

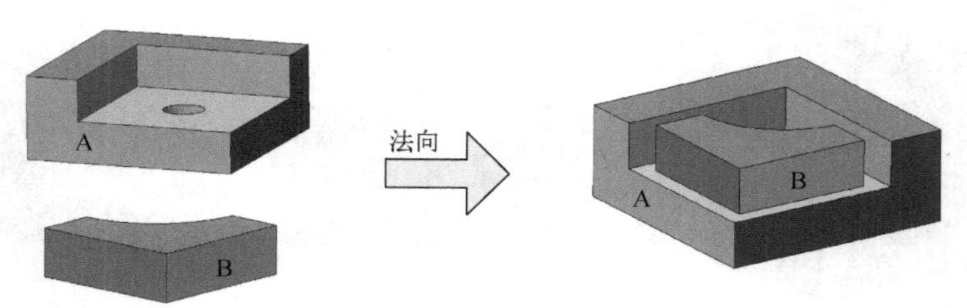

图 7-12　“法向”约束

6．“共面”约束

“共面”约束可以使两元件中的两条直线或基准轴处于同一平面。如图7-13所示，元件1上的边线GH与元件2上的边线EF为“共面”约束。

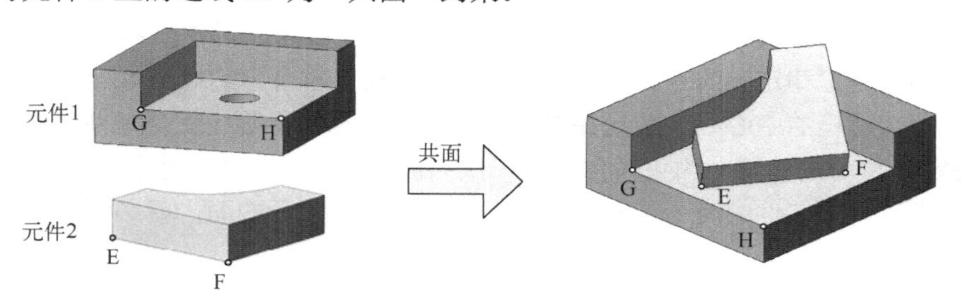

图7-13 “共面”约束

7．“居中”约束

使用“居中”约束可以控制两坐标系的原点相重合，但各坐标轴不重合，因此两零件可以绕重合的原点进行旋转。当选择两圆柱面“居中”时，两圆柱面的中心轴将重合，如图7-14所示，底面上孔A与圆柱B的中心线重合。

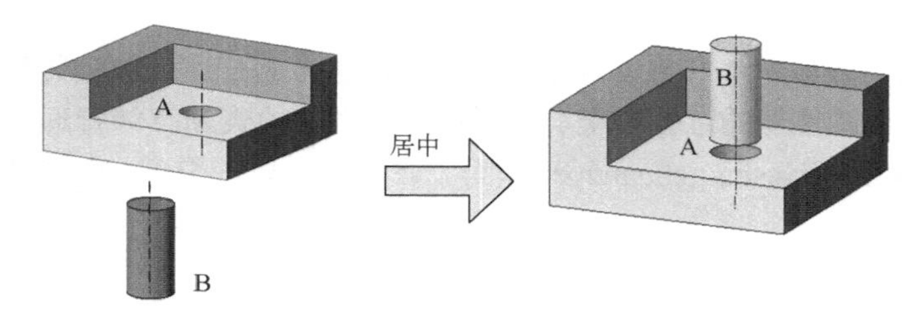

图7-14 “居中”约束

8．“相切”约束

使用“相切”约束可控制两个曲面相切。如图7-15所示，平面C和圆柱面B为“相切”约束。

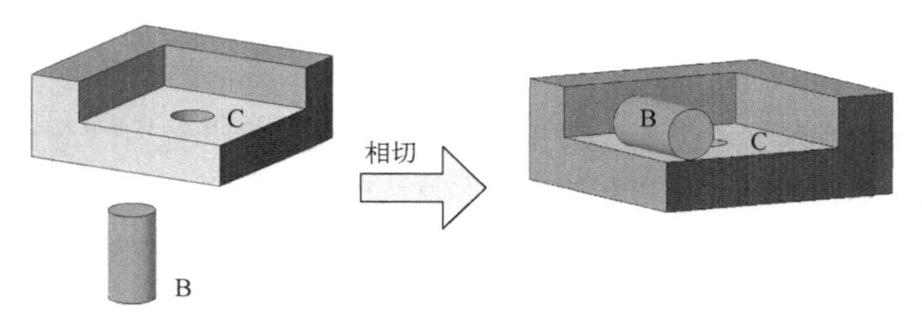

图7-15 “相切”约束

9．“固定”约束

“固定”约束也是一种装配约束形式，使用该约束可以将元件固定在图形区的当前位置。一般在装配第一个元件时，可以对该元件实施“固定”约束。

10．“默认”约束

“默认”约束也称为“缺省”约束，使用该约束可以将元件上的默认坐标系与装配环境的默认坐标系重合。一般在装配第一个元件时使用“默认”约束。

7.2.2 装配约束规则

在 Creo 5.0 的装配环境中，选取约束时应注意以下几点规则。

1）建立一个装配约束时，一般应选取元件参考和组件参考。元件参考和组件参考是元件和装配体中用于约束定位和定向的点、线、面。例如，利用“重合”约束将螺栓放入减速器装配体的一个孔中，那么螺栓的中心线就是元件参考，而箱体上孔的中心线就是组件参考。

2）在指定元件与组件间的约束条件时，一次只能添加一个约束，也就是说系统无法一次施加“平行”约束给一个零件的两个不同面与另一零件上两个不同的面，而必须进行两次“平行”约束。

3）在装配中，应根据设计意图和产品的实际安装位置选择合理的约束。有些不同的约束可以达到同样的效果，例如两平面重合与定义两平面的距离为 0。

4）在装配中，要将一个元件在装配体中完全约束，往往需要定义多个装配约束。即使元件已完全约束，仍然可以指定附加约束。

7.3 减速器装配

由于减速器零部件较多，本节将装配过程分解为高速轴装配、低速轴装配、下箱体装配、上箱体装配等，最后完成减速器的总体装配。为了便于文件的检索和存储管理，装配前需要设置工作目录，本节以 D://work/jianshuqizhuangpei 作为工作目录。以下装配文件见本书配套资源的第 7 章装配素材。

7.3.1 高速轴装配

步骤 01：选择工作目录。

启动 Creo 5.0，在菜单栏中单击“文件”→“管理会话”→“选择工作目录”，弹出“选择工作目录”对话框，选择 D://work/jianshuqizhuangpei 为工作目录，将第 7 章素材 ch7.01 中的 gaosuzhouzhuangpei 文件夹复制到工作目录中。

步骤 02：新建文件。

单击“文件”→“新建”，“类型”选择“装配”，“子类型”选择“设计”，“文件名”改为 gaosuzhouzhuangpei，取消勾选“使用默认模板”复选框，如图 7-16 所示，单击“确定”按钮，系统弹出“新文件选项”对话框，“模板”列表中选择 mmns_asm_design 公制模板，如图 7-17 所示，单击“确定”按钮，完成新建装配文件设置。

步骤 03：导入高速轴零件。

单击工具栏上的“组装”按钮，打开工作目录中的 gaosuzhouzhaungpei 文件夹，选择 chilunzhou.prt，选择约束方式为“默认”，单击✓按钮，完成导入。

步骤 04：挡油盘装配。

1）单击工具栏上的“组装”按钮，选择 chilunzhoudangyoupan.prt，单击“放置”按钮，“约束类型”选择“重合”，选择小轴承挡油盘轴线与齿轮轴轴线，如图 7-18 所示。单击“新建约束”，在“约束类型”中选择“重合”，选择轴承挡油盘端面与齿轮轴肩端面，可通过“反向”按钮更改约束方向，如图 7-19 所示，单击✓按钮，完成装配。

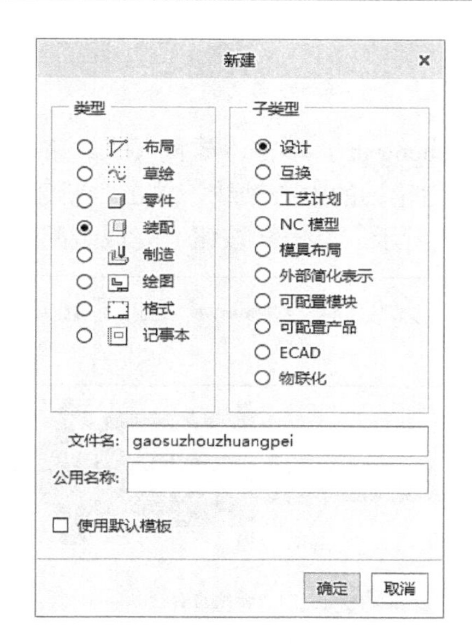

图 7-16 “新建”对话框

图 7-17 “新文件选项”对话框

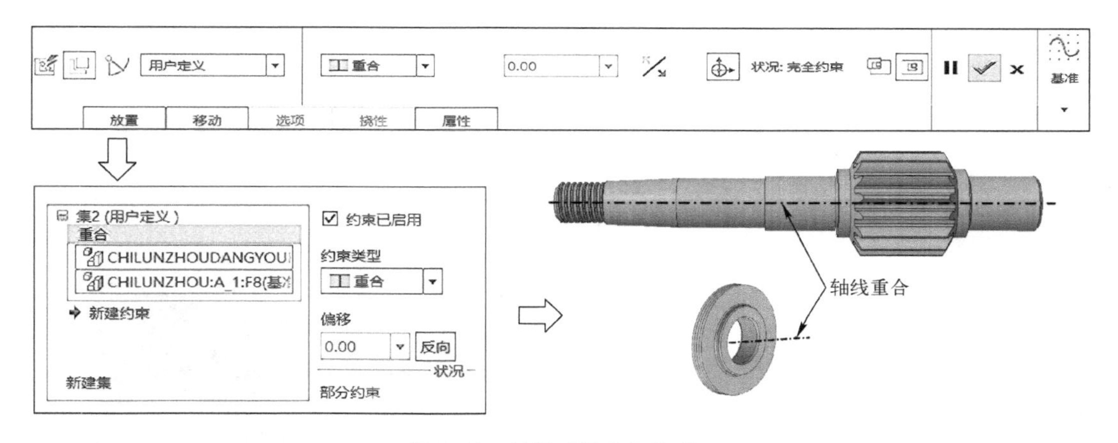

图 7-18 轴线“重合”约束 1

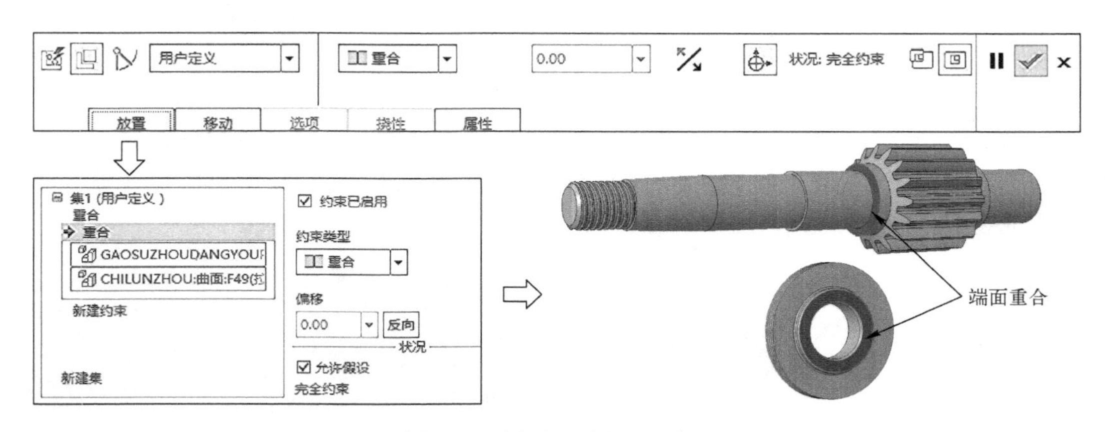

图 7-19 端面“重合”约束 1

2）同理装配另一侧挡油盘。

步骤05：轴承装配。

1）单击工具栏上的“组装” 按钮，选择 xiaozhoucheng.prt，单击“放置”，“约束类型”选择“重合”，如图 7-20 所示。选择小轴承的中心轴线与齿轮轴的中心轴线，单击“新建约束”，选择“重合”，选择小轴承端面与挡油盘端面，如图 7-21 所示，单击✓按钮，完成装配。

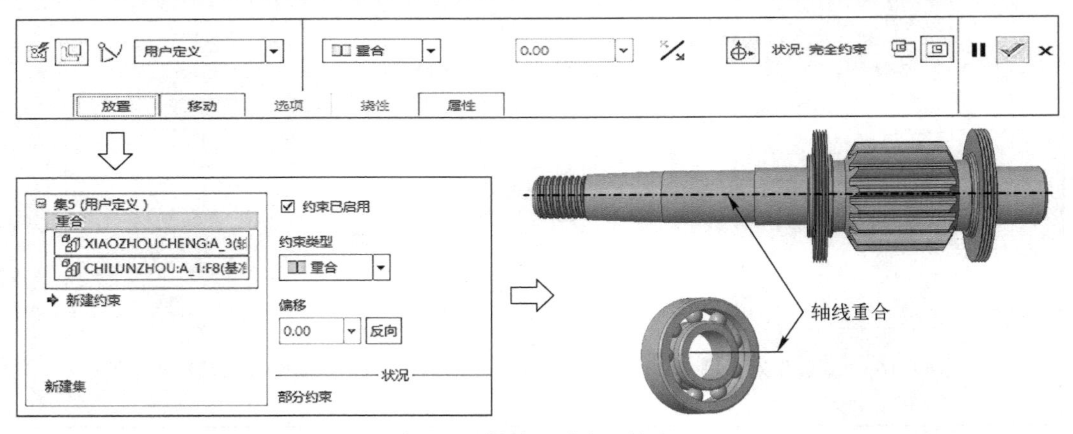

图 7-20　轴线“重合”约束 2

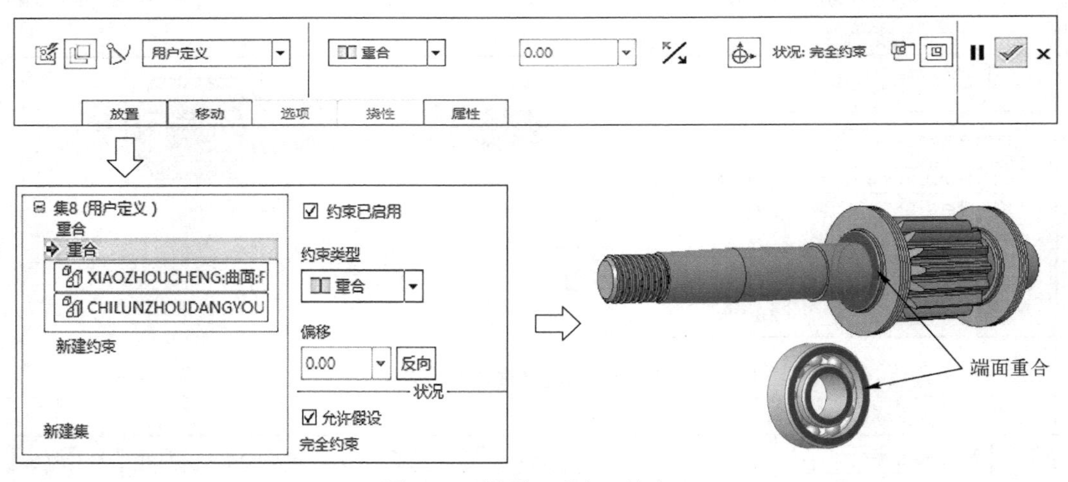

图 7-21　端面“重合”约束 2

2）同理，可装配另一侧轴承。此步的轴承装配也可以在模型树中选择已装配好的轴承，在右键快捷菜单中选择“重复”命令完成重复部分的装配。高速轴装配结果如图 7-22 所示，单击✓按钮，完成装配。单击“文件”→“保存”。

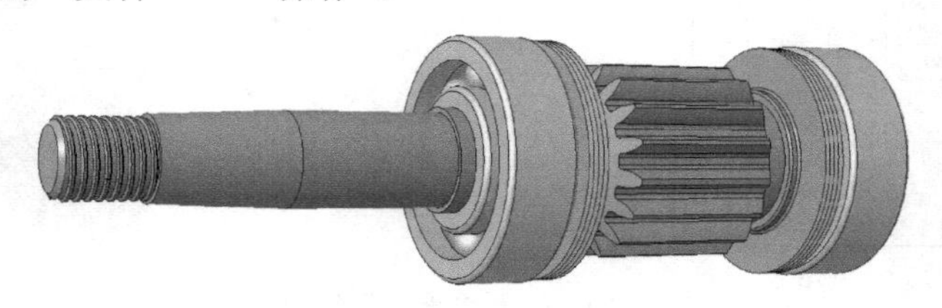

图 7-22　高速轴装配结果

7-1　高速轴装配

7.3.2 低速轴装配

步骤 01：选择工作目录。

在菜单栏中单击“文件”→“管理会话”→“选择工作目录”，弹出“选择工作目录”对话框，可以设置或选择工作目录，并将第 7 章素材 ch7.02 中 disuzhouzhuangpei 文件夹复制到工作目录中。

步骤 02：新建文件。

单击“文件”→“新建”，“类型”选择“装配”，“子类型”选择“设计”，“文件名”改为 disuzhouzhuangpei，取消勾选“使用默认模板”复选框，如图 7-23 所示，单击“确定”按钮，系统弹出“新文件选项”对话框，在“模板”列表中选择 mmns_asm_design 公制模板，如图 7-24 所示，单击✓按钮，完成新建装配文件设置。

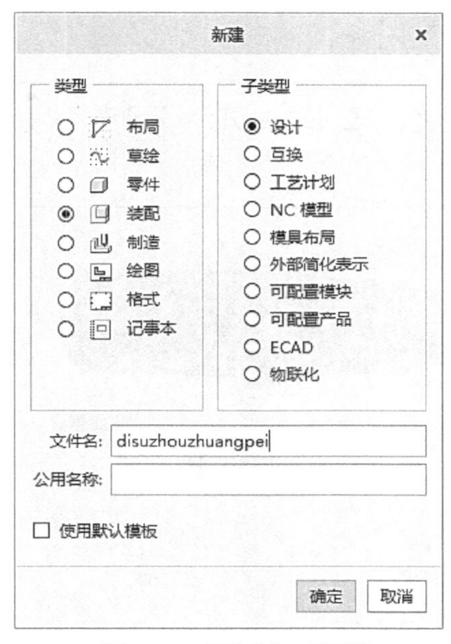

图 7-23 “新建”对话框

图 7-24 “新文件选项”对话框

步骤 03：导入低速轴文件。

单击工具栏上的“组装”按钮，打开工作目录中的 disuzhouzhaungpei 文件夹，选择 zhou.prt，选择约束方式为“默认”，单击✓按钮，完成导入。

步骤 04：键的装配。

单击工具栏上的“组装”按钮，选择 jian.prt，单击“放置”，“约束类型”选择“重合”，选择键的下表面与键槽的底面，如图 7-25 所示。单击“新建约束”，选择“重合”，选择键的圆弧侧面与键槽的圆弧侧面，如图 7-26 所示，单击✓按钮，完成组装。

步骤 05：齿轮装配。

单击工具栏上的“组装”按钮，选择 dachilun.prt，单击“放置”，“约束类型”选择“重合”，选择齿轮轴线与轴的轴线，如图 7-27 所示。单击“新建约束”，选择“重合”，选择齿轮上键槽侧面和键的侧面，如图 7-28 所示。单击“新建约束”，选择“重合”，选择齿轮的端面和轴环端面，如图 7-29 所示，单击✓按钮，完成组装。

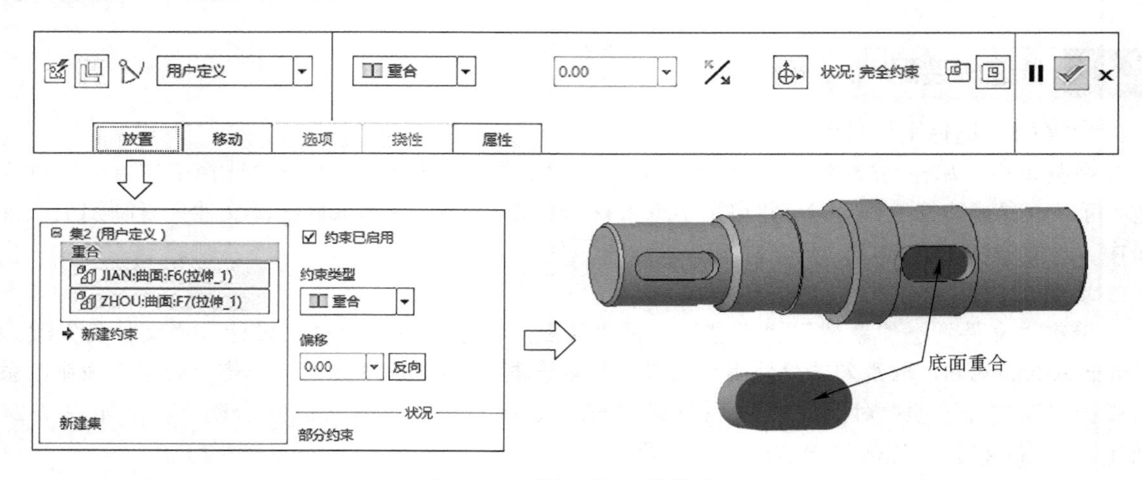

图 7-25　底面“重合”约束

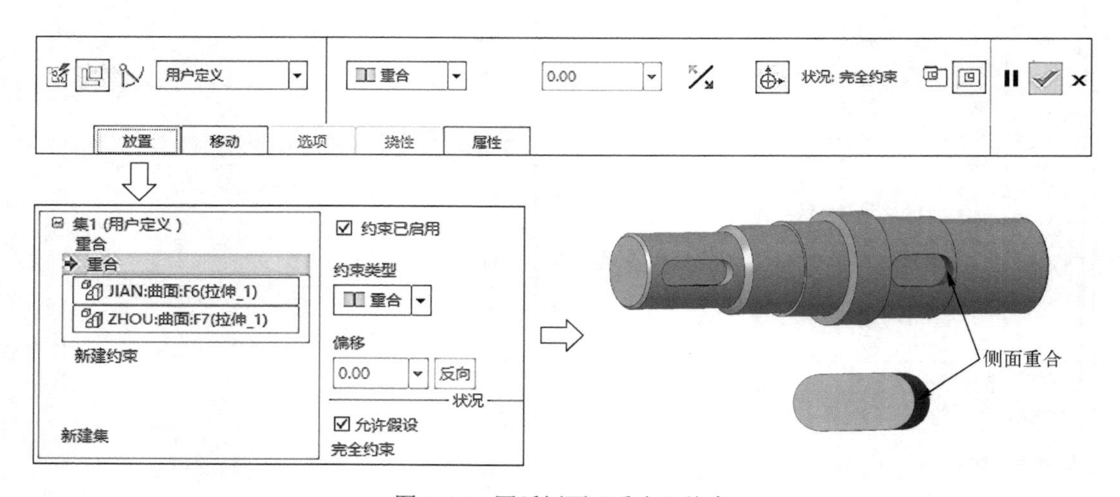

图 7-26　圆弧侧面“重合”约束

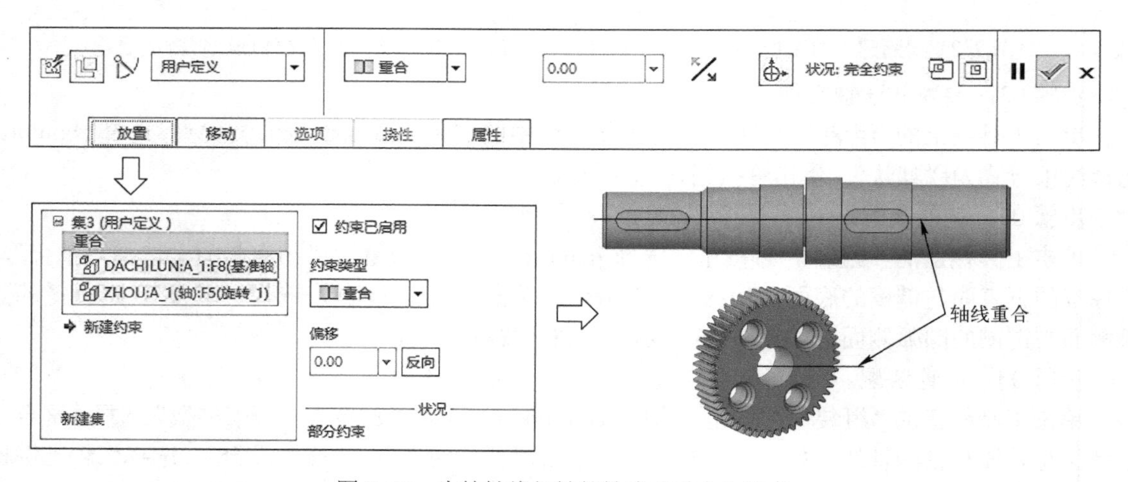

图 7-27　齿轮轴线与轴的轴线“重合”约束

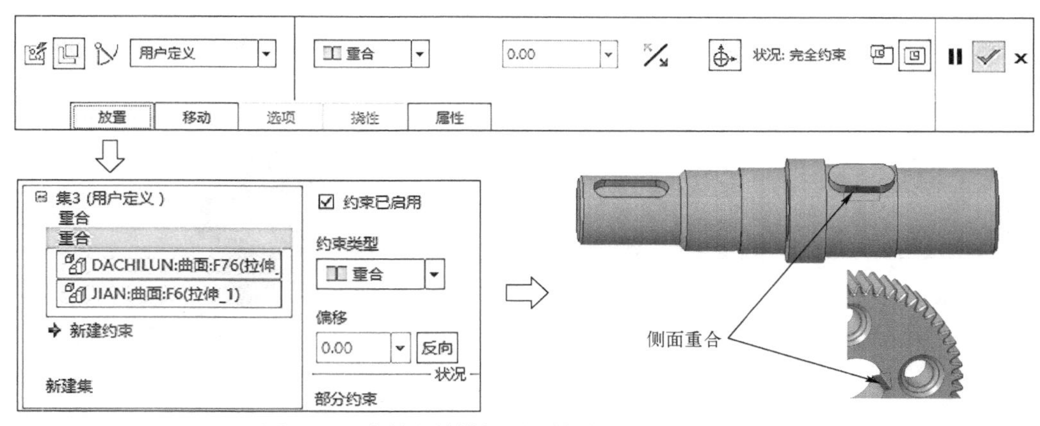

图 7-28 齿轮上键槽侧面和键的侧面“重合”约束

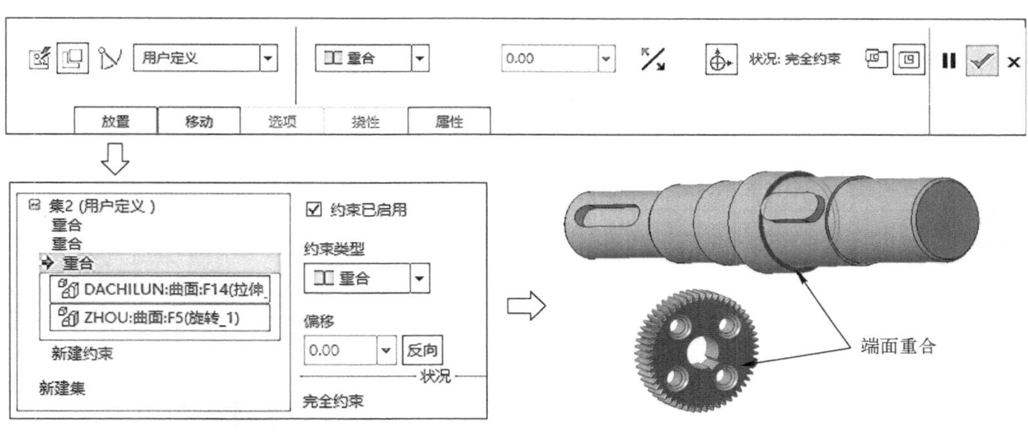

图 7-29 齿轮端面和轴环端面“重合”约束

步骤 06：套筒装配。

单击工具栏上的“组装”按钮，选择 taotong.prt，单击“放置”，“约束类型”选择“重合”，选择套筒的轴线和轴的轴线，如图 7-30 所示。单击“新建约束”，选择“重合”，选择套筒的端面和齿轮的端面，如图 7-31 所示，单击按钮，完成组装。

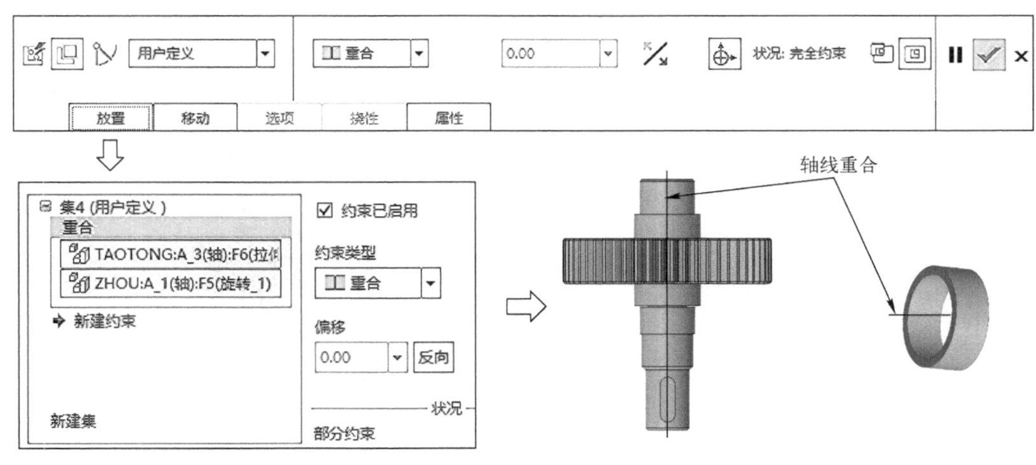

图 7-30 套筒装配 1

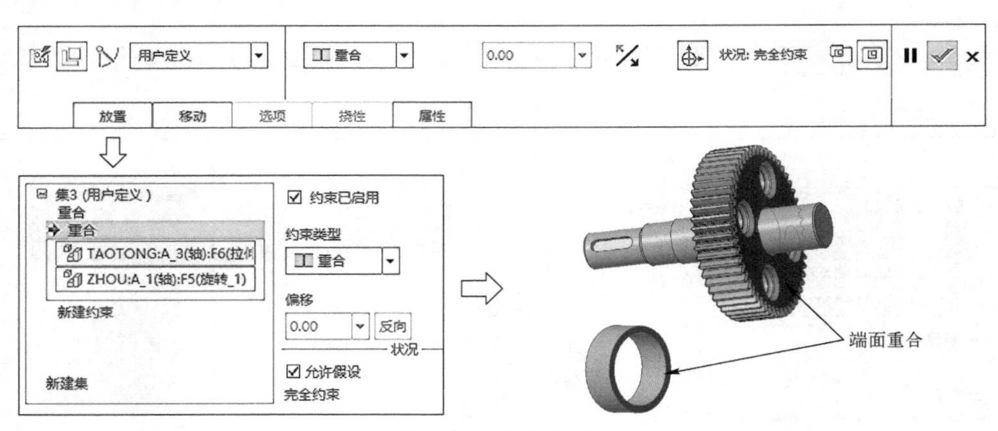

图 7-31　套筒装配 2

步骤 07：轴承挡油盘装配。

1）在模型树中单击 dachilun，选择“隐藏”工具，将齿轮隐藏。

2）单击工具栏上的“组装” 按钮，选择 disuzhoudangyoupan.prt，单击“放置”，“约束类型”选择“重合”，选择轴承挡油盘轴线和轴的轴线，如图 7-32 所示。单击“新建约束”，选择“重合”，选择轴承挡油盘端面和轴的端面，如图 7-33 所示，单击按钮，完成组装。

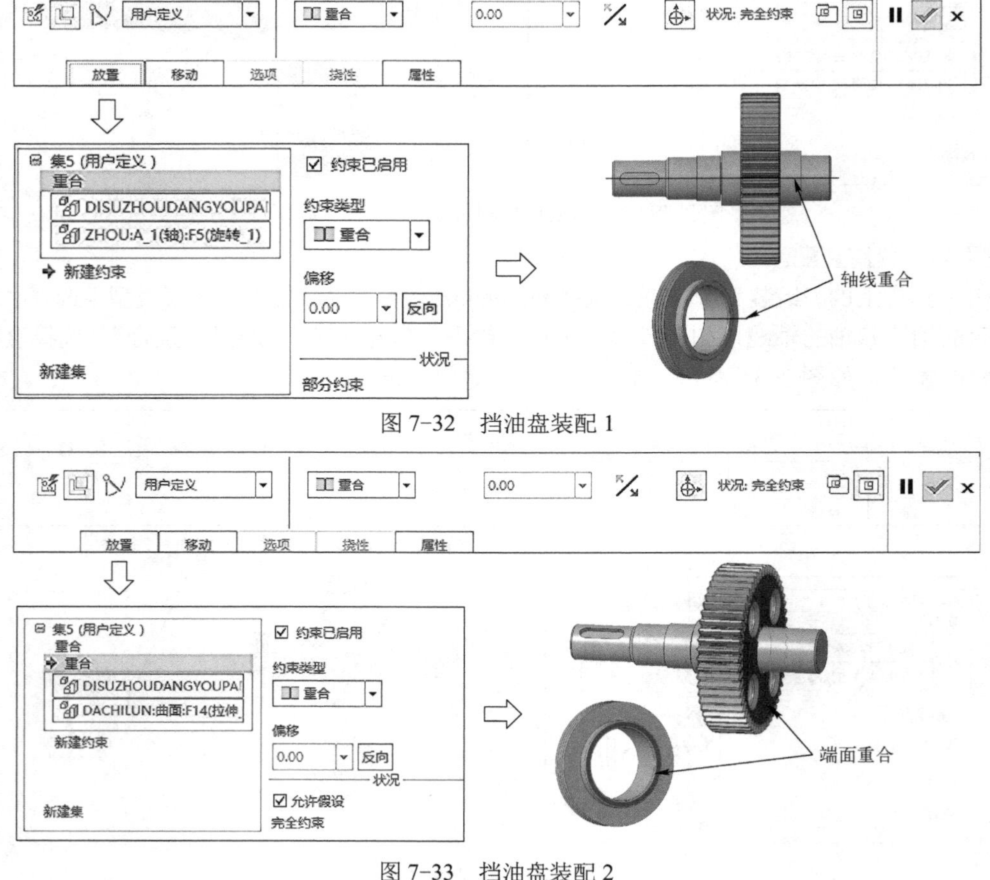

图 7-32　挡油盘装配 1

图 7-33　挡油盘装配 2

3）同理装配另一侧挡油盘，预览结果如图 7-34 所示，单击✓按钮，完成组装。

图 7-34　挡油盘装配结果

步骤 08：轴承装配。

1）单击工具栏上的“组装”按钮，选择“dachilunzhoucheng.prt”，单击“放置”，“约束类型”选择“重合”，选择轴承的轴线与轴的轴线，如图 7-35 所示。单击“新建约束”，选择“重合”，选择轴承端面与左侧轴承挡圈外表面，如图 7-36 所示，单击✓按钮，完成组装。

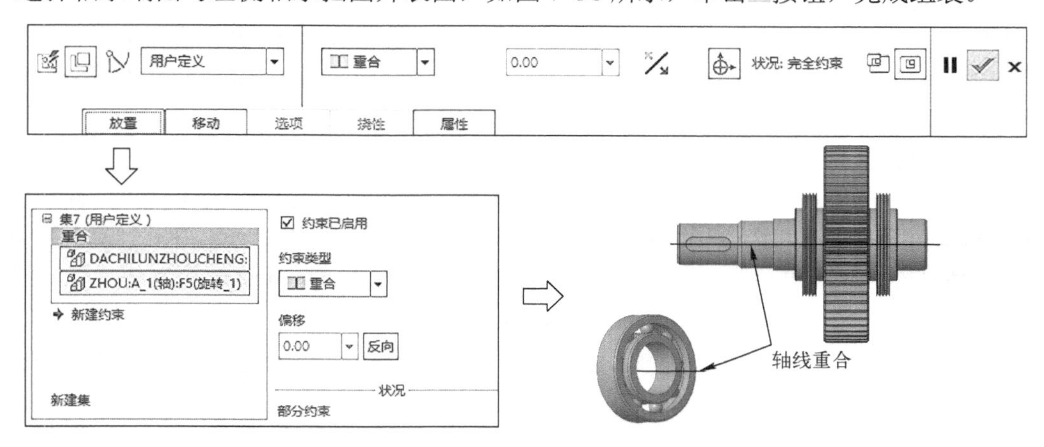

图 7-35　轴承装配 1

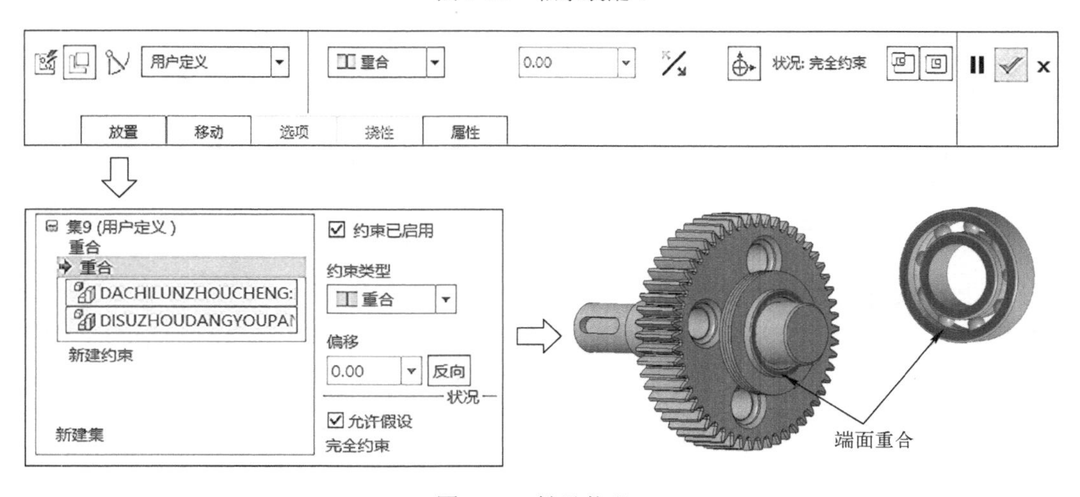

图 7-36　轴承装配 2

2）同理，可装配另一侧轴承。低速轴装配结果如图 7-37 所示，单击“文件”→“保存”，保存低速轴装配文件。

7-2　低速轴装配

图 7-37　低速轴装配结果

7-3　下箱体装配

7.3.3 下箱体装配

下箱体装配过程包括放油塞装配和油标装配。

步骤 01：选择工作目录。

在菜单栏中单击“文件”→“管理会话”→“选择工作目录”，弹出“选择工作目录”对话框，可以设置或选择工作目录，并将第 7 章素材 ch03 中的 xiaxiangtizhuangpei 文件夹复制到工作目录中。

步骤 02：新建文件。

单击“文件”→“新建”，“类型”选择“装配”，“子类型”选择“设计”，“文件名”改为 xiaxiangtizhuangpei，取消勾选 “使用默认模板”复选框，如图 7-38 所示，单击“确定”按钮，系统弹出“新文件选项”对话框，在“模板”列表中选择 mmns_asm_design 公制模板，如图 7-39 所示，单击“确定”按钮，完成新建装配文件设置。

图 7-38 “新建”对话框

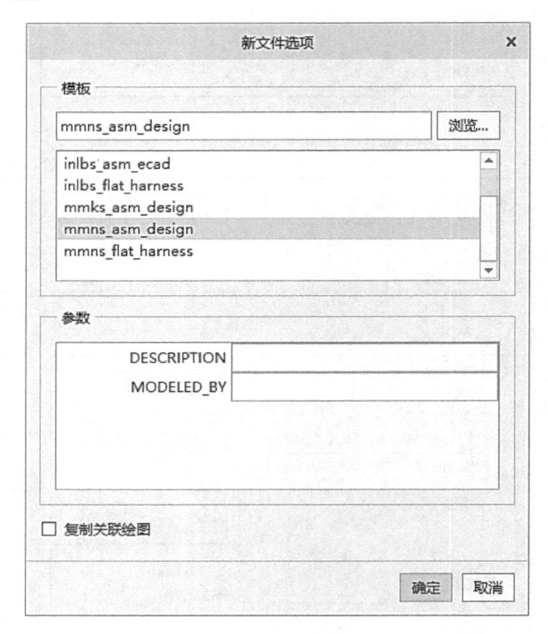

图 7-39 “新文件选项”对话框

步骤 03：导入下箱体文件。

单击工具栏上的“组装”按钮，打开 xiaxiangtizhuangpei 文件夹，选择 xiaxiangti.prt，选择约束方式为“默认”，单击✓按钮，完成导入。

步骤 04：垫圈与放油塞装配。

1）单击工具栏上的“组装”按钮，选择 dianquan.prt，单击“放置”，“约束类型”选择“重合”，选择垫圈轴线与放油孔轴线，如图 7-40 所示；单击“新建约束”，选择“重合”，选择垫圈小端面与放油孔外端面，如图 7-41 所示。单击✓按钮，完成装配。

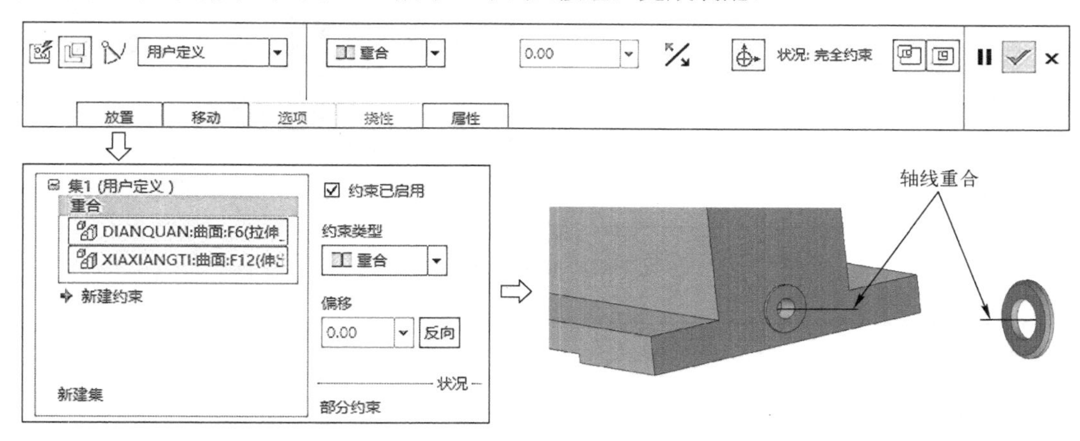

图 7-40　垫圈装配 1

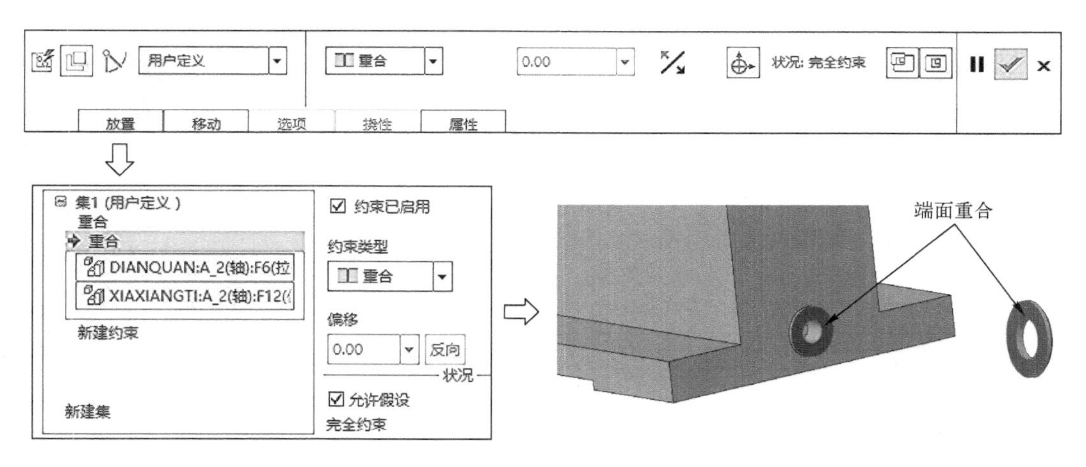

图 7-41　垫圈装配 2

2）单击工具栏上的“组装”按钮，选择 xiaxiangtifangyousai.prt，单击“放置”，“约束类型”选择“重合”，选择放油塞轴线与放油孔轴线，如图 7-42 所示。单击“新建约束”，选择“重合”，选择放油塞头部下表面与垫圈端面，可通过“反向”按钮调整面的重合方向，如图 7-43 所示，单击✓按钮，完成装配。

步骤 05：油标装配。

单击工具栏上的“组装”按钮，选择 youbiao.prt，单击“放置”，“约束类型”选择“重合”，选择油标轴线与油标孔轴线，如图 7-44 所示；单击“新建约束”，选择“重合”，选择油标头部与垫圈外表面，可通过“反向”按钮调整面的重合方向，如图 7-45 所示，单击✓按钮，完成装配。单击“文件”→“保存”，保存装配文件。

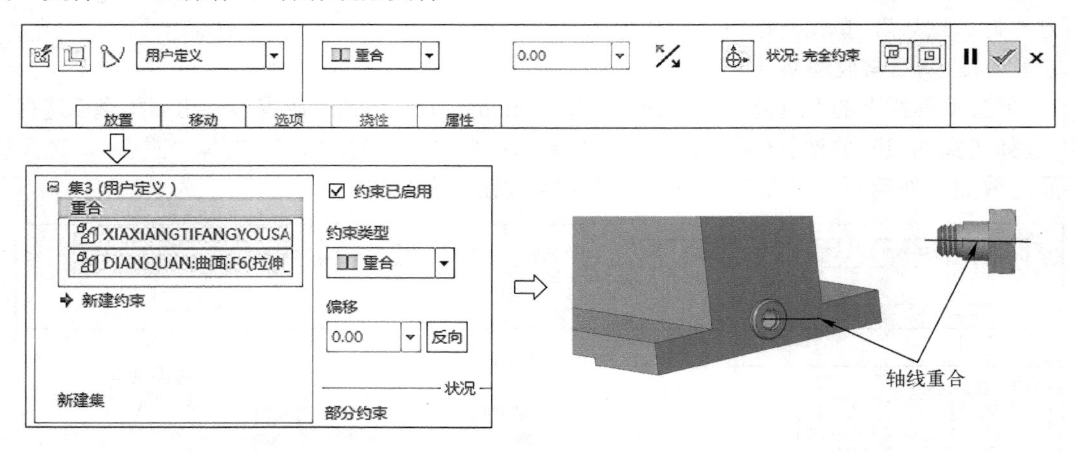

图 7-42　放油塞装配 1

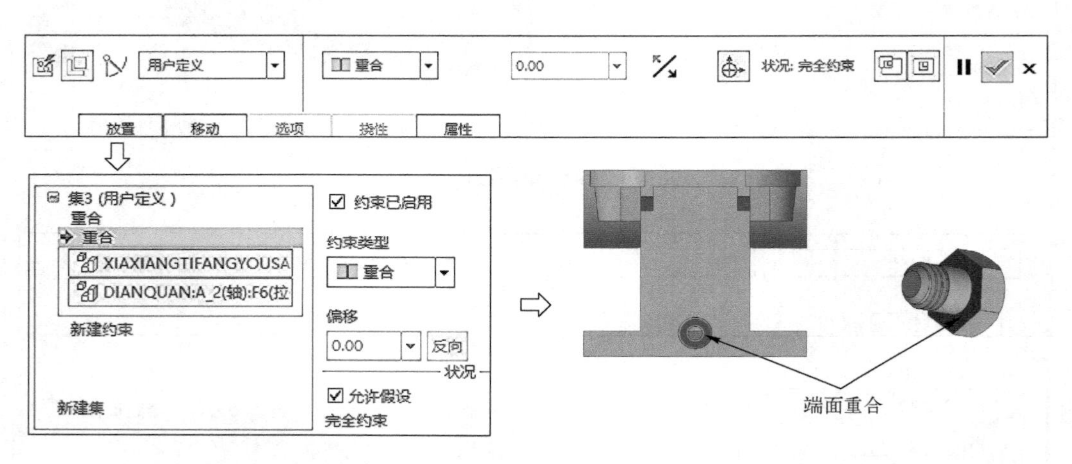

图 7-43　放油塞装配 2

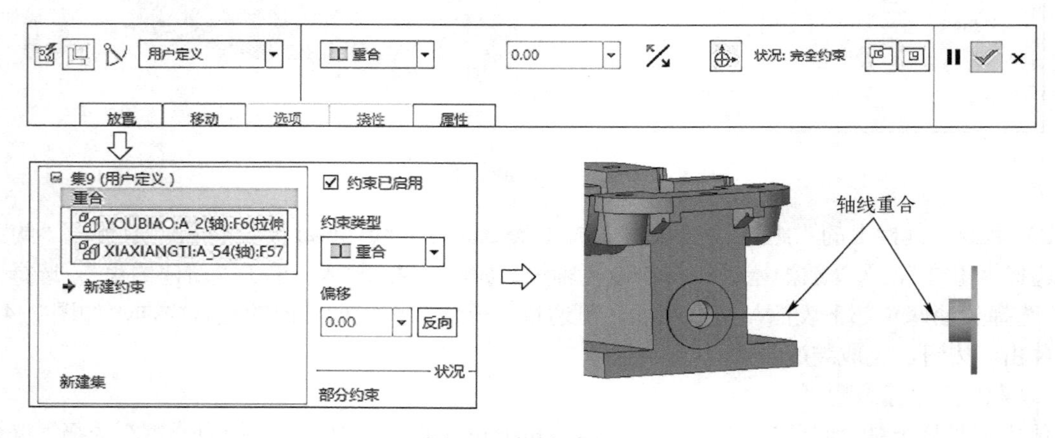

图 7-44　油标装配 1

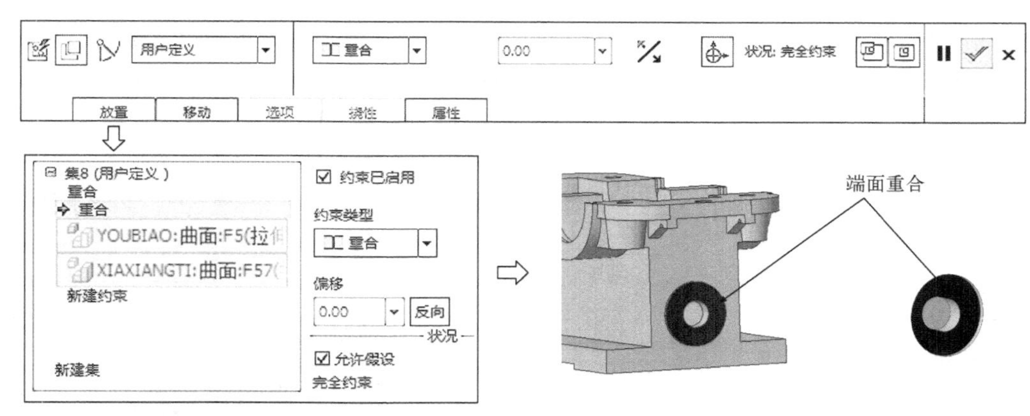

图 7-45　油标装配 2

7.3.4 上箱体装配

上箱体的装配是完成检查孔盖和通气塞的装配。

步骤 01：选择工作目录。

在菜单栏中单击“文件”→“管理会话”→“选择工作目录”，弹出“选择工作目录”对话框，可以设置或选择工作目录，并将第 7 章素材 ch04 中的 shangxiangtizhuangpei 文件夹复制到工作目录中。

步骤 02　新建文件。

单击“文件”→“新建”，“类型”选择“装配”，“子类型”选择“设计”，“文件名”改为 shangxiangtizhuangpei，取消勾选“使用默认模板”复选框，单击“确定”按钮，在“新文件选项”→“模板”列表中选择 mmns_asm_design 公制模板，单击“确定”按钮，完成装配环境设置。

步骤 03　导入上箱体。

单击工具栏上的“组装”按钮，打开 shangxiangtizhuangpei 文件夹，选择 shangxiangti.prt，单击按钮，选择约束方式为“默认”，完成导入。

步骤 04　装配检查孔盖。

1）单击工具栏上的“组装”按钮，选择 jianchakonggai.prt，单击“放置”，“约束类型”选择“重合”，选择检查孔盖上表面与上箱体顶部螺钉孔所在的表面，如图 7-46 所示。单击“新

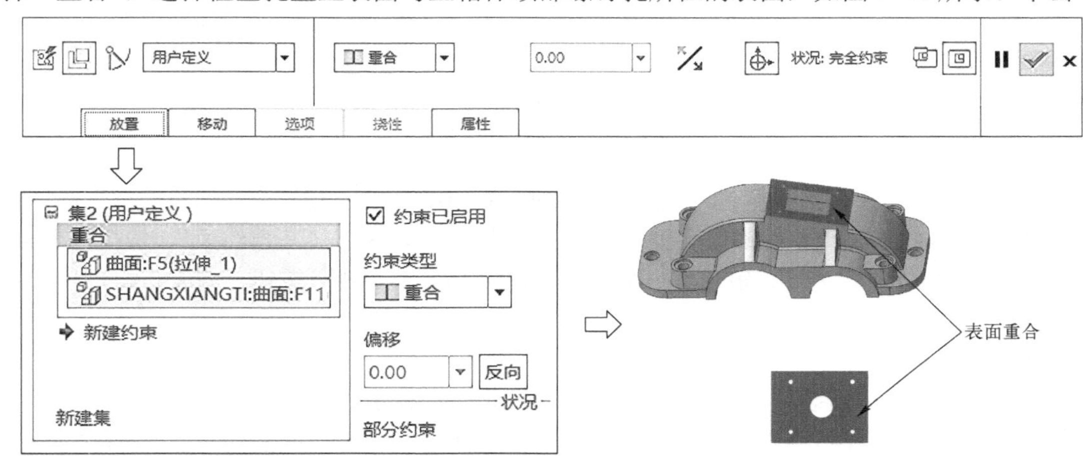

图 7-46　检查孔盖装配 1

建约束”，选择“重合”，选择对应位置检查孔盖和上箱体检查孔凸台上的螺纹孔轴线，如图 7-47 所示。单击“新建约束”，选择对应位置检查孔盖螺钉孔与上箱体检查孔凸台上的螺钉孔，在“约束类型”中选择“定向”，如图 7-48 所示。单击✓按钮，完成装配。

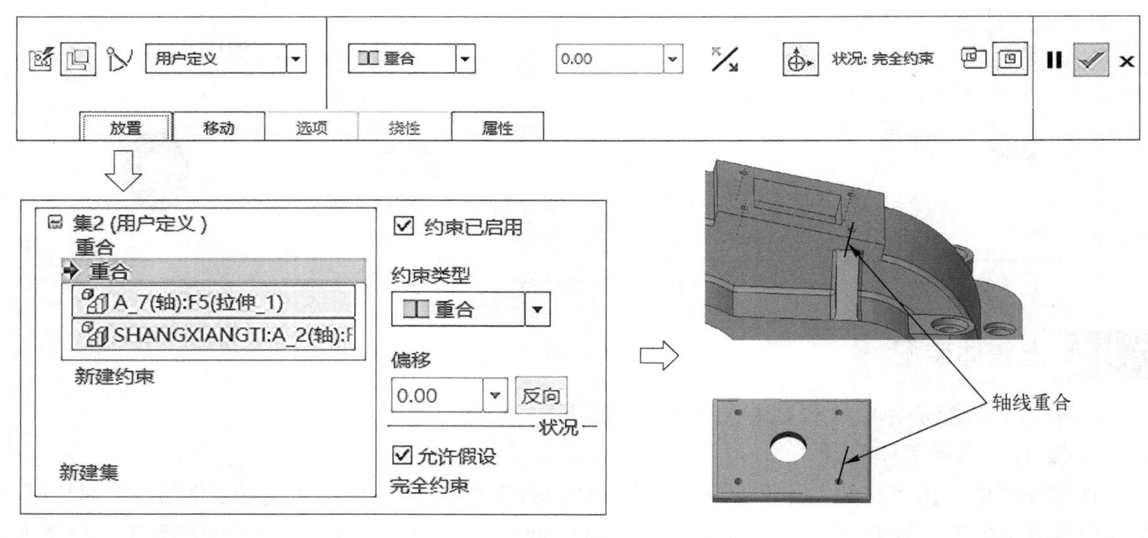

图 7-47 检查孔盖装配 2

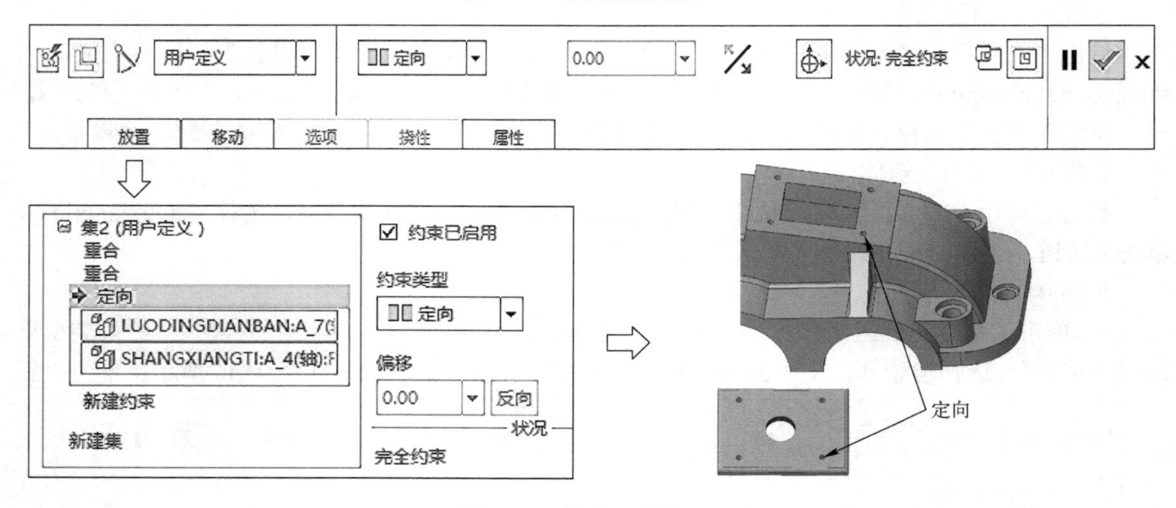

图 7-48 检查孔盖装配 3

2）单击工具栏上的“组装”按钮，选择 luoding.prt，单击“放置”，“约束类型”选择“重合”，选择螺钉轴线与检查孔盖螺纹孔轴线，如图 7-49 所示。单击“新建约束”，选择“重合”，选择螺钉平面 DTM1 和检查孔盖的上表面，如图 7-50 所示，单击✓按钮，完成装配。其余三个螺钉也按此方法装配。

步骤 05：装配通气塞。

单击工具栏上的“组装”按钮，选择 tongqisai.prt，单击“放置”，“约束类型”选择“重合”，选择通气塞的轴线和检查孔盖的轴线，如图 7-51 所示。单击“新建约束”，选择“重合”，选择检查孔盖的上表面与通气塞 DTM1，如图 7-52 所示。

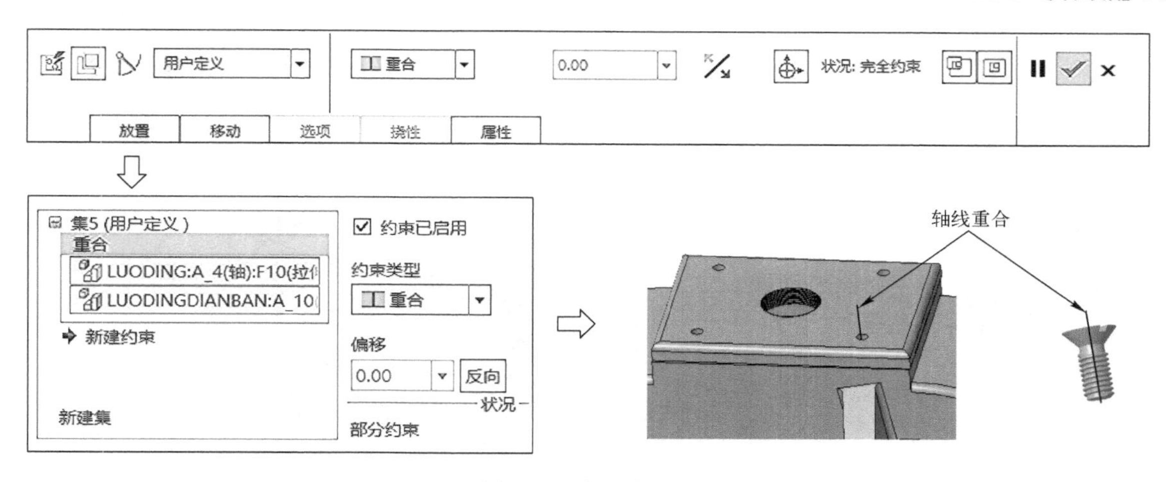

图 7-49　螺钉装配 1

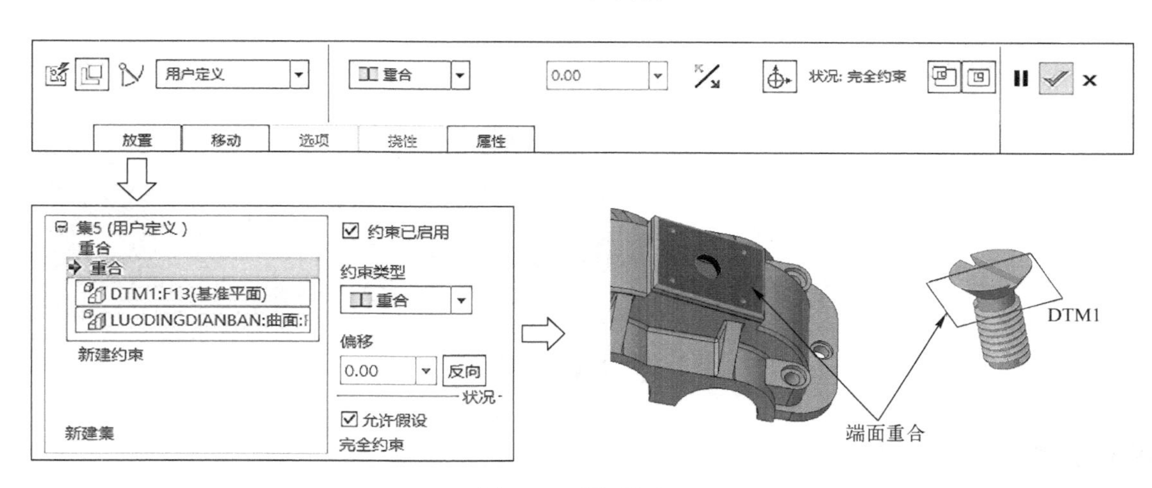

图 7-50　螺钉装配 2

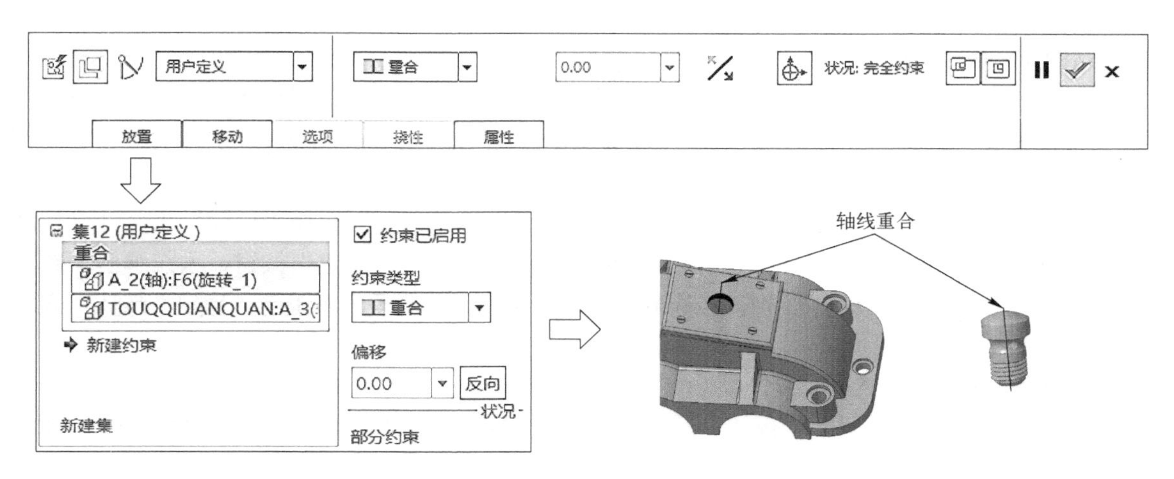

图 7-51　通气塞装配 1

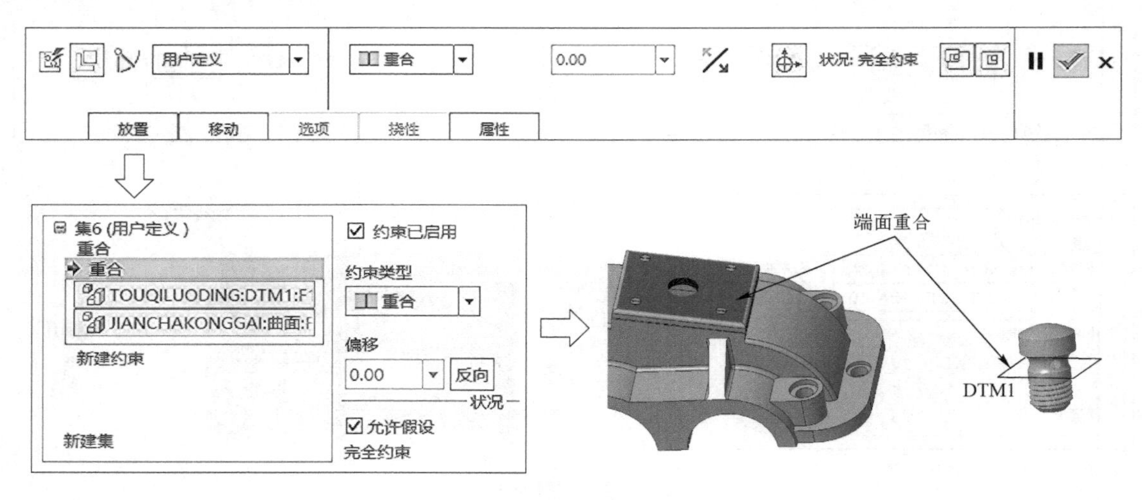

图 7-52　通气塞装配 2

上箱体装配结果如图 7-53 所示，单击✓按钮，完成装配。单击“文件”→“保存”。

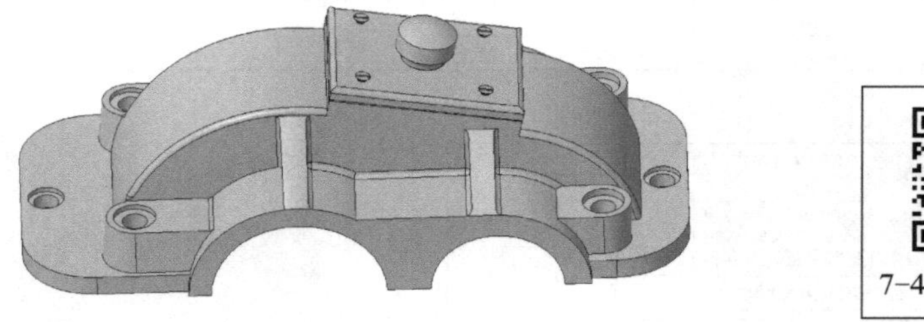

7-4　上箱体装配

图 7-53　上箱体装配结果

7.3.5 减速器总体装配

减速器的总体装配包括高速轴部件装配、低速轴部件装配、高速轴端盖装配、低速轴端盖装配、上箱体装配及连接螺栓的装配。

步骤 01：新建文件。

1）在菜单栏中单击“文件”→“管理会话”→“选择工作目录”，弹出“选择工作目录”对话框，可以设置或选择工作目录，并将第 7 章素材 ch05 中的 jiansuqizhuangpei 文件夹复制到工作目录中。

2）单击“文件”→“新建”，“类型”选择“装配”，“子类型”选择“设计”，“文件名”改为 jiansuqizhuangpei，取消勾选“使用默认模板”复选框，单击“确定”按钮，系统弹出“新文件选项”对话框，在“模板”列表中选择 mmns_asm_design 公制模板，单击“确定”按钮，完成新建装配文件设置。

步骤 02：导入下箱体装配文件。

单击工具栏上的“组装”按钮，打开“下箱体装配”文件夹，选择 xiaxiangtizhuagpei.asm，选择约束方式为“默认”，单击✓按钮，完成导入。

步骤 03：组装高速轴部件。

单击工具栏上的“组装”按钮，选择 jiansuqizhuangpei 文件夹中的 gaosuzhouzhuangpei.asm 文

件，在“用户定义”下拉菜单中选择“销”，单击“放置”，在“轴对齐”约束类型中，选择高速轴的轴线和下箱体小轴承座孔轴线，如图 7-54 所示；在“平移”约束类型中，选择高速轴上的 DTM3 和下箱体的 FRONT 面，如图 7-55 所示。单击✓按钮，完成高速轴部件装配。

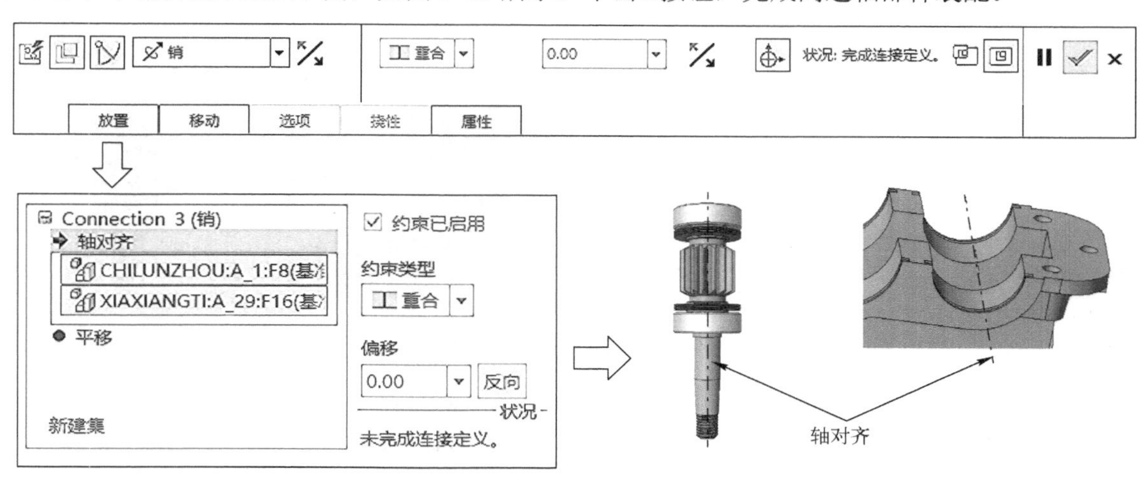

图 7-54　高速轴部件装配 1

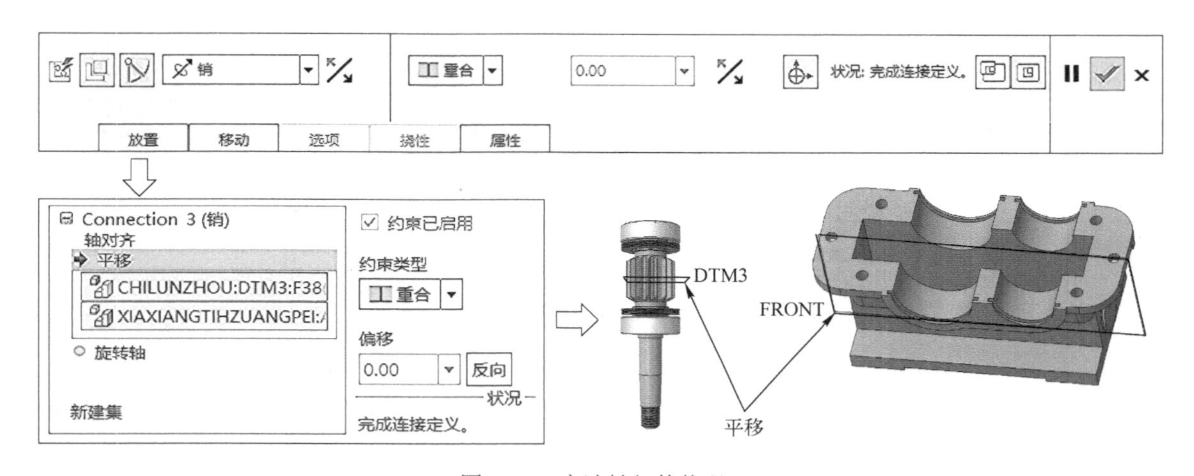

图 7-55　高速轴部件装配 2

步骤 04：低速轴部件装配。

单击工具栏上的按钮，打开 jiansuqizhuangpei 文件夹中的 disuzhouzhuangpei.asm 文件，在“用户定义”中选择“销”，单击“放置”，在“轴对齐”约束类型中，选择低速轴的轴线和下箱体大轴承座孔的轴线，如图 7-56 所示。在“平移”约束类型中，选择低速轴上的 DTM3 和下箱体的 FRONT 面，如图 7-57 所示。单击✓按钮，完成装配。

步骤 05：轴承端盖装配。

1）单击工具栏上的“组装”按钮，打开 gaosuzhouduangai.prt，单击“放置”，“约束类型”选择“重合”，选择端盖的轴线和高速轴的轴线，如图 7-58 所示，单击“新建约束”，选择“重合”，选择端盖内端面和轴承外端面，使端盖嵌入下箱体卡槽中，如图 7-59 所示。单击✓按钮，完成装配。

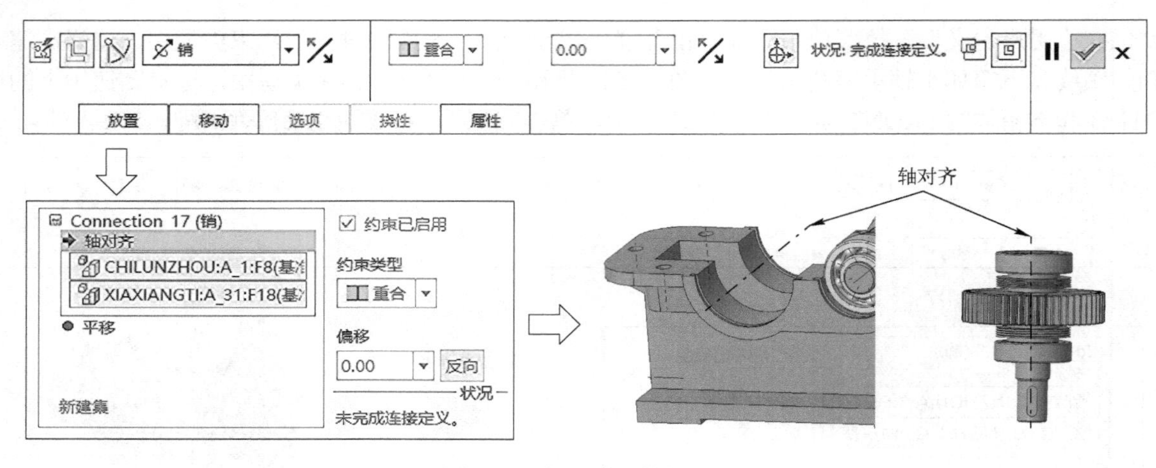

图 7-56　低速轴部件装配 1

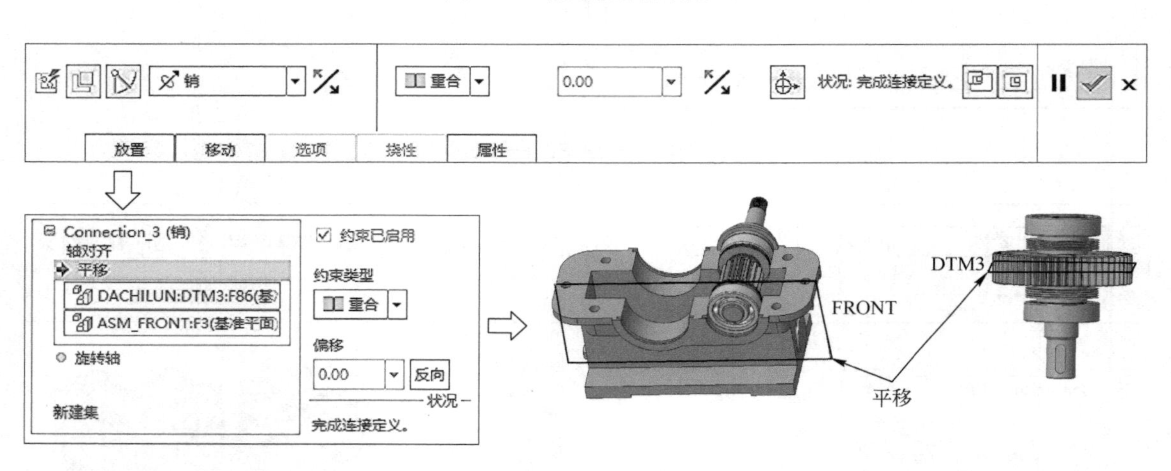

图 7-57　低速轴部件装配 2

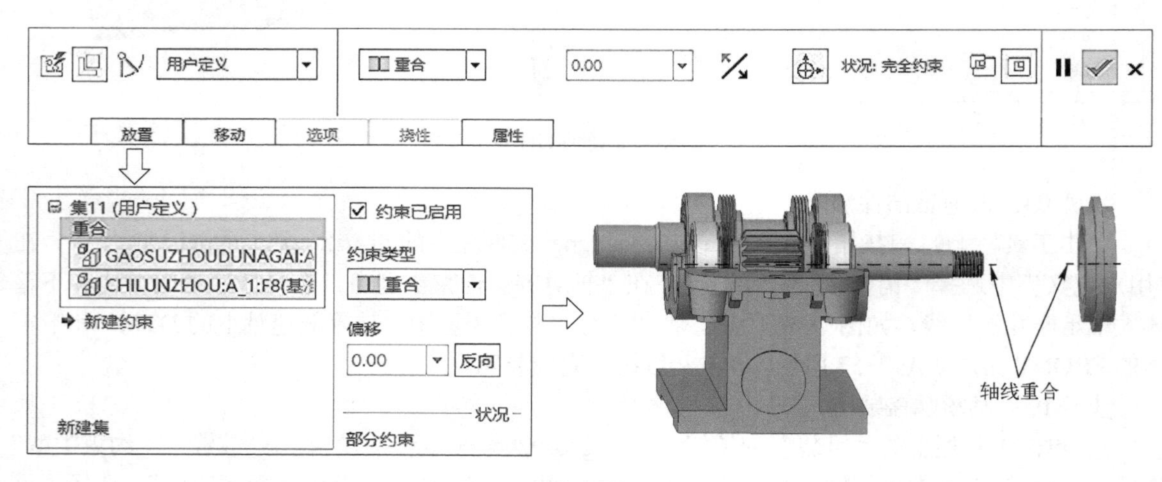

图 7-58　高速轴端盖装配 1

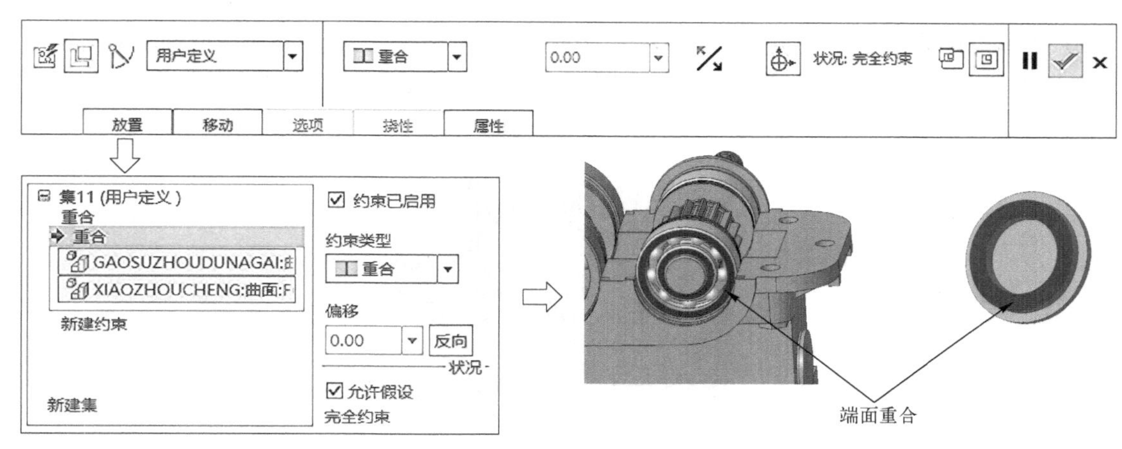

图 7-59　高速轴端盖装配 2

2）单击工具栏上的“组装”按钮，打开 xiaotongzhouchengduangai.prt，单击“放置”，“约束类型”选择“重合”，选择端盖和高速轴轴线，如图 7-60 所示，单击“新建约束”，选择“重合”，选择小通轴承端盖内端面和轴承外端面，使小通轴承端盖嵌入下箱体卡槽中，如图 7-61 所示。单击按钮，完成装配。

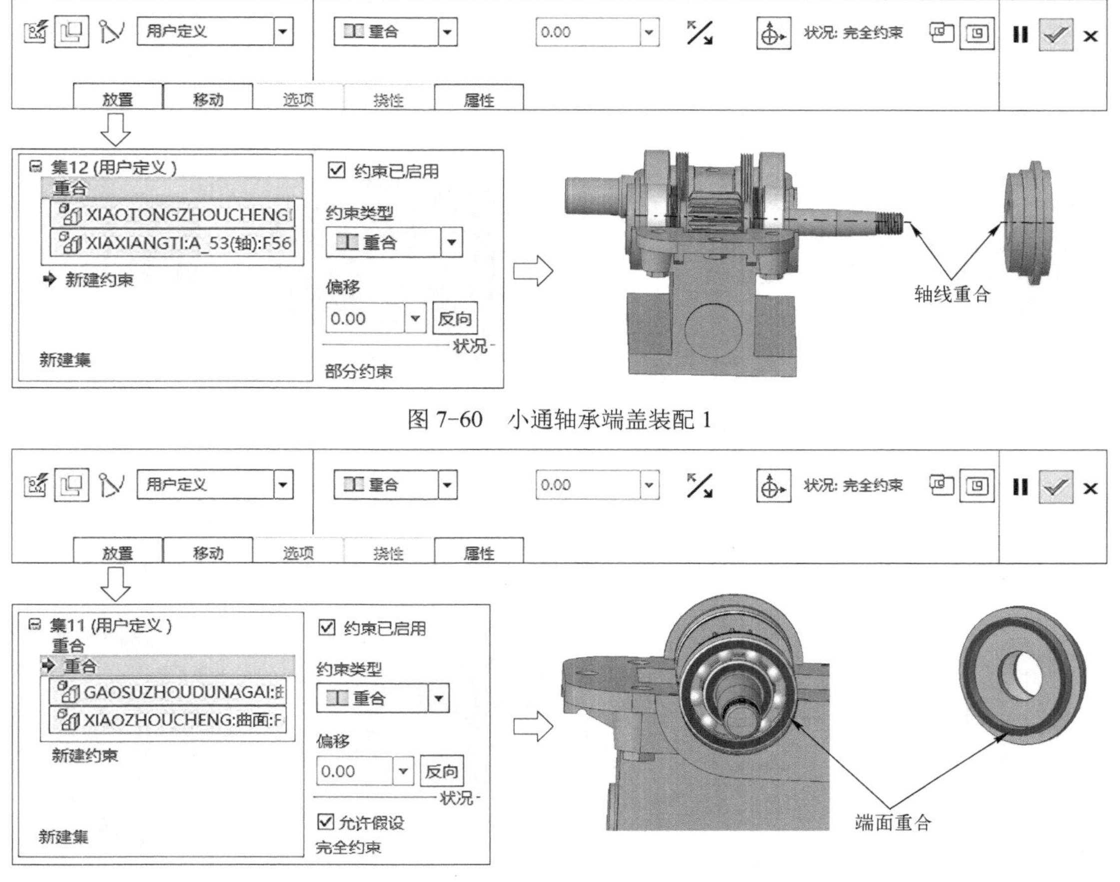

图 7-60　小通轴承端盖装配 1

图 7-61　小通轴承端盖装配 2

3）同理，可装配低速轴端盖和大通轴承端盖。此步的端盖装配步骤与高速轴端盖装配步骤相同。轴承端盖装配结果如图 7-62 所示，单击✓按钮，完成装配。单击“文件”→“保存”。

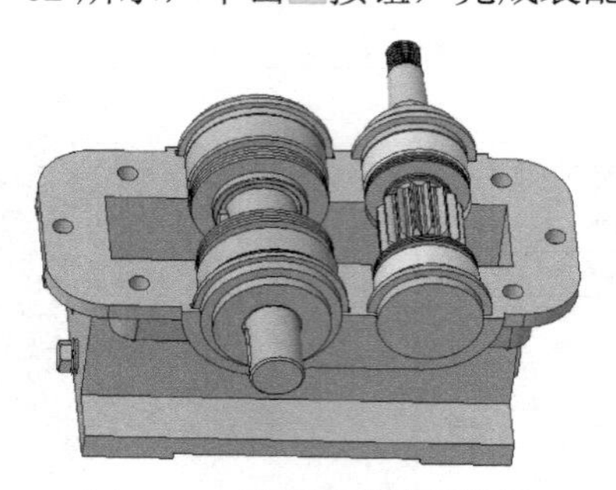

图 7-62　轴承端盖装配结果

步骤 06：上箱体装配。

单击工具栏上的“组装”按钮，打开 shangxiangti.asm，单击“放置”，“约束类型”选择“重合”，选择下箱体凸缘的上表面和上箱体凸缘的下表面，如图 7-63 所示；单击“新建约束”，选择“重合”，选择上箱体凸缘和下箱体凸缘的螺栓连接孔轴线，如图 7-64 所示；单击“新建约束”，选择“定向”，选择上箱体和下箱体另一侧的螺栓连接孔轴线进行定向，如图 7-65 所示，单击✓按钮，完成装配。

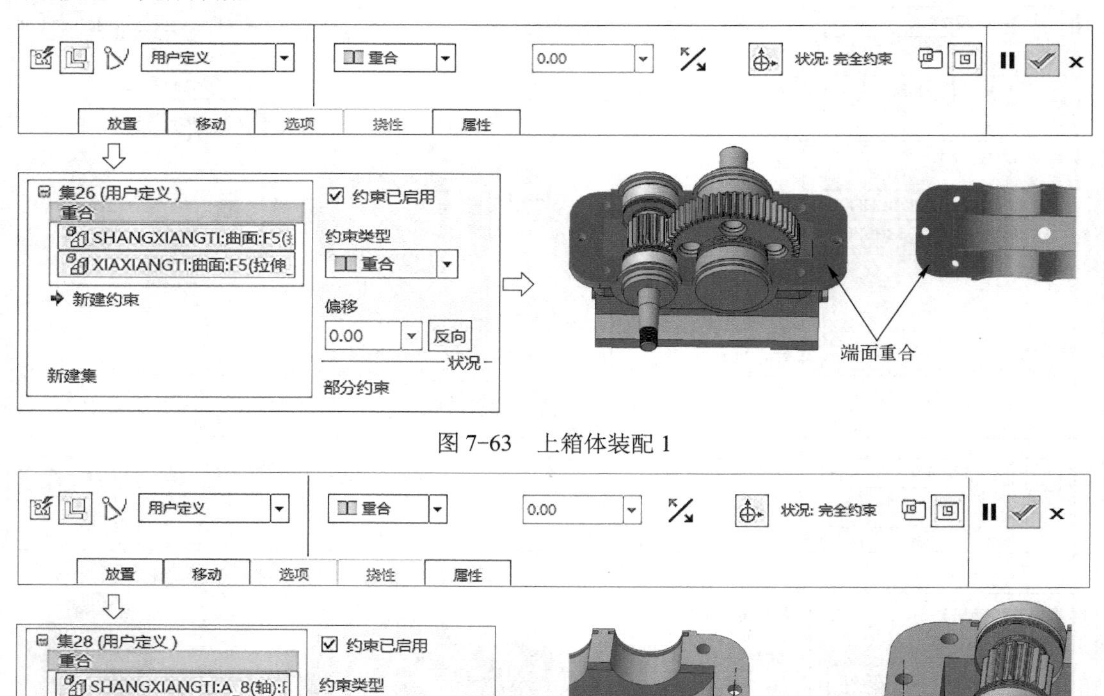

图 7-63　上箱体装配 1

图 7-64　上箱体装配 2

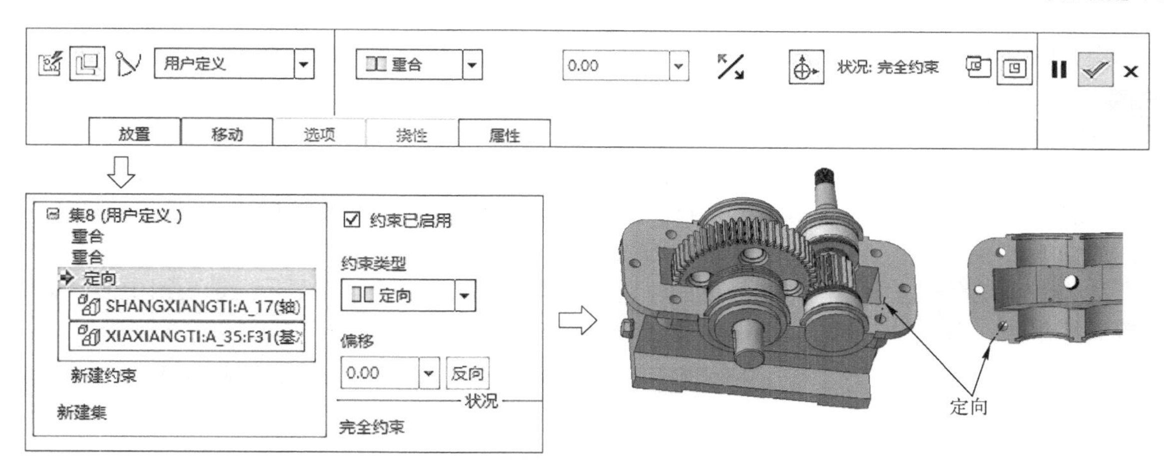

图 7-65　上箱体装配 3

步骤 07：上、下箱体连接螺栓装配。

单击工具栏上的“组装” 按钮，打开 shangxiaxiangtilianjieluoshuan.prt，单击“放置”，“约束类型”选择“重合”，选择螺栓头部下表面和沉孔表面，单击“新建约束”，“约束类型”选择“重合”，选择螺栓中心线与箱体上螺栓孔中心线，单击按钮，完成装配。

步骤 08：螺母装配。

1）单击工具栏上的“组装” 按钮，打开 luomu.prt，单击“放置”，“约束类型”选择“重合”，选择螺母上表面与下箱体下表面，单击“新建约束”，“约束类型”选择“重合”，选择螺母中心线与螺栓孔中心线，单击按钮，完成装配。

2）同理，可装配其他三个上、下箱体的连接螺栓和开盖螺栓，减速器总体装配结果如图 7-66 所示。

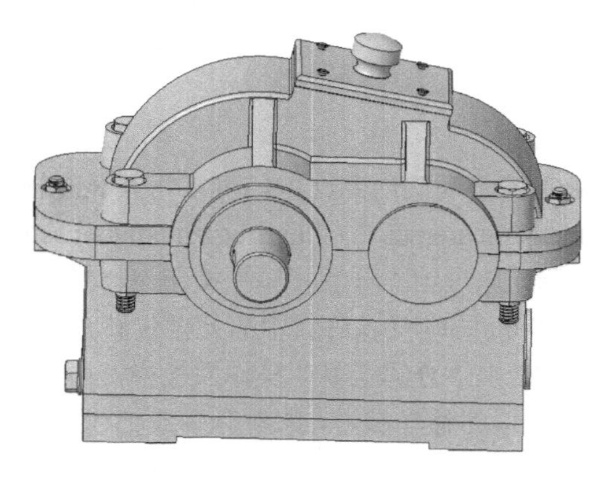

7-5　减速器总体装配

图 7-66　减速器总体装配

7.4　分解视图

分解视图也称为生成组件爆炸视图，作用是将装配体中的每个元件与其他元件分开表示，以便观察装配体的内部结构。分解视图仅影响装配组件外观，而设计意图以及装配元件之间的实际距离不会改变。

7.4.1 分解视图的生成和编辑

在“模型”选项卡的功能区面板中，单击“模型显示”选项组中的“分解视图”按钮，系统会按装配组件默认的方式进行分解。再次单击该按钮，可以实现装配的默认分解视图和装配图之间的切换。

如果对系统默认分解视图中各元件的位置不满意，可以单击“模型显示”选项组中的“编辑位置”按钮，弹出“分解工具”操作面板，如图 7-67 所示。

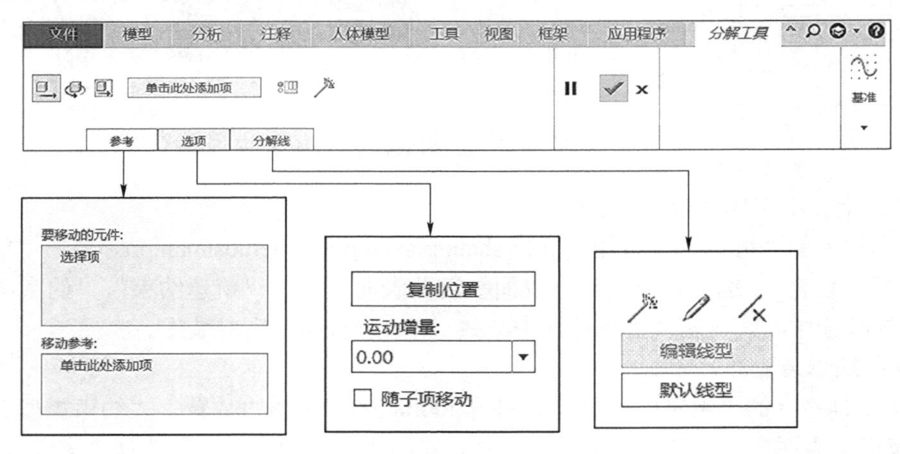

图 7-67 “分解工具”操作面板

在“分解工具”操作面板中，按钮表示移动元件，表示旋转元件，表示在视图平面内移动元件，表示切换选定元件的分解状态，表示创建修饰偏移线，说明分解元件如何运动。

7.4.2 分解减速器装配图

减速器结构复杂，装配后不便于观察内部结构，可以将其装配视图进行分解，生成爆炸图。打开第 7 章素材装配结果/jiansuqizhuangpei 中的 jiansuqizhuangpei.asm 文件，在“模型”选项卡的功能区面板中，单击“模型显示”选项组“分解视图”按钮，减速器按默认方式自动分解生成爆炸图。同时可以对其中的元件位置进行编辑，便于表达装配的组成结构。在“分解工具”操作面板中，单击“参考”，在“移动参考”中选择合适的移动参考，如坐标系或轴线等，然后激活“要移动的元件”收集器，在图形窗口选择要移动位置的元件。此时，在元件位置处出现一个控制移动的坐标系，如图 7-68 所示。利用鼠标左键按住 X、Y、Z 任一轴，拖动元件即可实现沿坐标轴方向的位置移动。

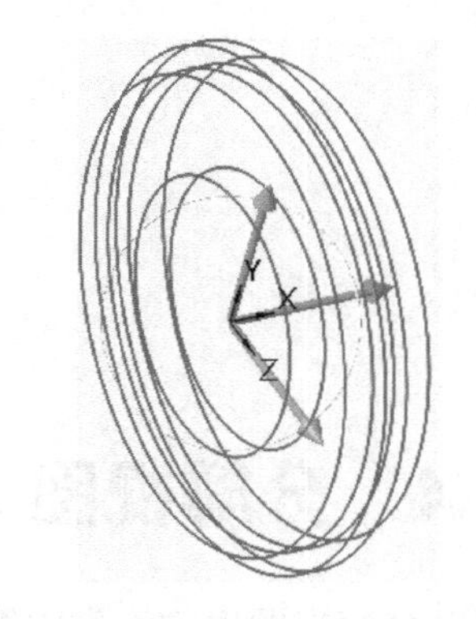

图 7-68 控制移动的坐标系

对整个减速器的零件进行位置编辑，得到的减速器爆炸图如图 7-69 所示。为了保存分解后的爆炸图，也可以利用“视图管理器”中的“分解”功能，把分解后的视图保存下来以备调用。

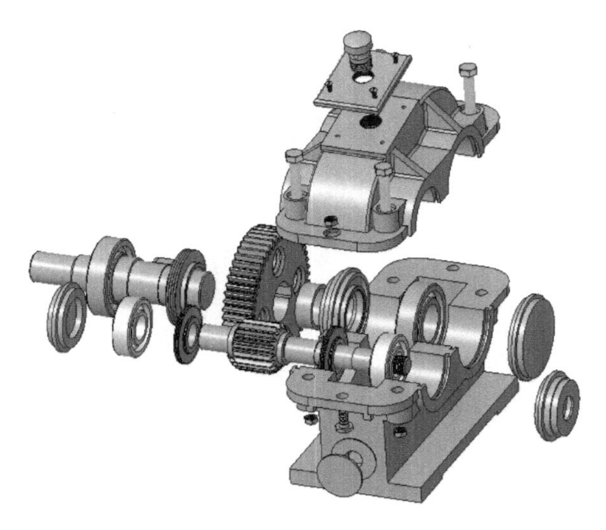

图 7-69　减速器爆炸图

7.5 其他操作

7.5.1 装配体的元件操作

装配体创建完成后，可以对其中的任何元件（包括零件和子装配）进行如下操作：元件的打开与删除、元件尺寸的修改、元件装配约束偏移值的修改、元件装配约束的重定义等，这些操作命令一般从模型树中获取。

下面以修改装配体 disuzhouzhuangpei.asm 中的 zhou.prt 零件为例，说明低速轴装配体中的零件特征修改。

步骤 01：选择工作目录并打开文件。

启动 Creo 5.0，在菜单栏中单击“文件”→“管理会话”→“选择工作目录”，弹出“选择工作目录”对话框，选择 D：//work/jianshuqizhuangpei 为工作目录，将第 7 章素材中的 disuzhouzhuangpei 文件夹复制到工作目录中。打开装配体 disuzhouzhuangpei.asm。

步骤 02：修改模型树的显示方式。

在图 7-70 所示的装配模型树中单击“设置”按钮，选择“树过滤器”，打开“模型树项”对话框，勾选“显示”选项组下的“特征”复选框，如图 7-71 所示，单击“确定”按钮，使每个零件的特征都显示在装配模型树中。

步骤 03：编辑模型特征。

在模型树中展开 ZHOU.PRT 节点，右击需要修改的特征，从弹出的快捷菜单中选择“编辑定义”命令，进入该特征的编辑状态，如图 7-72 所示，此时可对所选取的特征进行相应的操作。

在图 7-72 中，各个快捷菜单命令功能如下。

- ：编辑尺寸。
- ：编辑选定对象的定义。

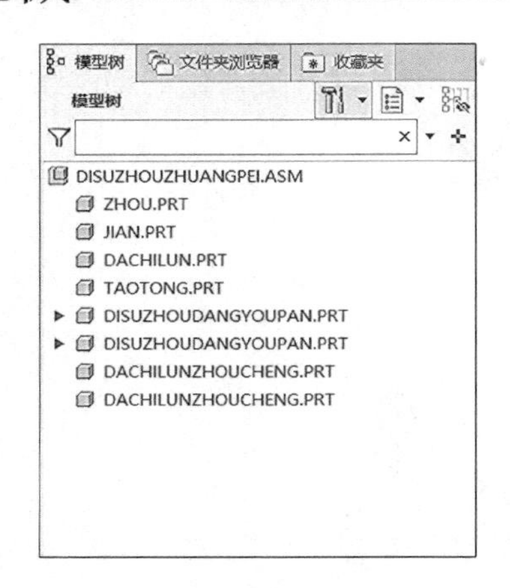

图 7-70　装配模型树

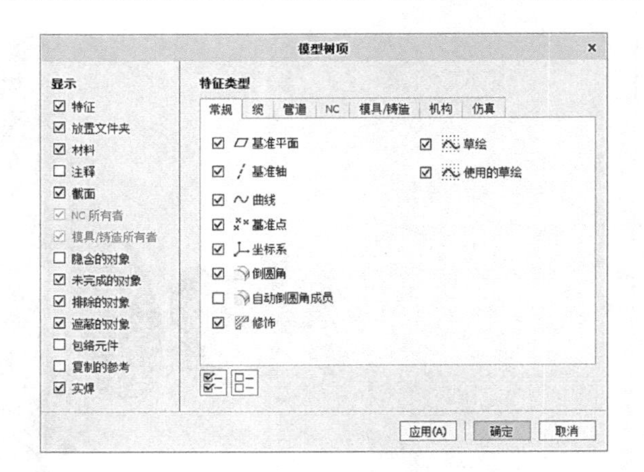

图 7-71　“模型树项”对话框

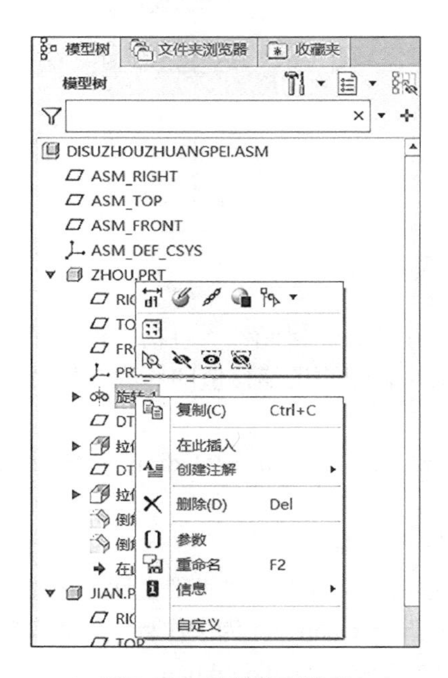

图 7-72　编辑模型特征

- ：编辑选定项的参考。
- ：隐含选定项的特征。
- ：创建特征的多个实例以形成阵列。
- ：缩放至选定对象边界框。
- ：隐藏选定特征、元件和层。
- ：仅显示选定的对象，隐藏所有其他此类型对象。
- ：隐藏选定的对象，显示所有其他此类型的对象。

步骤 04：重新生成模型特征。

模型编辑后不能实时更新所修改的内容，必须重新生成。单击“模型”选项卡“操作”功能区中的“重新生成”按钮，如图 7-73 所示，完成特征重新生成的操作。

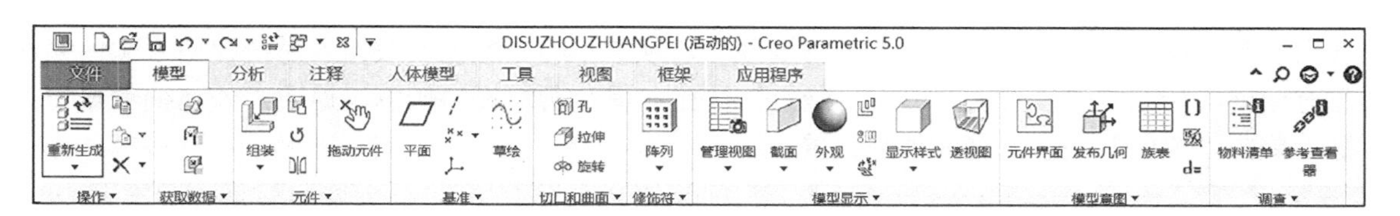

图 7-73　重新生成模型特征

7.5.2 模型的外观处理

模型的外观处理包括对模型进行着色、纹理处理和透明设置等。模型的外观与模型会一同保存。但当模型打开时，其外观不会载入外观列表，可以通过打开已保存的外观文件来将该文件中的外观添加到外观列表中。

下面以 dachilunzhoucheng.prt 零件模型为例，说明模型外观处理的一般过程。

步骤 01：选择工作目录并打开文件。

启动 Creo 5.0，在菜单栏中单击“文件”→“管理会话”→“选择工作目录”，弹出“选择工作目录”对话框，选择 D：//work/jianshuqizhuangpei 为工作目录，将第 7 章素材中的 jiansuqizhuangpei 文件夹复制到工作目录中。打开装配体 dachilunzhoucheng.prt。

步骤 02：打开外观库。

单击“视图”选项卡“外观”功能区中的“外观”按钮，系统弹出“外观颜色”面板，如图 7-74 所示。

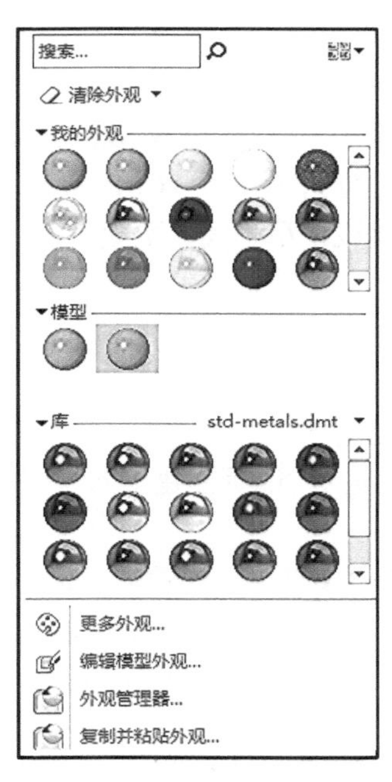

图 7-74　“外观颜色”面板

步骤 03：添加外观。

在“外观颜色”面板的“模型”选项组右键，在弹出的快捷菜单中选择“新建”命令，系统弹出“外观编辑器”对话框，在“名称”文本框中修改外观名称，如图 7-75 所示。根据需求可设置反射率、反射颜色、纹理等。单击“属性”选项卡中的“颜色”按钮，系统弹出“颜色编辑器”对话框，如图 7-76 所示，单击“确定”按钮，保存所编辑的颜色，返回“外观编辑器”对话框，单击“关闭”按钮，完成外观设置。

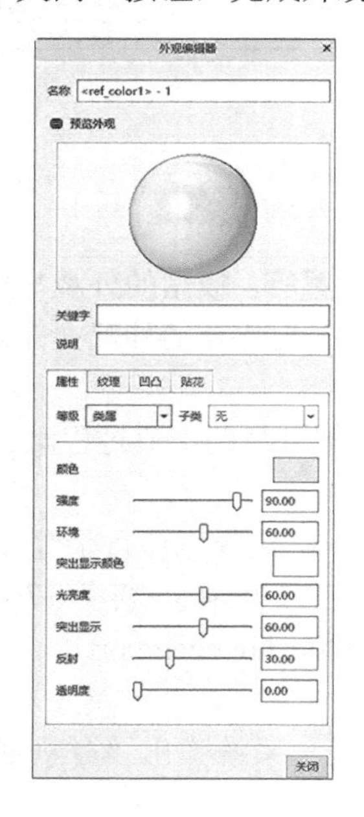

图 7-75 “外观编辑器”对话框

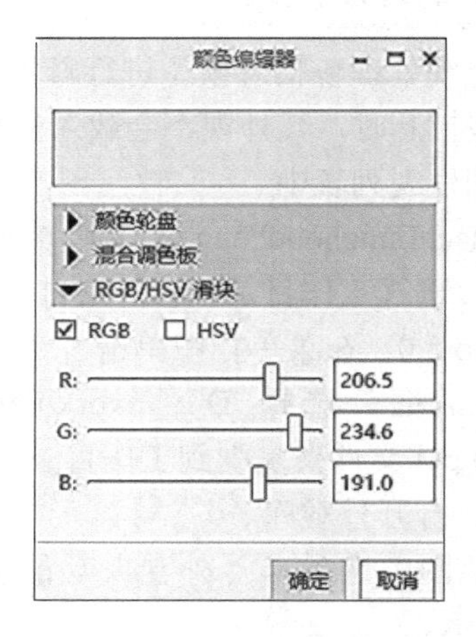

图 7-76 “颜色编辑器”对话框

步骤 04：将外观应用到模型。

在“外观颜色”面板中选择步骤 03 中添加的外观，系统弹出“选择”对话框，单击鼠标左键选择模型表面，当选择多个表面时可同时使用〈Ctrl〉键，最后单击“选择”对话框的“确定”按钮，或单击鼠标中键结束操作，完成模型外观的更改。

7.5.3 模型的视图管理

1. 定向视图

定向视图功能可以将组件以指定的方位进行放置，方便观察模型或为生成工程图做准备。下面以减速器下箱体（xiaxiangti.prt）为例，说明创建定向视图的操作方法。

步骤 01：选择工作目录并打开文件。

启动 Creo 5.0，在菜单栏中单击“文件”→“管理会话”→“选择工作目录”，弹出“选择工作目录”对话框，选择 D：//work/jianshuqizhuangpei 为工作目录，将第 7 章素材中的 jiansuqizhuangpei 文件夹复制到工作目录中，打开装配体 xiaxiangti.prt。

步骤 02：新建视图。

单击“视图”选项卡“模型显示”功能区中的“管理视图”按钮，如图 7-77 所示，系统弹出“视图管理器”对话框，在“定向”选项卡中单击“新建”按钮，输入新视图名称 Front_1，单击鼠标中键完成视图名称的输入，如图 7-78 所示。

步骤 03：定向模型。

1）在“视图管理器”对话框中选择“编辑”下拉菜单中的“重新定义”命令，如图 7-79 所示，系统弹出“视图”对话框；在“视图”对话框“方向”选项卡中的“类型”下拉列表框中选择“按参考定向”，如图7-80所示。

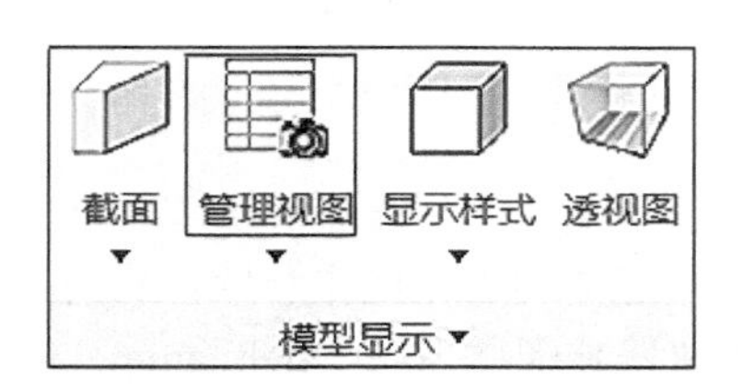

图7-77 “管理视图”按钮

图7-78 “视图管理器”对话框

图7-79 “重新定义”命令

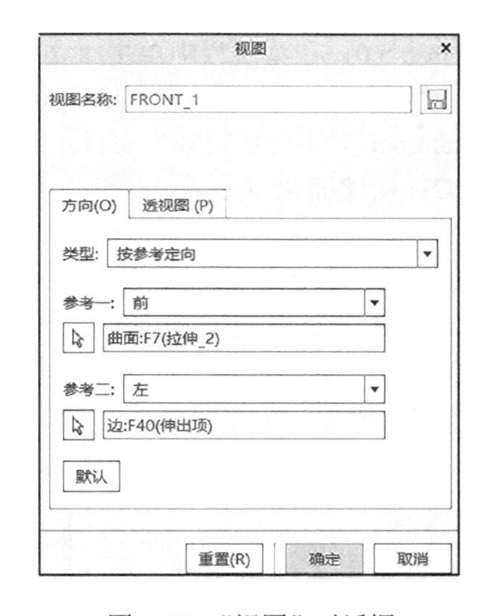

图7-80 “视图”对话框

2）在“视图”对话框中，选择“参考一”为“前”，并选择图7-81中箭头所示的平面。

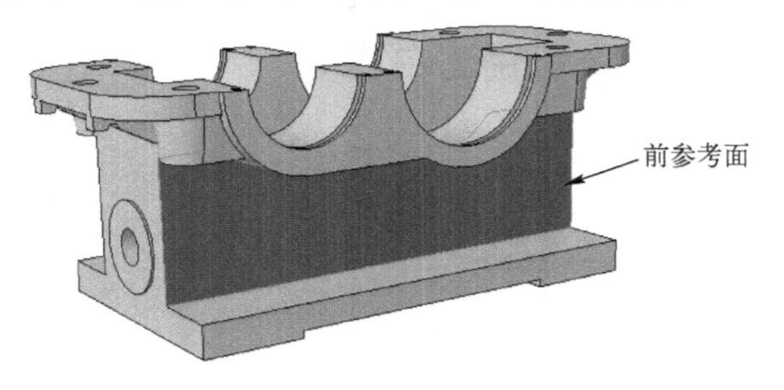

图7-81 前参考面

3）选择“参考二”为“左”，并在操作区中选择如图 7-82 中箭头所示的平面。

4）单击“确定”按钮，关闭“视图”对话框，完成定向视图的创建，结果如图 7-83 所示；单击“关闭”按钮，关闭“视图管理器”对话框。

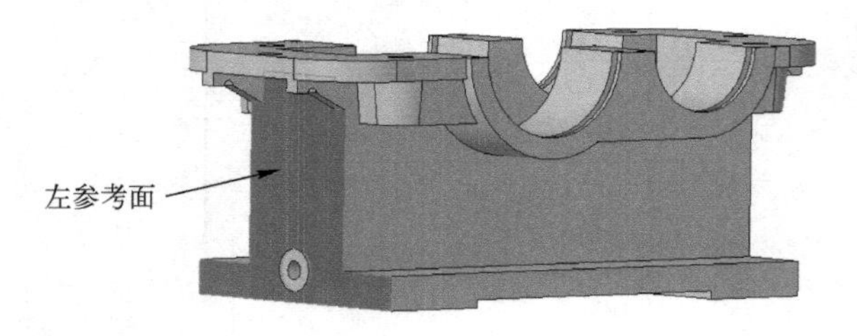

图 7-82　左参考面

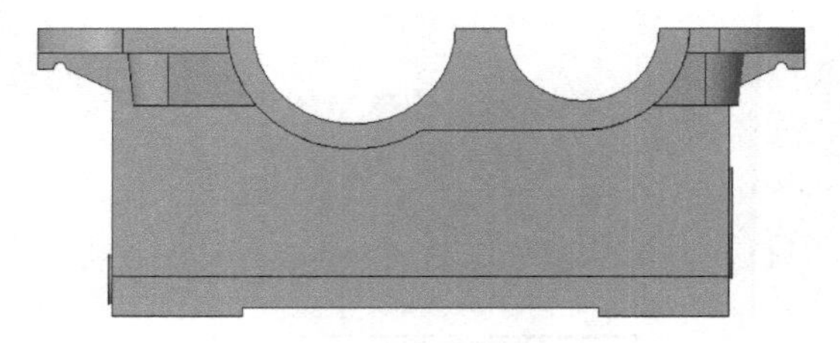

图 7-83　定向视图

2．简化表示

简化表示功能可以将设计中暂时不需要的零部件从装配体的工作区中移除，从而减少装配体重绘、再生和检索的时间，并且简化装配体。下面以减速器装配体 jiansuqizhuangpei.asm 为例，说明创建简化表示的操作方法。

步骤 01：选择工作目录并打开文件。

启动 Creo 5.0，在菜单栏中单击“文件”→“管理会话”→“选择工作目录”，弹出“选择工作目录”对话框，选择 D：//work/jianshuqizhuangpei 为工作目录，将第 7 章素材中的 jiansuqizhuangpei 文件夹复制到工作目录中。打开装配体 jiansuqizhuangpei.asm 文件。

步骤 02：新建简化表示。

单击“视图”选项卡“模型显示”功能区中的“管理视图”按钮，系统弹出“视图管理器”对话框，在“简化表示”选项卡中单击“新建”按钮，输入新视图名称 Simplified，如图 7-84 所示。

步骤 03：编辑显示内容。

输入视图名称后，单击鼠标中键确认，系统弹出“编辑”对话框，如图 7-85 所示。将所有螺钉及螺栓隐藏，单击“应用”按钮后单击“打开”按钮，完成简化表示的创建。

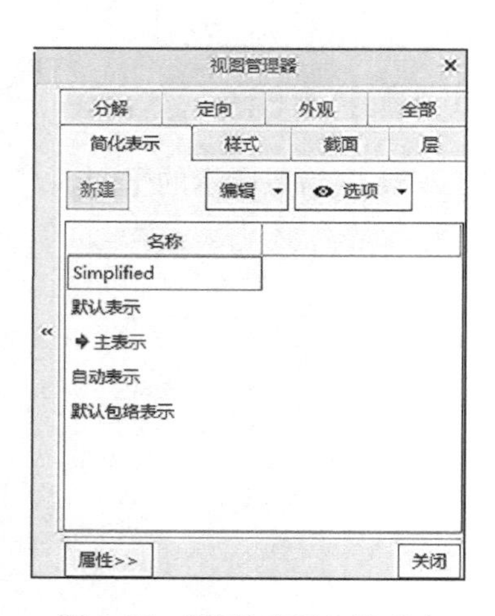

图 7-84　“简化表示”选项卡

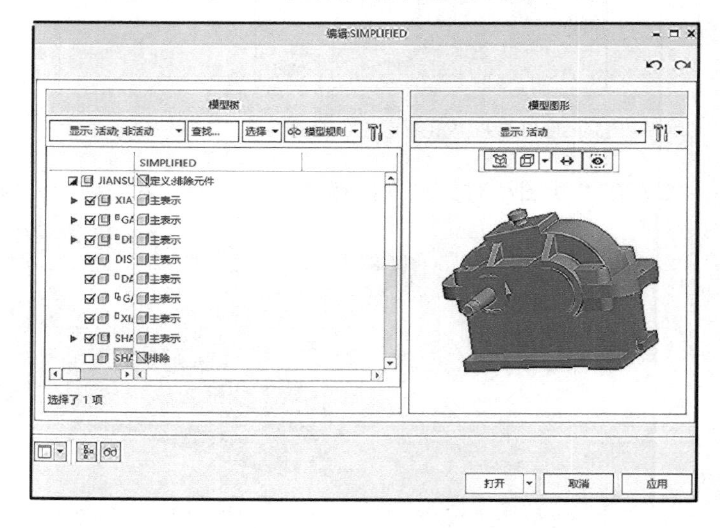

图 7-85　“编辑”对话框

3．横截面

横截面也称半剖截面，主要用于查看模型剖切后内部的形状和结构。在零件模块或装配模块中创建的横截面可用于在工程图模块中生成剖视图。横截面主要有两种类型：“平面”横截面和“偏距”横截面。下面以减速器装配体 jiansuqizhuangpei.asm 为例，说明创建模截面的操作方法。

步骤 01：选择工作目录并打开文件。

启动 Creo 5.0，在菜单栏中单击“文件”→“管理会话”→“选择工作目录”，弹出“选择工作目录”对话框，选择 D：//work/jianshuqizhuangpei 为工作目录，将第 7 章素材中的 jiansuqizhuangpei 文件夹复制到工作目录中。打开装配体 jiansuqizhuangpei.asm 文件。

步骤 02：新建视图。

单击“视图”选项卡“模型显示”功能区中的“管理视图”按钮，系线弹出“视图管理器”对话框，打开“截面”选项卡，在“新建”下拉菜单中选择“平面”选项，输入新视图名称 Top_1，如图 7-86 所示；再单击鼠标中键确认，打开“截面”操作面板，如图 7-87 所示。

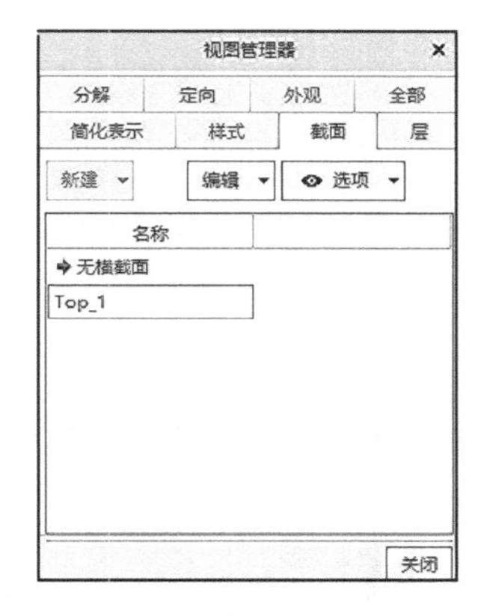

图 7-86 “截面”选项卡

图 7-87 “截面”操作面板

步骤 03：选定参考平面。

单击“参考”按钮，打开“参考”下滑面板，如图 7-88 所示。选择图 7-89 箭头所示的平面为参考平面，单击✓按钮，完成操作。

图 7-88 “参考”选项卡

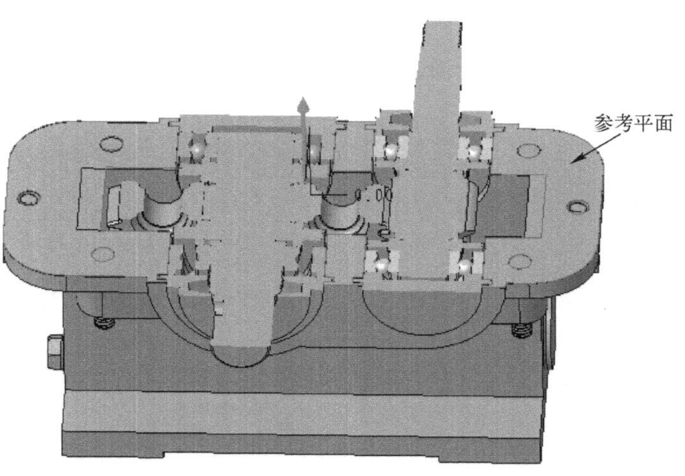

图 7-89 创建截面所需的参考平面

习题

1．如何新建一个装配文件？装配设计的界面主要由哪些部分组成？

2．用户可以设置在装配模型树中显示相关特征，便于装配模型的细化设计，那么如何设置？

3．装配约束的类型主要有哪些？

4．在装配中进行装配约束的一般规则有哪些？

5．Creo 5.0 系统提供了哪些预定义约束集？

6．在打开“分解工具”操作面板的情况下，如何移动当前正在操作的元件？

7．如何使用“视图管理器”来创建和保存新的分解视图，并设置元件的分解位置？

8．简述分解装配视图的作用及其特点。

9．打开本书配套电子资源的第 7 章素材中的 gaosuzhouzhuangpei 文件夹，完成图 7-90 所示的高速轴装配。

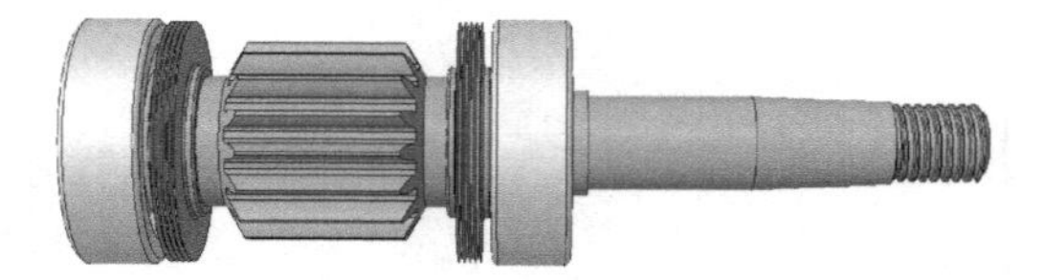

图 7-90　高速轴装配

10．打开本书配套电子资源的第 7 章素材中的 disuzhouzhuangpei 文件夹，完成图 7-91 所示的低速轴装配，并生成图 7-92 所示的爆炸图。

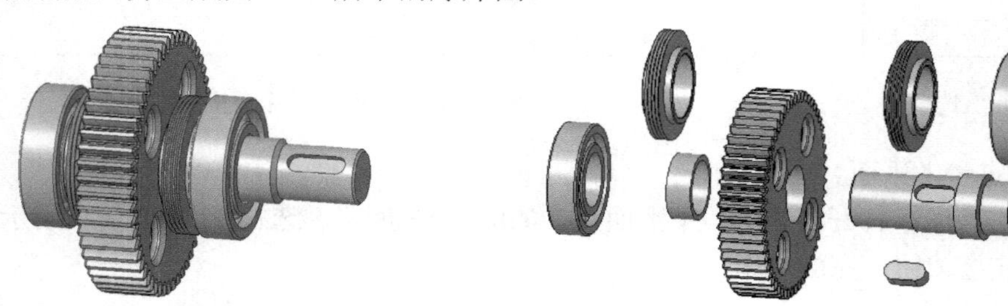

图 7-91　低速轴装配　　图 7-92　低速轴爆炸图

第 8 章　运 动 仿 真

本章要点

- 运动仿真工作界面和运动仿真连接类型。
- 凸轮和齿轮等典型运动机构的定义。
- 在运动仿真中定义驱动、运动仿真与回放、运动分析过程。
- 机构运动仿真实例。

Creo 5.0 提供了机构运动仿真与分析功能，在机构运动仿真和分析模块可以进行装配的运动学、仿真和动力学分析。通过机构的运动仿真结果，不仅可以查看其运行状态有无碰撞和干涉现象，还能进行构件的位置分析、运动分析、动态分析、静态分析和力平衡分析。其分析结果不但能以动画的形式表现，还能以参数形式输出，使得原来在二维工程图上难以表达和设计的运动，变得非常直观且易于修改，并且大大简化了机构的设计开发过程，缩短了开发周期，减少了开发费用，同时也提高了产品的质量。

机构仿真分析主要分为四个步骤。

1）以“连接”方式建立要分析机构的装配体。

2）定义驱动器，包括执行电动机、弹簧、阻尼、力和初始条件。

3）机构运动仿真，包括运动学、动力学及力平衡等分析。

4）获得仿真分析结果，包括机构运动仿真与回放、干涉检查和测量等。

本章将以机械设计中常用的典型机构为例，详细介绍运动仿真过程中机构运动连接的创建、驱动器的设置、运动仿真动画的生成及对运动仿真结果的分析，使读者掌握 Creo 5.0 的运动仿真功能，提高其对设计方案的优化分析能力。

8.1　运动仿真连接类型

8.1.1　运动仿真工作界面

在机构运动仿真功能中，创建模型主要包括定义机构中的主体、建立零件之间的连接、设置连接轴的属性等步骤，也可以根据设计需求添加凸轮、槽轮、齿轮副等特殊连接。启动 Creo 5.0，单击“文件”→“管理会话”→“选择工作目录”，设置工作文件夹。单击“新建”按钮，“类型”选择“装配”，“子类型”选择“设计”，取消勾选“使用默认模板”，单击“确定”按钮，如图 8-1 所示；系统弹出“新文件选项”对话框，在“模板”列表中选择 mmns_asm_design 公制模板，如图 8-2 所示，再次单击“确定”按钮，进入装配界面以建立机构运动仿真模型。

建立机构运动仿真模型的零件间连接过程的环境与装配过程环境相同，只不过机构运动仿真的活动构件间是以连接方式建立装配约束关系的，具有自由度。建立机构运动模型是运动仿真的基础步骤，只有机构模型建立正确、合理，机构的模拟才能够顺利进行。完成运动仿真模型的创建后，选择“应用程序”→“运动”功能区中的“机构”选项，进入“机构”仿真分析模块，如图 8-3 所示。其中包括九个功能区，具体功能如下。

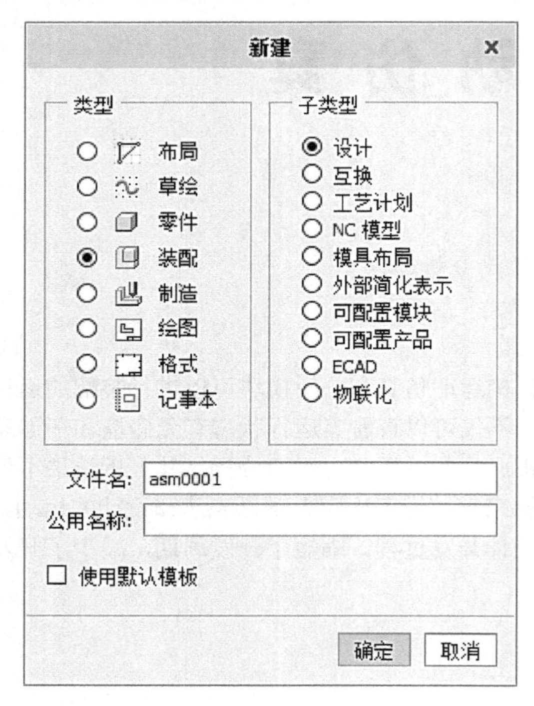

图 8-1 “新建”对话框

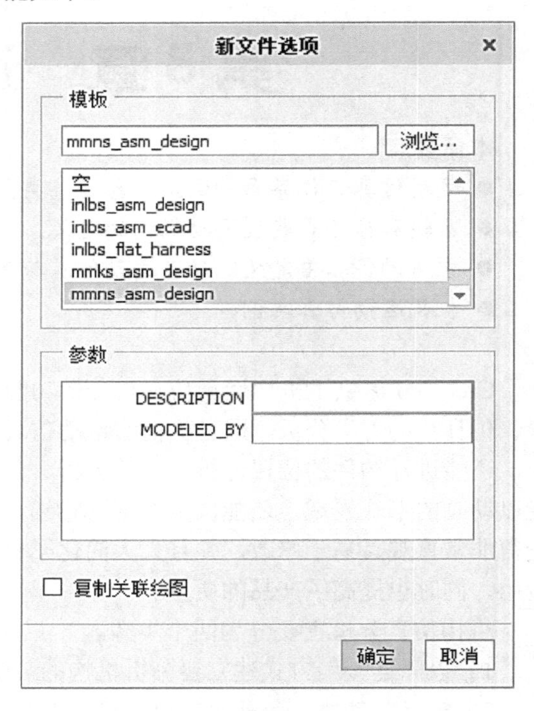

图 8-2 “新文件选项”对话框

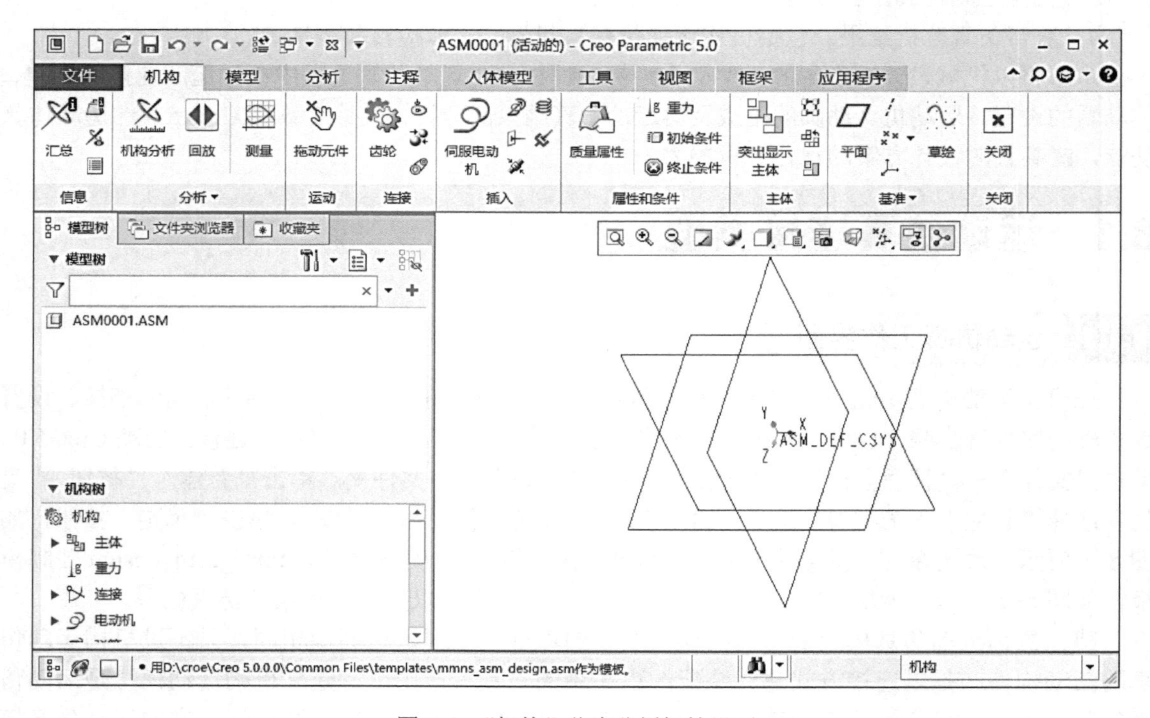

图 8-3 “机构”仿真分析初始界面

1）信息：显示机构图元的汇总信息，定义机构图元显示样式，设置包括单位制等的质量属性信息和包括转动惯量的详细信息等。

2）分析：设置机构分析定义、回放以前的机构分析、生成分析的测量结果，以及创建一条轨迹曲线。

3）运动：在允许的运动范围内拖动装配图元以查看其工作状况。

4）连接：可以创建齿轮、凸轮、3D 接触和带等连接。

5）插入：插入伺服电动机、执行电动机、力与扭矩、衬套载荷、弹簧和阻尼器。

6）属性和条件：添加质量属性，设置重力、初始条件和终止条件。

7）主体：突出显示主体、重新连接、重新定义主体和查看主体。

8）基准：新建平面、轴、点、坐标系、草绘、曲线和偏移平面等参考。

9）关闭：关闭机构运动仿真分析模块，返回运动仿真模型界面。

8.1.2 连接类型

使用常规的连接类型是建立机构运动仿真模型的基本操作，主要功能是定义模型在组装零件时要使用的约束以及约束主体间的相对运动，减少系统总自由度，并能够定义机构中的一个零件可能具有的运动类型。因此，在选择连接类型前，应先了解系统在定义运动时的约束方式和规定自由度的。应正确限制主体的自由度，保留所需的自由度，来实现机构的运动类型。Creo 5.0 连接类型包括刚性、销、滑块、圆柱、平面、球、焊缝、轴承、常规、6DOF（自由度）、万向和槽。

1. 刚性连接

刚性连接自由度为 0，它是指将两个零件粘接在一起，其旋转自由度和平移自由度都为 0，属于完全约束，一般是机架或机座等。受刚性连接约束的零件构成单一主体。如果对一个子组件与组件用刚性连接，子组件内各零件也将一起被“粘”住，其原有自由度不起作用，总自由度为 0。

2. 销连接

采用销连接的两个构件自由度为 1，平移自由度为 0，构件只能绕固定的轴旋转。销连接需要定义轴对齐和平面对齐。

3. 滑块连接

滑块连接由一个轴对齐约束和一个旋转约束组成。元件可沿轴平移，具有一个平移自由度，总自由度为 1。

4. 圆柱连接

圆柱连接由一个轴对齐约束组成，比销连接少了一个平移约束，因此元件可绕轴旋转，同时沿轴向平移，具有一个旋转自由度和一个平移自由度，总自由度为 2。

5. 平面连接

平面连接由一个平面约束组成，元件可以在配合平面内进行平移和绕平面法向的轴线旋转，具有一个旋转自由度和一个平移自由度，总自由度为 2。

6. 球连接

球连接由一个点对齐约束组成。元件上的一个点对齐到组件上的一个点，比轴承连接少一个平移自由度，可以绕着对齐点任意旋转，具有 3 个旋转自由度，总自由度为 3。

7. 焊缝连接

焊缝连接由两个坐标系对齐，元件自由度被完全消除。连接后，元件与组件成为一个主体，相互之间不再有自由度。如果将一个子组件与组件用焊缝连接，子组件内各零件将参照组件坐标系按其原有自由度的作用，总自由度为0。

8．轴承连接

轴承连接由一个点对齐约束组成。它与机械上的“轴承”不同，是元件上的一个点对齐到组件上的一条直边或轴线上，因此元件可沿轴线平移并绕任意方向旋转，具有一个平移自由度和3个旋转自由度，总自由度为4。

9．常规连接

常规连接就是自定义组合约束，可根据需要指定一个或多个基本约束来形成一个新的组合约束，其自由度的多少因所用的基本约束种类及数量不同而不同。在创建常规连接时，可以根据需要选择一种可以在元件中添加的距离、平行和重合等约束，根据约束的结果，可以实现元件间的旋转、平移、滑动等相对运动。可以先不选取约束类型，而是直接选取要使用的组件，此时在“约束类型”列表里显示“自动”，即根据所选择的组件系统自动确定一个合适的约束类型。

10．6DOF连接

6DOF即6自由度，也就是对元件不做任何约束，仅用一个元件坐标系和一个组件坐标系重合来使元件与组件发生关联。元件可任意旋转和平移，具有3个旋转自由度和3个平移自由度，总自由度为6。

11．万向连接

万向节种类很多，常见的万向节有十字轴式、三销轴式、双联式、球笼式等。定义万向连接时，需要指定一组坐标系为参考，元件可以绕坐标系的原点自由旋转。

12．槽连接

槽连接是指两个主体之间的一个点与曲线连接。从动件上的一个点始终在主动件上的一条曲线上运动。槽连接只能使两个主体按所指定的要求运动，不检查两个主体之间是否干涉，点和曲线甚至可以是零件实体以外的基准点和基准曲线，也可以在实体内部。

8.1.3 创建连接实例

下面以空间曲柄滑块机构为例说明装配体中构件连接方式的选择和建立过程。

步骤01：定义工作目录。

选择工作目录为D：//work/ch8.01，将素材ch8.01/kongjianqubinghuakuaijigou文件夹中的文件复制到工作目录下。

步骤02：新建文件。

单击“文件”→“新建”，“类型”选择“装配”，“子类型”选择“设计”，“文件名”改为kongjianqubinghuakuaijigou，在“模板”列表中选择mmns_asm_design公制模板，取消勾选“使用默认模板”复选框，单击“确定”按钮，完成新建文件设置。

步骤03：机架1装配。

单击“组装”按钮，选择part01.prt文件，在“连接”下拉列表框中选择“平面”选项，“平面”选择连接件的FRONT面与ASM_FRONT面，如图8-4所示；单击“新建集”，再选择“平面”，“平面”选择连接件的TOP面与ASM_TOP面，如图8-5所示；再选择“平面”选项，“平面”选择连接件的RIGHT面与ASM_RIGHT面，如图8-6所示。

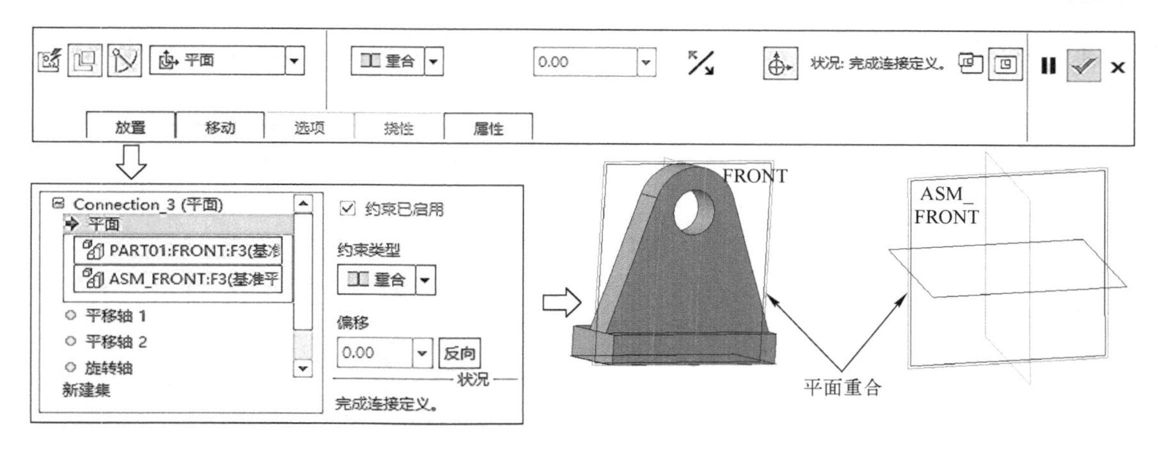

图 8-4　平面连接 1

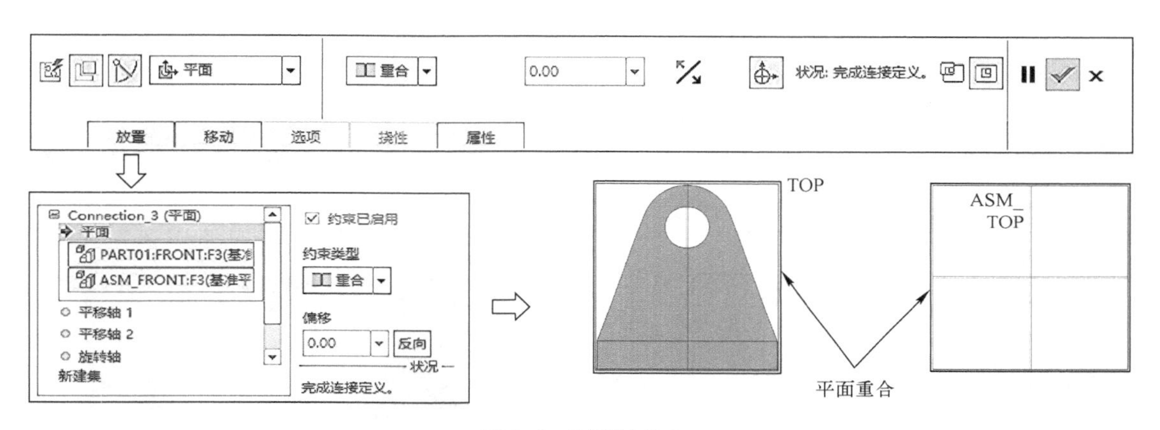

图 8-5　平面连接 2

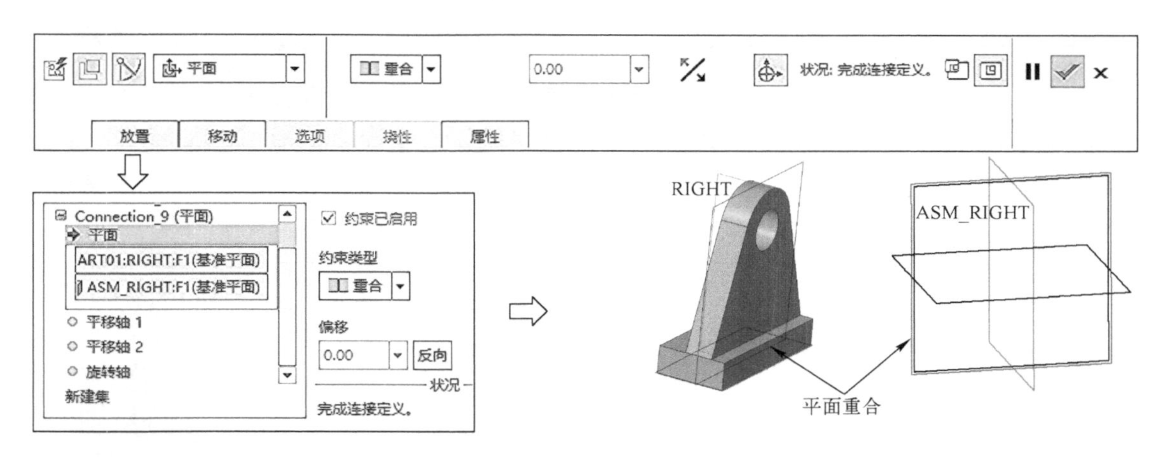

图 8-6　平面连接 3

步骤 04：连接件 1 装配。

导入连接件 1，单击“组装”按钮，选择 part02.prt，在“连接”下拉列表框中选择“销”选项，单击“放置”按钮，单击“轴对齐”，选择图 8-7 所示的轴线，再单击“平移”，选择图 8-8

所示的平面设置重合，再单击“旋转轴”，选择 part01 中的 RIGHT 面与 part02 中的 RIGHT 面，如图 8-9 所示，单击✓按钮完成。

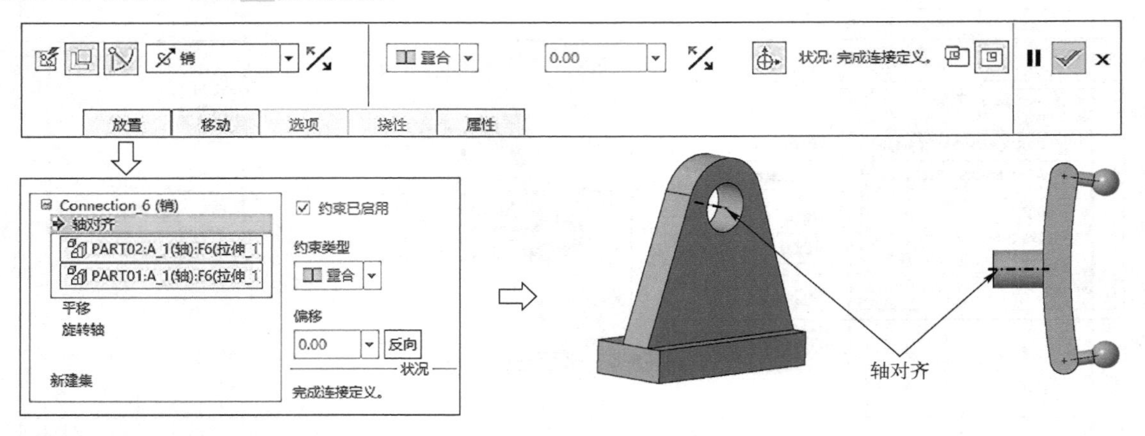

图 8-7　销连接 1

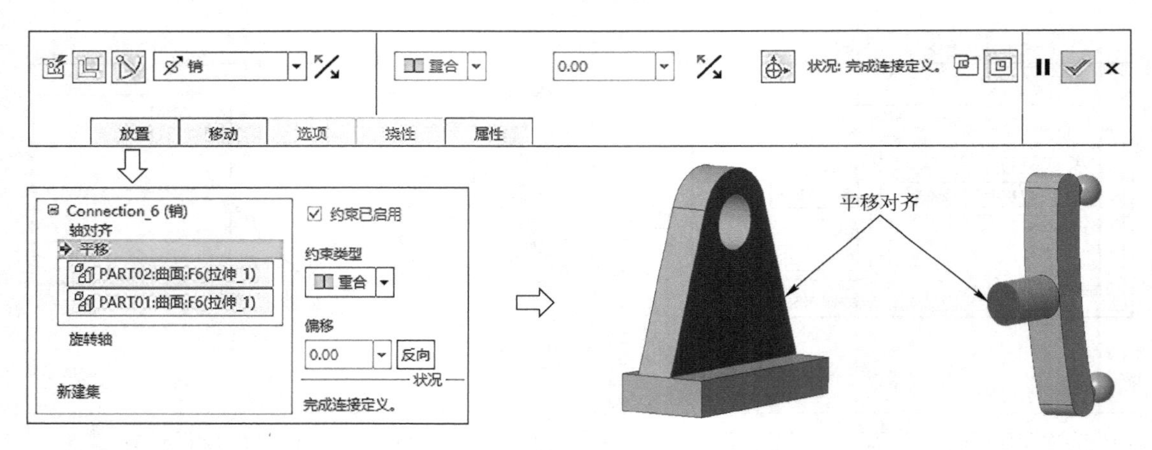

图 8-8　销连接 2

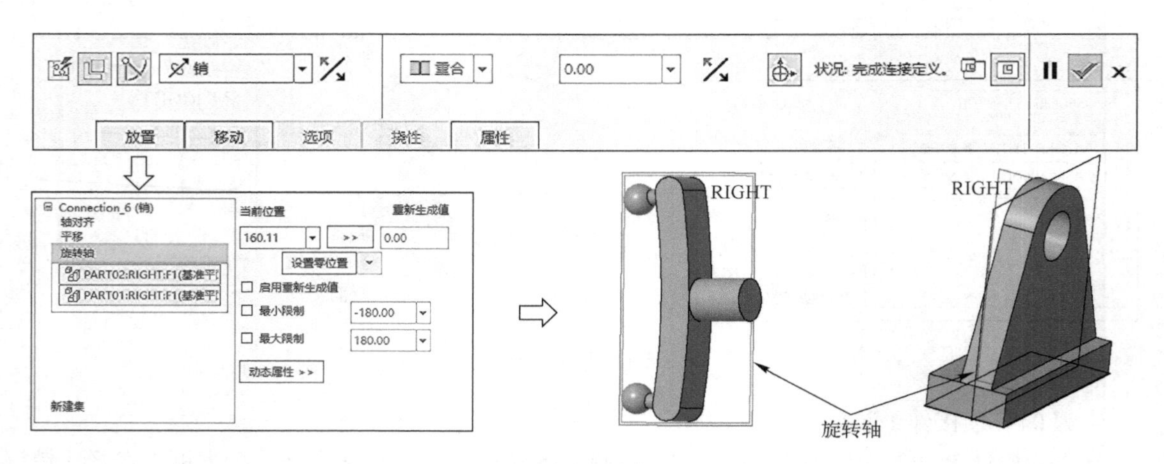

图 8-9　销连接 3

步骤 05：连接件 2 装配。

导入连接件 2，单击“组装”按钮，选择 part03.prt，选择“球”连接方式，单击“放置”按钮，单击“点对齐”，选择 part03 中创建的基准点与 part02 中创建的基准点，如图 8-10 所示，单击按钮完成。

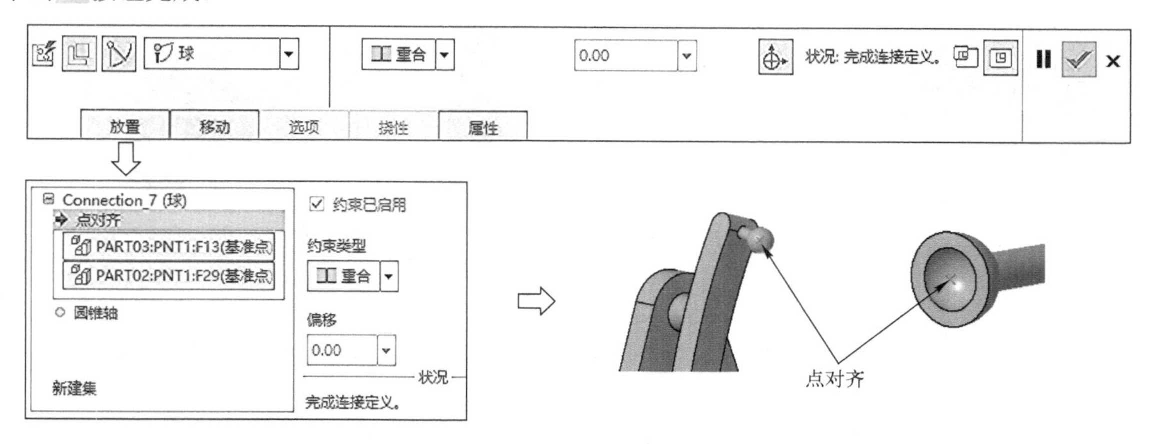

图 8-10　球连接

步骤 06：机架 2 装配。

导入机架 2，单击“组装”按钮，选择 part05.prt，在“连接”下拉列表框中选择“平面”连接方式，单击“放置”按钮，单击“平面”，选择图 8-11 所示的轴线，再单击“平移”，选择 part05 中的曲面以及 ASM_TOP 面，如图 8-11 所示，单击按钮完成。

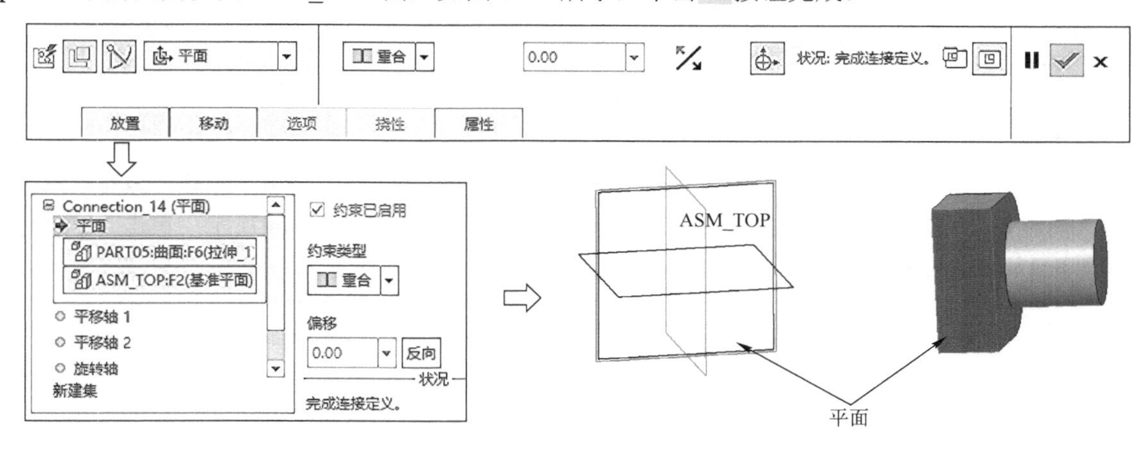

图 8-11　平面连接 4

步骤 07：机架 3 装配。

导入机架 3，单击“组装”按钮，选择 part04.prt，选择“球”连接方式，单击“放置”按钮，单击“点对齐”，选择 part03 中创建的另一个基准点与 part04 中创建的基准点，如步骤 04；单击新建集，选择“圆柱”连接方式，单击“轴对齐”，选择 part04 的 A_1 轴与 part05 的 A_1 轴，如图 8-12 所示；单击“新建集”，选择“平面”连接方式，单击“平面”，选择图 8-13 所示的两平面，单击按钮完成。

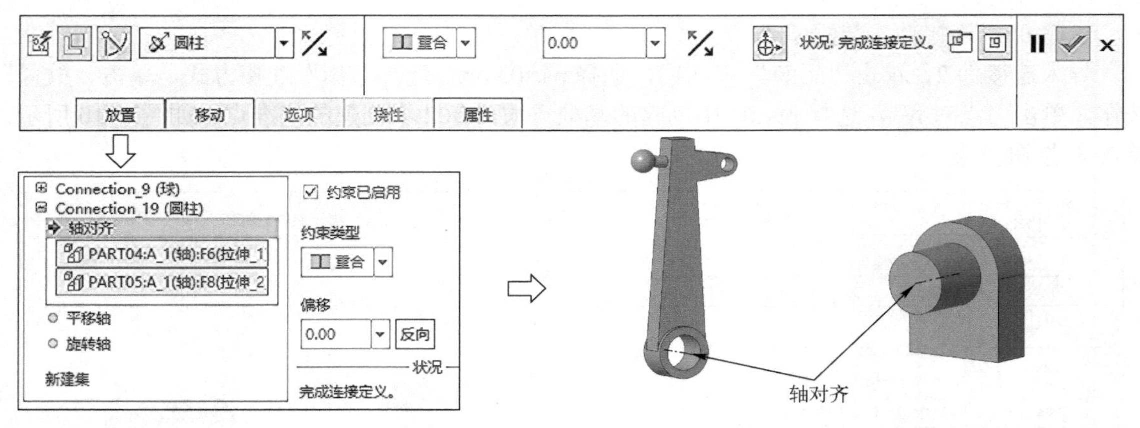

图 8-12　圆柱连接 1

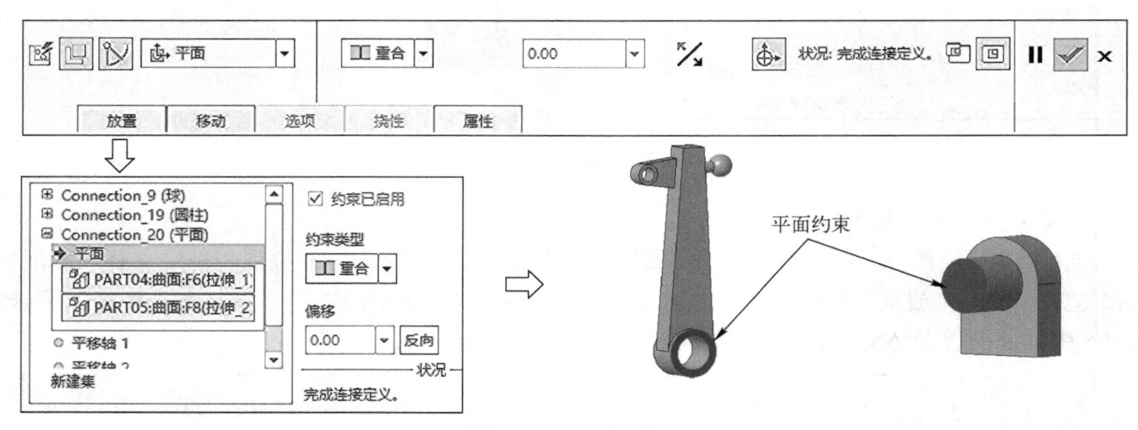

图 8-13　平面连接 5

步骤 08：连杆装配。

导入连杆，单击“组装”按钮，选择 part06.prt，选择“销”连接方式，单击“放置”按钮，单击“轴对齐”，选择 part06 中的 A_3 轴与 part04 中的 A_7 轴，如图 8-14 所示；单击“平移”，选择图 8-15 所示的两平面，选择按钮完成。

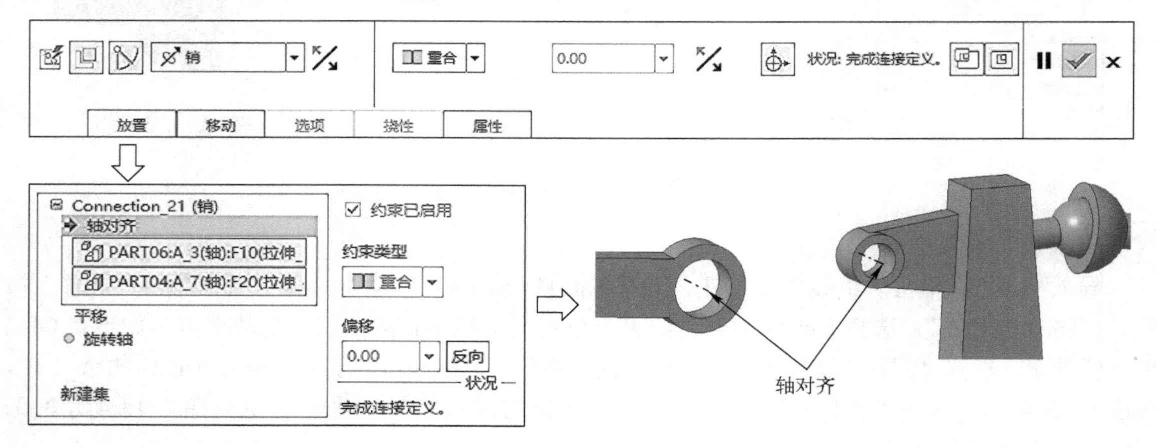

图 8-14　销连接 4

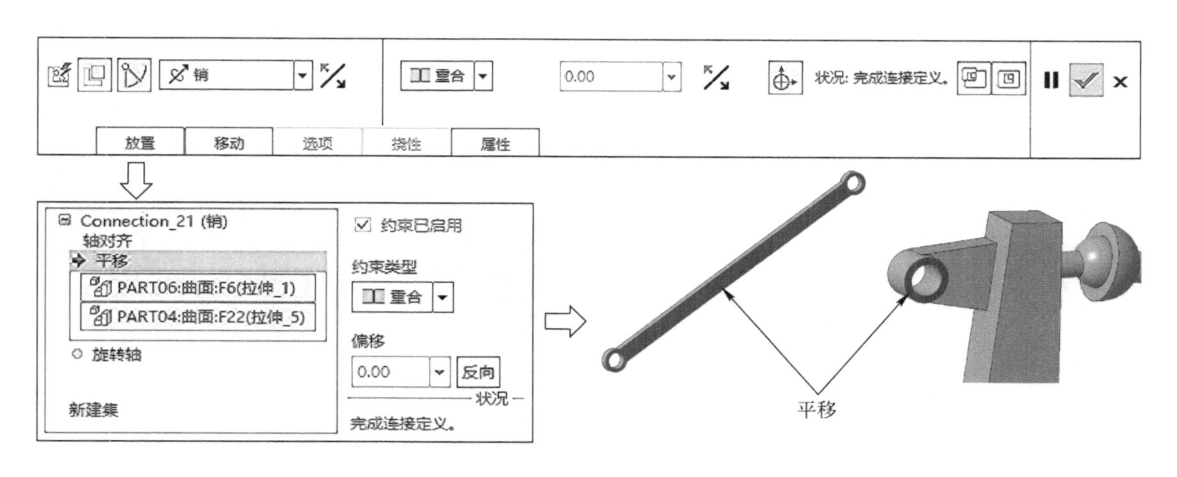

图 8-15　销连接 5

步骤 09：机架 4 装配。

导入机架 4，单击“组装”按钮，选择 part08.prt，在“连接”下拉列表框中选择“平面”选项，单击“放置”按钮，单击“平面”，选择 ADTM3 面与 part08 中的 RIGHT 面，单击按钮完成，如图 8-16 所示。

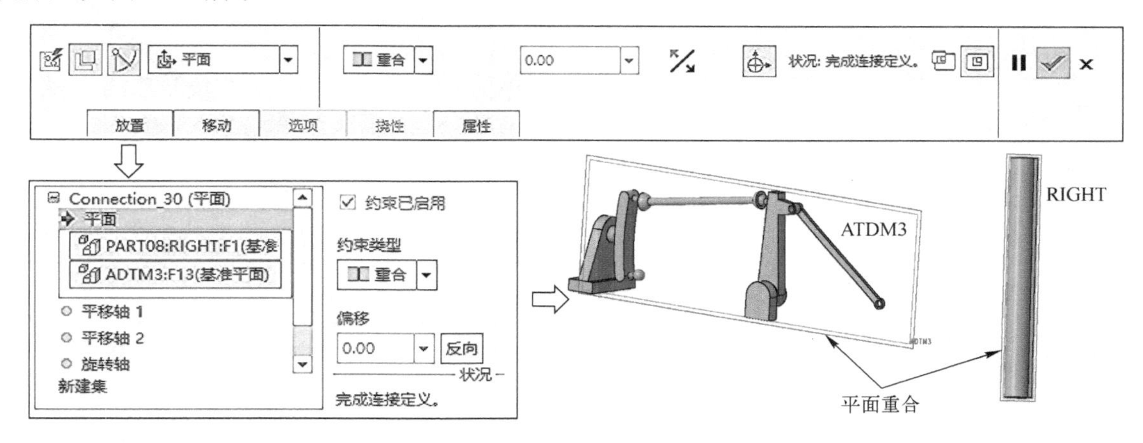

图 8-16　平面连接 6

步骤 10：滑块装配。

导入滑块，单击“组装”按钮，选择 part07.prt，在“连接”下拉列表框中选择“销”选项，单击“放置”按钮，单击“轴对齐”，选择 part06 中的 A_1 轴与 part07 中的 A_3 轴，如图 8-17 所示，再单击“平移”，选择图 8-18 所示的面；单击“新建集”，在“连接”下拉列表框中选择“圆柱”选项，单击“放置”按钮，单击“轴对齐”，选择 part08 中的 A_1 轴与 part07 中的 A_2 轴，如图 8-19 所示，单击按钮完成。

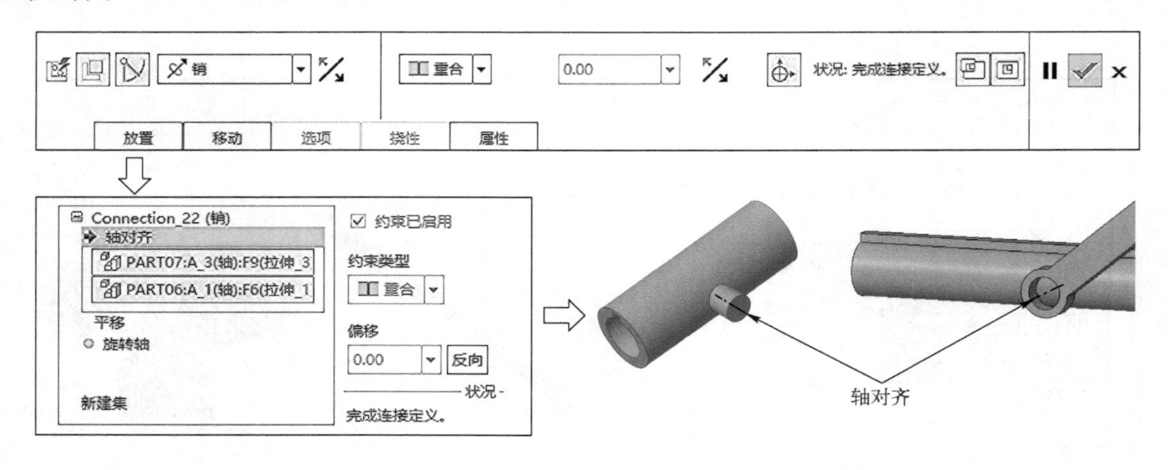

图 8-17　销连接 6

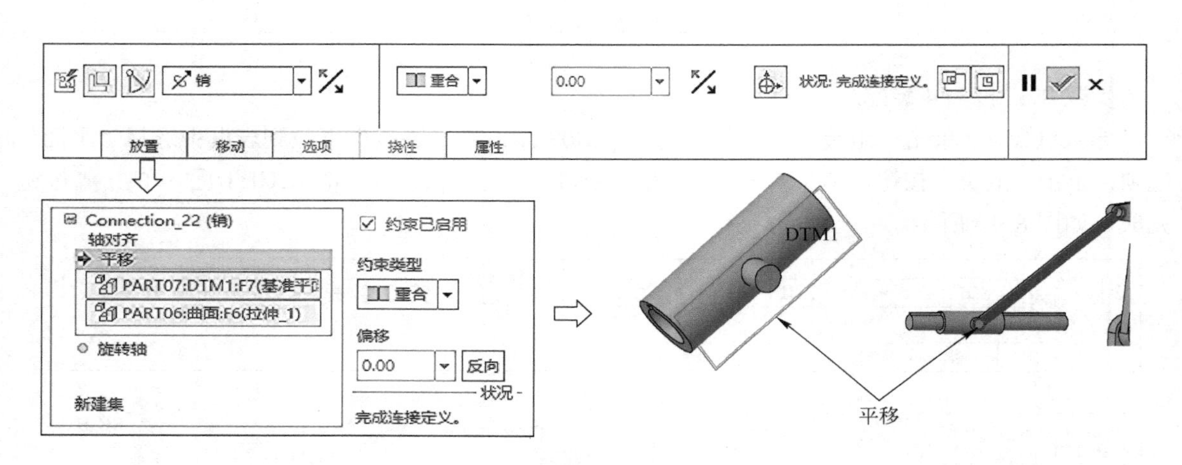

图 8-18　销连接 7

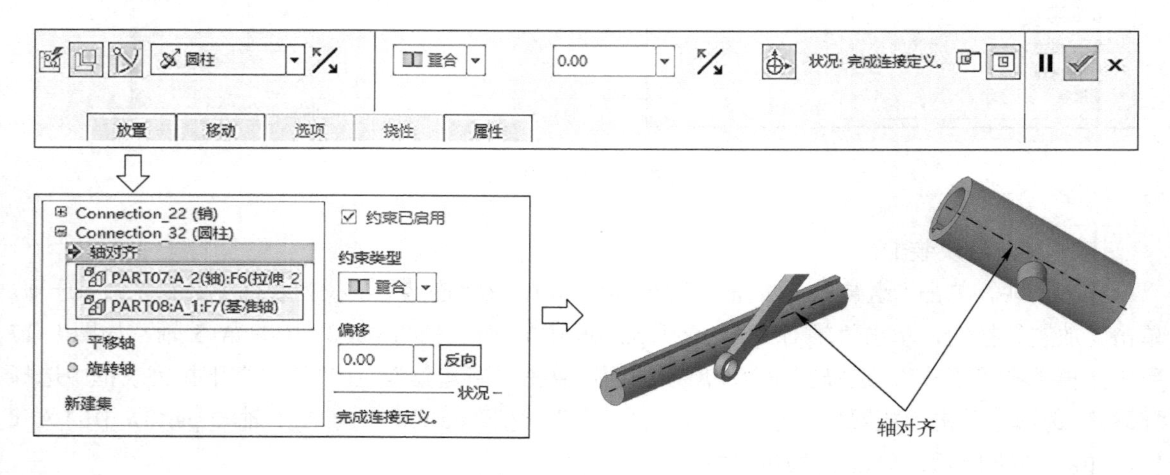

图 8-19　圆柱连接 2

8.2 定义典型运动机构

8-1 空间曲柄滑块机构

机械系统中典型的高副机构（如齿轮机构、凸轮机构和 3D 接触）和低副的带传动，这些机构的运动仿真与普通连接的定义方法不同，有各自的特殊参数设置。在 Creo 5.0 中，这些典型机构的连接方式可以在“应用程序”→“机构”模块中创建。本节以 D：//work/ch8.02 作为工作目录，以下运动机构的文件见本书配套电子资源的第 8 章运动仿真素材中的 ch8.02 文件夹。

8.2.1 定义凸轮机构

凸轮机构运动仿真要求主动件的凸轮和从动件推杆具有确定的形状和尺寸。当进入“机构”模块之后，选择功能区“连接”选项卡中“凸轮”图标，即可创建凸轮副。下面举例说明凸轮机构创建的具体过程。

步骤 01：定义工作目录。

选择工作目录为 D：//work/ ch8.02，将素材 ch8.02/tulunjigou 文件夹中的文件复制到工作目录下。

步骤 02：新建文件。

单击“文件”→“新建”，“类型”选择“装配”，“子类型”选择“设计”，“文件名”改为 tulunjigou，在“模板”列表中选择 mmns_asm_design 公制模板，取消勾选“使用默认模板”复选框，单击“确定”按钮，完成新建文件设置。

步骤 03：导入凸轮机架零件。

单击工具栏上的“组装”按钮，打开工作目录中的 tulunjigou 文件夹，选择 tulunjijia.prt，选择约束方式为“默认”，单击按钮完成。

步骤 04：装配凸轮盘。

单击工具栏上的“组装”按钮，打开工作目录中的 tulunjigou 文件夹，选择 tulunpan.prt，在“用户定义”连接方式中选择“销”，此时“放置”面板中增加了“轴对齐”约束和“平移”约束。在“轴对齐”约束中分别选择元件凸轮盘的中心孔轴线和组件机架上的圆柱销轴线，如图 8-20 所示，然后再选择机架的上表面和凸轮盘的下表面使其重合，限制零件平移，如图 8-21 所示。

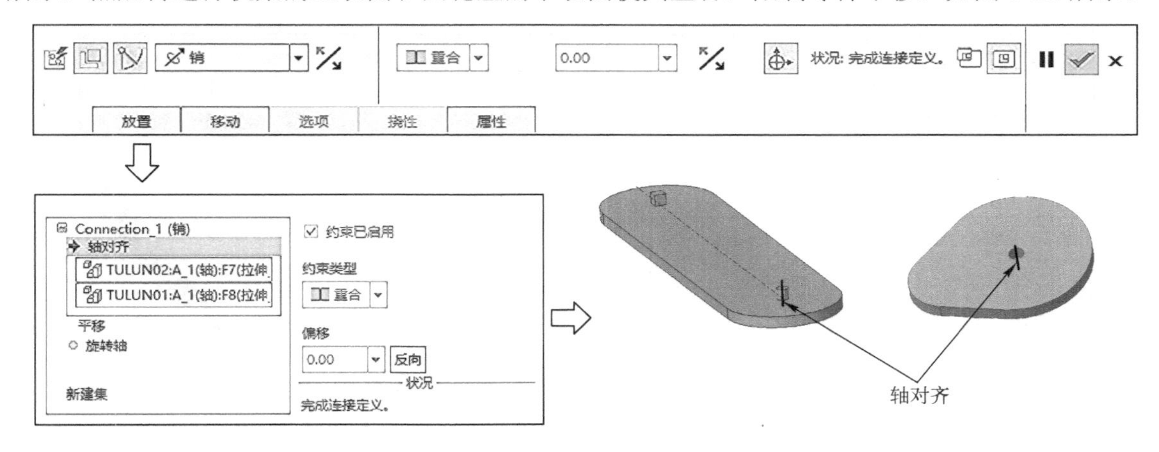

图 8-20 销连接 1

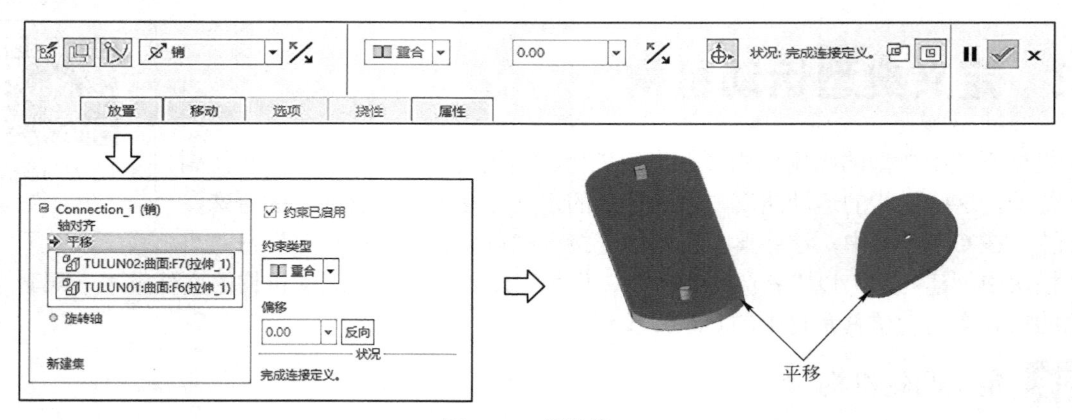

图 8-21　销连接 2

步骤 05：装配凸轮连杆。

单击工具栏上的“组装”按钮，打开工作目录中的 tulunjigou 文件夹，选择 tulunliangan.prt，在“用户定义”连接方式中选择“滑块”，此时“放置”面板中增加了“轴对齐”约束和“旋转”约束。在“轴对齐”约束中分别选择元件凸轮连杆的中心孔轴线和组件机架上底板的中心轴线，如图 8-22 所示，然后选择机架的上表面和凸轮连杆的下表面使其重合，限制零件翻转，如图 8-23 所示。

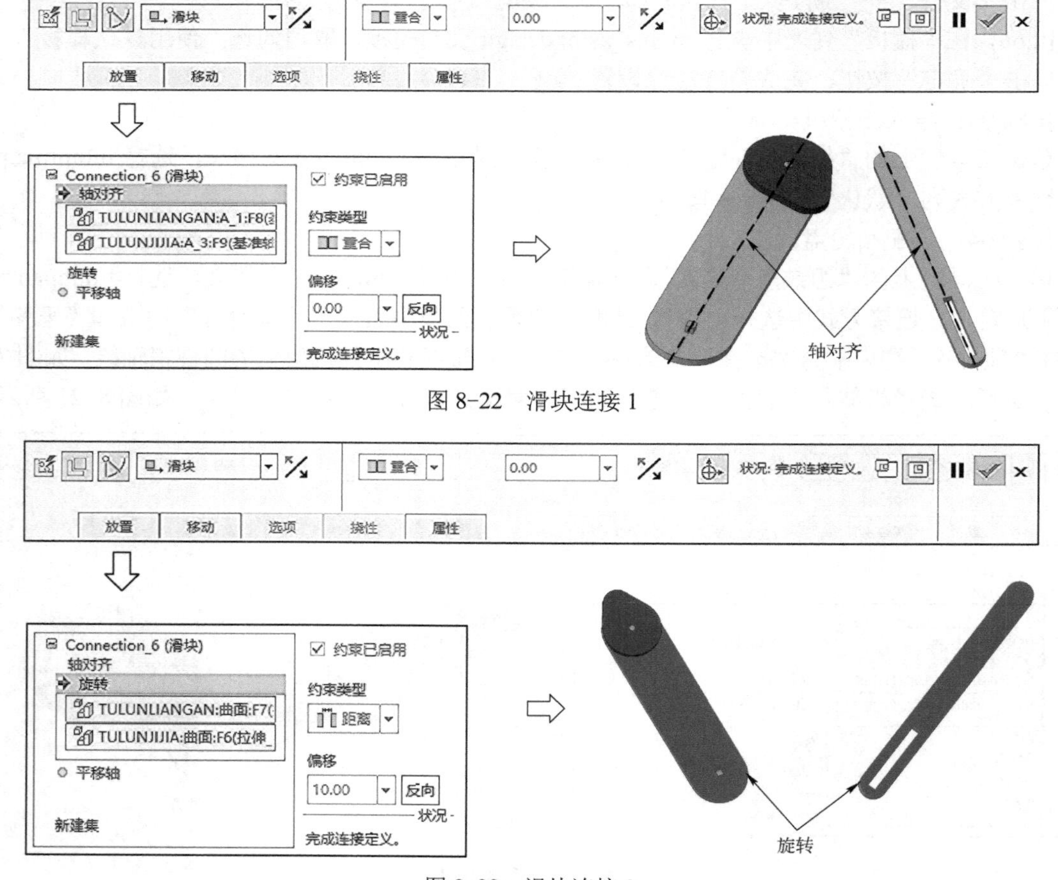

图 8-22　滑块连接 1

图 8-23　滑块连接 2

步骤 06：创建凸轮副。

完成步骤 05 后，选择“应用程序”进入“机构”模块，在功能区“连接”选项卡中选择“凸轮”图标，弹出“凸轮从动机构连接定义”对话框。在“凸轮 1”选项卡，选择凸轮盘的圆周曲面，再打开“凸轮 2”选项卡，选择与凸轮盘接触的凸轮连杆端部圆弧曲面，如图 8-24 和图 8-25 所示。

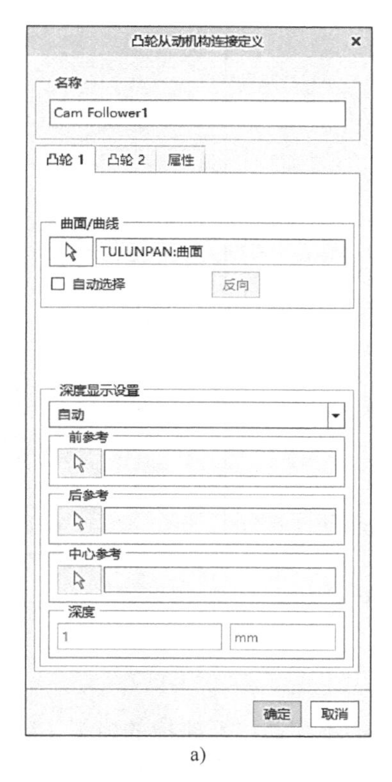

a)

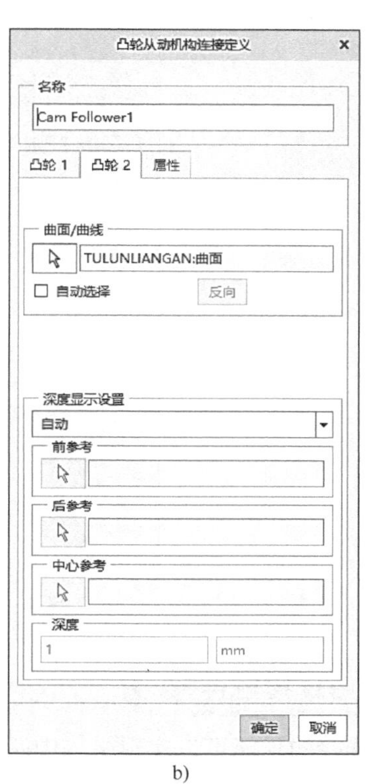

b)

图 8-24 “凸轮从动机构连接定义”对话框

a) “凸轮 1”选项卡 b) “凸轮 2”选项卡

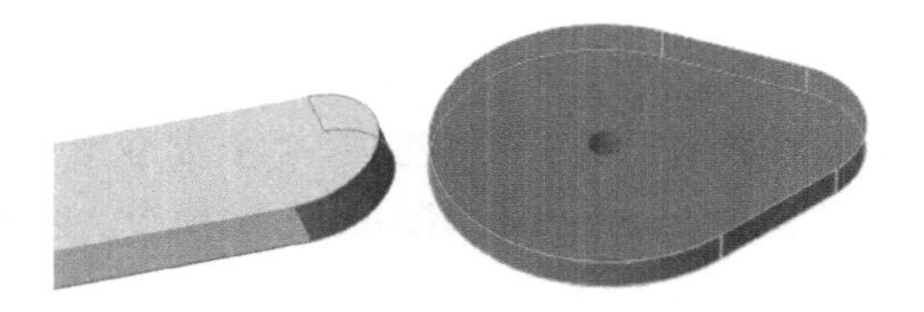

图 8-25 凸轮接触面选择

另外，图 8-26 所示的“属性”选项卡用于定义凸轮机构之间连接条件，即升离、摩擦和平滑化。

1）“升离”：用于设置启动升离，用来指定在拖动操作或运动运行过程中凸轮从动机构连接的两个主体是否保持接触。勾选“启动升离”复选框，将允许这两个凸轮分离和碰撞，取消该复选框勾选，将使两个凸轮始终保持接触。

2）“摩擦”：用于定义凸轮之间的摩擦系数，摩擦系数取决于接触材料的类型及试验条件。

勾选“启动摩擦”复选框，可以在文本框中定义凸轮之间的静摩擦系数μ_s和动摩擦系数μ_k。

3）“启用摩擦”：选中后可以在文本框中定义凸轮之间的静摩擦系数μ_s和动摩擦系数μ_k。

图 8-26 “属性”选项卡

8.2.2 定义 3D 接触连接

3D 接触连接的功能可以实现机构中两元件之间接触不穿透以及碰撞的模拟。当进入“机构”模块之后，选择功能区“连接”选项卡中的“3D 接触”选项，即可创建 3D 接触连接。下面举例说明 3D 接触连接机构创建的具体过程。

步骤 01：选择工作目录。

选择工作目录为 D：//work/ ch8.02，将素材 ch8.02/3Djiechu 文件夹中的文件复制到工作目录下。

步骤 02：新建文件。

单击“文件”→“新建”，“类型”选择“装配”，“子类型”选择“设计”，“文件名”改为 3Djiechu，在“模板”列表中选择 mmns_asm_design 公制模板，取消勾选“使用默认模板”复选框，单击“确定”按钮，完成新建文件设置。

步骤 03：导入凸轮机架零件。

单击工具栏上的“组装”按钮，打开工作目录中的 3Djiechu 文件夹，选择 qiu1.prt，选择约束方式为“自动”，单击按钮，完成导入。

步骤 04：装配球 2。

单击工具栏中的“组装”按钮，打开工作目录中的 3Djiechu 文件夹，选择 qiu2.prt 文件，选择 6DOF，选择“坐标系对齐”，选择两个文件的默认坐标系，单击按钮完成球的装配，如图 8-27 所示。

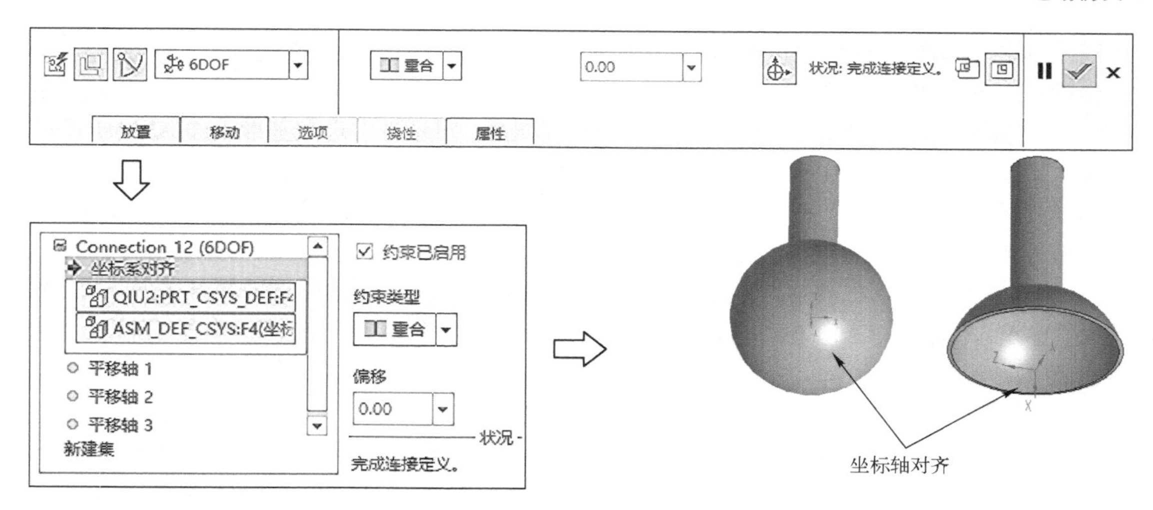

图 8-27　完成装配

步骤 05：创建 3D 接触连接运动副。

选择菜单栏中的“应用程序”→“机构”命令，进入“机构”模块，单击工具栏中的“3D 接触”按钮，进入 3D 接触定义界面。在 3D 模型中，分别选择两球，单击“完成”按钮，完成 3D 接触连接，图 8-28 所示为完成的效果图。

图 8-28　完成效果

8-3　3D 接触连接

8.2.3 定义齿轮连接

齿轮机构可以用来控制两个旋转轴之间的速度关系。在 Creo 5.0 中齿轮连接分为标准齿轮和齿轮齿条两种类型。标准齿轮需定义两个齿轮，齿轮齿条需要定义一个齿轮和一个齿条。一个齿轮机构由两个主体和这两个主体之间的一个旋转轴构成。因此，在定义齿轮前要先定义旋转轴的机构连接。在装配平台导入两个齿轮件，使用销连接，两轴间距为齿轮中心距。当进入“机构”模块之后，选择功能区“连接”选项卡中的“齿轮”选项，即可创建齿轮连接。下面举例说明齿轮连接创建的具体过程。

步骤 01：定义工作目录。

选择工作目录为 D：//work/ch8.02，将素材 ch8.02/chilunjigou 文件夹中的文件复制到工作目录下。

步骤 02：新建文件。

单击“文件”→“新建”，“类型”选择“装配”，“子类型”选择“设计”，“文件名”改为 chilunjigou，在“模板”列表中选择 mmns_asm_design 公制模板，取消勾选“使用默认模板”

复选框，单击“确定”按钮，完成新建文件设置。

步骤 03：创建装配基准。

1）创建基准轴。单击“轴”按钮，在弹出的“基准轴”对话框中选取基准平面 ASM_RIGHT，定义为“穿过”；按住〈Ctrl〉键，再选择 ASM_FRONT 面，定义为“穿过”，单击“确定”按钮。

2）创建基准面。单击“平面”按钮，在弹出的“基准面”对话框中选取 ASM_RIGHT 面，偏距值输入 25.5，单击“确定”按钮。

3）创建基准轴。单击“轴”按钮，在弹出的“基准轴”对话框中选取基准平面 ADTM1，定义为“穿过”，按住〈Ctrl〉键，再选择 ASM_FRONT 面，定义为“穿过”，单击“确定”按钮。

步骤 04：组装齿轮。

1）组装第一个齿轮。单击“组装”按钮，选择 chilun01.prt，选择“连接类型”为“销”，“轴对齐”约束中分别选择齿轮的轴线与创建的第一条基准轴，“平移”约束选择齿轮端面与 ASM_TOP 基准面，“旋转轴”约束选择齿轮 DTM1 与 ASM_RIGHT 面，单击按钮完成。

2）组装第二个齿轮。单击“组装”按钮，选择 chilun02.prt，选择“连接类型”为“销”，“轴对齐”约束中分别选择齿轮的轴线与创建的第二条基准轴，如图 8-29 所示；“平移”约束选择齿轮端面与 ASM_TOP 基准面，单击按钮完成。

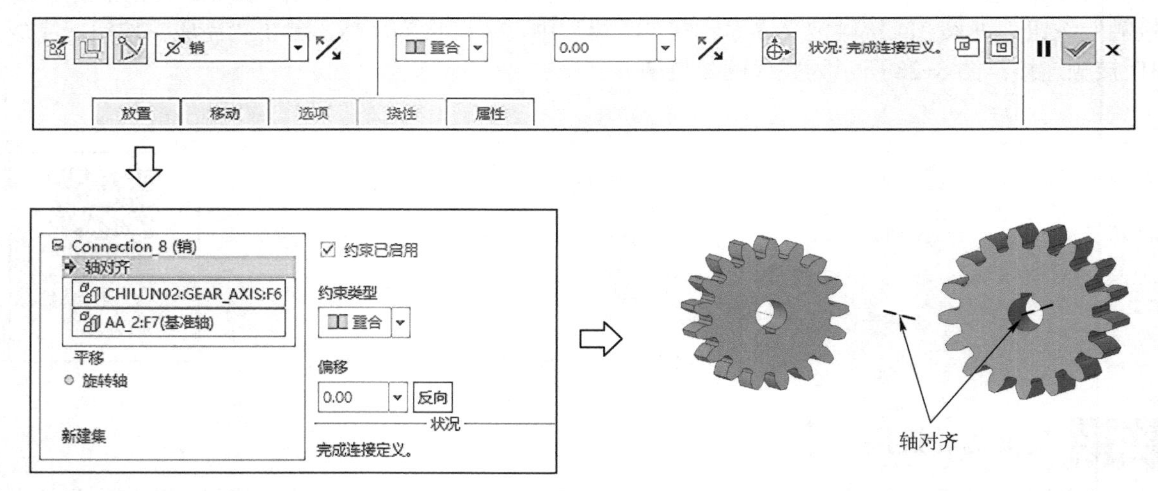

图 8-29　齿轮装配

完成齿轮装配后，单击“应用程序”→“机构”按钮，进入“机构”模块，单击“拖动元件”按钮，将两齿轮拖动至啮合状态。单击工具栏中的“齿轮”按钮，系统弹出“齿轮副定义”对话框。其上各选项含义如下。

1）“名称”文本框用于对设计的齿轮副连接进行命名，系统默认为 GearPair1，GearPair2，GearPair3，…依次递增，也可以自由输入名称。

2）“类型”下拉列表框中列出齿轮副的连接类型：一般、正、斜坡、蜗轮、齿条和齿轮五种类型。这里选择“一般”，用于定义直齿圆柱齿轮连接，需要设置齿轮 1、齿轮 2、属性三个选项卡。

3）“齿轮 1”选项卡中，“运动轴”选项组用于设置“齿轮 1”连接轴，单击文本框前的箭头按钮，选择齿轮 1 和齿轮 2 的连接轴，在“属性”选项栏里输入两齿轮的分度圆直径 25.5，如图 8-30 所示。单击“确定”按钮完成齿轮副的创建。

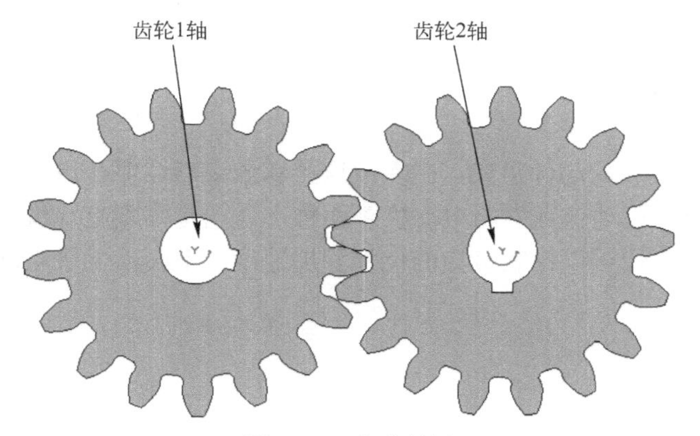

图 8-30　完成效果

8-4　齿轮连接

8.2.4 定义带传动连接

带传动是通过两带轮曲面与带平面完成重合连接的工具。在“机构”模块的“连接”选项板上，单击右侧“定义带连接”（ ）即可创建带传动连接，带传动是从由两个带轮和一根紧绕在两轮上的传动带组成的，用带与带轮接触面之间的摩擦力来传递运动和动力的一种挠性摩擦传动。下面举例说明带传动连接创建的具体过程。

步骤 01：定义工作目录。

选择工作目录为 D：//work/ch8.02，将素材 ch8.02/daichuandong 文件夹中的文件复制到工作目录下。

步骤 02：新建文件。

单击“文件”→“新建”，“类型”选择“装配”，“子类型”选择“设计”，“文件名”改为 daichuandongjigou，在“模板”列表中选择 mmns_asm_design 公制模板，取消勾选“使用默认模板”复选框，单击“确定”按钮，完成新建文件设置。

步骤 03：传动带装配。

首先，带轮在装配中使用销连接，装配方法同齿轮机构装配，偏距值为 150，如图 8-31 所示。装配完成后，选择菜单栏中的“应用程序”→“机构”，进入“机构”模块。带轮中心处出现黄色旋转轴标志，说明约束添加成功。

8-5　带传动连接

步骤 04：传动带机构设置。

单击工具栏中的“带”按钮，进入带传动设置界面。这时注意要按〈Ctrl〉键，在工作区选择两带轮的曲面，出现模拟轮带，如图 8-32 所示。单击 按钮，完成带传动连接的创建。

图 8-31　完成装配

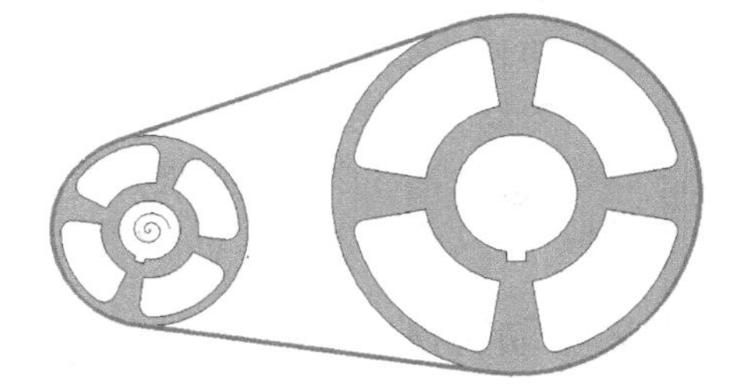

图 8-32　带传动连接

8.3 定义电动机

机构由原动件、机架和从动件组成，在完成连接和约束后，要在原动件上添加驱动，才能实现机构的运动。Creo 5.0 运动仿真中的电动机有两种，分别是伺服电动机和执行电动机，不仅可以控制机构的运动速度，还可以控制机构的位移和加速度。下面以伺服电动机为例，说明电动机创建的具体过程。

8.3.1 相关选项设置

在主菜单中单击“应用程序”→“伺服电动机”按钮，进入“电动机”操作面板，可以对电动机进行参数调整。下面将简单介绍各个下滑面板的功能，如图 8-33 所示。

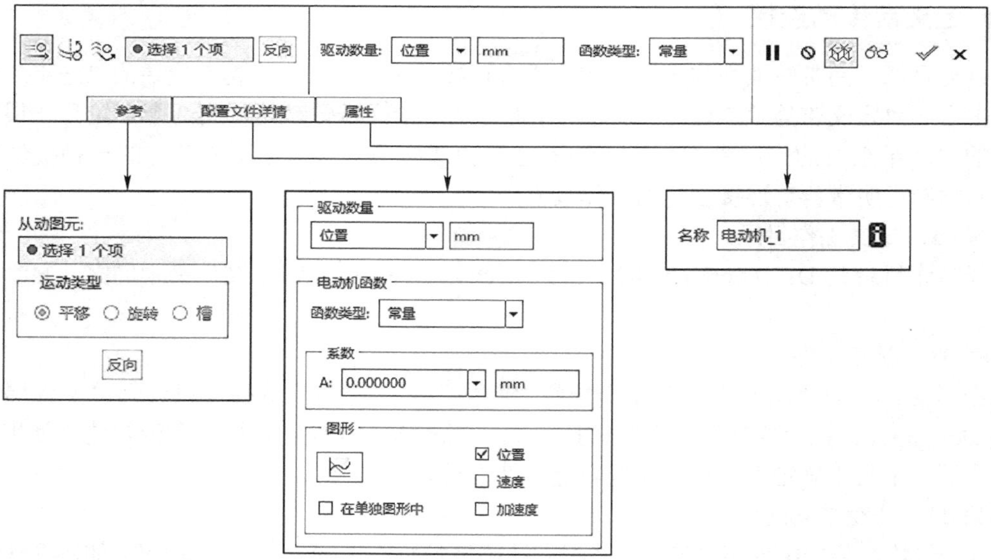

图 8-33 “伺服电动机”操作面板

1）“参考”：可以选择伺服电动机的从动图元，在“参考”选项卡中可以单击按钮选择机构的运动轴，在“运动轴”选项卡中单击“动态属性”可以调节机构的“恢复系数”和“启用摩擦”，其中“启用摩擦”可以通过实际情况来调整摩擦系数使其满足运动要求。

2）“配置文件详情”：可以调节“驱动数量”“电动机函数”“系数”“图形”。其中，“驱动数量”可以调整电动机在机构中的输出类型，有“角位置”“角速度”“角加速度”和“扭矩”等，改变输出类型时单位也会有相应的变化。“电动机函数”可以调节电动机输出的函数类型，通过改变系数来调整电动机输出的大小。在“图形”中可以选择查看伺服电动机的轮廓，通过勾选“位置”“速度”和“加速度”这些系数来查看电动机的函数图形轮廓。

3）“属性”：可以设置电动机的名称。

8.3.2 定义驱动实例

下面以曲柄滑块为例说明创建驱动的具体过程。在主菜单中依次单击“机构”→“伺服电动机”，进入“电动机”操作面板，单击“参考”，选择曲柄轴作为运动轴，如图 8-34 所示。

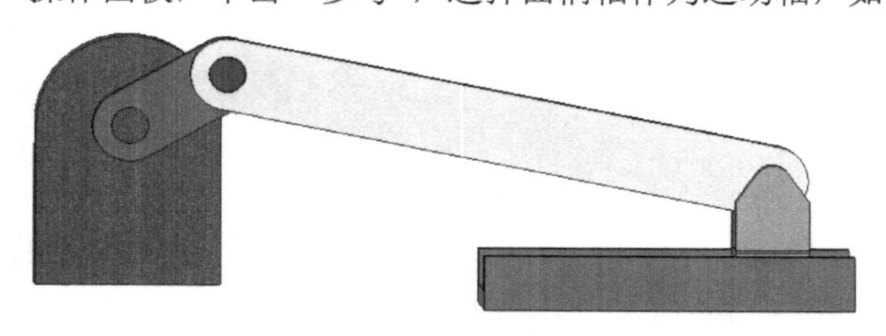

图 8-34　选择运动轴

8-6　定义驱动

步骤 01：定义工作目录。

选择工作目录为 D：//work/ ch8.03，将素材 ch8.03/qubinghuakuaijigou 文件夹中的文件复制到工作目录下。

步骤 02：设置驱动。

单击“配置文件详情”，“驱动数量”选择“角速度”，“电动机函数”中“函数类型”选择“常量”，“系数”改为 10，如图 8-35 所示。

步骤 03：机构分析。

单击工具栏中的“机构分析”按钮，弹出“分析定义”对话框，参数选择如图 8-36 所示。单击“运行”按钮，检验电动机设置是否正确，若正确，机构将正常运行，单击“确定”按钮，完成操作。

图 8-35　选择参数

图 8-36　“分析定义”对话框

8.4 运动仿真与回放

8.4.1 相关选项设置

在完成机构驱动的添加后，就可以进行机构仿真操作。单击菜单栏中的“应用程序”→“机构”→“机构分析”，弹出“分析定义”对话框，系统提供五种分析类型，分别是位置、运动学、动态、静态和力平衡。该对话框主要选项的功能和使用方法如下。

1. 位置

位置分析可以分析机构的位移、距离、自由度、约束冗余、时间和主体角加速度等参数。

（1）首选项

“首选项”用来设置运动的起止时间及定义动画时域，其包括三个选项组，分别是图形显示、锁定的图元和初始配置，如图 8-37 所示。

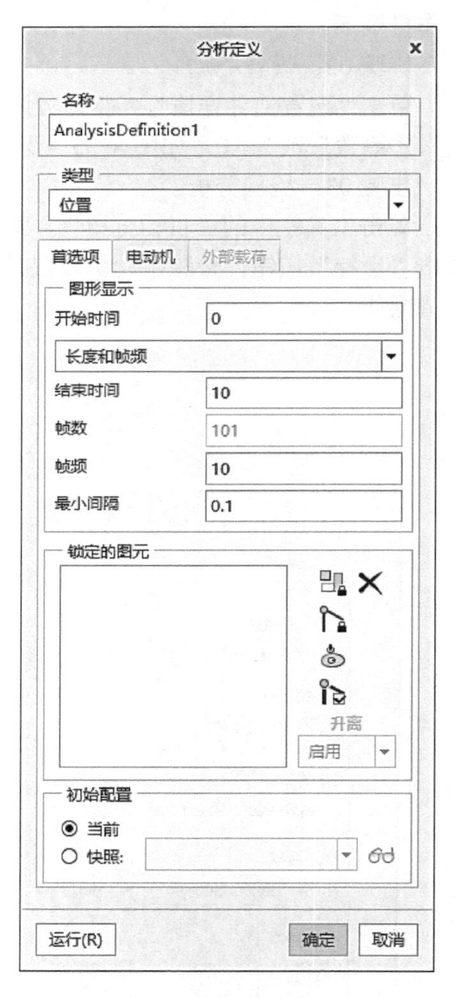

图 8-37 “分析定义”对话框

在“图形显示”选项组，可以在“开始时间”处设置运动仿真开始的时间，在“结束时间”中设置运动仿真持续的时间。在该选项组的下拉列表框中包括三个选项，分别为“长度和帧频”“长度和帧数”“帧数和帧频”。

1）“长度和帧频”：该选项需要在“持续时间”和“帧数”或“最小间隔”文本框中输入相应的数值，以定义分析时域。

2）“长度和帧数”：该选项需要在“持续时间”和“帧数”文本框中输入相应的值以定义分析时域。

3）“帧数和帧频”：该选项需要在“帧数”和“帧频”或“最小间隔”文本框中输入相应的数值以定义分析时域。

帧数与最小间隔彼此互相补充。下列公式表示了运行的长度、帧数和时间间隔的关系。

帧数=1/间隔

帧数=帧频×长度+1

在“锁定的图元”选项组中，各按钮可指定在动态分析期间机构中保持锁定的主体或连接，还可以设定主体锁定、连接锁定、启用/禁用凸轮升离、启用/禁用连接、删除锁定图元。

1）“主体锁定”：单击该按钮，并选择先导主体，然后选取所有要和先导主体锁定在一起的主体。要将所有主体锁定到基础上，可在要求选取先导主体时单击鼠标中键，两个锁定的主体将会添加到“锁定的图元”列表框中。要使主体间彼此相对固定，可使用主体锁定约束。

2）“连接锁定”：单击该按钮，并选择要锁定的连接，要使某个连接在分析期间保持当前配置，可使用该约束。凸轮和槽的连接也可锁定，但不能选取齿轮副进行锁定，必须选取齿轮副中的一个接头连接。

3）“启用/禁用凸轮升离”：在 Creo 中，凸轮机构中默认两个凸轮的面是接触在一起的，升离表示两个凸轮面允许在运动中分开。单击该按钮可启用/禁用凸轮升离。

4）“启用/禁用连接”：选择正在使用的连接，并单击该按钮，可使该连接在分析期间禁止使用；选择禁止使用的连接，并单击该按钮，可在分析期间使用该连接。

5）“删除锁定图元”：单击该按钮，可删除其他图元不需要的或创建的连接。

“初始配置”选项组包括两个单选钮，分别为“当前”和“快照”。

（2）电动机

“电动机”选项卡用来指定用于分析的电动机，如图 8-38 所示。若先前定义了电动机，在“电动机”列表框中将出现电动机。

图 8-38 “电动机”选项卡

1）“添加新行”：选取一个电动机，添加另一实例。

2）“删除突出显示的行”：删除选取的电动机。

3）“添加所有电动机”：添加所有可用电动机。

2. 运动学

使用运动分析可评估机构在伺服电动机驱动下的运动，可以使用任何具有一定轮廓、能产生有限加速度的伺服电动机。运动学分析可以分析机构中的位移、速度、加速度、距离、自由度、约束冗余、时间、主体角速度和主体角加速度等参数。

进行运动学分析时，“首选项”与“电动机”选项卡在位置分析时完全一样。选项卡如图 8-37

和图 8-38 所示。

3. 动态

动态分析可以分析机构中除测力计外的所有类型，与运动学分析和位置分析相比，动态分析可以在分析时启动外部载荷（考虑重力、摩擦、力和扭矩等因素），研究机构运动时的受力情况和力与力之间的关系。

与位置分析和运动分析相比，动态分析时的“电动机”选项卡完全相同，不同的是，在“首选项”选项卡中“初始配置”选项组下可指定初始条件，选取先前定义好的初始条件即可，并且“外部载荷”选项卡被激活，如图 8-39 所示。

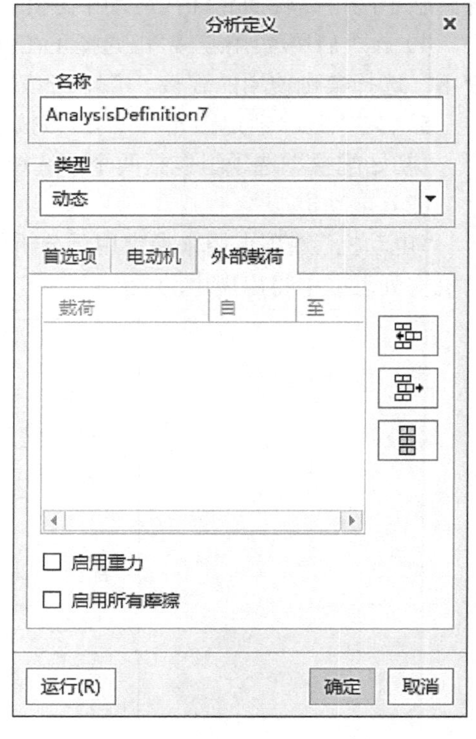

图 8-39 “外部载荷”选项卡

“外部载荷”选项卡用来指定用于分析的外部载荷。定义分析时存在于模型中的所有载荷都会在该选项卡中列出。

1）“添加新行”：添加另一载荷实例。

2）“添加所有外部载荷”：为模型添加所有可用的载荷。

3）“删除加亮行”：选取一行或多行并单击可移除不需要的载荷。

如果要更改外部载荷处于活动状态的时间，从列表框中选取一个载荷，然后单击“自”或“至”列表中的值，对时间进行编辑。

单击列表框中任一载荷的名称，如果希望使用多个外部载荷实例，选取其他载荷，实例在分析中的不同时间处于活动状态。

4）“启用重力”：勾选该复选框可启用已定义的重力，如果未勾选“启用重力”复选框，则重力将为零，且不考虑在“重力”对话框中指定的值。

5）“启用所有摩擦”：勾选该复选框可确定在动态分析或力平衡分析中是否使用凸轮从动机构、槽从动机构或连接集中指定的摩擦系数。

4. 静态

静态分析是力学的一个分支，研究主体平衡时的受力状况。使用静态分析可确定机构在承受已知力时的状态。系统自动搜索配置，其中所有载荷的力处于平衡状态，并且势能为零。静态分析比动态分析能更快地识别出静态配置，因为静态分析在计算中不考虑速度。

进行静态分析时，需要在“首选项”选项卡中指定“最大步距因子”的数值，如图 8-40 所示。“最大步距因子”可以调整静态分析中每次迭代之间的最大步长，减小该值会减小每次迭代间的位置变化，且在分析具有较大加速度的机构时会很有帮助，其默认值为 1，其他选项卡参照前面几个小节的内容。

5. 力平衡

力平衡分析是一种逆向的静态分析，是在机构的平衡状态下分析机构中的受力情况，所以力平衡分析一般用于研究机构在某种工作要求下所需的力，如图 8-41 所示。

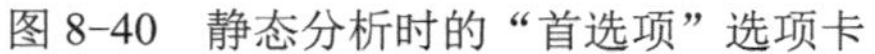

图 8-40　静态分析时的“首选项”选项卡

图 8-41　力平衡分析时的“首选项”选项卡

在运行力平衡分析前，必须将机构自由度降至 0。可使用连接锁定、两个主体间的主体锁定、某点的测力计锁定，或者将活动的伺服电动机应用于运动轴。

因为在进行力平衡分析时要求机构自由度为 0，所以在“首选项”选项卡中添加了显示计算机构自由度的功能，并可以应用锁定功能调整机构的自由度。

1）“创建测力计锁定”：可以实现测力计锁定功能。

2）“评估”：显示机构自由度，若机构自由度不为 0，就需要对机构进行约束，直到自由度为 0。

在一个力平衡分析中，仅有一个测力计锁定处于活动状态。可定义多个测力计锁定，但只能激活列表中的一个锁定。创建测力计锁定或加亮锁定图元列表中某个已定义好的测力计锁定时，会在选定点处按指定的方向出现一个阴影箭头。如果要查看测力计的反作用结果，可以创建测力计反作用测量。由于进行力平衡分析不需要指定摩擦，所以“外部载荷”选项卡中的“启用所有摩擦”复选框不可用。

8.4.2 定义电动机注意事项

对于“电动机”选项卡，在定义时应注意以下几点。

1．运动学和位置分析

1）对于运动学和位置分析，可控制伺服电动机的起始和终止时间，可启动、关闭一个电动机，并在分析运行期间启动另一电动机，因此在创建分析时就更具有灵活性。通过编辑“电动机”选项卡中“自”和“至”列表的值，控制伺服电动机。

2）在运动学分析中不能使用几何伺服电动机，这些电动机不会出现在可用的伺服电动机列表中。

3）可在“自”列表中输入一个数值，或在“自”列表中选择“起始”选项，它表示分析的起始时间。在“至”列表中选择“终止”选项，它表示分析的终止时间。

4）如果为时间指定了无效值，软件会根据情况适当地将其设置为分析的“开始”或“终止”时间。

2．动态、静态和力平衡分析

1）对于动态、静态和力平衡分析，既可用于伺服电动机，也可用于执行电动机。在分析期间，伺服电动机均处于活动状态。伺服电动机“自”和“至”列表中的时间是不可编辑的。

2）对于动态分析、静态分析或力平衡分析，驱动点或平面的伺服电动机将不会出现在可用电动机列表中，它们对这些分析没有影响。

3．所有电动机在整个静态分析和力平衡分析期间都保持活动状态

由于可以为一个图元定义多个电动机，所以要随时留意所包括或排除的电动机。为避免分析失败和结果不准确，对于一个图元每次只能激活一个电动机。例如，如果在同一旋转运动轴上创建一个零位置伺服电动机和一个非零常数速度伺服电动机，对于同一分析则不要同时激活这两个电动机。另外，如果在同一运动轴上定义两个执行电动机，并在同一动态分析中将它们都激活，则所形成的作用力将为两个电动机的总和。

将“分析定义”对话框中所有选项定义完毕后，单击“运行”或“确定”按钮，触发分析和校验检查，在退出各输入字段时都会对其进行验证，例如，分析持续时间的“自”和“至”列表中时间不能相同；并且含有某些类似的错误检查功能，例如电动机重复但检查名称不重复的情况；还可以对重复、重叠的电动机和力进行检查，并进行名称验证；还可以检查自动更新时间条件下电动机和外部载荷的帧频、帧数和间隔等内容。

另外，创建的分析可以进行编辑、复制和删除等操作，在机构模型树右键快捷菜单中选择相关命令即可。

8.4.3 运动仿真与回放实例

下面以曲柄滑块为例说明运动仿真与回放创建的具体过程。

步骤 01：定义工作目录。

选择工作目录为 D：//work/ ch8.04，将素材 ch8.04/qubinghuakuaijigou 文件夹中的文件复制到工作目录下。

步骤 02：机构分析。

在主菜单中依次单击“机构”→“机构分析”，进入“分析定义”对话框进行设置，选择相应的结束时间，单击“运行”按钮，完成运动仿真之后单击“确定”按钮完成机构分析。

步骤 03：创建回放。

在完成机构分析后，单击“回放”按钮，进入“回放”对话框，如图 8-42 所示，单击按钮进入“动画”对话框，如图 8-43 所示，通过控制“帧”“速度”等来达到想要的动画效果。单击“捕获”按钮，进入“捕获”对话框，可将动画转为相应的格式，调整图像大小、质量等来达到想要的效果。

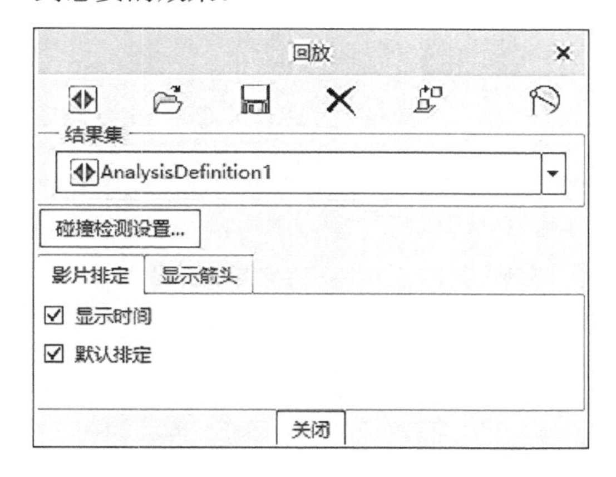

图 8-42 “回放”对话框

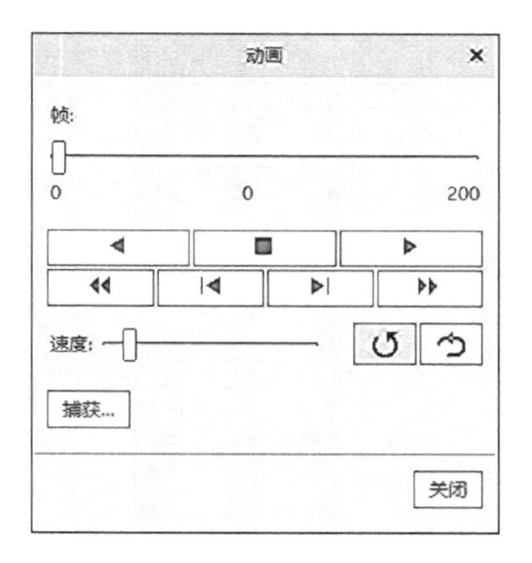

图 8-43 “动画”对话框

8-7 运动仿真与回放

8.5 运动分析

8.5.1 相关选项设置

测量功能有助于了解和分析移动机构所产生的结果，可以提供用来改进机构设计的信息。测量之前必须先运行或保存一个或多个机构的分析结果，之后才能计算和查看测量结果。

在“测量结果”对话框中可创建位置、距离间隔、速度、加速度或凸轮测量，也可创建不需要质量定义的系统或主体测量，如图 8-44 所示。

测量功能是对内存中的分析运行结果进行测量分析，每次设置测量功能时，必须先进行运行分析或者从磁盘中恢复结果集。测量功能各选项功能介绍如下。

1）“创建新测量”：创建一个新的测量项。单击该按钮，系统弹出“测量定义”对话框，如图 8-45 所示。

2）“名称”：用于定义新创建测量项的名称。

3）“类型”：用于定义新创建测量项所测量的内容类型，如位置、速度和加速度等。

4）“点或运动轴”：用于定义新创建测量的目标，单击“选取”箭头按钮，在 3D 模型中选择主体上的点或运动轴。

5）“评估方法”：用于选择新创建测量项的评估方法，如每个时间步长、最大值、最小值、整数等选项。

6）“复制选定的测量”：对列表框中的测量项进行复制，生成新的测量项。

7）“编辑选定的测量”：使用该工具可以很方便、准确地对机构中的点进行测量分析，大大减少选取点使用时间和选点的误差。

8）“删除选定的测量”：是对在列表框中选定的测量项进行删除的工具。

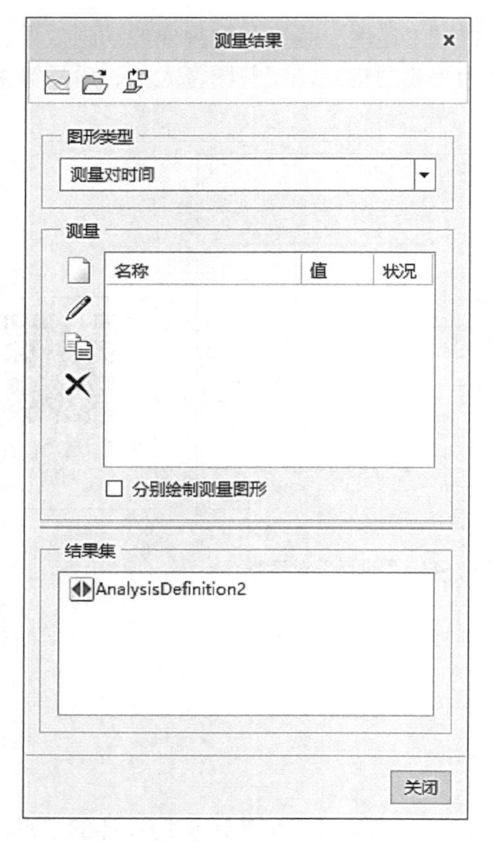

图 8-44 “测量结果”对话框

图 8-45 “测量定义”对话框

8.5.2 运动分析实例

现以曲柄滑块机构的仿真结果为例，进行分析测量。

步骤 01：定义工作目录。

选择工作目录为 D：//work/ ch8.05，将素材 ch8.05/qubinghuakuaijigou 文件夹中的文件复制到工作目录下。

步骤 02：机构分析。

单击右侧“机构分析”按钮，弹出“分析定义”对话框，进行设置，选择相应的结束时间，单击“运行”按钮。

步骤 03：创建新测量。

单击工具栏上的“测量”按钮，系统弹出“测量结果”对话框，单击“创建新测量”按钮，系统弹出“测量定义”对话框，在“类型”下拉列表框中选择“位置”选项。单击“点或运动轴”选项组中的“选取”箭头按钮，选择机架与曲柄连接轴。其他选项为默认值，单击“确定”按钮，完成 measure1 的创建，如图 8-46 所示。复制第一个测量，双击所复制的测量，进行编辑，选择滑块与曲柄的连接轴，单击“确定”按钮，返回“测量结果”对话框。

步骤 04：查看测量结果。

在“测量”列表框中选中两个测量，使其高亮显示，同时在“结果集”列表框中选中

“AnalysisDefinition1”运动分析结果。按住〈Ctrl〉键，选择 measure1 和 measure2，单击按钮，系统弹出测量图像，如图 8-47 所示。得到“曲线”对话框，也可以选择导出 Excel 文档，如图 8-48 所示。

图 8-46 “测量定义”对话框

图 8-47 建立测量

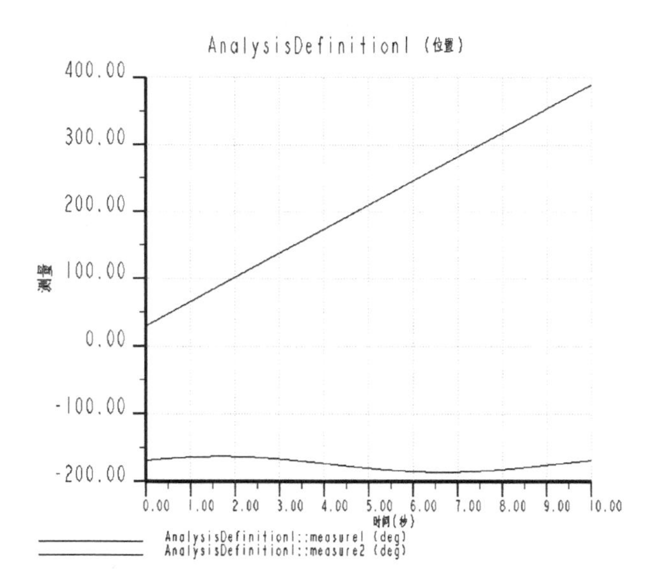

图 8-48 测量图像

8-8 运动分析

8.6 仿真实例

8.6.1 齿轮传动机构运动仿真

现在以减速器为例，建立高速轴与低速轴之间的连接方式，以及完成运动仿真等操作。

已知齿轮模数 m=2，z_1=17，z_2=55。根据公式可得中心距 $a=1/2*m(z_1+z_2)=72$。

步骤 01：定义工作目录。

选择工作目录为 D：//work/ ch8.06，将素材 ch8.06/jiansuqizhuangpei 文件夹中的文件复制到工作目录下。

步骤 02：新建文件。

打开 jiansuqizhuangpei.asm 装配文件，直接进入建立齿轮传动机构（简称为齿轮机构）的过程。

步骤 03：创建齿轮机构。

单击“应用程序”→“机构”→“齿轮”，在弹出的“齿轮副定义”对话框中打开“齿轮 1”选项卡，“运动轴”选择高速轴旋转轴，“节圆”的“直径”输入 34，如图 8-49 所示；再打开“齿轮 2”选项卡，“运动轴”选择低速轴旋转轴，“节圆”的“直径”输入 110，如图 8-49 所示。单击“确定”按钮，完成齿轮机构的创建。

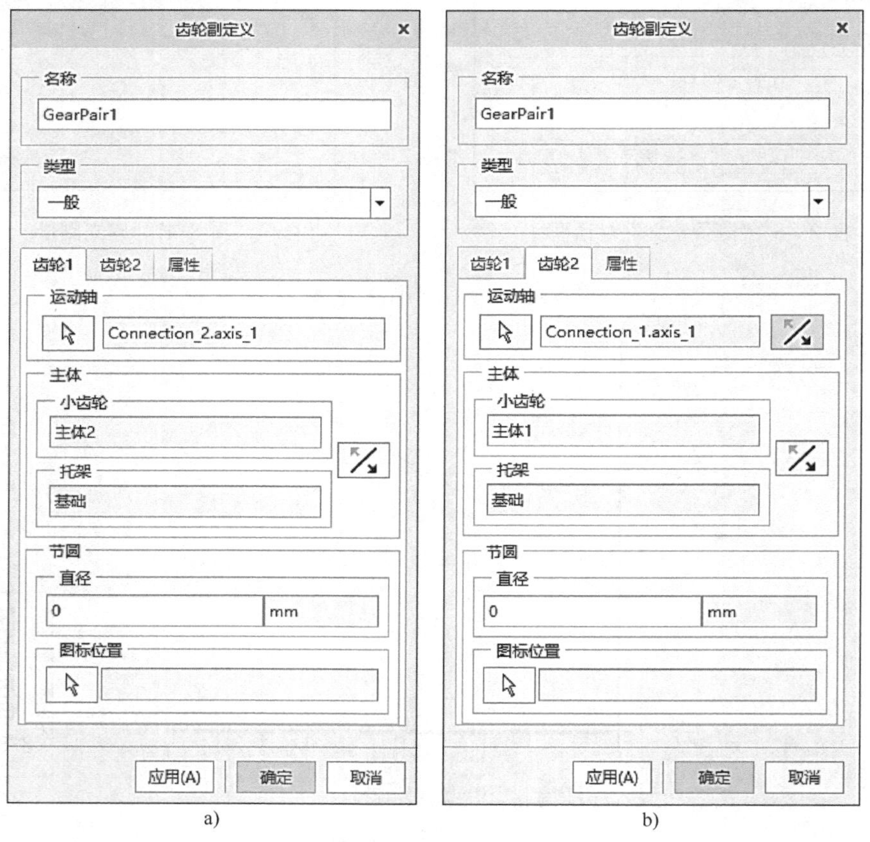

图 8-49 齿轮副定义

a）“齿轮 1”选项卡 b）“齿轮 2”选项卡

步骤 04：创建伺服电动机。

单击“伺服电动机”按钮，单击“参考”按钮，选择高速轴旋转轴作为参考，单击“配置文件详情”，选择合适的“驱动数量”，这里选择角速度进行示例。“函数类型”选择“常量”，“系数”输入 20（这里的系数由所需电动机的输出转速来确定），如图 8-50 所示。电动机与齿轮连接如图 8-51 所示，单击✔按钮，完成操作。

步骤 05：机构分析。

单击“机构分析”按钮，系统弹出“分析定义”对话框，“类型”选择“位置”，“结束时间”输入 20，如图 8-52 所示，单击“运行”按钮，开始运动仿真，单击“确定”按钮完成操作。

图 8-50　伺服电动机“配置文件详情”

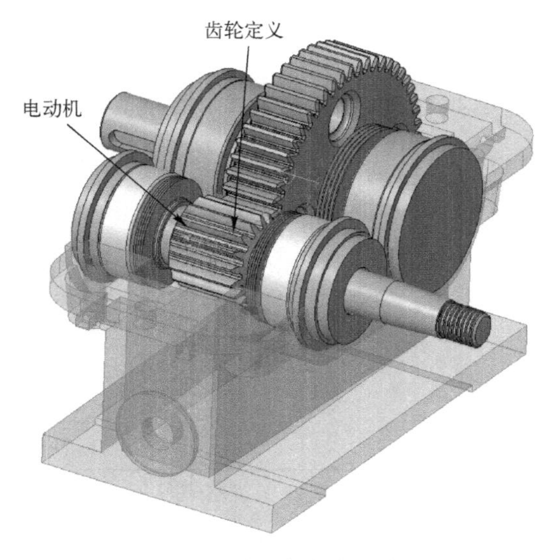

图 8-51　电动机与齿轮连接

图 8-52　“分析定义”对话框

步骤 06：测量。

单击工具栏“测量”按钮，弹出“测量结果”对话框，单击按钮，双击新建的测量 measure1，选择高速旋转轴，其他设置为默认，单击“确定”按钮，再次单击按钮，双击新建的测量 measure2，选择大齿轮上任意一点，其他设置为默认，如图 8-53 所示。然后在“测量结果”对话框中按住〈Ctrl〉键，选择 measure1 和 measure2，双击“结果集”中的 AnalysisDefinition1，在对话框中出现测量值，如图 8-54a 所示。再单击对话框中的按钮，弹出“图形工具”对话框，可以看到测量结果，如图 8-54b 所示。

a)

b)

图 8-53　测量定义

a) measure1 定义　b) measure2 定义

8-9　齿轮传动机构运动仿真

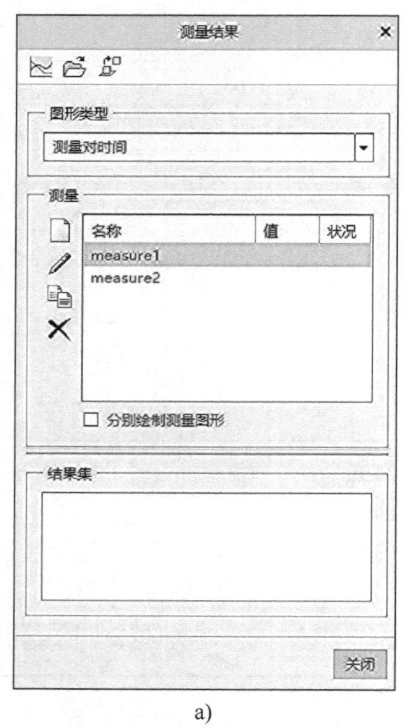

a)

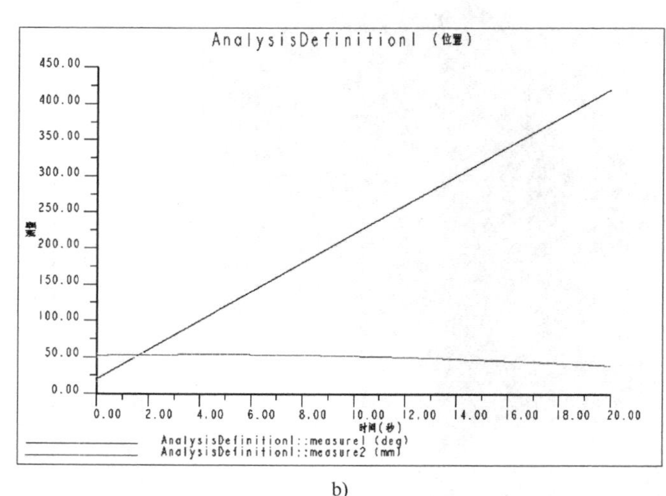

b)

图 8-54　测量显示

a) 添加后的测量值　b) 测量结果

8.6.2 机械手传动机构运动仿真

现以齿轮齿条机械手传动为例，在 Creo 5.0 中完成机构的运动仿真，具体操作过程如下。

步骤 01：定义工作目录。

选择工作目录为 D：//work/ch8.06，将素材 ch8.06/jixieshou 文件夹中的文件复制到工作目录下。

步骤 02：新建文件。

单击“文件”→“打开”，打开文件“机械手臂 2.asm”。因为齿轮都为销连接，齿条为滑块连接，其中，齿条约束“平移轴”，如图 8-55 所示，单击 ›› 按钮，将装配完成的零件位置设为“当前位置”，设置“最小限制”为 20，“最大限制”为 34.05，分别按〈Enter〉键确认完成后进入运动仿真界面。

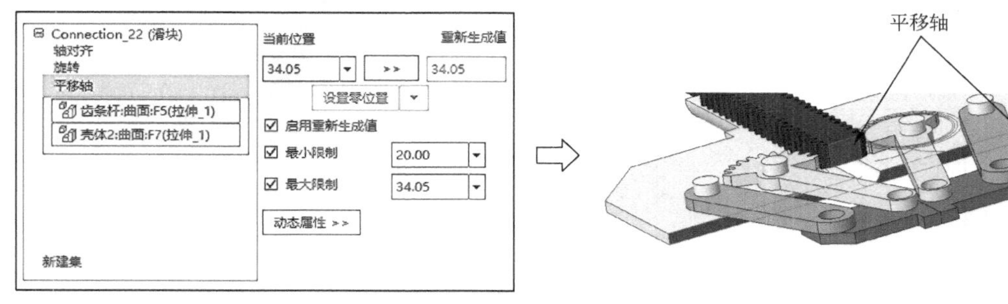

图 8-55　滑块“平移轴”约束

步骤 03：创建齿轮机构。

单击“应用程序”→“机构”→“齿轮”，在弹出的“齿轮副定义”对话框中选择“齿条和小齿轮”。打开“小齿轮”选项卡，“运动轴”选择齿条右边的齿轮轴，“节圆”的“直径”输入 75，如图 8-56 所示。打开“齿条”选项卡，选择齿条滑块轴，单击“确定”按钮完成齿条与小齿轮的创建。另一个齿条与小齿轮的操作同理。

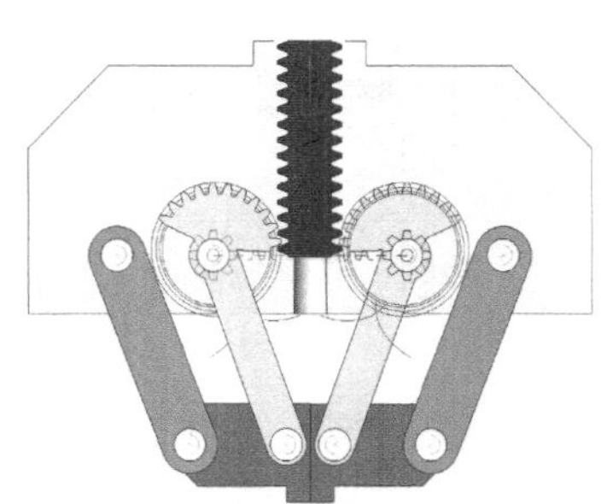

图 8-56　齿轮副定义 1

步骤 04：创建伺服电动机。

单击“伺服电动机”按钮，单击“参考”按钮，选择齿条滑块轴作为参考，单击“配置文件详情”，按需选择合适的“驱动数量”，这里选择“速度”作为示例。“函数类型”选择“常量”，“系数”输入 1.0（这里的系数由所需的电动机输出转速来确定），如图 8-57 所示，由于该机械手所要实现的功能，还需设置一个“系数”相同但方向相反的电动机。

步骤 05：机构分析。

单击“机构分析”按钮，系统弹出“分析定义”对话框，“类型”选择“运动学”，时间、帧数与电动机设定如图 8-58 所示，单击“运行”按钮，开始运动仿真，单击“确定”按钮完成操作。

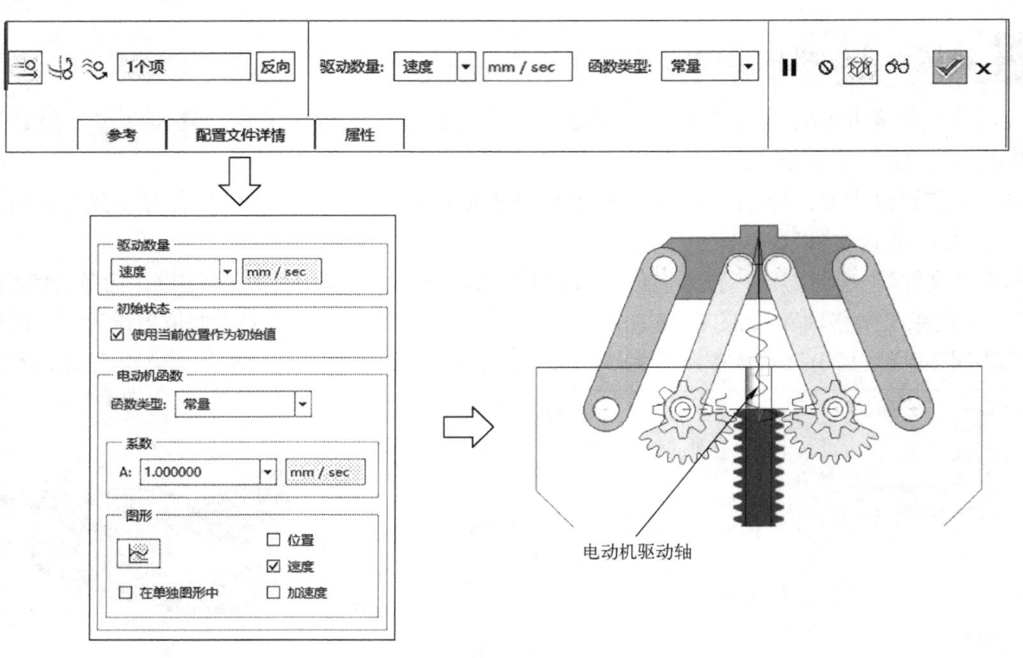

图 8-57　伺服电动机配置

分析定义
名称
AnalysisDefinition1
类型
运动学
首选项　电动机　外部载荷
图形显示
开始时间　0
长度和帧频
结束时间　8
帧数　801
帧频　100
最小间隔　0.01
锁定的图元
升离
启用
初始配置
当前
快照:　Snapshot2
运行(R)　确定　取消

a)

分析定义
名称
AnalysisDefinition1
类型
运动学
首选项　电动机　外部载荷

电动机	自	至
电动机 1	开始	5
电动机 2	6	终止

运行(R)　确定　取消

b)

图 8-58　“分析定义”对话框

a)“首选项”选项卡　b)“电动机”选项卡

8-10　机械手传动机构运动仿真

习题

1．运动仿真的连接类型有哪些？

2．说明建立机构运动仿真的步骤。

3．销连接和圆柱连接自由度分别是多少？

4．连接类型中球连接与 6DOF 连接有什么区别？

5．电动机的类型有哪些？定义电动机的注意事项有哪些？

6. 以本书配套电子资源的第 8 章素材 ch8.07/kongjianqubinghuakuaijigou（空间曲柄滑块机构）为例，添加驱动，实现运动仿真。

7．以本书配套电子资源的第 8 章素材 ch8.07/qubinghuakuai（曲柄滑块机构）为例，建立其运动仿真连接。

8．设计一个曲柄摇杆机构，并完成运动仿真和摇杆的位置、速度和加速度分析。

9．以本书配套电子资源的第 8 章素材 ch8.07/jixieshou（机械手）为例，完成运动仿真并生成动画。

10．测量 8.6.2 节仿真实例中机械手传动的输出速度以及机械手的最大行程。

第 9 章　工程图设计

本章要点

- 工程图模板制作与使用方法。
- 工程图的建立方法。
- 工程图的编辑操作。
- 工程图的应用实例。

使用 Creo 的工程图模块，可创建 Creo 三维模型的工程图，采用注解的方式注释工程图、处理尺寸。工程图模块支持多个页面，允许定制带有草绘几何的工程图、定制工程图格式等。

本章将以 Cero 5.0 的 Cero Parametric 5.0 作为制图工具，以机械设计中典型的端盖和轴等零件为例进行作图过程介绍，使读者熟练掌握机械 CAD 设计中常用的现代制图工具，提高其数字化设计能力并为 CAE 和 CAM 应用奠定基础。

9.1　工程图基础

9.1.1　工程图配置文件

在 Creo 5.0 工程图中包括两种工程图配置文件，分别是 drawing.dtl 和 format.dtl。其中，drawing.dtl 是工程图主配置文件，该配置文件在工程图环境中主要设置尺寸高度、注释文本、文本定向、几何公差标准、字型属性、草绘标准、箭头长度和样式等工程图属性；format.dtl 属于格式配置文件，用来在格式环境中设置工程图格式文件的相关属性。可根据需要设置多个工程图配置文件并保存，在以后的设计过程中根据需要进行调用，有利于保持制图规范性，提高绘图效率。

配置文件默认的扩展名为.dtl，可在 config.pro 文件中指定工程图的配置文件名称和路径。若不指定，系统将使用默认的配置文件，其中系统默认主配置文件为 cnc_cn.dtl（中国标准），假设 Creo 5.0 软件安装在 D 盘中，则该文件位于 D:\Program Files\PTC\Creo 5.0\Common Files\text 目录下。在该目录下还包含了其他配置文件，如 iso.dtl（国际标准）、jis.dtl（日本标准）和 din.dtl（德国标准）等。下面说明修改工程图主配置文件和格式配置文件的操作方法。

现以编辑系统默认的主配置文件为例来讲解。使用者可根据需要自定义符合自己或企业标准的工程图主配置文件。

1）进入 Creo 5.0 软件的绘图（工程图）环境。

2）选择“文件”→“选项”→“配置编辑器”菜单命令，系统弹出“Creo Parametric 选项”对话框，如图 9-1 所示。

图 9-1 “Creo Parametric 选项”对话框

3）修改选项的值。在参数列表页面修改参数对应的值，完成对当前工程图操作环境的设置。一般修改前四项参数“drawing_setup_file”“format_setup_file”“pro_unit_length”和“pro_unit_mass”即可。修改选项“drawing_setup_file”和“format_setup_file”的值时，单击对应“值”的下拉菜单“浏览”选项，系统弹出“选择文件”对话框，选择需要加载的值，如默认安装目录 D:\Program Files\PTC\Creo 5.0\Common Files\text 下的主配置文件 cnc_cn.dtl，依次单击“打开”和“确定”按钮，完成参数值的配置。修改选项“pro_unit_length”和“pro_unit_mass”的值时，在对应“值”的下拉菜单中分别选择“unit_mm”和“unit_kilogram”。

4）退出 Creo 5.0，再次启动 Creo 5.0，系统新的配置即可生效。

9.1.2 工程图模板

打开 Creo 5.0 软件，选择“文件”→“新建”命令，或单击工具栏中的 （新建）按钮，系统弹出“新建”对话框。选择“绘图”，使用默认模板和不使用默认模板在后续的对话框都可以修改，因此在此处是否勾选并不影响后续操作。

单击“确定”按钮后，系统弹出“新建绘图”对话框，如图 9-2 所示。该对话框用来设置工程图模板，对话框中上部的“默认模型”和“指定模板”两部分固定不变，下部内容随“指定模板”中选定的内容改变而改变。

1. 指定模型文件

若软件内存中有零组件，则“默认模型”文本框显示此零组件的文件名，代表欲创建此零组件的工程图。若内存中没有零组件，则此文本框显示默认文件名。可以单击“浏览”按钮选取零组件，也可以保留默认的文件名，稍后再指定零组件。

2. 使用工程图制作模板

在“指定模板”选项组中选择“使用模板”单选按钮，如图 9-2 所示，在“模板”列表框中选择图框模板，如 c-drawing，单击“确定”按钮完成模板选取，并进入绘图环境。

3. 使用自定义图框

在“指定模板”选项组中选择“格式为空”单选按钮，在“模板”选项组中单击“浏览”按钮，即可选择用户自行设置的图框，单击“确定”按钮完成。

4. 使用空白图纸

在“指定模板”选项组中选择“空”单选按钮，则使用空白图纸制作工程图，在“方向”选项组中设置图纸为“纵向”或“横向”，在“大小”选项组中设置图纸的大小（A0～A4 或 A～F）。此外，也可在“方向”选项组中设置图纸为“可变”，在“大小”选项组中设置图纸的“宽度”及“高度”，自定义图纸大小，如图 9-3 所示。

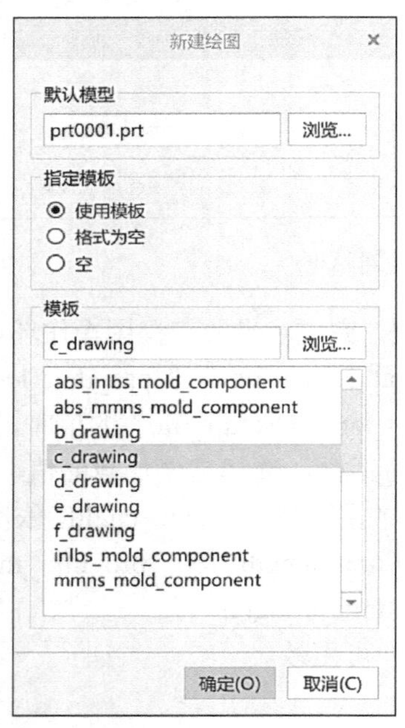

图 9-2 “新建绘图”对话框中的“使用模板”选项

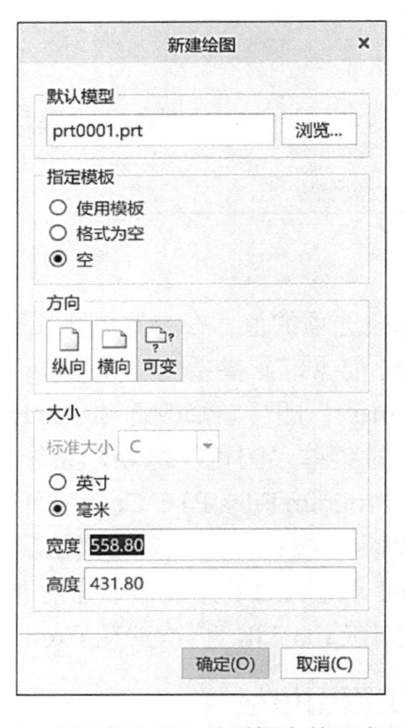

图 9-3 “新建绘图”对话框中的“空”选项

9.1.3 绘制图框、标题栏及明细栏

1. 绘制图框

Creo 5.0 提供了三种方式来创建图框：从外部导入、通过草绘命令绘制和使用草绘模式绘制。

（1）从外部导入

如果用户自己有现成的图框文件，且该文件是 Creo 5.0 能够读取的格式（如 DWG、DXF、

IGES），那么就可以将其导入到 Creo 5.0 中，然后保存成图框文件即可（扩展名为.frm）。具体操作过程：在 Creo 5.0 软件中打开要导入的文件，单击“确定”按钮，系统弹出“导入模型”对话框，在“类型”选项组中选择“格式”单选按钮，将目标文件转换成.frm 文件，单击“确定”按钮，即可完成图框的导入。

（2）通过草绘命令绘制

具体操作过程如下：

1）启动 Creo 5.0 软件，选择“文件”→“新建”命令，或单击（新建）按钮，弹出“新建”对话框，在“类型”选项组中选择“格式”单选按钮，如图 9-4 所示，然后输入文件名称，单击“确定”按钮。

2）系统弹出“新格式”对话框，这个对话框与创建工程图时的对话框相似，只是“使用模板”单选按钮不能使用，“截面空”单选按钮用来导入.sec 文件，“空”单选按钮用来创建空白页面，如图 9-5 所示。

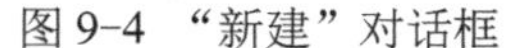

图 9-4 “新建”对话框

图 9-5 “新格式”对话框

3）在“新格式”对话框“指定模板”选项组中选择“空”单选按钮，“方向”选取“横向”，“大小”选取“A4”，单击“确定”按钮。

4）进入格式环境，如图 9-6 所示，四周的边线代表实际纸张的边界，打印出图时只有边界内的项目才会打印出来，边界本身不会打印。

5）可以用 2D 草绘命令绘制图框的边界，如折叠线等，也可以利用“表”命令来绘制标题选项组。

（3）使用草绘模式绘制

具体操作过程如下：

1）在“新建”对话框“类型”选项组中选择“草绘”单选按钮，输入文件名称，单击“确定”按钮。进入草绘环境，绘制图框外形，然后将其保存成扩展名为.sec 的文件。

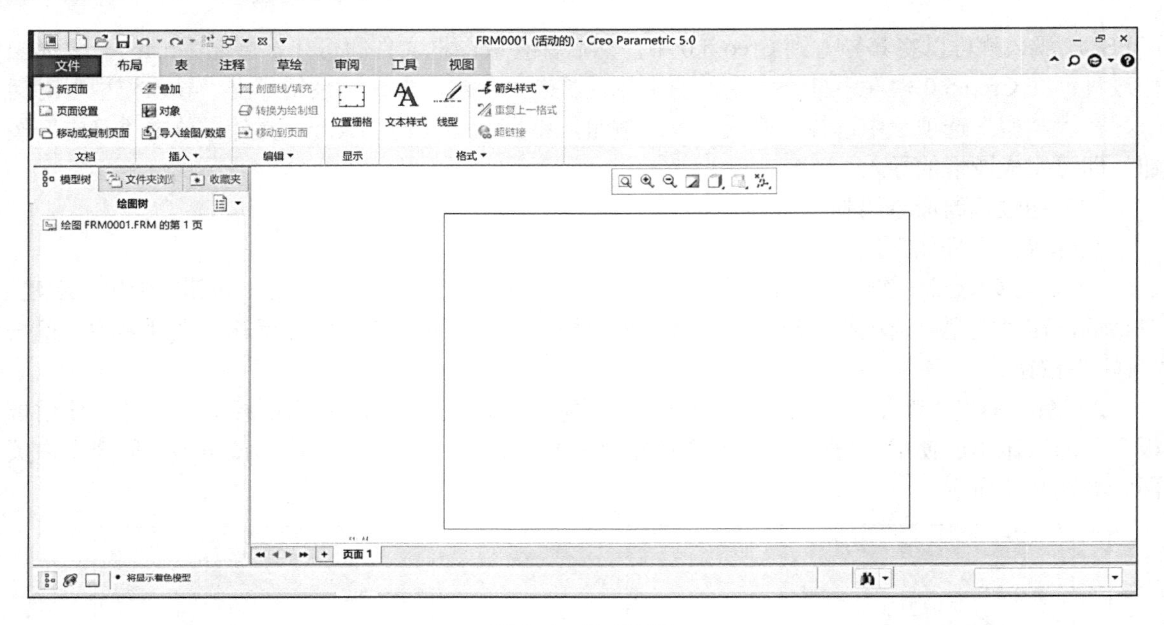

图 9-6　格式环境

2）在“新建”对话框“类型”选项组中选择“格式”单选按钮，然后输入文件名称，单击“确定”按钮。系统弹出“新格式”对话框，在“指定模板”选项组选择“截面空”单选按钮，单击“浏览”按钮来选取之前创建的.sec 文件，单击“确定”按钮，系统自动将绘制文件导入到图框文件中，导入时系统以左下角为对齐点，并根据草绘文件的大小来自动设置纸张的大小。

3）如需绘制标题选项组，可利用“表”功能来完成。

2．绘制标题栏

标题栏是工程图的重要组成部分之一，在每张图纸的右下角都需要绘制标题栏。标题栏的方向应该与看图的方向一致，其格式和大小应符合 GB/T 10609.1-2008、GB/T 10609.2-2009 的规定。但在实际应用中，为更好地表达图样中所展示的信息，标题栏的格式和尺寸也会因图而异。本书以在实际中应用较多的标题栏样式来说明制作标题栏的一般操作步骤。

1）在“新建”对话框“类型”选项组中选择“绘图”单选按钮，然后输入文件名称，取消勾选“使用默认模板”复选框，单击“确定”按钮。

2）系统弹出“新建绘图”对话框，在“指定模板”选项组中选择“空”单选按钮，“方向”选取“横向”，“大小”选取“A3”，单击“确定”按钮进入工程图环境。

3）在工程图环境中，依次选择功能区“草绘”→“设置”中的“链”和“草绘”中的╲（“线”）命令，如图 9-7 所示，系统提示选取直线起点，在绘图树空白区单击鼠标右键，弹出快捷菜单，选择“绝对坐标”命令，如图 9-8 所示。

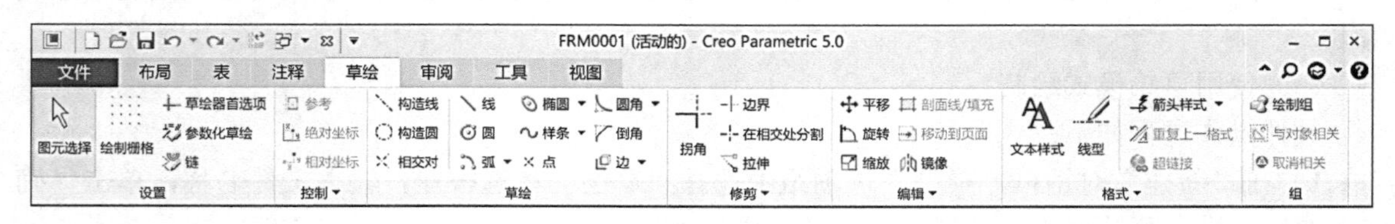

图 9-7　选择“链”和“线”命令

4）系统弹出“绝对坐标”对话框，在该对话框中设置X坐标值为25，Y坐标值为5，如图9-9所示，单击按钮。

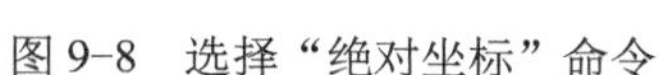

图9-8　选择“绝对坐标”命令

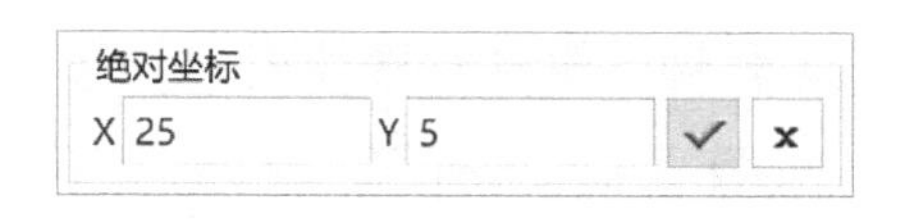

图9-9　“绝对坐标”对话框

5）系统提示输入第二点的坐标，设置第二点的绝对坐标，X为415，Y为5，单击按钮。

6）设置第三点的绝对坐标，X为415，Y为292；设置第四点的绝对坐标，X为25，Y为292；设置第五点的绝对坐标，X为25，Y为5；操作方法同上。

7）系统提示输入第六点的坐标，单击鼠标中键结束绘制直线命令。

8）接下来将图框加粗。按住〈Ctrl〉键，逐一选取前面步骤所绘制的四条图框线，然后右击，在弹出的快捷菜单中选择“线型”命令。

9）系统弹出“修改线型”对话框。在“宽度”文本框中输入值1，单击“应用”按钮后对话框出现“关闭”按钮，单击“关闭”按钮完成线型的修改。

10）选择功能区的“表”→“表”→“插入表”命令，弹出“插入表”菜单管理器，“方向”选择按钮。

11）表尺寸中，“行数”为11，“列数”为16，取消自动高度调节，单击按钮。

12）系统弹出“选择点”对话框，单击选择绝对坐标命令，输入X为415，Y为5，单击按钮。

13）选中右侧第一列的第一个单元格，选择“行和列”→“高度和宽度”命令，系统弹出“高度和宽度”对话框，“输入列宽度（字符）”为50，单击按钮。

14）利用同样的方法，将剩余15列的宽度分别设置为12，12，6.5，6.5，6.5，6.5，16，12，12，4，12，4，8，2和10。

15）选中下侧第一行的第一个单元格，选择“行和列”→“高度和宽度”命令，系统弹出“高度和宽度”对话框，“行高度”（字符）为7，单击按钮。

16）用同样的方法，将剩余10行的高度分别设置为2，5，4，3，7，7，3，4，7和7。

17）结束行高度的输入，得到的表格如图9-10所示。

18）合并单元格。按住〈Ctrl〉键，同时选中要进行合并的两个或多个单元格，选择“行和列”→“合并单元格”命令。

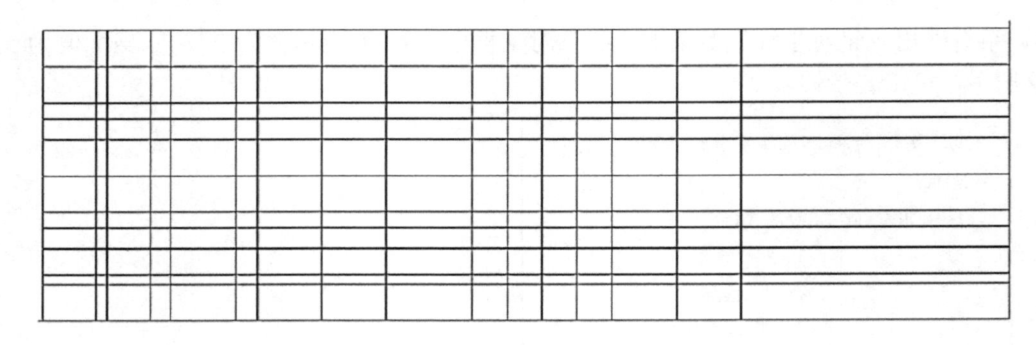

图 9-10　初步得到的表格

19）将图 9-10 所示表格中的各单元格进行合并，由于需要合并的单元格较多，这里不做详细说明，合并结果如图 9-11 所示。

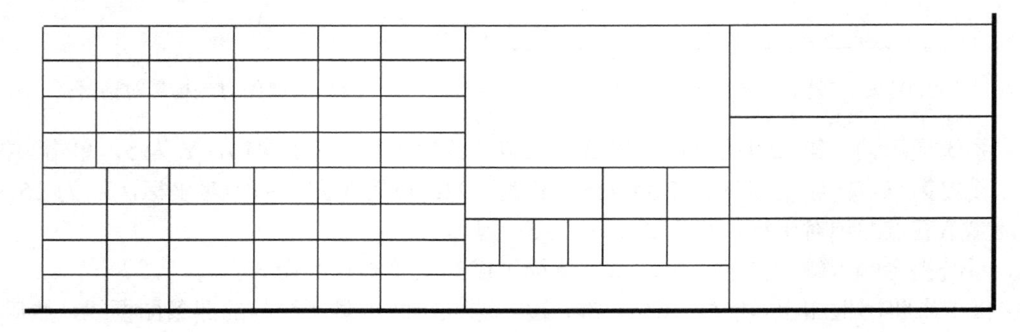

图 9-11　单元格合并结果

20）接下来向表格中输入文字，双击图 9-11 所示的相应单元格。

21）选择“文本”→“文本编辑器”命令，系统弹出“文本编辑器”对话框，在“文本编辑器”中输入文本“铣刀盘”，选择“文件”→“保存”命令，关闭“文本编辑器”。

22）按住鼠标右键选中“铣刀盘”，在“样式”中按照要求对选中的文本进行修改。

23）参照前面的操作步骤，在标题栏的其他单元格中输入图 9-12 所示文本。

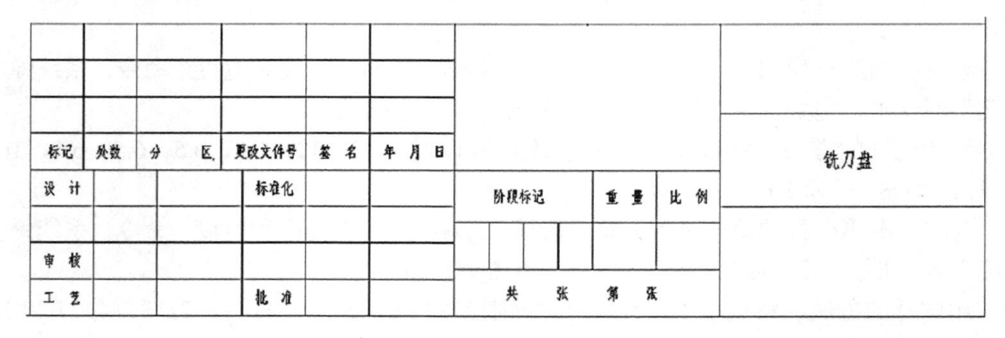

图 9-12　输入标题栏文本

3．绘制明细栏

明细栏的绘制方法同标题栏相似，这里不再详细说明。基本过程为，用表相关命令得到明细栏表格，然后合并单元格，最后向表格中输入文字，最终得到的明细栏如图 9-13 所示。

序号	代号	名称	数量	材料	单件	总计	备注
10	04	轴瓦		QSn6.5-0.1	0.554		
9	03	螺母		Q235	0.005		
8	03	螺母		Q235	0.005		
7	02	螺栓		Q235	0.034		
6	02	螺栓		Q235	0.034		
5	05	上盖		HT200	0.693		
4	06	楔块		45	0.010		
3	06	楔块		45	0.010		
2	04	轴瓦		QSn6.5-0.1	0.554		
1	01	基座		HT200	2.325		
序号	代号	名称	数量	材料	单件 重量	总计	备注

标记	处数	分区	更改文件号	签名	年月日		铣刀盘
设计			标准化			阶段标记	重量	比例
审核							
工艺			批准			共 张 第 张	

图 9-13 明细栏

9.1.4 Creo 工程图视角切换

在 Creo 5.0 工程图中，视角就是指投影的方向。在我国，图样习惯采用第一视角，而国外图样一般都采用第三视角。在 Creo 5.0 工程图中，系统默认采用第三视角，下面介绍如何更改为第一视角：

1）进入 Creo 5.0 工程图，选择下拉菜单“文件”→“准备”→“绘图属性”命令，弹出“选项”对话框。

2）在弹出的对话框中找到 projection_type 一项并选择，将 third_angle 改为 first_angle，应用并确定即可。

9.2 创建视图

在工程图模式中，应当选择合理的视图表达零件的特征，完整、正确、清晰地反映零件的内外形状。在工程图的创建中，可以创建普通视图、投影视图、局部放大图、辅助视图、旋转视图和剖视图等各种视图。

9.2.1 创建普通视图

在 Creo 5.0 中，在工程图中放置的第一视图为普通视图。普通视图常被用作主视图，根据普通视图可以创建俯视图、左视图、辅助视图和轴测图等视图。

选择本书配套电子资源的第 9 章素材文件夹中的 ch9.01/duangai.prt 模型绘制工程图，选择功能区的“布局”→“模型视图”→“普通视图”命令，系统弹出“选择组合状态”对话框，并在绘图区中单击以选取一点作为放置点，则系统弹出图 9-14 所示的“绘图视图”对话框。在“视图方向”中选择“几何参照”，在零件上选择相应参照面，确定后单击“草绘”→“线”命令，弹出图 9-15 所示的“捕捉参考”对话框单击 按钮，再单击图 9-16 所示的边绘制直线，双击直线弹出图 9-17 所示对话框，选择“中心线”，然后单击“应用”按钮，完成图 9-18 所示普通视图的创建。

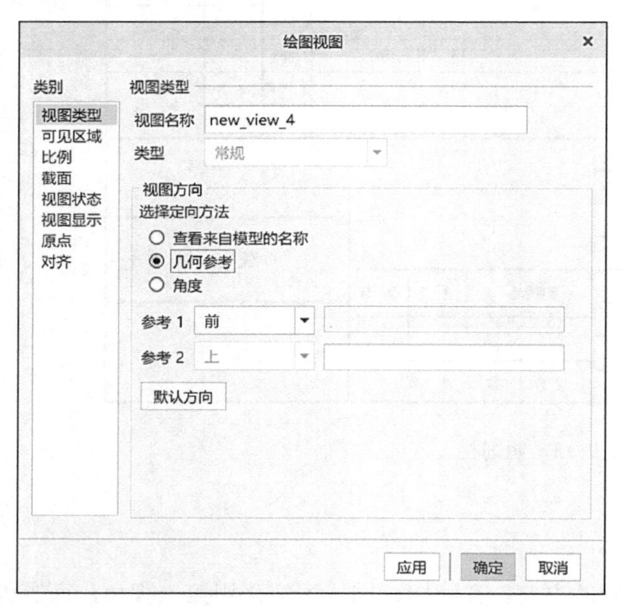

图 9-14 “绘图视图”对话框

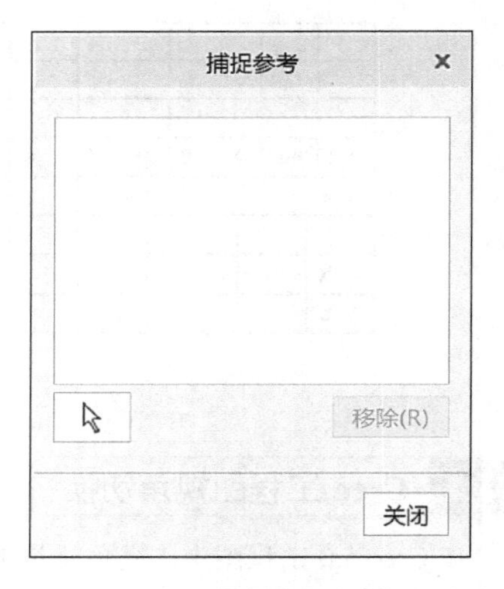

图 9-15 “捕捉参考”对话框

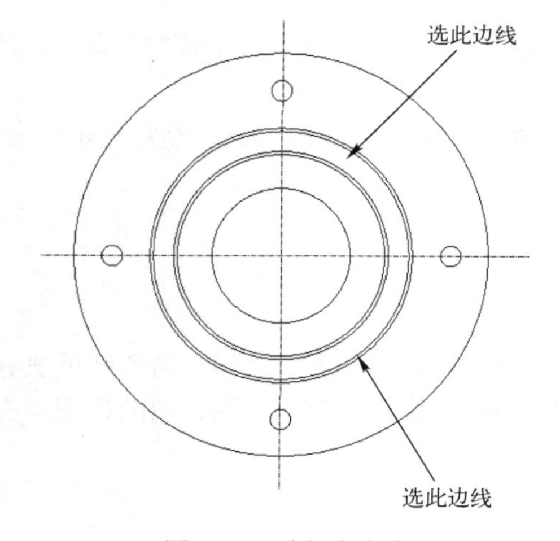

图 9-16 选择参考线

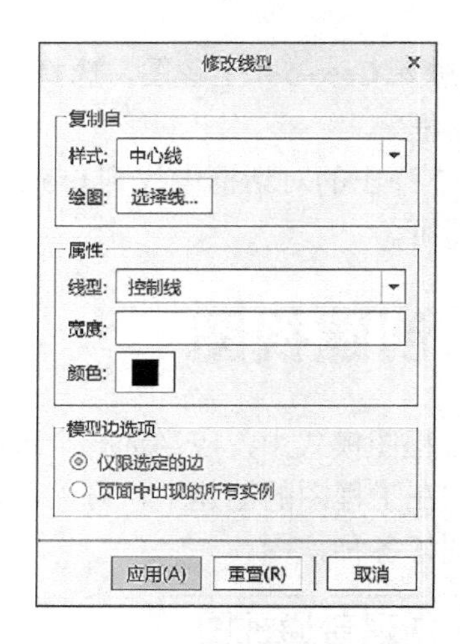

图 9-17 “修改线型”对话框

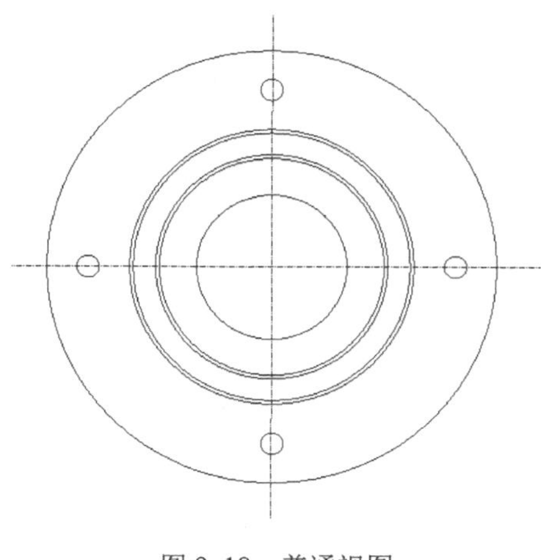

图 9-18　普通视图

9-1　创建普通视图

9.2.2 创建投影视图

在 Creo 5.0 的工程图中，从已存在视图的水平或垂直方向投射生成的视图称为投影视图。创建出普通视图后，选择功能区的“布局”→“模型视图”→“投影视图”命令。

选择本书配套资源的第 9 章素材文件夹中的 ch9.01/duangai.prt 模型绘制工程图。选取已经建立的普通视图为投影的父视图，在父视图上单击放置投影视图，创建出投影视图。用同样的方法可以投射出俯视图、左视图等视图，图 9-19 所示为依据主视图创建的左视图。

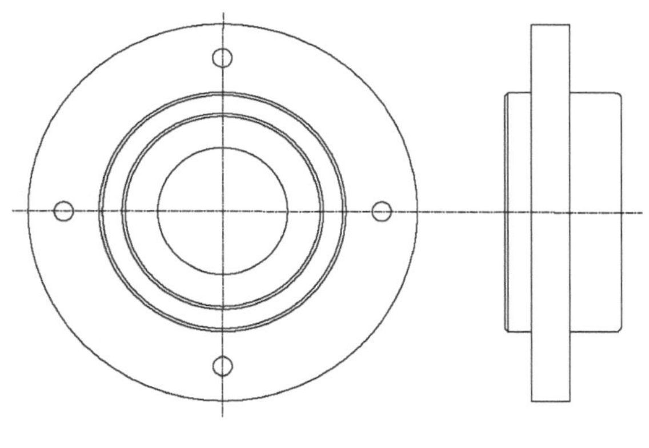

图 9-19　投影视图

9-2　创建投影视图

9.2.3 创建局部放大图

在 Creo 5.0 中，选取已存在视图的局部位置并放大而生成的视图称为局部放大图。局部放大图以放大的形式显示选定区域，可以用于显示视图中相对尺寸较小且较复杂的部分，提高图样的可读性；创建局部放大图时先在视图上选取一点作为参照中心点，并草绘一条样条曲线以选定放大区域。选择本书配套资源的第 9 章素材文件夹中的 ch9.02/zhou.prt 模型来绘制工程图。

选择功能区的“布局”→“模型视图”→“局部放大图”命令，此时系统消息区将会提示选择中心点。在需要放大的视图位置单击鼠标左键定位中心点，随后消息区提示绘制轮廓线，在所需区域单击鼠标左键绘制样条曲线，绘制完成后单击鼠标中键退出绘图模式。在图纸适当位置放置视图，得到的局部放大图如图 9-20 所示。注：设计图上不管是何种视图，比例形式均为“图：物”。如全图比例为 1：2 时，局部放大视图标注出的 2：1 应改为 1：1。

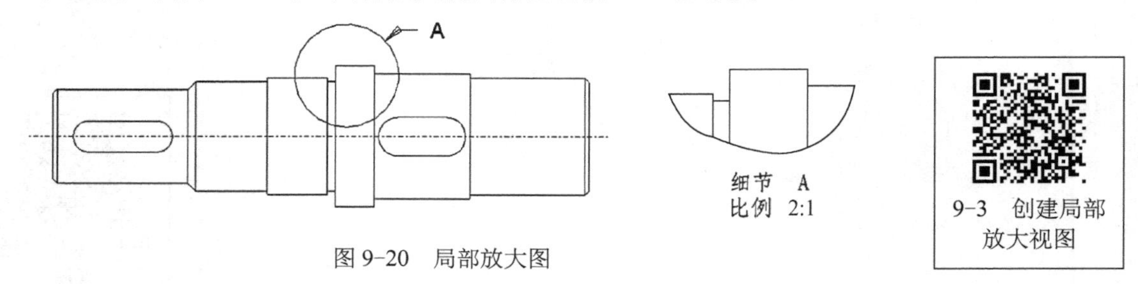

图 9-20 局部放大图

9.2.4 创建辅助视图

在工程图中遇到零件有斜面时，使用正投影将不能直观地表示其形状，如果以垂直斜面的方向进行投射，视图效果就比较直观，这种斜视图在 Creo 5.0 中称为辅助视图，即斜视图。

在工程图中创建出一般视图后，选择功能区的“布局”→“模型视图”→“辅助视图”命令。

此时系统会在消息区提示选取轴线基准平面作为投射方向，选取指定边为参考边，如图 9-21 所示。在一般视图的右上方选取适当位置放置辅助视图，效果如图 9-22 所示。

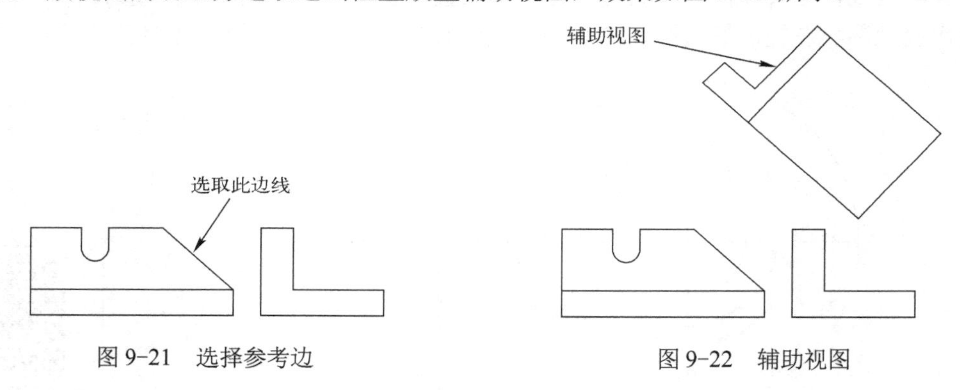

图 9-21 选择参考边　　图 9-22 辅助视图

9.2.5 创建旋转视图

旋转视图是绕切割平面旋转 90° 并沿其长度方向偏距的剖视图，视图是一个区域截面，仅显示被剖切面所通过的实体部分。选择本书配套电子资源的第 9 章素材文件夹中的 ch9.03/duangai1.prt 模型绘制工程图。

选择功能区的“布局”→“模型视图”→“投影视图”命令，生成左视图，双击左视图，弹出“绘图视图”对话框，在“类别”中选择“截面”，在“截面选项”中选择“2D 截面”，再单击下方加号，在“名称”下拉列表框中选中创建好的截面，在“剖切区域”下拉列表框中选择“全部（对齐）”，在“参考”中选择中心轴，单击鼠标中键或在对话框中单击“确定”按钮完成旋转视图的创建，如图 9-23 所示。

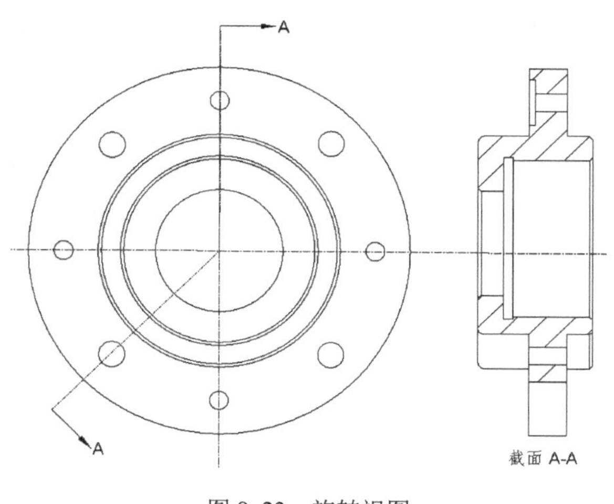

图 9-23　旋转视图

9.2.6 创建剖视图

剖视图是用来显示零件或组件内部结构的一种视图。创建剖视图时，可先在三维零件中设置剖面，然后在工程图中调出该剖面，产生剖视图，或直接在工程图中产生剖视面。剖视图主要有以下三种显示方式。

1）完全：视图显示为全剖视图。

2）一半：视图显示为半剖视图。

3）局部：通过绘制边界来显示局部剖视图。

1．创建全剖视图

1）选择本书配套电子资源的第 9 章素材文件夹中的 ch9.01/duangai.prt 模型绘制工程图。先创建一个截面 A，选择“模型”命令，弹出“基准平面”对话框，然后按住〈Ctrl〉键选取图 9-24 所示的轴和基准平面，将平面后的选项改成“平行”，如图 9-25 所示，然后单击“确定”按钮。选择“视图”命令，单击鼠标中键结束，最后将截面命名为 A。

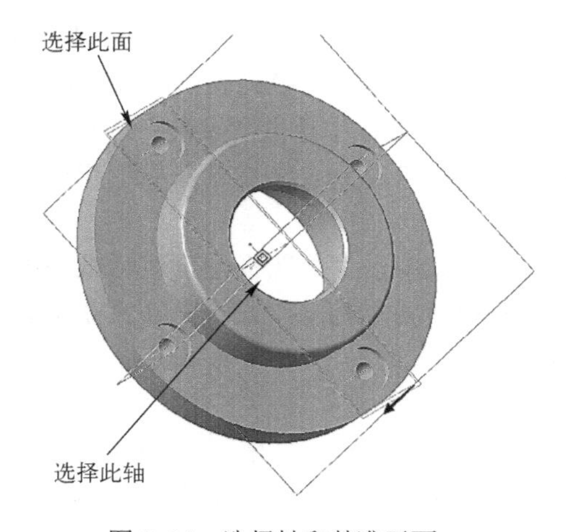

图 9-24　选择轴和基准平面

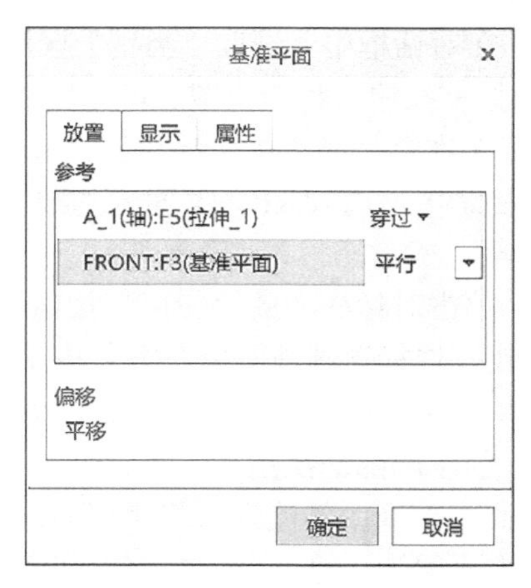

图 9-25　“基准平面”对话框

2）然后进入工程图绘制界面，在绘图区左上角绘制常规视图，选择功能区的“布局”→“模型视图”→“投影视图”命令，在绘图区的主视图右侧选取适当位置单击。双击上面创建的投影视图，系统弹出“绘图视图”对话框。

3）在对话框中，选取“类别”区域中的“截面”选项；将“剖面选项”设置为“2D 剖面”，然后单击 + 按钮；将“模型边可见性”设置为“总计”；在“名称”下拉列表框中选取剖截面 A（A 剖截面在零件模块中已提前创建），在“剖切区域”下拉列表框中选取“完整”选项；单击“确定”按钮，关闭对话框。

4）选取全剖视图，然后右击，在弹出的快捷菜单中选择“添加箭头”命令，在系统消息的提示下，单击主视图，系统自动生成箭头，如图 9-26 所示。

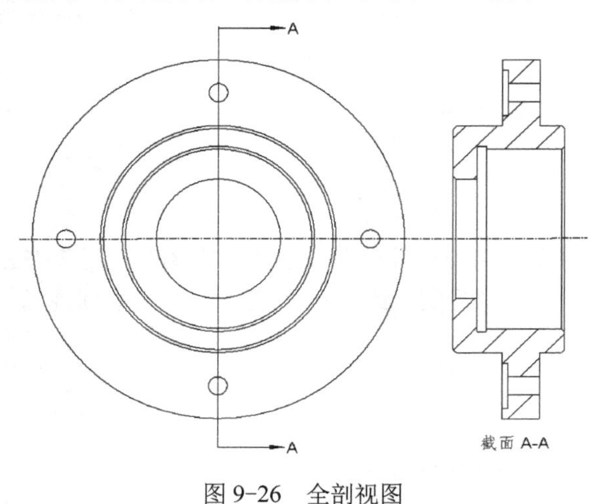

图 9-26　全剖视图

9-5　创建全剖视图

2．创建半剖视图

1）进入工程图绘制界面后，在绘图区左上角绘制常规视图，在“绘图树”区域选取创建的主视图并右击，从弹出的快捷菜单中选择“投影视图”命令，在图形区的主视图右侧选取适当位置单击。双击上面创建的投影视图，系统弹出“绘图视图”对话框。

2）在对话框中，选取“类别”区域中的“截面”选项；将“剖面选项”设置为“2D 剖面”，然后单击 + 按钮；将“模型边可见性”设置为“总计”；在“名称”下拉列表框中选取剖截面 A（剖截面 A 在零件模块中已提前创建），在“剖切区域”下拉列表框中选取“半剖”选项。在系统信息的提示下，选取 RIGHT 面为基准平面，此时视图如图 9-27 所示，图中箭头表明半剖视图的创建方向。

3）单击对话框中的“应用”按钮，系统生成半剖视图，单击“绘图视图”对话框中的“关闭”按钮。选择半剖视图后右击，从弹出的快捷菜单中选择“添加箭头”命令，在系统消息的提示下，单击主视图，系统自动生成箭头，如图 9-28 所示。

3．创建局部剖视图

按照半剖视图的流程，将“剖面选项”设置为“2D 剖面”，然后单击 + 按钮；将“模型边可见性”设置为“总计”；在“名称”下拉列表框中选取剖截面 A（剖截面 A 在零件模块中已提前创建），在“剖切区域”下拉列表框中选取“局部”选项，此时系统提示“选取截面的中心点”，在投影视图（见图 9-29）的局部剖视区域附近选取一点（必须在模型边线上选取点，否则系统不认），这时在选取的点附近出现一个十字线。在系统消息的提示下，直接绘制图 9-30 所示的样条线来定义局部剖视图的边界，当绘制到封闭时，单击鼠标中键结束绘制。单击“确定”按钮，关闭“绘图视图”对话框，局部剖视图如图 9-31 所示。

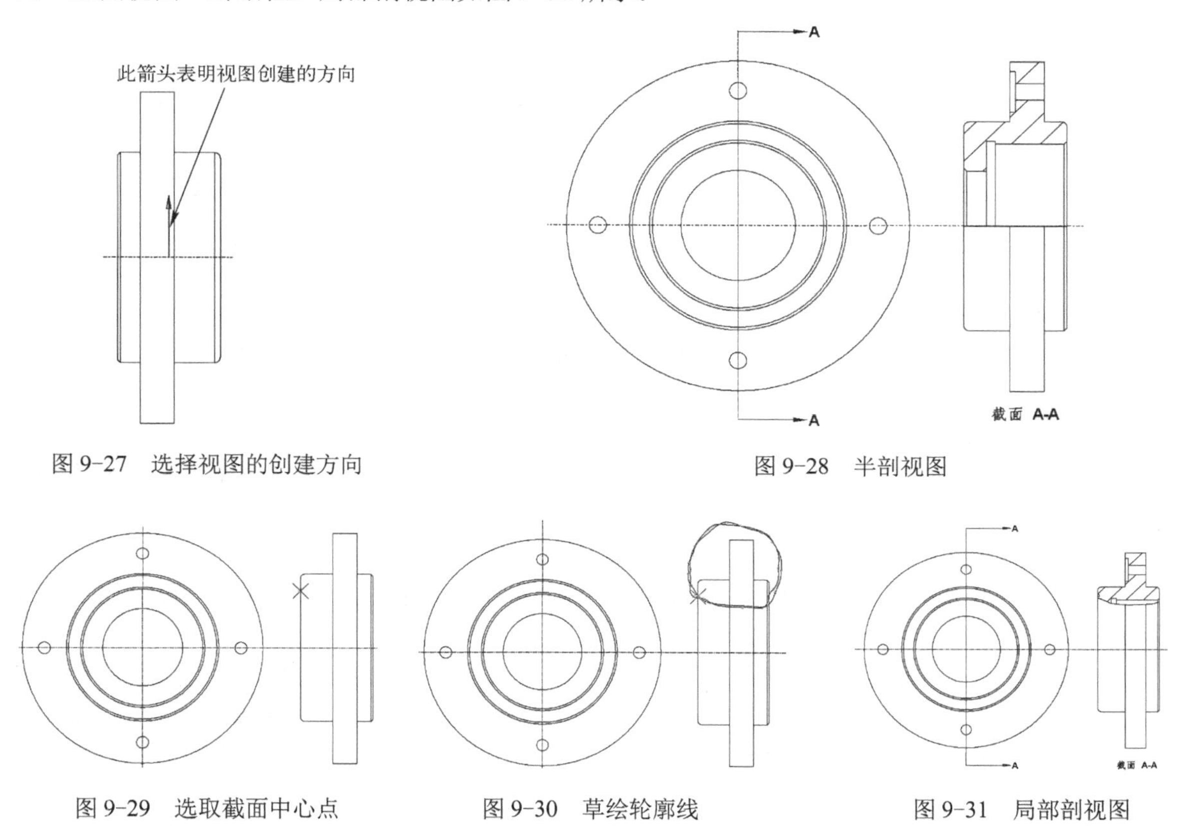

图 9-27　选择视图的创建方向

图 9-28　半剖视图

图 9-29　选取截面中心点

图 9-30　草绘轮廓线

图 9-31　局部剖视图

9.3　编辑视图

在产生了初步的工程图后，常需对其做进一步编辑与修饰，以提升工程图的准确性、标准性及可读性。

9.3.1　视图编辑功能

常用到的视图编辑功能如下。

1．移动视图

在工程图创建中，有时已创建的视图位置不合适，就需要移动视图。移动视图前，首先要解除视图的锁定，在“绘图树”区相应特征上右击，在弹出的快捷菜单中选择“锁定视图移动”命令，取消视图的锁定状态，如图 9-32 所示，取消前面的标记。

在取消视图锁定状态下，选择功能区的“注释”→“编辑”→“移动特殊”命令，消息区将提示选取一点执行移动，选取所要移动的视图上的一点，弹出“移动特殊”对话框，如图 9-33 所示。在该对话框中分别设置 X 和 Y 坐标定位移动。

图 9-32　取消视图锁定状态

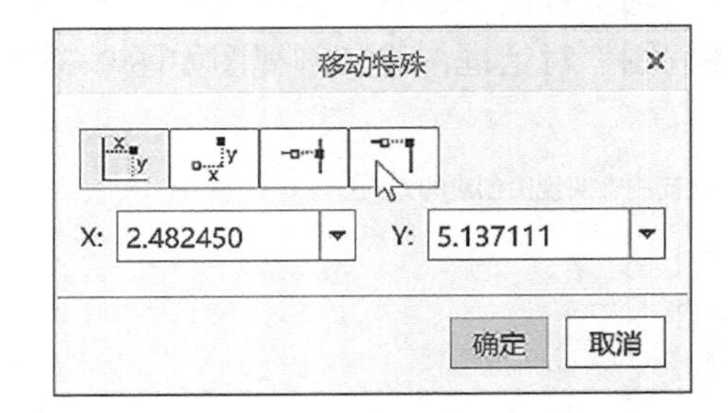

图 9-33　“移动特殊”对话框

2．删除、拭除与恢复视图

在工程图中，“删除”命令与 3D 模式下的“删除”命令功能类似，是不可恢复的操作。其操作方法可选如下三种之一。

1）选取要删除的视图，然后选择功能区的“注释”→“删除”→“删除”命令。

2）选取要删除的视图，然后在“绘图树”区域相应视图上右击，弹出快捷菜单，选择“删除”命令。

3）选取要删除的视图，按键盘上的〈Delete〉键。

在工程图中，“拭除”命令与 3D 模式下的“拭除”命令功能类似，不是永久地删除视图，而是可在任何时候将其恢复。其操作方法如下。

选择功能区的“布局”→“显示”→“拭除视图”命令，在消息区会提示“选取要拭除的绘图视图”，选取要拭除的视图后单击“选取”对话框中的“确定”按钮，或单击鼠标中键完成。

在工程图中，“恢复视图”命令与 3D 模式下的“恢复”命令功能类似，是将隐藏的视图恢复为不隐藏。其操作方法如下。

选择功能区的“布局”→“显示”→“恢复视图”命令，此时将会弹出“视图名称”菜单管理器，选取要恢复的视图，选择菜单管理器中的“完成选择”命令，将会恢复所选的视图。

3．修改视图

在创建工程图时，往往无法一次性创建出满意的视图，这时可以对已经生成的视图进行修改。具体操作时，在“绘图树”区域选取要修改的视图，右击后弹出快捷菜单，选择“属性”命令，或用鼠标左键双击所选视图，系统将会弹出“绘图视图”对话框。在该对话框中可以对已经生成的视图进行修改。

9.3.2　创建局部视图

局部视图只显示视图欲表达的部位，且将视图的其他部分省略或断裂，创建局部视图时需要先指定一个参照点作为中心点，并在视图上草绘一条样条曲线以选取特定的区域，生成的局部视图将显示以此样条曲线为边界的区域。

选择本书配套电子资源的第 9 章素材文件夹中的 ch9.02/zhou.prt 模型绘制工程图。进入工程图绘制界面后，在绘图区左上角绘制常规视图，创建主视图并双击，系统弹出“绘图视图”对话框。在对话框中，选取“类别”区域中的“可见区域”选项。将“视图可见性”设置为“局部视图”，然后在投影视图的边线上选取一点（必须在模型的边线上选取点，否则系统不认），这时在选取的点附近出现一个十字线，如图 9-34 所示。接下来直接绘制图 9-35 所示的样条线来定义外部边界。当绘制到封闭时，单击鼠标中键结束绘制（在绘制边界线前，不要选择样条线的“绘制”命令，可直接在需要创建局部视图的位置单击鼠标左键进行绘制）。单击对话框中的“确定”按钮，关闭对话框。所创建的局部视图如图 9-36 所示。

图 9-34　选取边界中心点

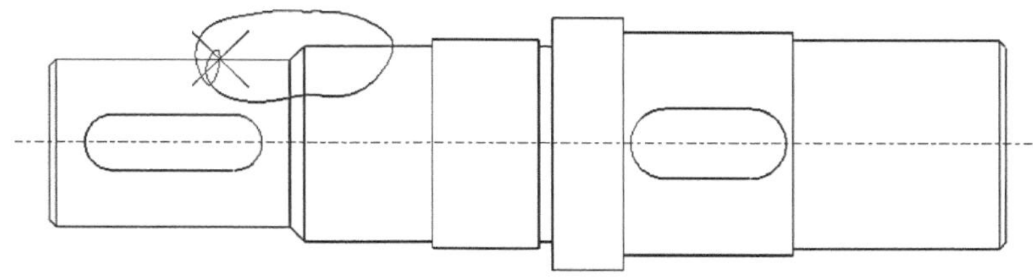

图 9-35　定义外部边界

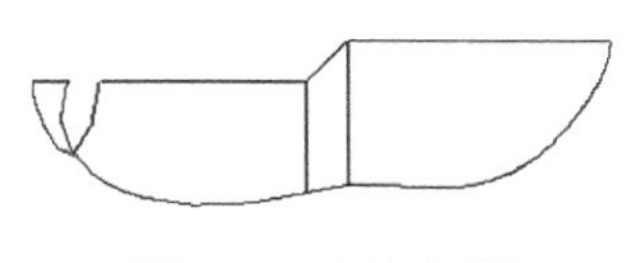

图 9-36　局部视图

9-6　创建局部视图

9.3.3 创建破断视图

在工程制图中，经常遇到一些细长形的零件，若要反映整个零件的尺寸形状，需要用大幅面的图纸来绘制。为了既节省图纸幅面，又可以反映零件形状尺寸，在 Creo 5.0 绘图中可采用破断视图。破断视图指的是从零件视图中删除选定两点之间的视图部分，将余下的两部分合并成一个带破断线的视图。

创建破断视图之前，应当在当前视图上绘制破断线。通常有两种方法绘制破断线：一是通过创建几个断点，然后绘制通过这些断点的直线（垂直线或者水平线）作为破断线；二是通过绘制样条曲线、选取视图轮廓为“S”曲线或几何上的心电图形等形状来作为破断线。确认后系统将删除视图中两破断线间的视图部分，合并保留需要显示的部分。

1）选择本书配套电子资源的第 9 章素材文件夹中的 ch9.02/zhou.prt 模型绘制工程图。进入工程图绘制界面后，在绘图区左上角绘制一般视图，双击创建的主视图，系统弹出“绘图视图”对话框。

2）在该对话框中，选取“类别”区域中的“可见区域”选项。将“视图可见性”设置为“破断视图”。单击“添加断点”按钮 +，再选取图 9-37 所示的点（注意：点在图元上，不是在视图轮廓线上），接着在系统消息的提示下绘制一条垂直线作为第一破断线（不用单击“草绘”→“线”

按钮↘，直接以刚才选取的点作为起点绘制垂直线），此时视图如图 9-38 所示，然后选取图 9-38 所示的点，此时自动生成第二破断线，如图 9-39 所示。

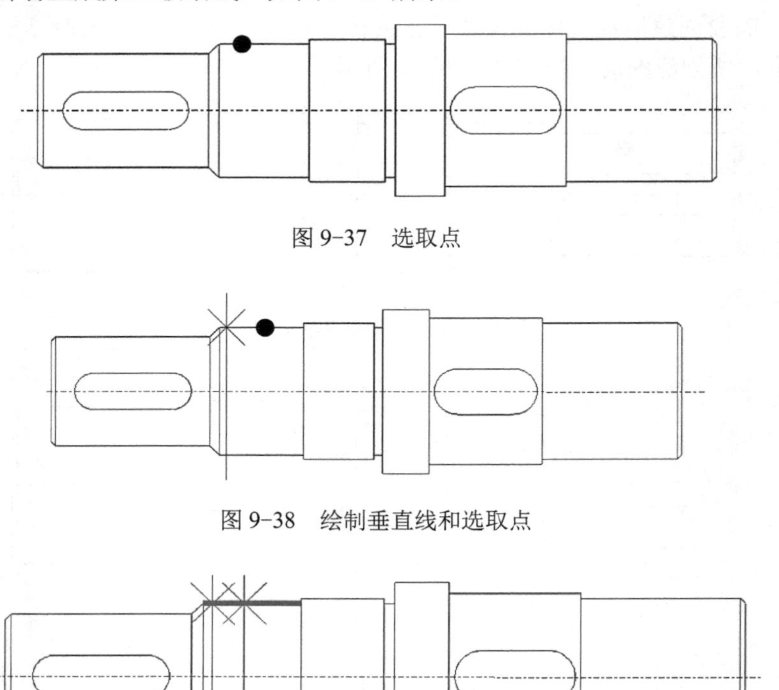

图 9-37　选取点

图 9-38　绘制垂直线和选取点

图 9-39　第二破断线

3）选取破断线造型。在“破断线样式”栏选取“草绘”选项。绘制如图 9-40 所示的样条曲线（不用单击“草绘”→“样条”按钮～，直接在绘图区绘制样条曲线即可），草绘完成后单击鼠标中键结束，此时生成草绘样式的破断线。单击“绘图视图”对话框中的“确定”按钮，关闭对话框，此时生成图 9-41 所示的破断视图。

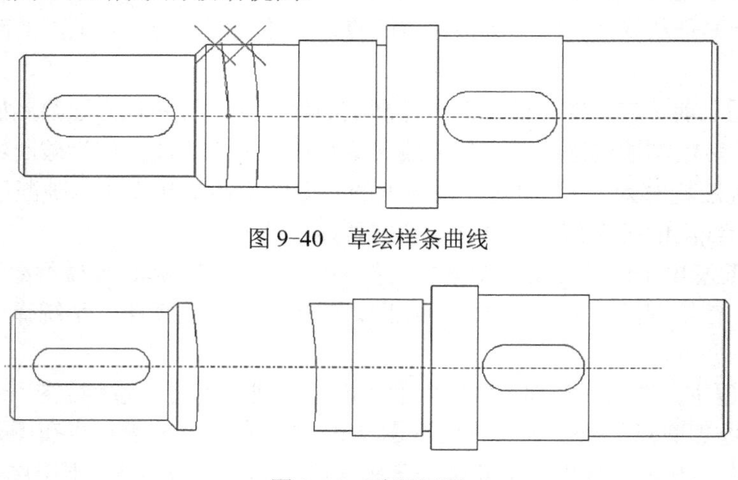

图 9-40　草绘样条曲线

图 9-41　破断视图

9.4 尺寸与注释

对于刚创建完视图的工程图，习惯上先添加其尺寸标注。由于在 Creo 5.0 系统中存在着两种不同类型的尺寸，所以添加尺寸标注一般有两种方法：其一是通过选择“注释”→“显示模型注释”命令来显示存在于零件模型的尺寸信息，其二是通过选择下拉菜单“注释”→ ⟼ 命令手动创建尺寸。在标注尺寸的过程中，要注意国家制图标准中关于尺寸标注的具体规定，以免所标注出的尺寸不符合国标要求。

9.4.1 尺寸标注

1．自动生成尺寸

选择本书配套电子资源的第 9 章素材文件夹中的 ch9.01/duangai.prt 模型绘制工程图。在工程图环境中，当视图创建之后，应先显示自动生成尺寸，这样可以避免添加不必要的尺寸，减少不必要的工作。显示自动生成尺寸有如下两种方法。

使用“显示模型注释”对话框的步骤如下：

1）选择“注释”→“显示模型注释”命令。

2）在系统弹出的图 9-42 所示对话框中，进行下列操作。

- 打开 ⟼ 选项卡。
- 选择显示类型：在对话框的“类型”下拉列表框中选择“全部”选项。
- 选取显示尺寸的视图。按住〈Ctrl〉键，选择主视图和左视图。
- 单击按钮，然后单击对话框底部的“确定”按钮。得到如图 9-43 所示的创建驱动尺寸图，在此基础上可保留合理的尺寸标注，进一步修正不合理的尺寸。

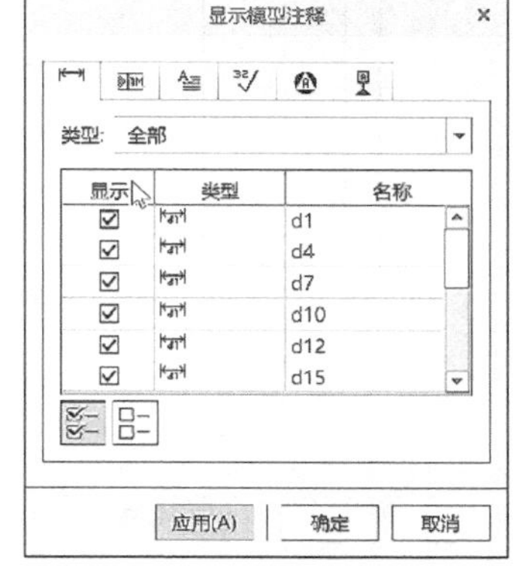

图 9-42 “显示模型注释”对话框

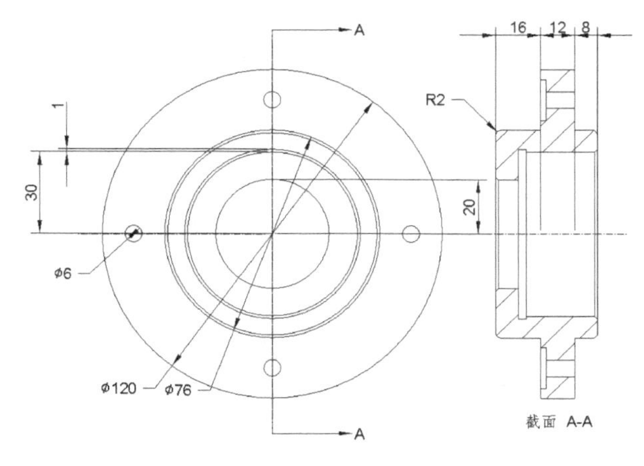

图 9-43 创建驱动尺寸

9-7 自动生成尺寸

2．手动创建尺寸

当自动生成尺寸不能全面表达零件的结构或在工程图中需要增加一些特定的标注时，就需要通过手动操作来创建尺寸。这类尺寸受零件模型所驱动，所以又称为从动尺寸。手动创建的尺寸与零件或组件具有单向关联性，即这些尺寸受零件模型所驱动，当零件模型的尺寸改变时，工程图中的尺寸也随之改变，但这些尺寸的值在工程图中不能修改。手动创建的尺寸不同于自动生成的尺寸，其可以被删除。可通过 ⟼ 命令手动创建尺寸。

1）选择“注释”→ ⟼ 命令，系统弹出“选择参考”菜单，并且系统默认选择“选择图元”命令。

2）选取图 9-44 所示的边线 1，再选取边线 2，接着在图 9-45 所示的尺寸位置单击鼠标中键，在视图中显示出两边线之间的距离，如图 9-45 所示。

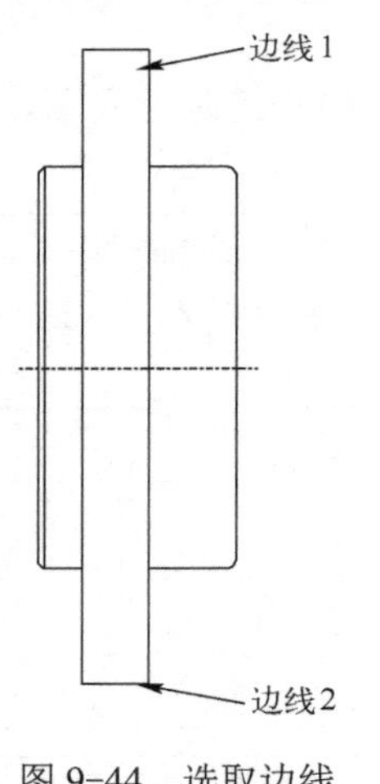

图 9-44　选取边线

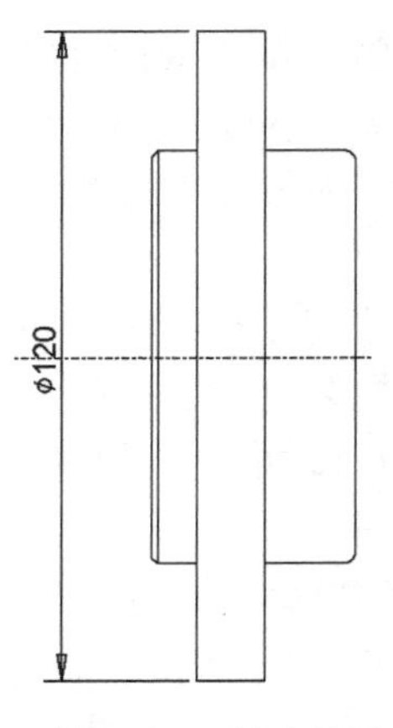

图 9-45　尺寸显示

9-8　手动生成尺寸

“选择参考”菜单管理器中各选项的功能如下。

- 选择图元：将导引符依附到几何上。
- 选择圆弧或圆的切线：将导引符依附到圆弧或圆的切线上。
- 选择边或圆的中点：将导引符依附到规定的中点上。
- 选择两个相交的图元：将导引符依附到两个图元的交点上。
- 在两点之间绘制虚线：为导引符依附制作一根线。

9.4.2 其他标注

在工程图中，除了尺寸标注外，还应有注解标注、公差标注、基准标注和表面粗糙度标注等。

1．注解标注

（1）创建“无引线”的注解

1）选择“注释”→“注解”→“独立注解”命令，系统弹出“选择点”菜单。

2）在弹出“选择点”菜单后，在绘图区选取一点作为注解的放置点，系统弹出“格式”对话框。

3）输入文字“技术要求”，在空白区域单击完成操作。

4）选择“注释”→“注解”→“独立注解”命令，系统弹出“选择点”菜单。在注解“技术要求”下面选取一点。

5）输入文字“1.未注倒角为 C1.5。”，按〈Enter〉键换行后输入文字“2.未注圆角半径为 R2。”，在空白区域单击鼠标左键完成操作，如图 9-46 所示。

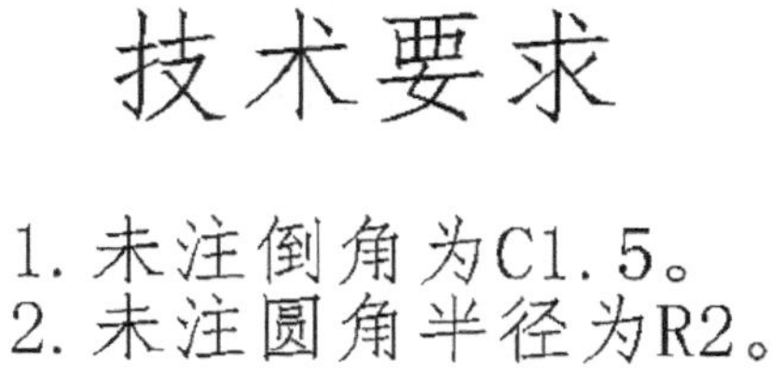

技术要求

1. 未注倒角为C1.5。
2. 未注圆角半径为R2。

图 9-46 “无引线”的注解

（2）创建“带引线”的注解

1）选择“注释”→“注解”→“引线注解”命令，系统弹出“选择点”菜单。在弹出“选择点”菜单后，在绘图区选取一点作为注解的放置起点，再选取一点作为注释文字的放置点，用鼠标中键单击编辑框，系统弹出“格式”对话框。

2）输入文字“此面需要淬火处理”，在空白区域单击鼠标左键完成操作，创建后的注解如图 9-47b 所示。

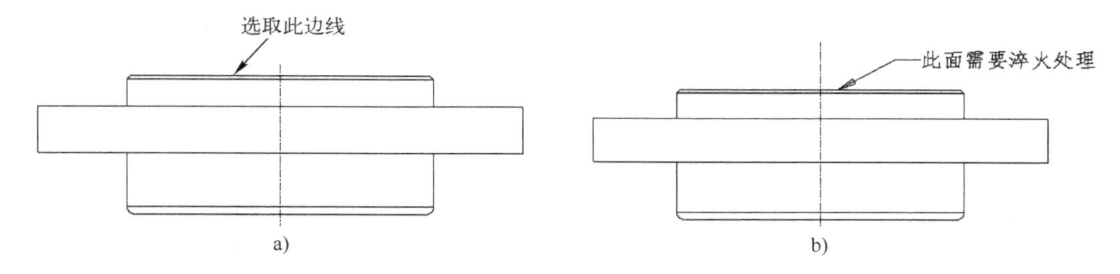

图 9-47 创建“带引线”的注解

a) 创建前 b) 创建后

2. 公差标注

（1）显示尺寸公差

1）选择“文件”→“准备”→“绘图属性”命令，系统弹出“绘图属性”对话框，单击详细信息选项更改，弹出“选项”对话框。

2）在“选项”对话框左侧的配置文件列表中输入配置文件 tol_display 并单击选取。

3）此时在“选项”对话框下部的“选项”和“值”文本框中自动添加有关配置文件 tol_display 的项目，如图 9-48 所示。

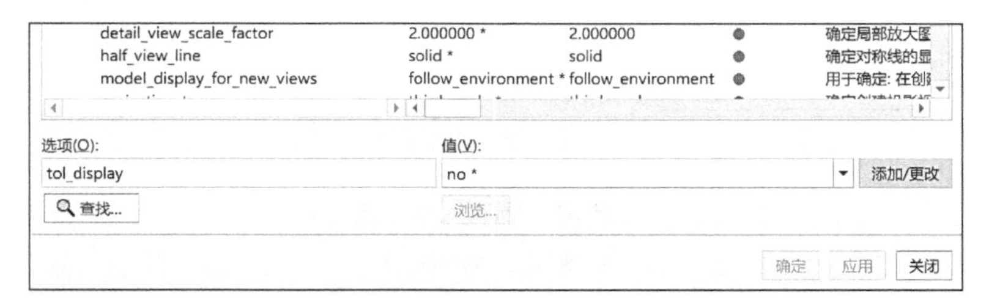

图 9-48 “选项”对话框

4）在“值”下拉列表框中选取 yes 选项，单击“添加/更改”按钮。

5）单击“确定”按钮，关闭对话框。

6）在视图中双击图 9-49a 所示的尺寸，系统弹出图 9-50 所示的“尺寸”操作面板，在“精度”区域的 10.123 下拉列表框中选择 0.12，在“公差”区域的“公差”下拉菜单中选取“正负”选项，在 $10.0^{+0.2}_{-0.1}$ 文本框中输入数值 0.40，在 $10.0^{+0.2}_{-0.1}$ 文本框中输入数值-0.19。

7）单击空白处，此时被修改尺寸如图 9-49b 所示。

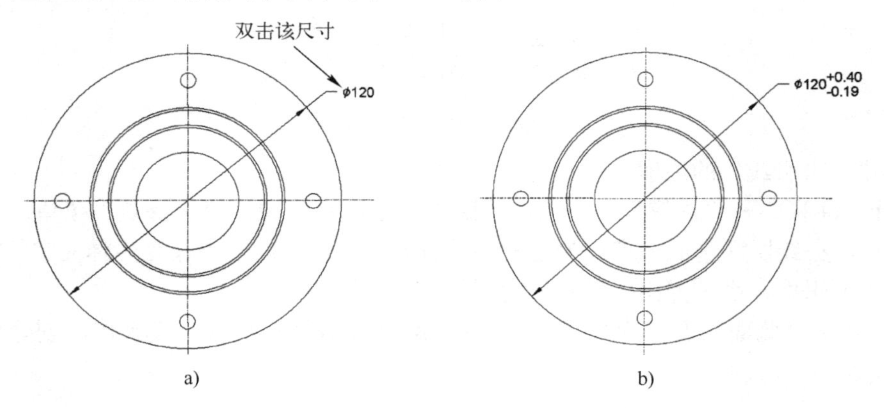

图 9-49　显示尺寸公差

a）显示前　b）显示后

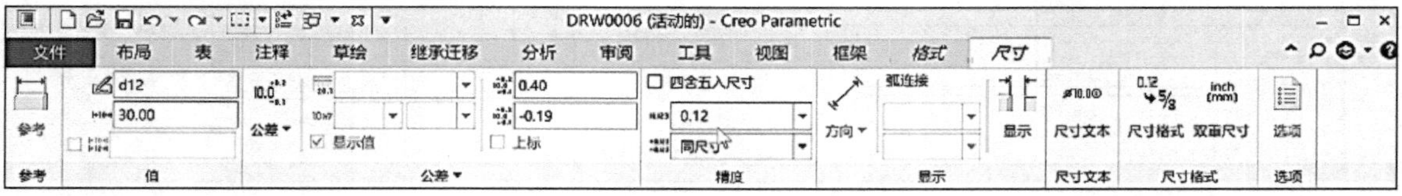

图 9-50　“尺寸”操作面板

（2）编辑尺寸公差

在 Creo 5.0 系统中，将配置文件 tol_display 的值设置为 yes 后，即可在“尺寸”操作面板中对其尺寸公差的显示格式进行编辑。

1）双击图 9-51a 所示的尺寸，系统弹出图 9-52 所示的“尺寸”操作面板。

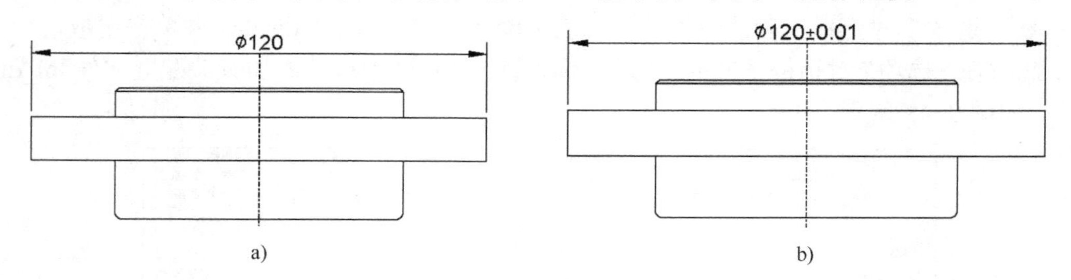

图 9-51　编辑尺寸公差

a）编辑前　b）编辑后

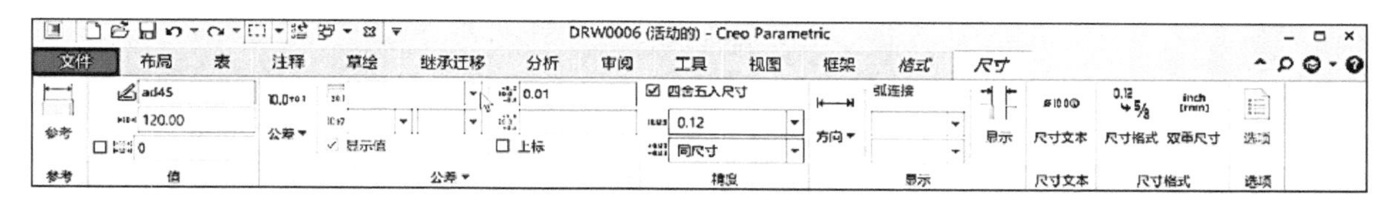

图 9-52 “尺寸”操作面板

2）在“尺寸”操作面板中“公差”区域的“公差”下拉菜单中选取“对称”选项，值为 0.01。

3）单击空白处，此时尺寸的公差以正负号的形式显示，如图 9-51b 所示。

3. 基准标注

在工程图中经常需要标注基准，作为标注尺寸、公差等参数的参照。具体操作如下。

1）选择“注释”→“注释”→“基准特征符号”命令。

2）在系统提示下选择图 9-53 所示的端面边线，然后单击鼠标中键，此时系统弹出“基准特征”选项卡。

3）在“基准特征”选项卡的“标签”文本框中输入基准名 A，然后按〈Enter〉键。

4）将基准符号移至合适的位置，然后在图纸空白处单击完成操作。

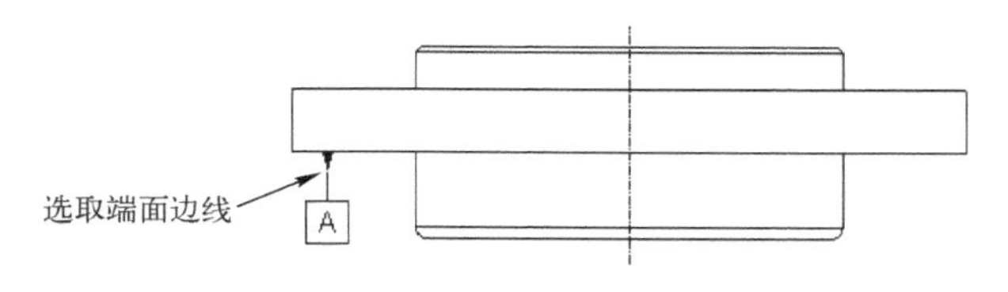

图 9-53 基准标注

4. 表面粗糙度标注

本书中表面粗糙度的标注依据标准 GB/T 1031-2009。

（1）插入表面粗糙度符号

Creo 5.0 中既可以在零件模型环境中标注零件模型的表面粗糙度，也可以在工程图环境下对视图进行表面粗糙度的标注。表面粗糙度只与零件的表面相关，并不与所选的参照图元或视图相关，每个粗糙度值都适用于整个表面，在已指定粗糙度的表面上重新指定粗糙度时，系统重新定义零件表面的粗糙度信息，并更换粗糙度符号。因为此软件还没有更新到最新的表面粗糙度符号，所以需要自己建立。插入表面粗糙度符号的具体操作如下。

1）启动 Creo 5.0 软件，打开已经创建好的工程图文件。

2）选择“注释”→“符号”→“符号库”命令，系统弹出“菜单管理器”选项框，选择“定义”选项，在“输入符号名”中输入“STANDARD3”，单击✓按钮。然后选择“菜单管理器”的“复制符号”，选择 Creo 5.0/Creo 5.0.0.0/Common Files/symbols/surffins/machined 中的 standard1.sym 文件，根据提示在绘图区域中选择一点，然后绘制成 \c\ 。

3）选择“注释”→“符号”命令下的“自定义符号”。

4）在图 9-54 所示的“自定义绘图符号”对话框的“符号名”中浏览并选择“STANDARD3”，然后在图形区选取图 9-55 所示的边线作为放置位置，在“可变文本”提示下输入粗糙度值 3.2，然后单击“确定”按钮。添加结果如图 9-56 所示。

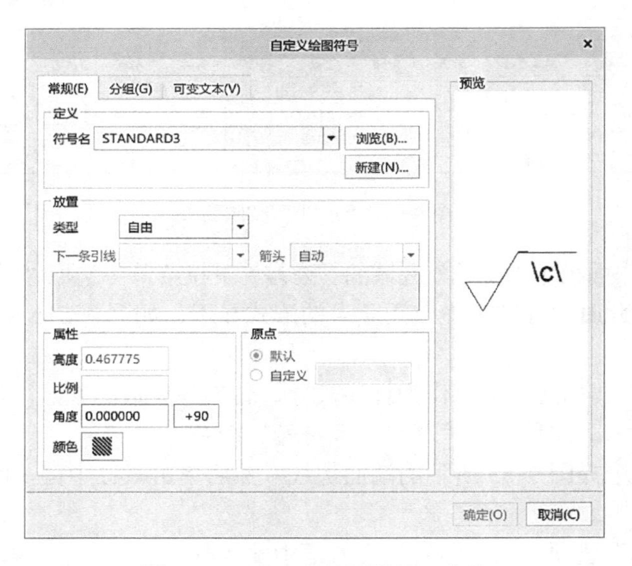

图 9-54 “自定义绘图符号”菜单

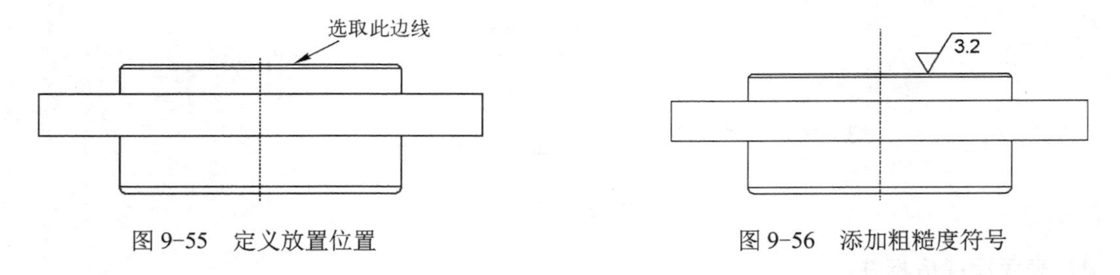

图 9-55 定义放置位置　　图 9-56 添加粗糙度符号

（2）表面粗糙度符号位置与大小的修改

单击表面粗糙度符号，当光标显示为四向箭头时可以改变表面粗糙度符号的位置；当光标显示为双向箭头时可以改变表面粗糙度符号的大小。当需要修改表面粗糙度的数值时，可选中要修改的数值，然后双击，在系统的提示下输入数值，并按〈Enter〉键结束操作。

5．几何公差标注

选择本书配套电子资源的第 9 章素材文件夹中的 ch9.02/zhou.prt 模型绘制工程图。选择“注释”→“几何公差”命令，出现几何公差图标，然后单击图 9-57 所示位置 1，单击鼠标中键结束，选择“几何特征”中的“垂直度”，再单击“复合框架”，出现“复合框架”对话框，在“公差”中输入 0.02，“主要”中输入 A。再单击“几何公差”按钮，把图标放在图 9-57 所示位置 2，选择“几何特征”中的“圆柱度”，得到的几何公差如图 9-58 所示。

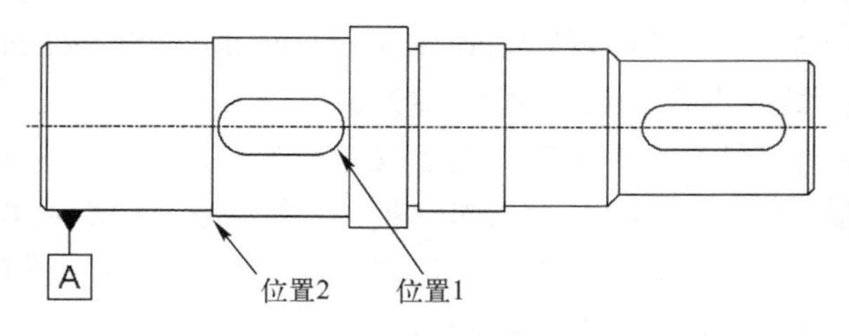

图 9-57 几何公差标注的位置

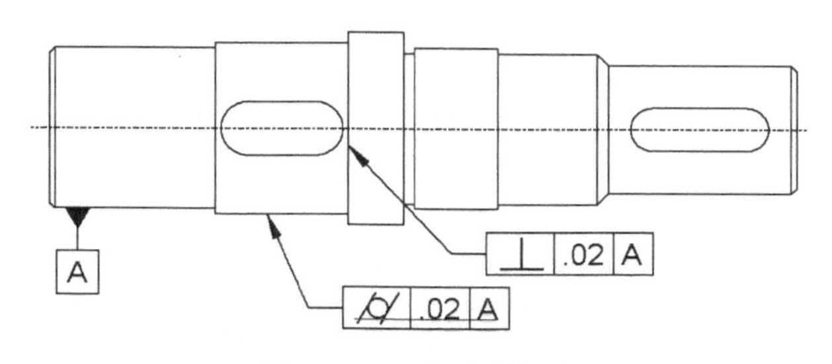

图 9-58　几何公差标注

9.5　工程图应用实例

9.5.1　新建模型文件

选择本书配套电子资源的第 9 章素材文件夹中的 ch9.02/zhou.prt 模型绘制工程图。在工具栏中单击“新建”按钮。

选取“类型”区域中的“绘图”选项；在“名称”文本框中输入工程图的文件名；取消选中“使用默认模板”复选框，不使用默认的模板；单击该对话框中的“确定”按钮；在系统弹出的“新建绘图”对话框 “指定模板”区域中选中“格式为空”单选按钮；在“格式”区域中单击“浏览”按钮；在“打开”对话框左侧的选项区中选取“工作目录”选项，选择 a3_form.frm 格式文件，并将其打开；在“新建绘图”对话框中单击“确定”按钮。完成这一步操作后，系统立即进入工程图环境。

9.5.2　确定主视图方位

1）在工具栏“窗口”的下拉菜单中选择 ZHOU. PRT 选项。

2）在“视图”选项卡中单击 下的“重定向”按钮，系统弹出“方向”对话框。

3）在“方向”对话框的“类型”下拉列表框中选择“按参考定向”选项。

4）确定参考 1 的放置方位。

a）采用默认的方位“前”作为参考 1 的方位。

b）选取图 9-59a 所示面 1 作为参考 1。

5）确定参考 2 的放置方位。

a）选取“右”作为参考 2 的方位。

b）选取图 9-59a 所示面 2 作为参考 2。这时系统立即按照两个参考所定义的方位重新对模型进行定向。

6）完成模型的定向后，将其保存起来以便下次调用。保存视图的方法为：在“名称”文本框中输入视图名称 VI，然后单击对话框中的“保存”按钮。

7）在“方向”对话框中单击“确定”按钮，得到定向后的模型如图 9-59b 所示。

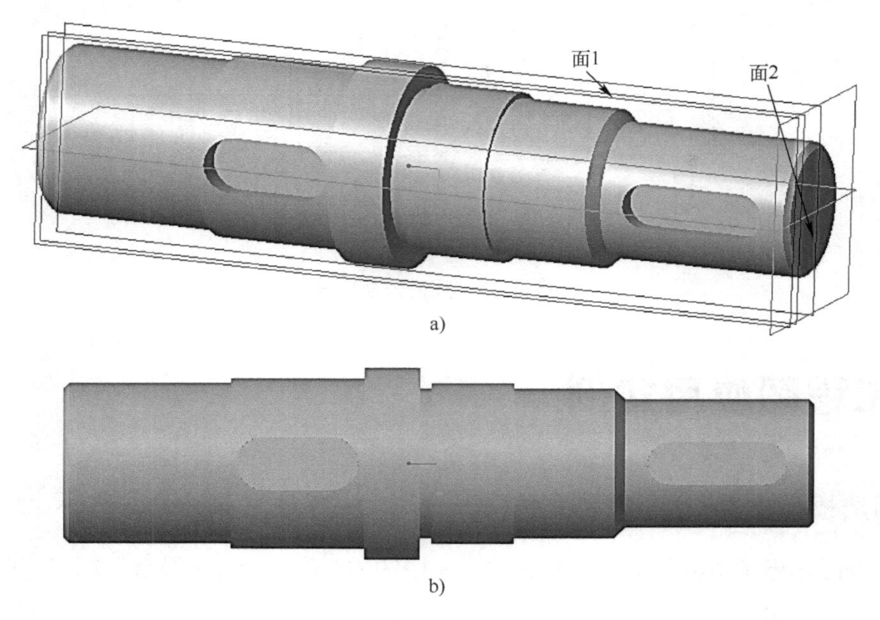

a)

b)

图 9-59　模型的定向

a) 定向前　b) 定向后

9.5.3 在工程图环境下创建主视图

1）在工具栏“窗口”的下拉菜单中选择 DRW0001.DRW:1 选项。

2）在绘图区右击，在系统弹出的快捷菜单中选择“普通视图”命令。

3）在绘图区选取一点，系统弹出“绘图视图”对话框。

4）在该对话框中找到视图名称 V1，然后单击“应用”按钮，即系统按 VI 的方位定向视图。

5）选取“类别”区域中的“视图显示”选项，在“显示样式”下拉列表框中选择“隐藏线”选项，然后单击“确定”按钮并关闭该对话框，得到图 9-60 所示主视图。

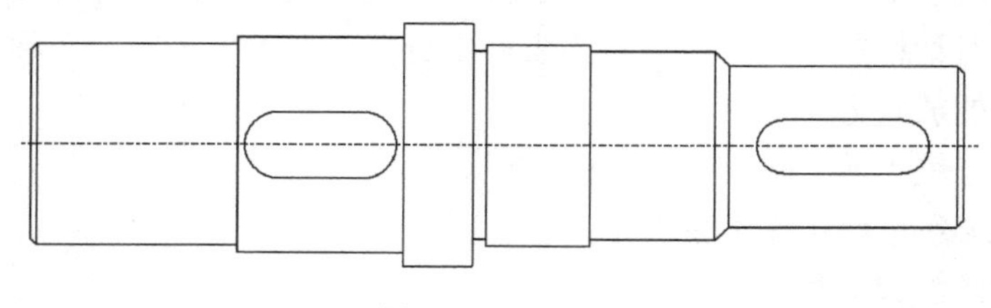

图 9-60　主视图

9.5.4 调整主视图

1）选中主视图，单击鼠标右键，在系统弹出的快捷菜单中选择“锁定视图移动”命令，取消前面的✓。

2）将光标放在主视图上，当出现四向的箭头时，即可按住鼠标左键拖动主视图，将其放在绘图区域的适当位置。

9.5.5 创建剖切面

1）启动 Creo 5.0 软件，打开已经创建好的零件。

2）选择“视图”选项卡中的“视图管理器”命令。

3）切换到“截面”选项卡，在弹出的截面操作界面中，单击“新建”按钮，输入名称 A，并按〈Enter〉键。

4）选择截面类型。在弹出的“菜单管理器”对话框中，选择默认的“平面”命令，输入截面名称 A，单击鼠标中键定义剖切面。

5）定义剖切面。

a）单击“参考”定义参考平面。

b）在零件模型中选取如图 9-59 所示基准平面“面 1”作为参考平面。

c）单击 ✓ 按钮完成界面的创建。

d）此时系统返回截面操作界面，右击截面名称 A，在弹出的快捷菜单中选取“显示截面”命令；此时模型上显示图 9-61 所示的剖切面。

6）修改剖切面的剖面线间距。

a）在截面操作界面中，选取要修改的截面名称 A，然后选择“编辑剖面线”命令，此时系统弹出“编辑剖面线”对话框。

b）在弹出的“编辑剖面线”对话框中，修改“比例”的数值以改变剖面线的间距。

c）修改“角度”的数值以改变剖面线的角度，也可修改剖面线的显示颜色。

d）修改完成后单击“确定”命令。

7）此时系统返回截面操作界面，单击“关闭”按钮，完成剖切面的创建。

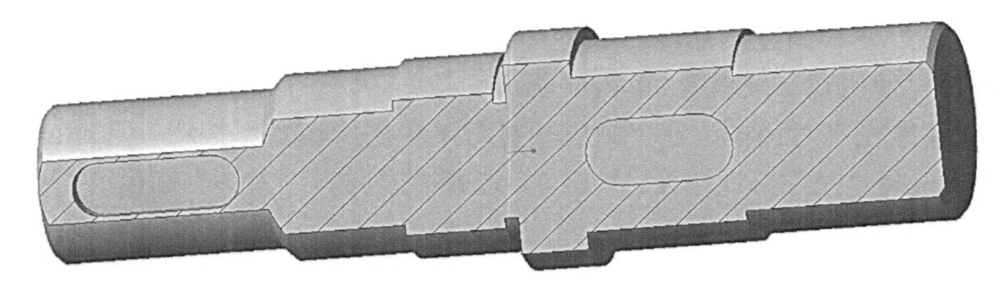

图 9-61　剖切面

9.5.6 添加剖视图

1）选择“文件”→“新建”命令，在弹出的“新建”对话框中选择“绘图”单选按钮，输入名称，取消选择“使用默认模板”，单击“确定”按钮。

2）弹出“新建绘图”对话框，在“默认模型”下单击“浏览”按钮，选择已创建好剖切面的文件，在“指定模板”中选择“空”单选按钮，“方向”选择“横向”，“大小”选择“A3”，单击“确定”按钮，进入工程图环境。

3）创建主视图，选择“投影视图”命令创建投影视图。

4）在系统 选取绘制视图的中心点。的提示下，在绘图区的主视图右方单击。

5）双击投影视图，系统弹出“绘图视图”对话框。

6）设置剖视图选项。

a）在该对话框中，选取“类别”区域中的“截面”选项。

b）将“剖面选项”设置为“2D剖面”，然后单击 + 按钮。

c）将“模型边可见性”设置为“总计”（设置为“区域”时，生成断面图，旧标准称为剖面图）。

d）在“名称”下拉列表框中选取截面 A，在“剖切区域”下拉列表框中选取“完整”选项。

e）添加箭头，在系统的“➪给箭头选出一个截面在其处垂直的视图。中键取消。”提示下单击主视图，系统自动生成箭头。单击对话框中的“确定”按钮，关闭该对话框。重复上述步骤可添加截面B，剖视图如图9-62所示。

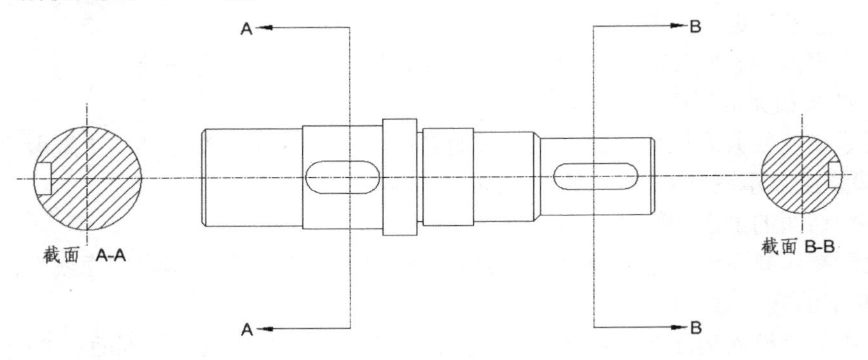

图9-62　剖视图

9.5.7 尺寸标注

1）选择“文件”→“新建”命令，在弹出的“新建”对话框中选择“绘图”单选按钮，输入名称，取消选择“使用默认模板”，单击“确定”按钮。

2）弹出“新建绘图”对话框，在“缺省模型”下单击“浏览”按钮，选择已创建好的零件，在“指定模板”中选择“空”单选按钮，“方向”选择“横向”，“大小”选择“A3”，单击“确定”按钮，进入工程图环境。

3）创建主视图和投影视图。选择“注释”→“显示模型注释”命令。

4）在系统弹出的图9-63所示的“显示模型注释”对话框中，进行下列操作。

a）切换到⟷选项卡。

b）选择显示类型：在该对话框的“类型”下拉列表框中选择“全部”选项。

c）选取显示尺寸的视图。按住〈Ctrl〉键，选择主视图和左视图。

d）单击☑按钮，然后单击该对话框底部的“确定”按钮，生成系统默认的尺寸图。

e）对尺寸进行整理后得到图9-64所示的尺寸。

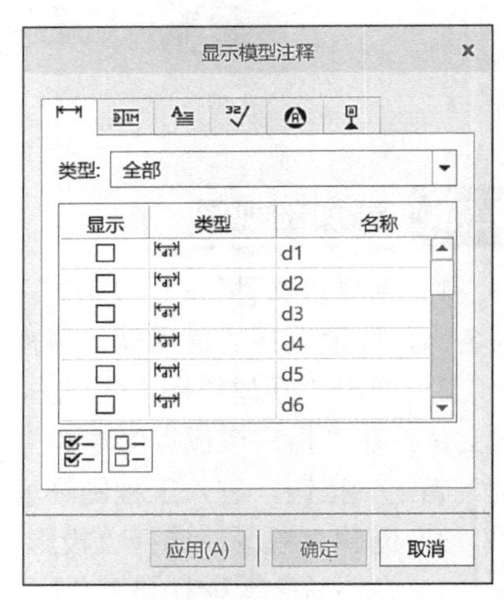

图9-63　“显示模型注释”对话框

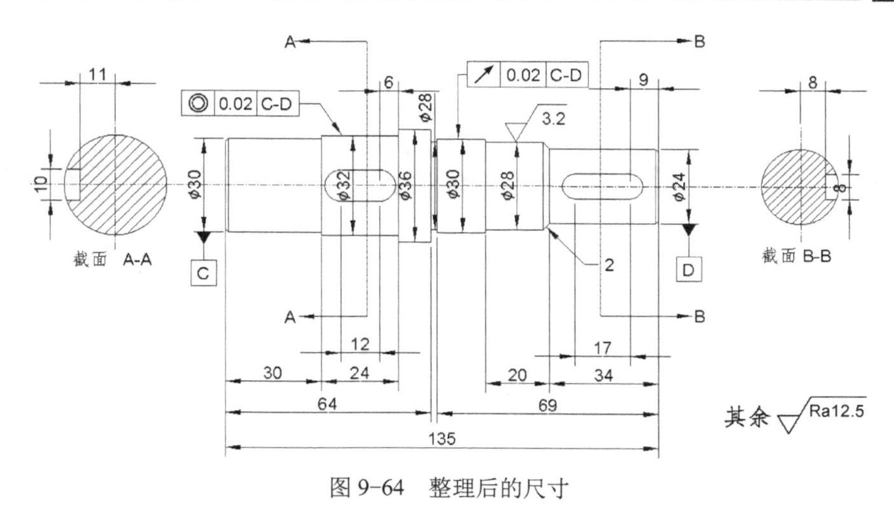

图 9-64　整理后的尺寸

习题

1．什么是局部放大视图？如何创建局部放大视图？

2．如何在绘图视图中插入表面粗糙度符号？

3．如何在工程图中为选定尺寸设置显示其尺寸公差？

4．如何进行对齐尺寸的操作？

5．上机练习：请在零件模式中为一个传动轴零件建立其 3D 模型，要求该轴至少有两个键槽结构，然后新建一个绘图文件并通过该传动轴零件生成相关的视图，对于键槽结构用断面图表示。

6．上机练习：请参照图 9-65 所示的工程图信息来建模，在新绘图文件中创建其相应的工程图并完成相关标注。

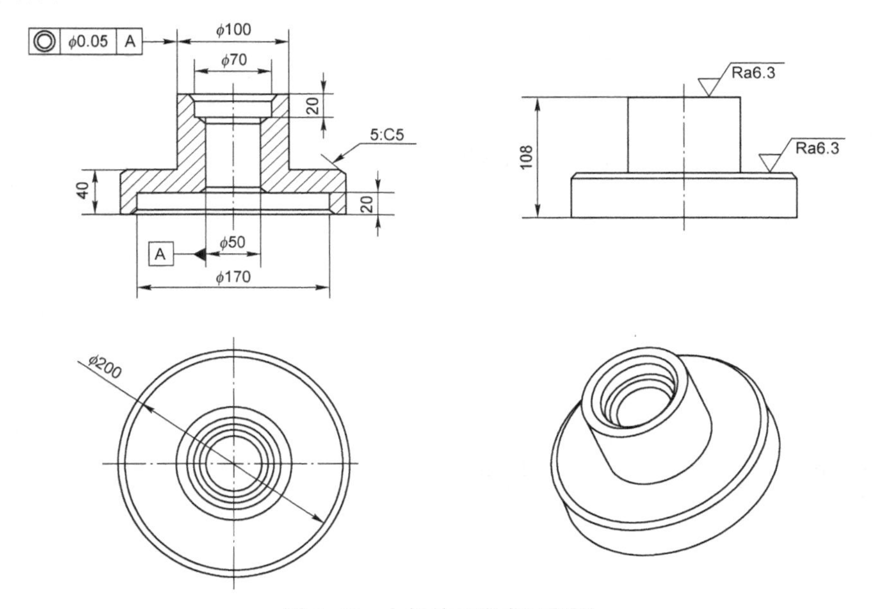

图 9-65　上机练习参考工程图

第 10 章　计算机辅助有限元工程分析

本章要点

- 计算机辅助有限元工程分析基本流程。
- 计算机辅助有限元工程分析模型建立。
- 计算机辅助有限元工程分析求解。
- 计算机辅助有限元工程分析优化设计。

从广义上说，计算机辅助工程（CAE）包括很多，从字面上讲，它可以包括工程和制造业信息化的所有方面，但是传统的 CAE 主要指用计算机对工程和产品进行性能与安全可靠性分析，对其未来的工作状态和运行行为进行模拟，及早发现设计缺陷，并证实未来工程、产品功能和性能的可用性和可靠性。

Creo 5.0 之前的 PTC Creo 版本已具备部分优化设计能力，通过 BMX 可以对产品的部分参数进行计算，并结合运动仿真、动力学仿真、结构/热仿真以及 Mathcad 进行计算，对产品的部分参数进行优化，但缺乏对于模型几何结构形状优化的能力。Creo 5.0 具备了这一能力，通过拓扑优化的功能，可以在设定边界条件、约束的条件下进行结构/热仿真，并去除应力较小的几何结构中的小细节，同时对于已经优化的结构生成可以进行加工的 Brep 实体边界几何，利用增材制造技术对该复杂模型进行制造。引入了 Simerics 的 CFD 流体仿真分析模块增强了 PTC Creo 在此领域的仿真分析能力。

本章将以 Cero 5.0 的 Cero Simulate 作为分析工具，以机械设计中典型的轴零件为例进行有限元分析操作过程介绍。通过本章的学习可以使读者熟练掌握机械 CAE 分析流程与求解方法，提高其数字化设计分析能力，为 CAM 应用奠定基础。

10.1　有限元工程分析流程

有限元工程分析的流程总体上可分为 3 大部分，即前处理、主分析计算、后处理等。Creo 5.0 的有限元分析流程，从模型创建、简化模型、网格生成到边界条件的设定，再到求解、分析结果，以及判断结构的正确性、可靠性、合理性。其流程图如图 10-1 所示。

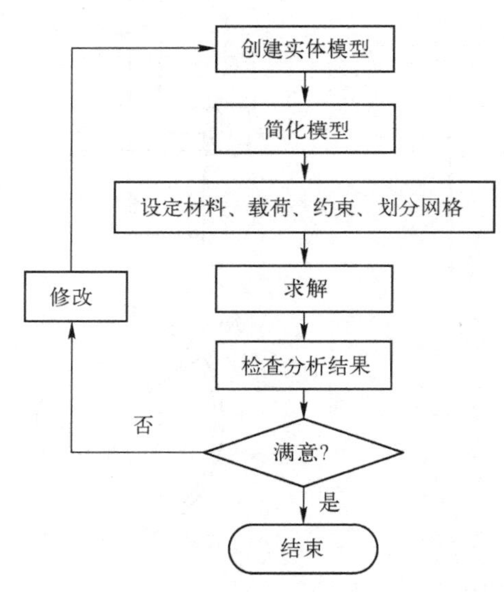

图 10-1　有限元工程分析流程

10.2　有限元分析模型的建立

有限元分析模型简称 FEA 模型，其内涵包括创建并简化模型、设定材料、添加载荷、添加约束及设置网格等。利用前面所讲的知识即可创建模型，此处不再重复，以下就后几个方面做简单介绍。

10.2.1 创建并简化模型

模型的简化是指隐含或简化与结构分析结果影响不大的次要特征，不仅可以加快分析速度，还可以减少影响其他参数的约束，对于创建结构其他部分的模型有指导意义。

1）在模型树下将不需要的特征隐含。

2）使用 CUT 特征去除模型里对分析结果影响比较小的部分。

3）直接画一个可以进行仿真分析的简化模型作为预分析模型，完成之后再将分析结果应用到正式的零件或组件上。

4）简化模型时，尽量采用梁模型或者薄壳模型而不是实体模型，这样可以有效地减少模型尺寸、磁盘空间、内存及分析时间。

5）分层存放隐含的特征和待分析的特征，即先隐含次要的、与分析关系不大的图层，然后利用 Simulate 进行分析，分析完毕后再将之前隐含的部分恢复显示。

10.2.2 设定材料

在使用 Simulate 进行分析之前，为了对模型进行有限元分析和优化设计，需要为模型指定一系列的物理属性，如密度、刚度、比热容和表面粗糙度等，见表 10-1。

表 10-1　材料属性要求

属性名称	适用分析类型	适用条件
质量、密度	结构和热	仅限模态分析
每单位质量的成本	结构和热	非必需
杨氏模量	结构	必需
泊松比	结构	必需
剪切模量	结构	必需
热膨胀系数	结构	仅限具有温度载荷的模型
失效准则	结构	仅限具有温度载荷的模型
比热容	热	仅限瞬态热分析
热导率	热	必需
拉伸极限应力	结构	仅用于疲劳分析
材料类型	结构	仅用于疲劳分析
失效强度衰减因子	结构	仅用于疲劳分析
表面粗糙度	结构	仅用于疲劳分析

注：通过指定杨氏模量、泊松比或热膨胀系数作为温度的函数，可以创建与温度相关的各向同性材料属性。

1．定义材料

Simulate 模块右侧工具栏中的“材料”按钮就是用于定义材料的工具，可对模型添加库中材料、新建材料、修改已有材料属性。单击“材料”按钮，系统弹出“材料”对话框，选择“Legacy-Materials”，如图 10-2 所示。

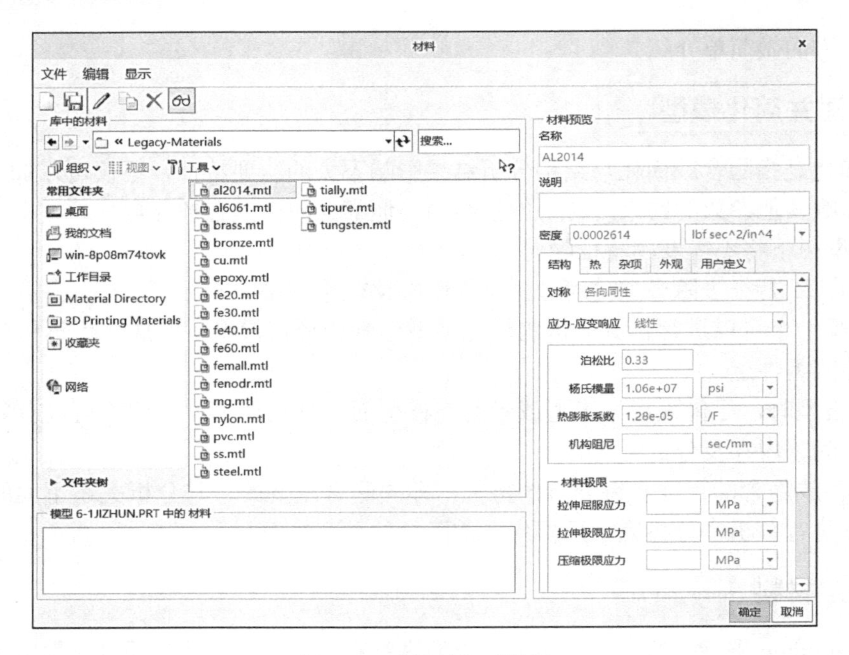

图 10-2 “材料”对话框

单击工具栏上的“新建”按钮，可以具体定义材料名称、说明、密度、结构材料属性；选择“库中的材料”或者“模型 XXX 中的材料”列表框中的材料，可对材料的各种属性参数值进行更改；选中“库中的材料”列表框中所需要的材料，双击所选中的材料，“模型 XXX 中的材料”列表框中出现材料名称，单击“确定”按钮将选中的材料添加到模型中。

2. 创建材料方向

Simulate 模块右侧工具栏中的“材料分配”按钮用于为模型或者体积块创建“材料分配”，是对模型添加库中材料、新建材料、修改已有材料属性的工具。单击“材料分配”按钮，系统弹出“材料分配”对话框，如图 10-3 所示。在“材料方向”中修改材料属性，根据实际情况定义材料的各向异性或同性等性质。

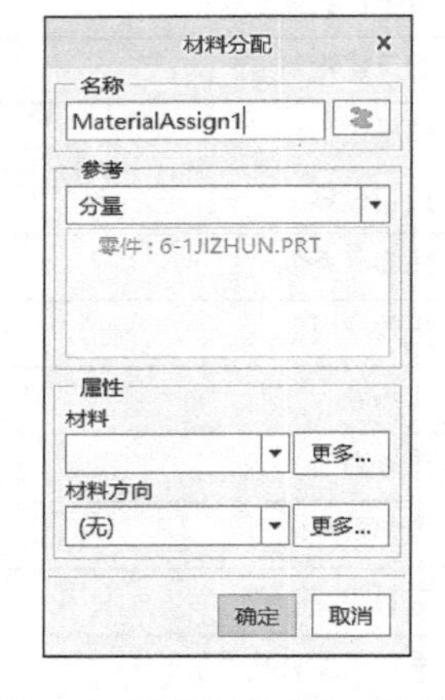

图 10-3 “材料分配”对话框

10.2.3 添加约束

在 Simulate 中对 3D 模型进行虚拟仿真分析，须根据实际要求对模型添加约束。约束类型包括位移、平面、对称约束等。下面简单介绍几个约束的创建。

1. 位移约束创建

进入 Simulate 模块后，单击“主页”选项卡“约束”功能区中的图标，用于添加位移约束。系统弹出“约束”对话框，如图 10-4 所示。对话框中的选项含义如下。

- “名称”：用于定义新建的位移约束名称。
- “集的成员”：用于定义新建的位移约束属于哪个约束集。
- “参考”：用于定义位移约束在模型中的位置参照。
- “坐标系”：用于定义施加在 3D 模型上的位移约束的参照坐标系。

- “平移”：用于定义所选点、线、面相对于 X、Y、Z 轴的平移约束。
- “旋转”：用于定义所选点、线、面相对于 X、Y、Z 轴的旋转约束。

2. 平面约束创建

进入 Simulate 模块后，单击“主页”选项卡“约束”功能区中的图标，用于添加平面约束。系统弹出“平面约束”对话框，如图 10-5 所示。

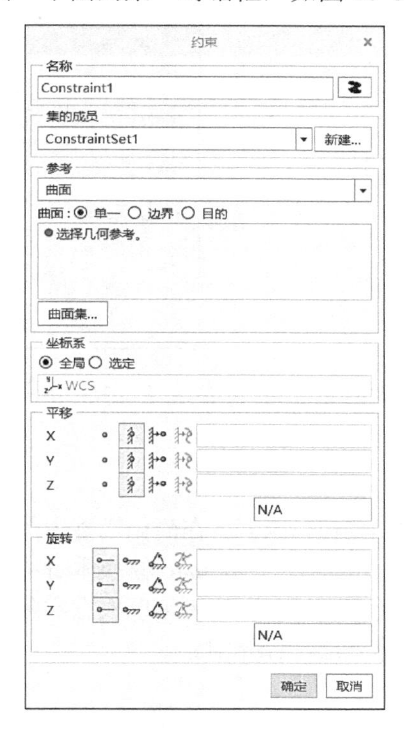

图 10-4 “约束”对话框

图 10-5 “平面约束”对话框

对话框中的选项含义如下。

- “名称”：用于定义新建的平面约束名称。
- “集的成员”：用于定义新建的平面约束属于哪个约束集。
- “参考”：用于定义平面约束在模型中的位置参照。

3. 对称约束创建

进入 Simulate 模块后，单击“主页”选项卡中的“约束”按钮，打开其下拉菜单，图标用于添加对称约束，单击后系统弹出“对称约束”对话框，如图 10-6 所示。其中选项含义如下。

- “名称”：用于定义新建的对称约束名称。
- “集的成员”：用于定义新建的对称约束属于哪个约束集。
- “类型”：此下拉列表框用于选择对称约束类型，包括镜像和循环两种。
- “参考”：用于定义对称约束在 3D 模型中的位置参照，可以选择点、线、面及其组合。

4. 其他约束

1）“销钉约束”工具，平面约束的一种，对模型中同一位置的轴向平移和径向旋转进行约束，如图 10-7 所示。

2）“球约束”工具，平面约束的一种，是对模型中的球面特征进行约束的工具，如图 10-8 所示。

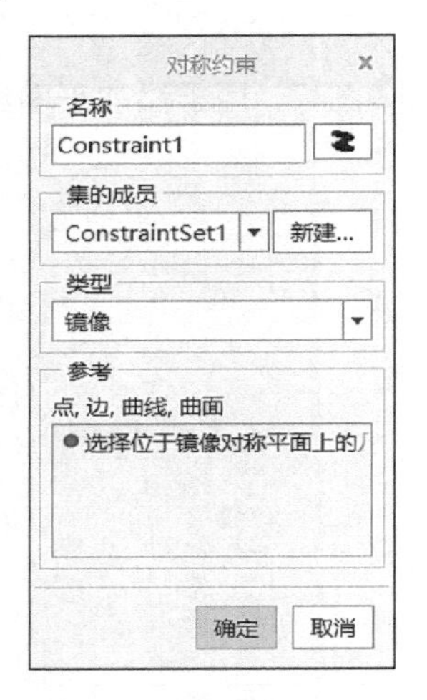

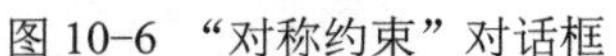
图 10-6 “对称约束”对话框

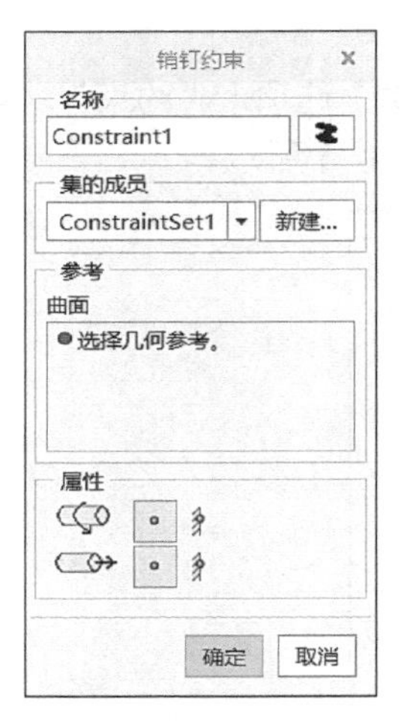

图 10-7 “销钉约束”对话框

图 10-8 “球约束”对话框

10.2.4 定义载荷

创建好的模型需要根据工程实际需求在相应位置添加载荷，应至少在简化模型中的一个区域上施加一定的载荷，以便使模块能够顺利运行大多数的分析类型。Simulate 模块本身提供了多种载荷类型，包括力/力矩、压力、承载、重力、离心力以及温度等。设计者可以根据实际物体的受力情况对模型添加不同载荷。下面对几种常用的载荷创建方法进行介绍。

1．力/力矩载荷创建

Simulate 模块中的“主页”选项卡“载荷”功能区图标用于添加力和力矩载荷。单击该工具按钮，系统弹出“力/力矩载荷”对话框，如图 10-9 所示。

对话框中的选项含义如下。

- “名称”：用于定义新建的力/力矩载荷的名称。
- “集的成员”：通过下拉列表框中的载荷集或新建载荷集的方式定义当前创建的载荷属于哪个载荷集。
- “参考”：用于定义力/力矩载荷加载在模型中的位置参照。参照包括曲面、边/曲线、点。根据所选择加载对象的不同选择相应的参照。
- “属性”：用于定义施加在模型上的力/力矩的参考坐标系。有两个选项“全局”表示使用系统全局坐标系 WCS 作为参考坐标系；“选定”表示使用选定的坐标系作为参考坐标系。另外，通过“高级”按钮可设置“分布”和“空间变化”选项。
- “力”：用于定义施加在模型上的外力的大小和方向。
- “力矩”：用于定义施加在模型上的力矩的大小和方向。

2．压力载荷创建

Simulate 模块后中的“主页”选项卡“载荷”功能区的图标用于添加压力载荷。单击该按钮，系统弹出“压力载荷”对话框，如图 10-10 所示。

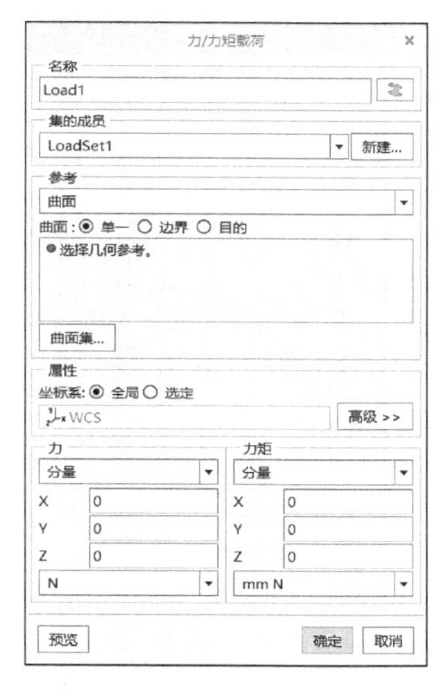

图 10-9 “力/力矩载荷”对话框

图 10-10 “压力载荷”对话框

对话框中的选项含义如下。

1）“名称”：用于定义新建的压力载荷的名称。

2）“集的成员”：通过选择下拉列表框中载荷集或新建载荷集的方式定义当前创建的载荷属于哪个载荷集。

3）“参考”：用于定义压力载荷加载在模型中的位置参照。

4）“压力”：用于定义施加压力的方法和种类。

5）“值”：用于定义施加压力载荷的数值及单位制。

3．承载载荷创建

Simulate 模块中“主页”选项卡“载荷”功能区的图标用于添加承载载荷。单击该按钮，系统弹出“承载载荷”对话框，如图 10-11 所示。

对话框中的选项含义如下。

1）“名称”：用于定义新建的承载载荷的名称。

2）“集的成员”：通过选择下拉列表框中载荷集或新建载荷集的方式定义当前创建的载荷属于哪个载荷集。

3）“参考”：用于定义承载载荷加载在模型中的位置参照及选择的几何参照。

4）“属性”：用于定义施加在 3D 模型上的力载荷的参照坐标系。

5）“力”：用于定义施加在 3D 模型中的压力的方向和单位制。

4．重力载荷创建

Simulate 模块中“主页”选项卡“载荷”功能区的图标用于添加重力载荷，单击该按钮，系统弹出“重力载荷”对话框，如图 10-12 所示。对话框中的选项含义如下。

1）“名称”：用于定义新建的重力载荷的名称。

2）“集的成员”：通过选择下拉列表框中载荷集或新建载荷集的方式定义当前创建的载荷属于哪个载荷集。

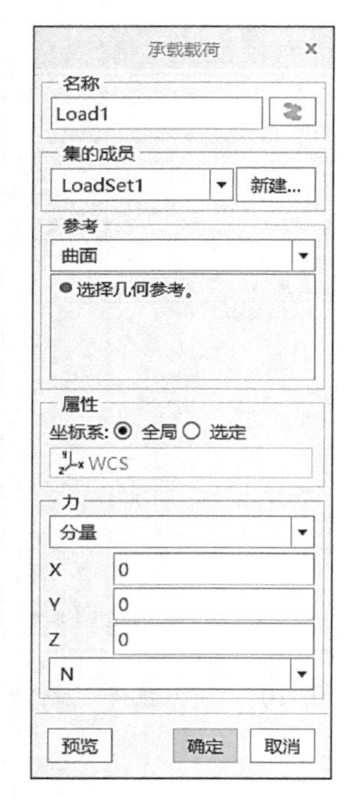

图 10-11 “承载载荷”对话框

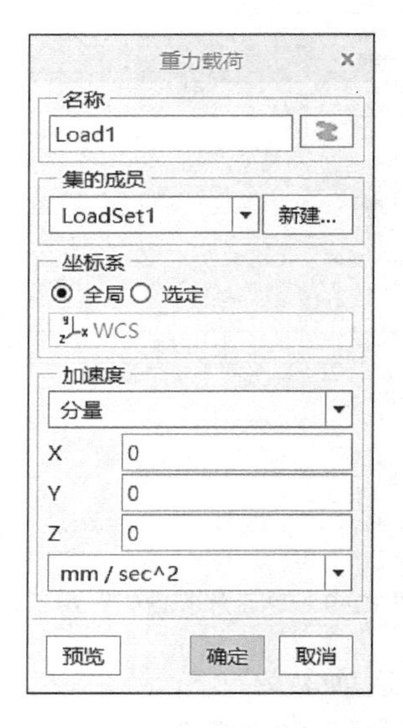

图 10-12 “重力载荷”对话框

3）“坐标系”：用于定义施加在 3D 模型上的重力载荷的参照坐标系。

4）“加速度”：用于定义施加在 3D 模型中的重力载荷。

5．离心载荷创建

Simulate 模块中“主页”选项卡“载荷”功能区的图标用于添加离心载荷。单击该按钮，系统弹出“离心载荷”对话框，如图 10-13 所示。

对话框中的选项含义如下。

1）“名称”：用于定义新建的离心载荷的名称。

2）“集的成员”：通过下拉列表框中的载荷集或新建载荷集的方式定义当前创建的载荷属于哪个载荷集。

3）“旋转原点和坐标系”：用于定义施加在 3D 模型上的离心载荷的参照坐标系。

4）“角速度”：用于定义施加在 3D 模型中的角速度的大小和方向。

5）“角加速度”：用于定义施加在 3D 模型中的角加速度的大小和方向。

6．温度载荷创建

Simulate 模块中“主页”选项卡“载荷”功能区的图标用于添加温度载荷。单击该按钮，系统弹出“结构温度载荷”对话框，如图 10-14 所示。

对话框中的选项含义如下。

1）“名称”：用于定义新建的全局温度载荷的名称。

2）“集的成员”：通过选择下拉列表框中载荷集或新建载荷集的方式定义当前创建的载荷属于哪个载荷集。

3）“图元温度”：用于定义施加在 3D 模型上的全局温度载荷的模型温度。

4）“参考温度”：用于在 3D 模型中设置模型在零应力状态下的温度。

图 10-13 “离心载荷”对话框

图 10-14 “结构温度载荷”对话框

10.2.5 划分网格

划分网格是有限元分析的核心。在 Simulate 模块中可以使用自动网格划分工具对模型进行网格划分。下面对相关功能进行介绍。

1. 网格控制

Simulate 模块“精细模型”选项卡“AutoGEM”功能区中的控制是为模型创建 AutoGEM 网格控制的工具。单击“控制”工具按钮，在下拉菜单中选择相应控制类型。以“最大元素尺寸”控制为例，系统弹出图 10-15 所示的对话框。使用此对话框功能对模型施加网格控制，改进问题区域中的网格分布。

2. 创建网格

Simulate 模块中“精细模型”选项卡“AutoGEM”功能区中的图标可通过网格控制和网格设置在模型表面生成规格化网格。单击此按钮，系统弹出“诊断：AutoGEM 网格”对话框，如图 10-16 所示。

图 10-15 “最大元素尺寸控制”对话框

图 10-16 “诊断：AutoGEM 网格”对话框

单击“关闭”按钮，返回“AutoGEM”对话框，如图 10-17 所示。对话框中选项含义如下。

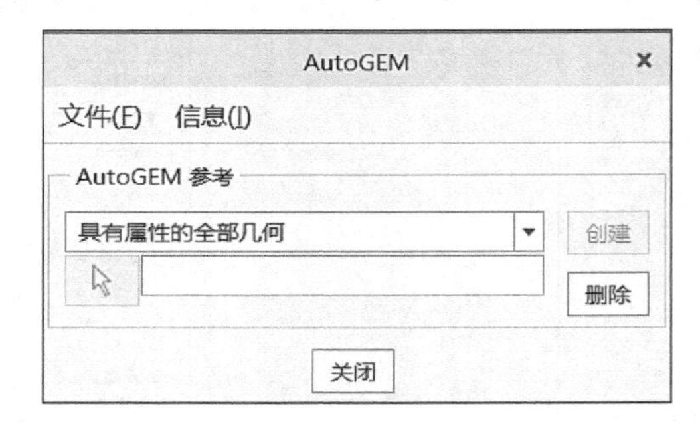

图 10-17 “AutoGEM”对话框

1）“文件”：包括加载已有的网格文件、研究并复制网格、保存现有的网格以及退出等功能。

2）“信息”：查询网格生成的信息。

3）“AutoGEM 参考”：用于创建新的网格以及删除已有的网格。

3．网格设置

进入 Simulate 模块后，在“精细模型”选项卡“AutoGEM”功能区中单击“AutoGEM”下拉菜单中的“设置”命令，可对生成的网格、生成方法以及生成的元素类型进行设置。其对话框如图 10-18 和图 10-19 所示。对话框中选项含义如下。

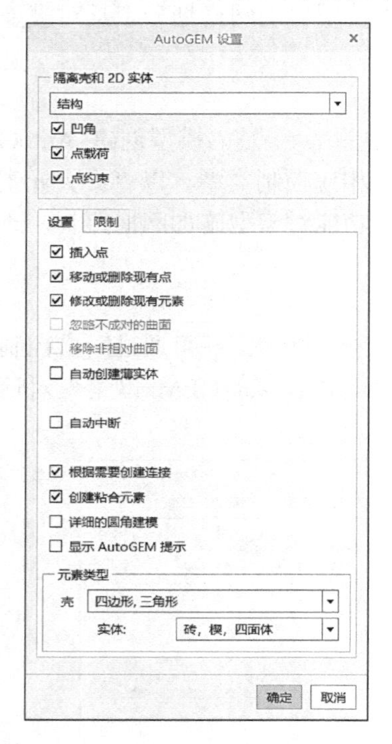

图 10-18 “AutoGEM 设置”对话框 1

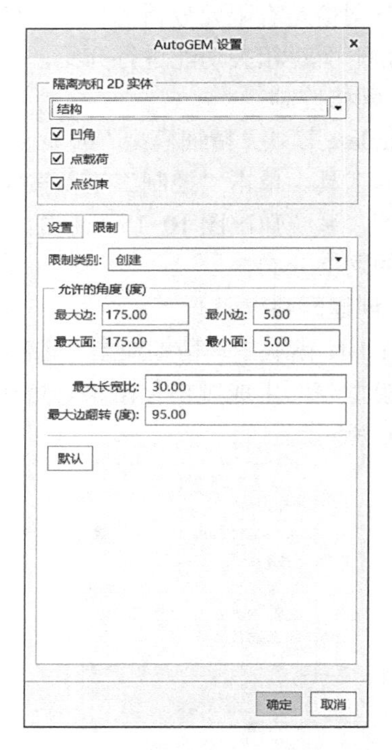

图 10-19 “AutoGEM 设置”对话框 2

1）“隔离壳和 2D 实体”：用于定义生成网格所属类型，包括结构、热，同时也用于确定 AutoGEM 可使用的网格细化检测和隔离的图元列表。

2）“设置”：用于控制元素创建的各种特性与元素类型。

3）“限制”：用于在 AutoGEM 创建和编辑元素时设置限制，如允许的角度、最大长宽比、最大边翻转。

4．设置几何公差

进入 Simulate 模块后，选择“精细模型”选项卡“AutoGEM”功能区 AutoGEM 下拉菜单中的“几何公差”命令，系统弹出“几何公差设置”对话框，如图 10-20 所示。该对话框用于设置最小边长度、最小曲面尺寸和合并公差等网格参数。

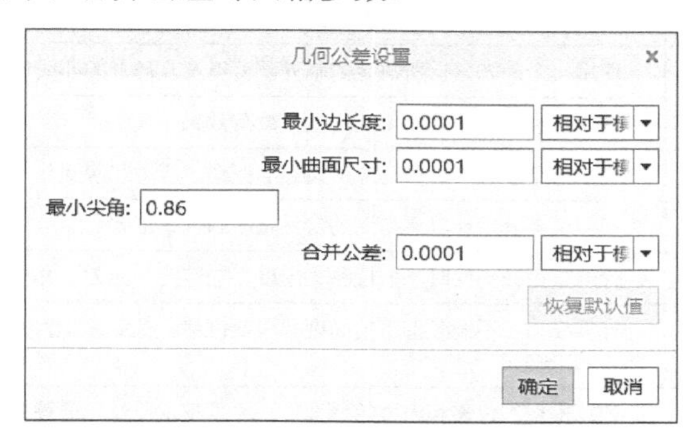

图 10-20 “几何公差设置”对话框

5．仿真几何

进入 Simulate 模块后单击“精细模型”选项卡“AutoGEM”功能区中的“审阅几何”按钮，系统弹出“仿真几何”对话框，如图 10-21 所示。该对话框用于设置几何和连接的几何元素在模型中的显示颜色。

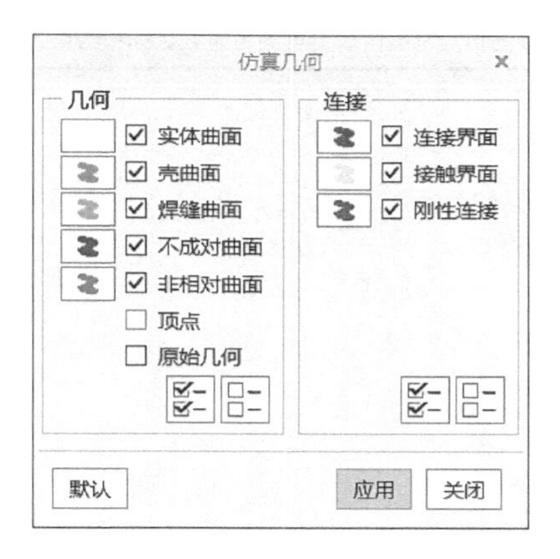

图 10-21 “仿真几何”对话框

10.3 有限元工程分析求解

10.3.1 分析类型

在完成模型材料分配、约束、加载等一系列设置后，就可以有针对性地建立所需的分析和研究项目。Simulate 提供的分析类型见表 10-2。进入 Simulate 模块后单击“主页”选项卡“运行”功能区中的“分析和研究”选项，系统弹出“分析和设计研究”对话框，如图 10-22 所示，使用此对话框功能可管理和运行分析与设计研究。

表 10-2　Simulate 提供的分析类型

模组	分析类型	作用
结构	静态分析	计算模型上的变形、应力和应变，以响应指定的载荷和约束
	模态分析	计算模型上的自然频率和模式形式
	失稳分析	使用一个静态分析所决定的临界载荷以及几何上的非线性变形和应力
	疲劳分析	使用静态分析计算所得到的疲劳载荷效果
	预应力静态分析	使用一个静态分析中计算所得到的变形、应力和应变
	预应力模态分析	使用模态分析计算所得到的自然频率和模式形式
振动	动态时间分析	计算模型在不同时刻的位移、速度、加速度和应力，并以时间-载荷变化的方式来响应
	动态频率分析	计算模型在不同频率下的高度和周期位移、速度、加速度和应力，并以变化频率下的载荷振荡方式来响应
	动态冲击分析	计算模型的位移和应力的最大值，并以指定反射光谱等基本激发来响应
	动态随机分析	计算模型功率频谱密度和位移的 RMS 值、速度、加速度和应力，并以指定功率频谱密度的载荷方式来响应
设计研究	标准设计研究	是一种定量分析工具。通过对模型中的设计参数进行设置，分析其对模型性能的影响
	敏感度设计研究	是一种定量分析工具，用于研究设计参数对模型性能的影响。在敏感度分析中，这种定量分析是通过运行局部敏感度分析来完成的。如果确定了主要设计参数，则可以运用局部敏感度分析方法来确立参数的变化范围，在这个范围内寻找最佳设计
	优化设计研究	是一种寻找最佳设计方案的技术。它是由用户指定研究目标、约束条件和设计参数等，然后在参数的指定范围内求出可满足研究目标和约束条件的最佳解决方案

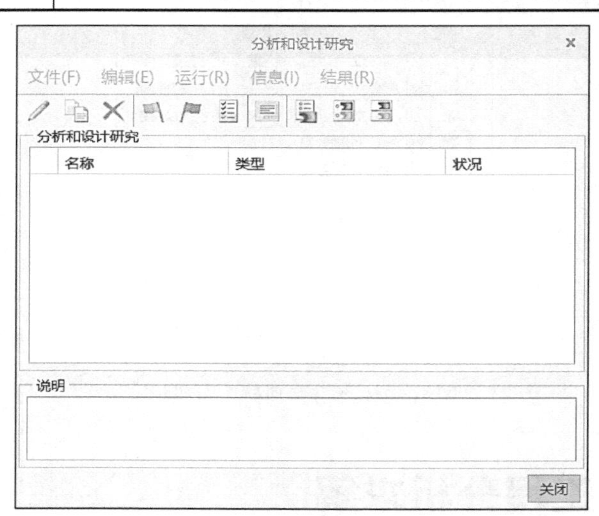

图 10-22　“分析和设计研究”对话框

有限元分析的最终目的是进行优化设计。优化设计就是计算满足给定约束条件下的目标函数的极大值，例如，要求零件在最大应力不超过许用应力的条件下，其质量最轻。类似的优化问题在计算设计中大量存在。在优化设计前，需要对设计参数进行筛选来确定对优化目标函数影响最大的设计参数。敏感度分析可以完成参数筛选工作，为进一步优化奠定基础。

该对话框中各选项功能如下。

1）“文件”：提供的选项用于创建新的分析和设计研究。

2）“编辑”：提供了对所选择的分析进行编辑、复制、删除的功能。

3）“运行”：提供了开始运行分析、结束运行分析、重新启动运行分析、批处理、运行设置和储存结果等功能。

4）“信息”：提供了对运行状态进行查询和对模型进行检查的功能。

5）“结果”：用于显示当前创建的分析结果。

6）“分析和设计研究”：显示建立的分析名称、类型和状态。

10.3.2 确定分析类型

建立结构分析的重点和难点在于结构设计和分析过程中需要周密权衡的设计考虑、细节的处理、布局、对故障的理解和处理能力。建立结构分析的第一个环节是确立结构分析类型。结构分析类型包括静态分析、模态分析、失稳分析、疲劳分析、预应力静态分析和预应力模态分析。

现以静态分析和模态分析的创建为例说明结构分析的建立过程。

静态分析用于计算模型在指定载荷和约束作用下产生的变形、应力和应变。通过静态分析可以了解模型中的材料是否经受得住应力和零件是否可能断裂、零件可能断裂的位置、模型的形状改变程度，以及载荷对接触的作用。运行静态分析的条件：一个约束集和一个以上的载荷集或强制位移。

模态分析是动力学分析的一种最简化的分析类型，所有的动力学分析中，都直接或者间接地包含了模态计算。在一般性模态分析中，至少包含质量矩阵与刚度矩阵。刚度矩阵一般通过杨氏模量表示，质量矩阵一般通过密度表示。模态分析在定义结构材料属性时，相比静态分析会多一个密度属性的设定。模态分析中，结构网格须疏密合理、大小均匀，用足够数量的网格才能得到合理的振动形态，进而得到合理的振动频率。

1．新建静态分析

在“分析和设计研究”对话框中，选择菜单栏中的“文件”→“新建静态分析”命令，系统弹出“静态分析定义”对话框，如图10-23所示。该对话框中的选项含义如下。

1）“名称”：定义新建静态分析的名称。

2）“说明”：定义新建静态分析的简要概述以区分其他分析。

3）“约束”：定义新建静态分析所需施加的一个或多个约束集。

4）“载荷”：定义新建静态分析所需的一个或多个载荷集。

5）“惯性释放”：勾选此复选框后，运行分析时可以不指定任何约束，即可以分析无约束模型。此选项仅适用于线性静态分析。

6）“非线性/使用载荷历史记录”：勾选此复选框时，对话框中的非线性选项可用，可根据所创建的约束类型选择计算大变形、接触、超弹性、塑性等选项进行响应分析。

7）“输出”：用于定义分析所要输出的计算内容以及显示网格。

8）“排除的元素”：从收敛和测量计算过程中排除某些特定元素。

单击“分析结果”按钮，系统弹出“结果窗口定义”对话框，如图 10-24 所示。该对话框中的选项含义如下。

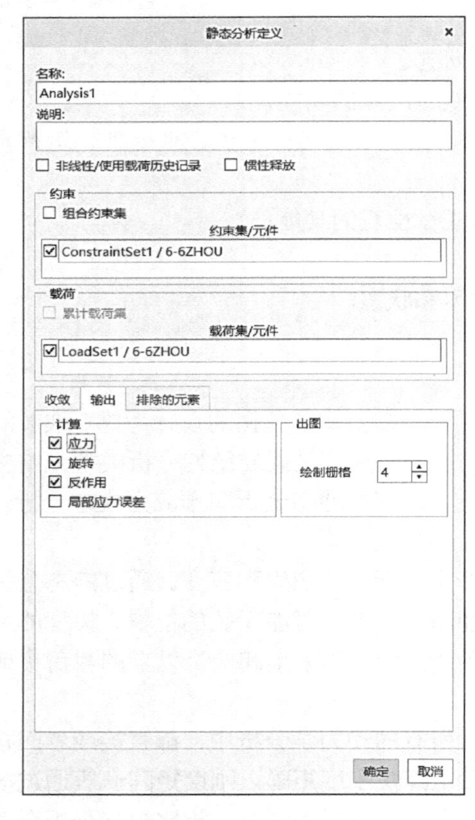

图 10-23 “静态分析定义”对话框

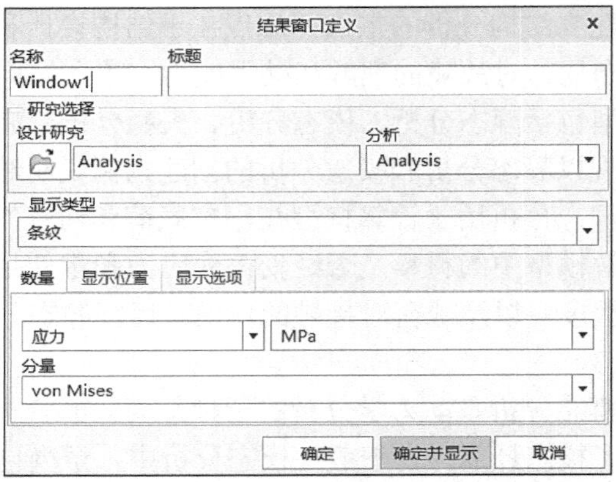

图 10-24 “结果窗口定义”对话框 1

1）“名称”：定义一个用来标识结果窗口的名称。

2）“标题”：定义想要在结果窗口底部中心位置显示的标题。

3）“研究选择”：用于选择保存在磁盘中的分析目录。

4）“显示类型”：用于定义生成分析结果的显示类型。

5）“数量”：定义要在结果窗口中显示的量，并为所选的量选择单位或接受默认主单位制。

6）“显示位置”：定义结果窗口中显示的零件几何元素所对应的静态分析结果，如曲线、全部、曲面、体积块元件/层对象的应力、应变、变形等属性。

7）“显示选项”：定义结果窗口中显示内容的选项。

2. 新建模态分析

在“分析和设计研究”对话框中，选择菜单栏中的“文件”→“新建模态分析”命令，系统弹出“模态分析定义”对话框，如图 10-25 所示。

该对话框中各选项功能如下。

1）“名称”：定义新建模态分析的名称。

2）“说明”：定义新建模态分析的简要概述以区分其他分析。

3）“约束：定义新建模态分析所需施加的一个或多个约束集。

4）“模式”：定义新建模态分析所需的模式数。

5）“输出”：定义分析所要输出的计算内容。

6）“排除的元素”：收敛和测量计算过程中排除某些特定元素。

单击“分析结果”按钮，系统弹出“结果窗口定义”对话框，如图 10-26 所示。

图 10-25 “模态分析定义”对话框

图 10-26 “结果窗口定义”对话框 2

该对话框中各选项功能如下。

1）“名称”：定义一个用来标识结果窗口的名称。

2）“标题”：定义想要在结果窗口底部中心位置显示的标题。

3）“研究选择”：用于选择保存在磁盘中的分析目录。

4）“显示类型”：定义生成分析结果的显示类型。

5）“数量”：定义要在结果窗口中显示的量并为所选的量选择单位。

6）“显示位置”：定义结果窗口中显示的零件几何元素所对应的模态分析结果，如曲线、全部、曲面、体积块、元件/层对象的应力、应变、变形等属性。

7）“显示选项”：定义结果窗口中显示内容的选项。

3．新建疲劳分析

在“分析和设计研究”对话框中，选择菜单栏中的“文件”→“新建疲劳分析”命令，系统弹出“疲劳分析定义”对话框，如图 10-27 所示。

该对话框中各选项功能如下。

1）“名称”：定义新建疲劳分析的名称。

2）“说明”：定义新建疲劳分析的简要概述以区分其他分析。

3）“前一分析”：定义新建疲劳分析所需施加的一个或多个载荷集。

4）“载荷历史”：定义新建疲劳分析所需的强度以及加载的载荷等条件。

5）“输出”：定义分析所要输出的条纹图模块数。

单击“分析结果”按钮，系统弹出“结果窗口定义”对话框，如图 10-28 所示。

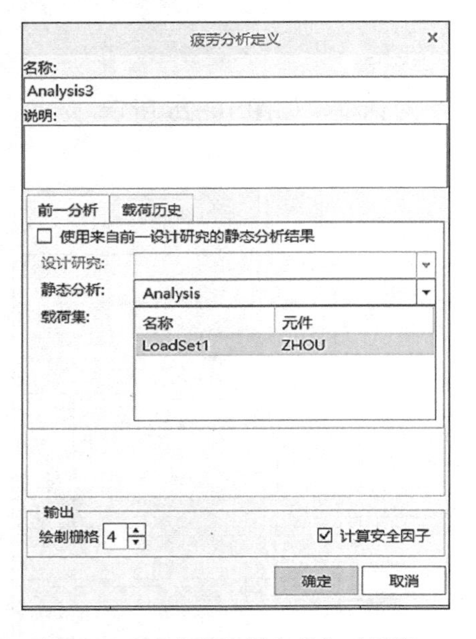

图 10-27 “疲劳分析定义”对话框

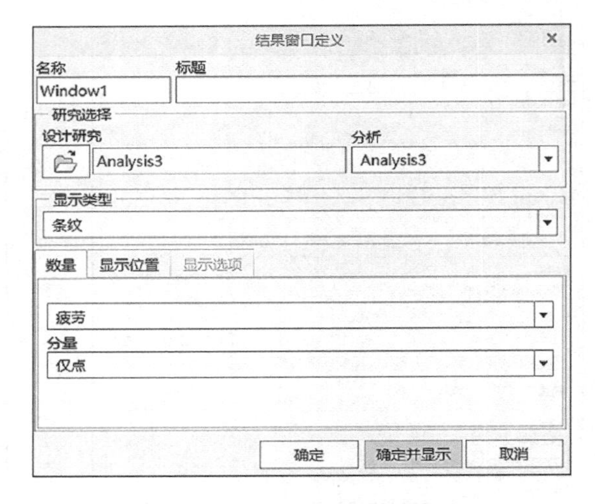

图 10-28 “结果窗口定义”对话框 3

该对话框中各选项功能如下。

1）“名称”：定义一个用来标识结果窗口的名称。

2）“标题”：定义想要在结果窗口底部中心位置显示的标题。

3）“研究选择”：用于选择保存在磁盘中的分析目录。

4）“显示类型”：定义生成分析结果的显示类型。

5）“数量”：定义要在结果窗口中显示的量。

6）“显示位置”：定义结果窗口中显示的零件几何元素所对应的模态分析结果，如曲线、全部、曲面、体积块、元件/层对象的应力、应变、变形等属性。

7）“显示选项”：定义结果窗口中显示内容的选项。

10.4 有限元工程分析实例

本节通过实例来说明整个有限元分析过程。图 10-29 所示为减速器高速轴模型，按照工程技术要求，需判断该轴中的材料在载荷作用下的应力应变是否符合要求、零件是否可能断裂、零件可能在哪里断裂和模型的形状改变程度如何等。

10.4.1 建立结构分析模型

1. 导入模型

1）设置工作目录。在“我的电脑”磁盘根目录下新建英文名文件夹并设置为工作目录，将配套资源中的全部文件复制到该工作目录。

2）打开文件。选择菜单栏中的“文件”→“打开”命令，系统弹出“文件打开”对话框，在列表框中找到“Zhou.prt”，单击“打开”按钮，导入零件模型，如图 10-29 所示。

3）单击“应用程序”选项卡“仿真”功能区中的“Simulate”按钮，进入分析界面，系统默认选择“主页”选项卡“设置”功能区中的“结构模式”，激活结构分析模块。

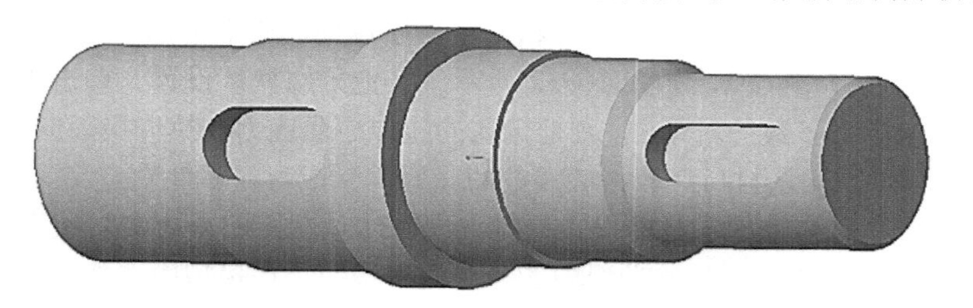

图 10-29　减速器高速轴模型

10-1　高速轴前处理

2. 材料分配

1）单击“主页”选项卡“材料”功能区中的“材料分配”按钮，系统弹出“材料分配”对话框，如图 10-30 所示。单击“属性”选项组中“材料”选项右侧的“更多”按钮，系统弹出“材料”对话框。双击“Legacy-Materials”目录中的“steel.mtl”，右侧显示所选材料的“材料预览”，将其加载到“模型 ZHOU.PRT 中的材料”列表框中，如图 10-31 所示。单击“确定”按钮，返回“材料分配”对话框，“STEEL”被添加到“材料”下拉列表框中。

图 10-30　“材料分配”对话框

图 10-31　“材料”对话框

2）定义材料属性。再次打开“材料”对话框，在“模型 ZHOU.PRT 中的材料”列表框中，双击“STEEL”选项，系统弹出“材料定义”对话框。在“材料极限”选项组的“拉伸屈服应力”

文本框中输入 355，在其右侧下拉列表框中选择“MPa”选项；在“拉伸极限应力”文本框中输入 600，在其右侧下拉列表框中选择“MPa”选项；在“失效条件”下拉列表框中选择“最大剪应力（Tresca）”选项；选择“疲劳”下拉列表框中的“统一材料法则（UML）”选项，在其下的“材料类型”下拉列表框中选择“含铁”选项，“表面粗糙度”下拉列表框中选择“热轧”选项，在“失效强度衰减因子”文本框中输入 2，如图 10-32 所示。其他采用默认设置，单击“确定”按钮（如果在确定之后出现未定义参数的对话框，则把输入的拉伸屈服应力和拉伸极限应力删除，重新输入再单击“确认”即可）。确认材料疲劳特性参数的设置，完成材料属性的定义。

3）新建材料方向。单击“材料分配”对话框“材料方向”选项右侧的“更多”按钮，系统弹出“材料方向”对话框。单击“坐标系”选项组中的“全局”按钮，在模型中选择当前坐标系作为参考坐标系；选择“材料方向 1”对应的“坐标系方向”为“X”，选择“材料方向 2”对应的“坐标系方向”为“Y”，选择“材料方向 3”对应的“坐标系方向”为“Z”，即定义了材料坐标系的三个方向，如图 10-33 所示；再单击“确定”按钮，返回“材料方向”对话框；该材料方向已添加到材料方向列表框中，单击“确定”按钮，返回“材料分配”对话框；再单击“确定”按钮，材料添加到模型中，同时关闭“材料分配”对话框，如图 10-34 所示。

图 10-32 “材料定义”对话框

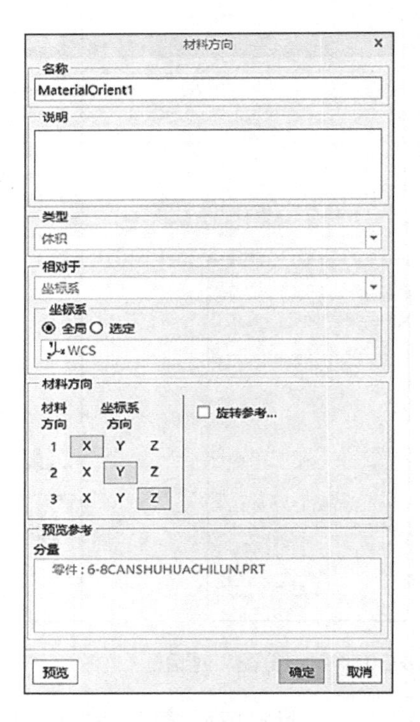

图 10-33 “材料方向”对话框

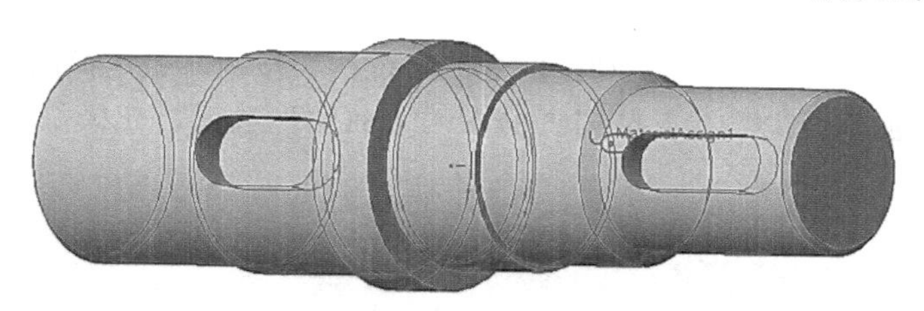

图 10-34　添加材料属性后的轴模型

3. 创建约束

1）单击“主页”选项卡“约束”功能区中的“约束集”按钮，系统弹出“约束集”对话框。单击“新建”按钮，弹出“约束集定义”对话框，保持系统默认值，单击“确定”按钮，“ConstranintSet1”约束集被添加到列表框中，同时返回“约束集”对话框，单击“关闭”按钮，完成约束集的创建。

2）单击“主页”选项卡“约束”功能区中的“位移”按钮，系统弹出“约束”对话框，选择“参考”下拉列表框中的“边/曲线”选项，如图 10-35a 所示，在模型中选择两条边，如图 10-35b 所示。

3）在“约束”对话框的“平移”选项组中，选中 X 轴的“自由”按钮，选中 Y 轴的“自由”按钮，选中 Z 轴的“固定”按钮，单击“确定”按钮，完成边约束的创建，如图 10-35c 所示。

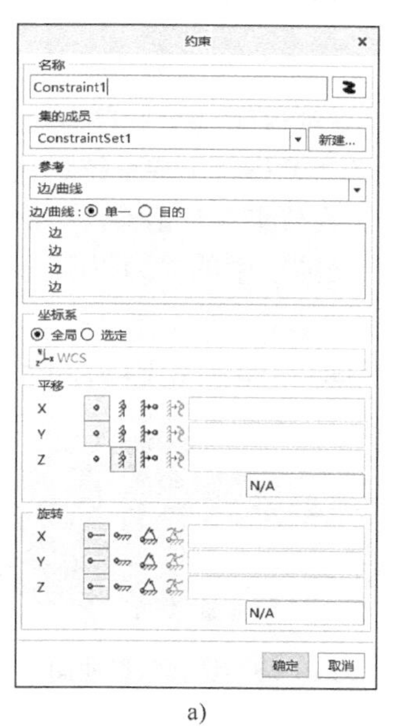

a)

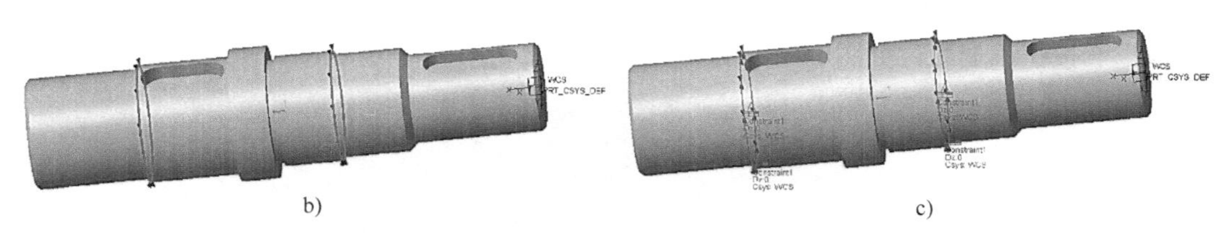

b)　　c)

图 10-35　选择约束

a)“约束”对话框　b) 选择约束边　c) 创建的边约束

4）单击“主页”选项卡“约束”功能区中的“位移”按钮，系统弹出“约束”对话框。在“约束”对话框中，选择“参考”下拉列表框中的“曲面”选项，在模型中选择两个曲面，如图 10-36 所示。

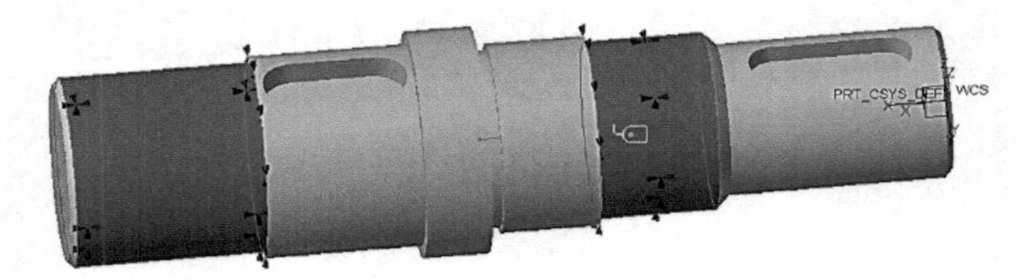

图 10-36　选择约束曲面

5）在“平移”选项组中，选中 X 轴的“固定”按钮，选中 Y 轴的“固定”按钮，选中 Z 轴的“自由”按钮，单击“确定”按钮，完成曲面约束的创建，如图 10-37 所示。

图 10-37　创建的曲面约束

4．创建载荷

1）单击“主页”选项卡“载荷”功能区中的“载荷集”按钮，系统弹出“载荷集”对话框。单击“新建”按钮，弹出“载荷集定义”对话框，保持系统默认值，单击“确定”按钮，“LoadSet1”载荷集被添加到列表框中，同时返回“载荷集”对话框，单击“关闭”按钮，完成载荷集的创建。

2）单击“主页”选项卡“载荷”功能区中的“力/力矩”按钮，系统弹出“力/力矩载荷”对话框。

3）在“参考”选项组中选择“曲面”，在模型中选择的载荷曲面如图 10-38 所示。

图 10-38　选择载荷曲面

4）在“力”选项组中添加 X 轴方向的力值为-100，在“单位”下拉列表框中选择“KN”，单击“确定”按钮添加力，如图 10-39 所示。

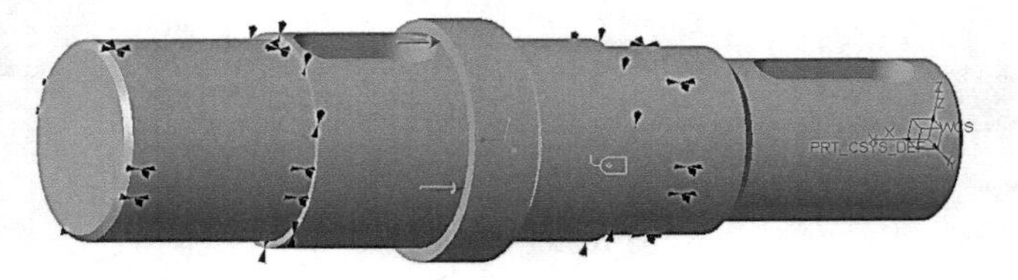

图 10-39　创建的载荷 1

5）再单击“主页”选项卡“载荷”功能区中的“力/力矩”按钮，系统弹出“力/力矩载荷”对话框。

6）在“参考”选项组中选择“曲面”，在模型中选择载荷曲面，在“力”选项组中添加X轴方向的力值为100，在“单位”下拉列表框中选择“KN”，单击“确定”按钮添加力，如图10-40所示。

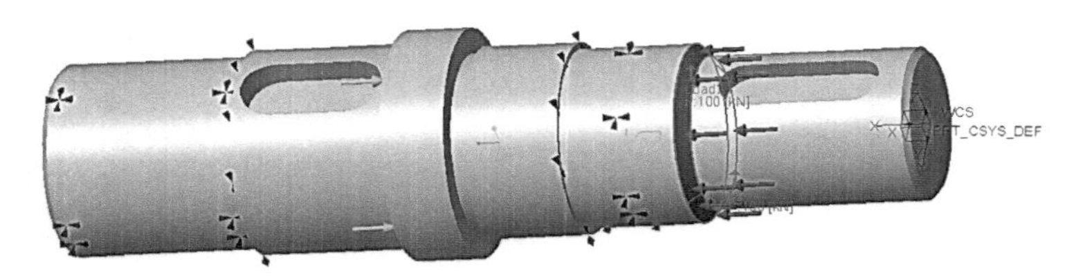

图10-40 创建的载荷2

7）再单击“主页”选项卡“载荷”功能区中的“重力”按钮，系统弹出“重力载荷”对话框，在“Z轴”中输入100，其他为默认设置，单击“确定”按钮，完成重力载荷的创建，如图10-41所示。

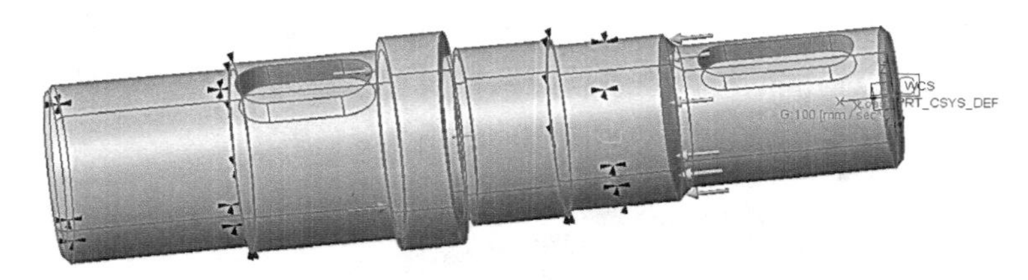

图10-41 创建的重力载荷

5．网格划分

1）单击“精细模型”选项卡“AutoGEM”功能区中的“AutoGEM”按钮，系统弹出“AutoGEM”对话框，如图10-42所示。

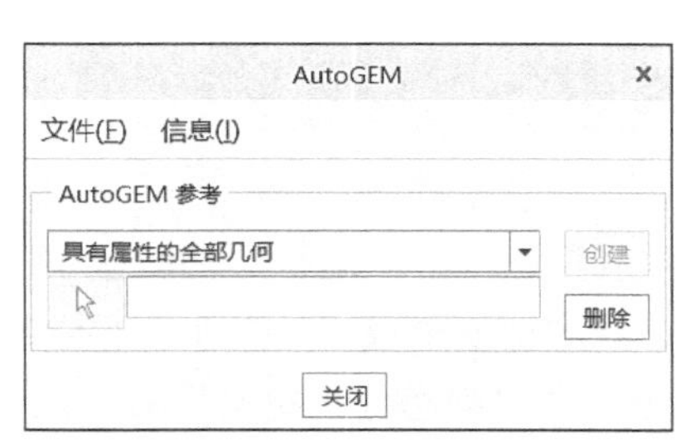

图10-42 “AutoGEM” 对话框

2）对整个模型创建网格，默认创建对象类型为“具有属性的全部几何”，单击“创建”按钮，系统按照网格设置和控制信息生成模型网格，弹出“AutoGEM摘要”对话框和“诊断: AutoGEM网格”对话框，关闭后返回“AutoGEM”对话框。自动生成的网格如图10-43所示。

3）在“AutoGEM”对话框中，单击“关闭”按钮，系统提示是否保存网格，选择“是”

以保存网格，准备分析使用。单击“AutoGEM”功能区中“控制”下拉菜单中的“最大元素尺寸”按钮，打开“最大元素尺寸控制”对话框，在“参考”下拉列表框中选择“分量”或“元件”选项；在“元素尺寸”文本框中输入 8 ，单位选择“mm”，单击“确定”按钮，如图 10-44 所示。

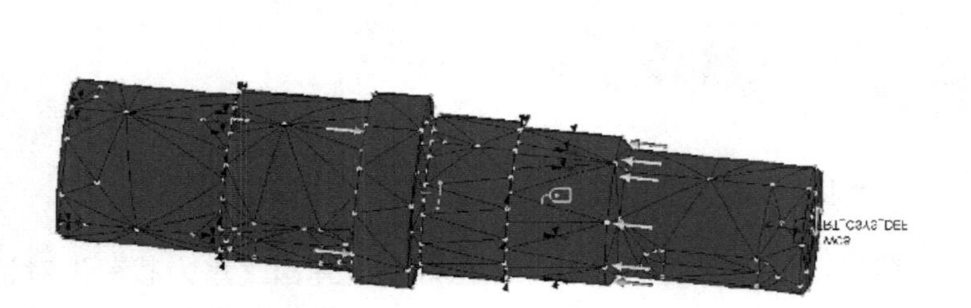

图 10-43　自动生成的网格

图 10-44　“最大元素尺寸控制”对话框

4）再单击“AutoGEM”功能区中的“AutoGEM”按钮，系统先后弹出两个“问题”对话框，均单击“是”按钮，覆盖以前的网格，系统按照网格设置和控制信息生成模型网格。关闭后续弹出的对话框，并保存网格，新生成的网格如图 10-45 所示。

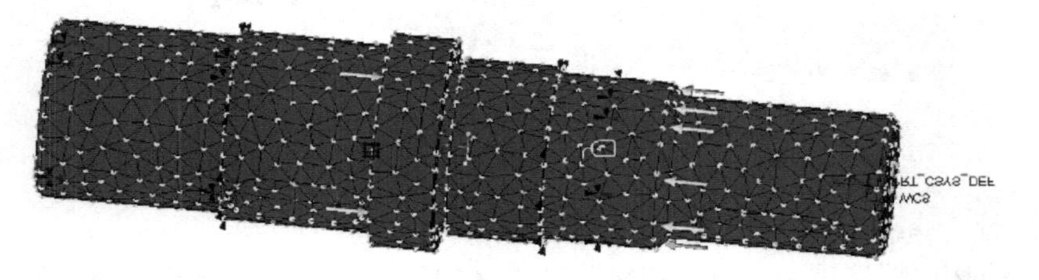

图 10-45　新生成的网格

10.4.2 结构分析和设计研究

1. 静态分析

1）建立静态分析。单击“主页”选项卡“运行”功能区中的“分析和研究”按钮，系统弹出“分析和设计研究”对话框；在该对话框中选择“文件”下拉菜单中的“新建静态分析”命令，系统弹出“静态分析定义”对话框；在“静态分析定义”对话框中，选中“约束集元件”列表框中的“ConstraintSetl”选项，选中“载荷集/元件”列表框中的“LoadSet1”选项，其他选项为系统默认值，单击“确定”按钮，完成静态分析的建立。

2）运行静态分析。在“分析和设计研究”对话框中单击“运行”按钮，系统弹出“问题”对话框，单击“是”按钮，系统开始进行分析。系统运行完成后会弹出“运行状况”对话框，如图 10-46a 所示，关闭“运行状况”对话框，完成的静态分析如图 10-46b 所示。

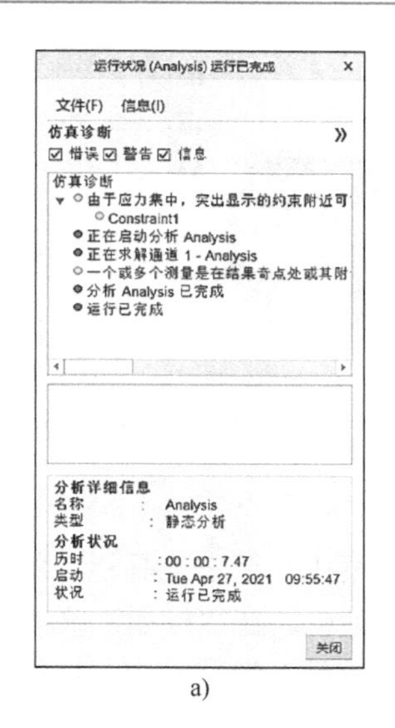

a)

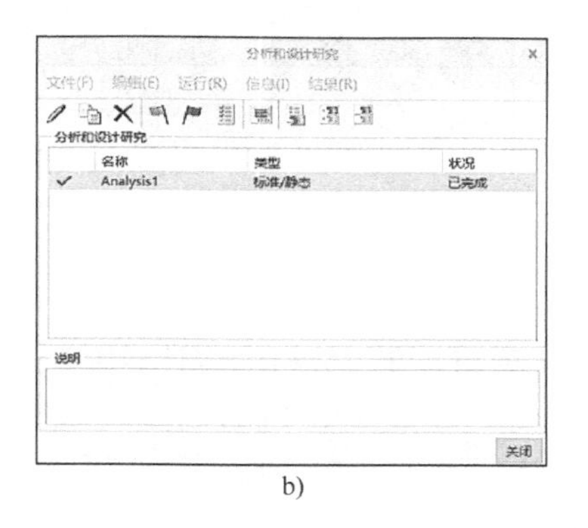

b)

10-2 高速轴结构分析-静态分析

图 10-46 运行静态分析

a)“运行状况”对话框 b)“分析和设计研究”对话框

3）获取结果。在“分析和设计研究”对话框中，单击工具栏上的“查看设计研究或有限元分析结果”按钮，系统弹出“结果窗口定义”对话框。在“标题”文本框中输入“应力”，选择“显示类型”下拉列表框中的“条纹”选项；打开“显示选项”选项卡，勾选“已变形”“显示载荷”“显示约束”复选框，单击“确定并显示”按钮，如图 10-47 所示。打开“Simulate 结果”应力条纹图，如图 10-48 所示，最大应力出现在高速轴右端定位处，应力值为 76.2MPa，低于材料屈服应力，满足设计要求。

图 10-47 “结果窗口定义”对话框

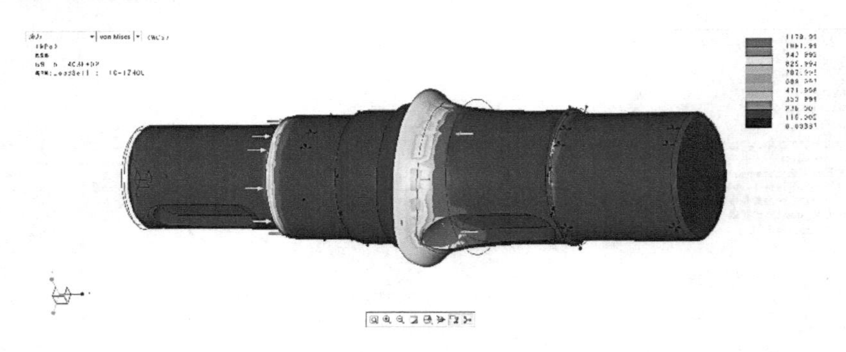

图 10-48 应力条纹图

4）关闭“Simulate 结果”窗口。在“分析和设计研究”对话框中，单击工具栏上的“查看设计研究或有限元分析结果”按钮，系统弹出“结果窗口定义”对话框。在“标题”文本框中输入“应变”，选择“显示类型”下拉列表框中的“图形”选项；在“数量”选项卡中，选择“应变”选项，单击“图形位置”选项组中的“选择位置”按钮，系统弹出“Simulate 结果”窗口，选择应力集中所在的边，如图 10-49 所示。

图 10-49 选取应力集中所在的边

5）在“选取”对话框中单击“确定”按钮，返回“结果窗口定义”对话框，单击“确定并显示”按钮，应变曲线图如图 10-50 所示。

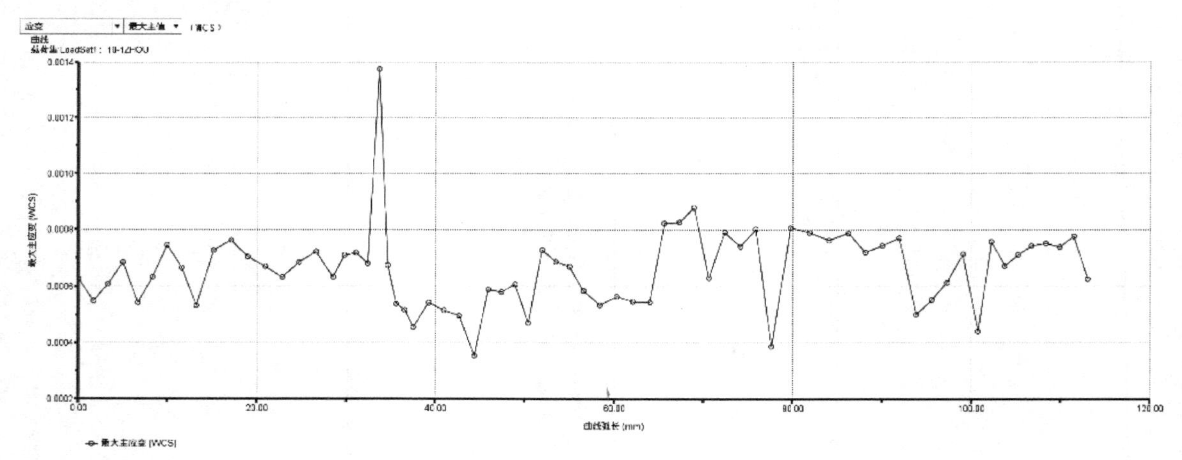

图 10-50 应变曲线图

2．模态分析

1）建立模态分析。单击“主页”选项卡“运行”功能区中的“分析和研究”按钮，系统弹出“分析和设计研究”对话框。在该对话框中选择“文件”下拉菜单中的“新建模态分析”命令，系统弹出“模态分析定义”对话框，在“模式”选项卡中选中“模式数”单选按钮，在“模式数”和“最小频率”文本框中分别输入 8 和 30，如图 10-51 所示。选中“输出”选项卡中“计算”选项组的“旋转”“反作用”复选框，其他选项为默认值，单击“确定”按钮，返回“分析和设计研究”对话框，完成模态分析的创建。

2）运行模态分析。操作如静态分析，直至完成模态分析运算。

3）获取结果。在“分析和设计研究”对话框中，单击工具栏上的“查看设计研究或有限元分析结果”按钮，系统弹出“结果窗口定义”对话框，如图 10-52 所示；在“研究选择”选项组中选中“模式 1”选项，单击“确定并显示”按钮，系统弹出图 10-53a 所示的一阶模态图。重复操作步骤输出其余模态振型图，如图 10-53 所示。

图 10-51 “模态分析定义”对话框

图 10-52 “结果窗口定义”对话框

10-3 高速轴结构分析-模态分析

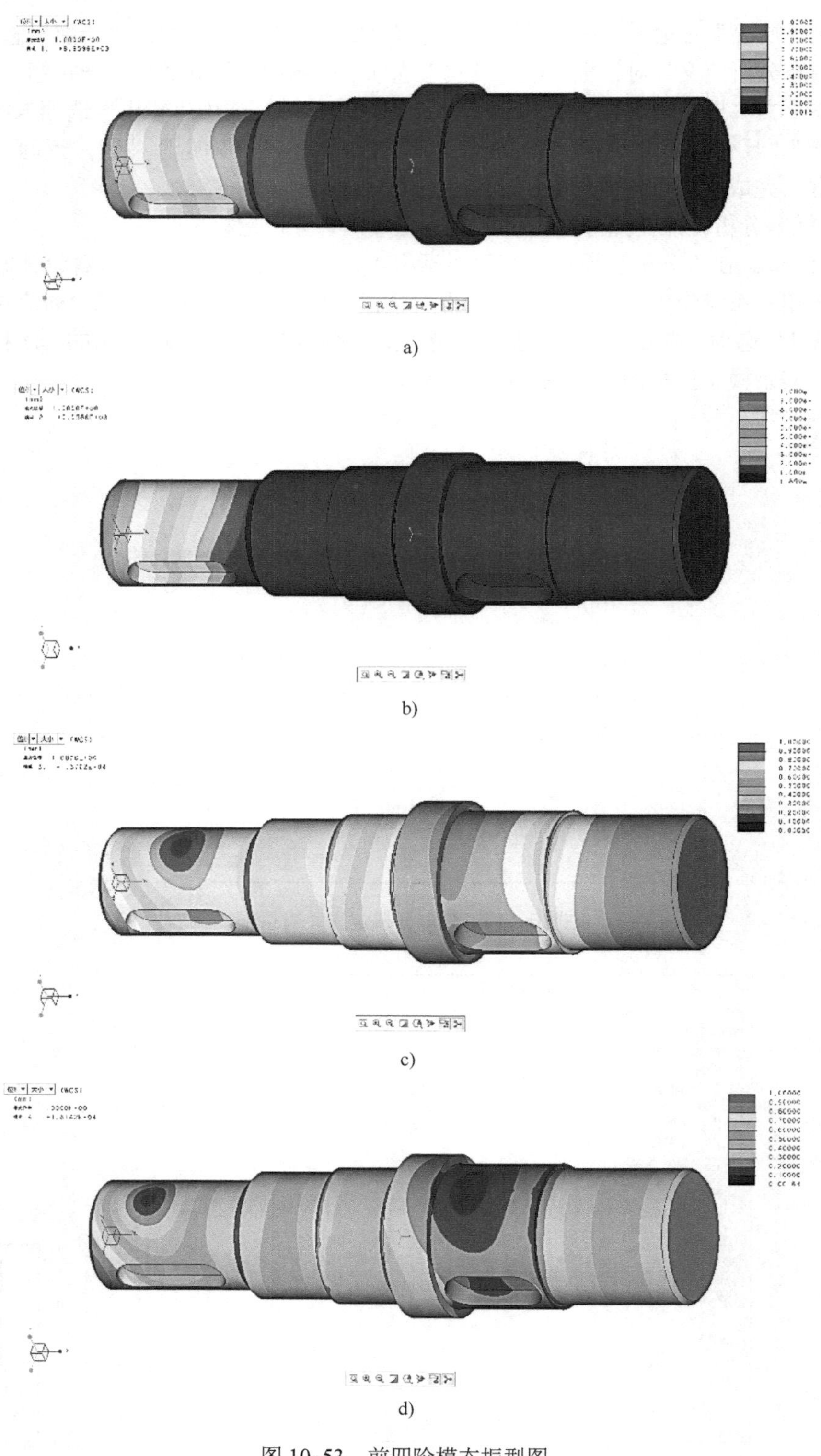

a)

b)

c)

d)

图 10-53　前四阶模态振型图

a) 一阶模态　b) 二阶模态　c) 三阶模态　d) 四阶模态

4）在“结果窗口定义”对话框“显示类型”下拉列表框中选择“图形”选项，选择一阶模态下变形最大处曲线，单击“确定并显示”按钮，系统弹出变形曲线，如图 10-54 所示。

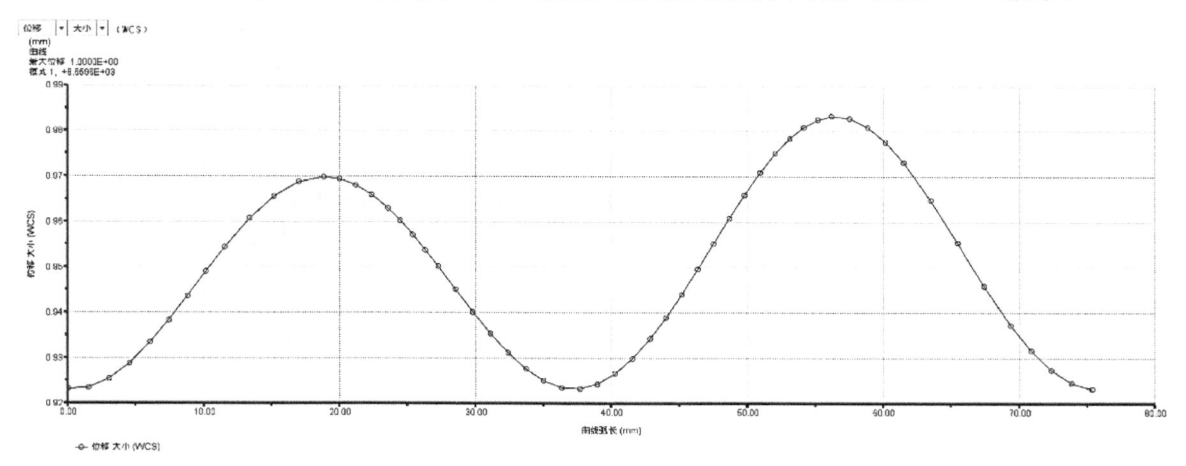

图 10-54 变形曲线

3. 疲劳分析

1）建立疲劳分析。单击“主页”选项卡“运行”功能区中的“分析和研究”按钮，系统弹出“分析和设计研究”对话框；在该对话框中选择“文件”下拉菜单中的“新建疲劳分析”命令，系统弹出“疲劳分析定义”对话框；在“疲劳分析定义”对话框中，在“载荷历史”选项组的“所需强度”中输入 100000，再把对话框下方的“计算安全因子”进行勾选，其他选项为系统默认值，单击“确定”按钮，如图 10-55 所示，完成疲劳分析的建立。

2）运行疲劳分析。在“分析和设计研究”对话框中单击“运行”按钮，系统弹出“问题”对话框，单击“是”按钮，系统开始进行分析。运行完成后会弹出“运行状况”对话框，关闭“运行状况”对话框，完成疲劳分析。

图 10-55 “疲劳分析定义”对话框

10-4 高速轴结构分析-疲劳分析

3）获取结果。在“分析和设计研究”对话框中，单击工具栏上的“查看设计研究或有限元分析结果”按钮，系统弹出“结果窗口定义”对话框。在“标题”文本框中输入“疲劳分析”，打开“数量”选项卡，在“分量”下拉列表框中选择“仅点”选项，单击“确定并显示”按钮，输出结果如图 10-56 所示。

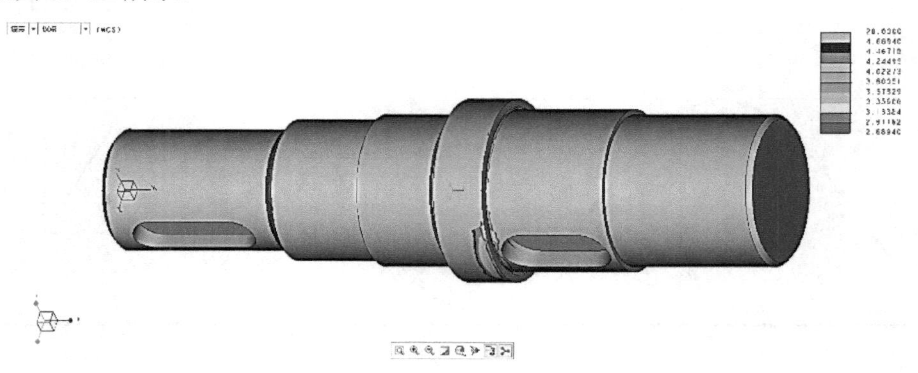

图 10-56 “仅点”输出结果

4）重复步骤 3)，在“分量”下拉列表框中依次选择“对数破坏”、“安全因子”和“寿命置信度”选项，输出结果如图 10-57～图 10-59。

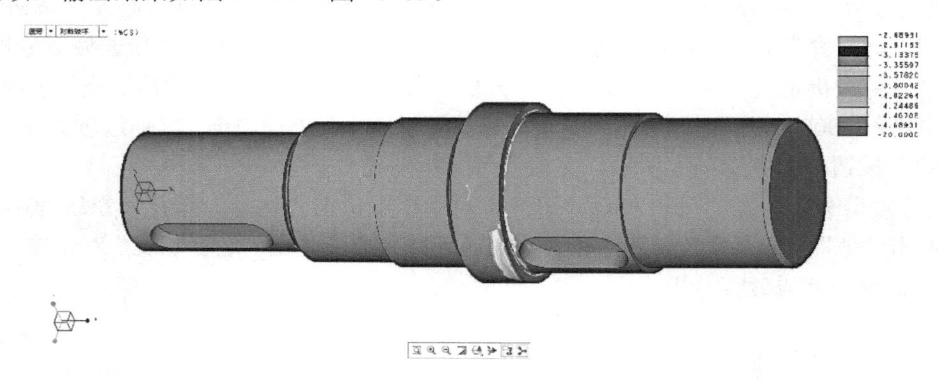

图 10-57 “对数破坏”输出结果

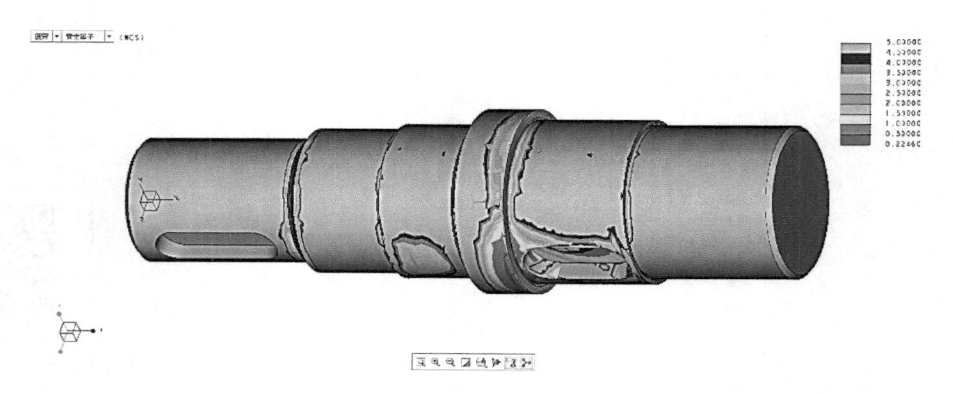

图 10-58 “安全因子”输出结果

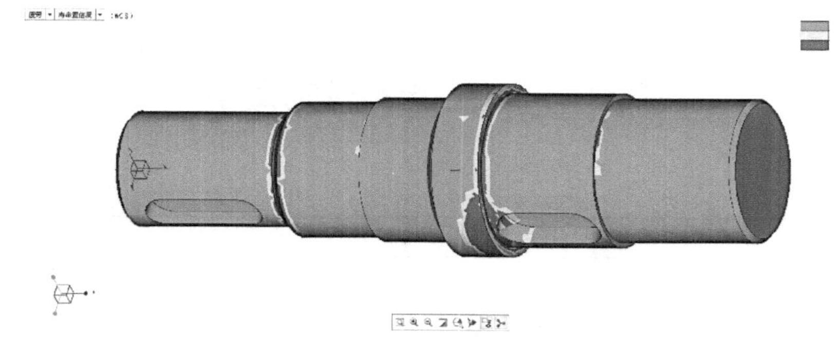

图 10-59 “寿命置信度”输出结果

习题

1. 网格划分质量的检测指标有哪些？分别对模型分析有什么影响？
2. 试论述有限元分析的基本思想及前后处理的主要内容。
3. 何谓优化设计？它的关键工作是什么？
4. 计算机辅助工程分析的作用有哪些？
5. 试论述有限元分析方法在机床设计中的作用及求解问题的一般流程。

附录　二维码视频清单

名　称	图　形	名　称	图　形
6-1　端盖零件建模		7-4　上箱体装配	
6-2　螺旋扫描弹簧建模		7-5　减速器总体装配	
6-3　外六角螺栓建模		8-1　空间曲柄滑块机构	
6-4　下箱体建模		8-2　凸轮机构	
6-5　轴建模		8-3　3D 接触连接	
6-6　管接头参数化建模		8-4　齿轮连接	
7-1　高速轴装配		8-5　带传动连接	
7-2　低速轴装配		8-6　定义驱动	
7-3　下箱体装配		8-7　运动仿真与回放	

（续）

名　　称	图　　形	名　　称	图　　形
8-8　运动分析		9-6　创建局部视图	
8-9　齿轮传动机构运动仿真		9-7　自动生成尺寸	
8-10　机械手传动机构运动仿真		9-8　手动生成尺寸	
9-1　创建一般视图		10-1　高速轴前处理	
9-2　创建投影视图		10-2　高速轴结构分析-静态分析	
9-3　创建局部放大视图		10-3　高速轴结构分析-模态分析	
9-4　创建旋转视图		10-4　高速轴结构分析-疲劳分析	
9-5　创建全部视图			

参 考 文 献

[1] SUN Y G, WANG Y, ZHANG G L, et al. Configuration Analysis of RV Transmission Based on Topology Graph Theory[J]. Applied Mechanics and Materials, 2014: 103-108.
[2] 谭光宇，隋天中，于凤琴.机械 CAD 技术基础[M]. 哈尔滨：哈尔滨工业大学出版社，2005.
[3] 谌霖霖，伍素珍. CAD 技术基础[M]. 北京：机械工业出版社，2019.
[4] 刁燕，蔡长韬. 机械 CAD/CAM 技术基础[M]. 武汉：华中科技大学出版社，2010.
[5] 童秉枢，李学志. 机械 CAD 技术基础[M]. 3 版. 北京：清华大学出版社，2008.
[6] 孙大涌，屈贤明，张松滨. 先进制造技术[M]. 北京：机械工业出版社，2000.
[7] 高伟强，成思源，胡伟，等. 机械 CAD/CAE/CAM 技术[M]. 武汉：华中科技大学出版社，2012.
[8] 葛江华，吕民，王亚萍. 集成化产品数据管理技术[M]. 上海：上海科学技术出版社，2012.
[9] 王书亭，黄运保. 机械 CAD 技术[M]，武汉：华中科技大学出版社，2012.
[10] 陈元琰，张睿哲，李建华. 计算机图形学实用技术[M]，北京：清华大学出版社，2012.
[11] 江洪，韦峻，姜民. Creo 5.0 基础教程[M]. 北京：机械工业出版社，2019.
[12] 肖扬，胡琴，等. Creo 4.0 机械设计应用与精彩实例[M]. 北京：机械工业出版社，2019.
[13] 詹友刚. Creo 4.0 机械设计教程[M]. 北京：机械工业出版社，2018.
[14] 钟日铭，等. Creo 3.0 机械设计实例教程[M]. 北京：机械工业出版社，2015.
[15] 于慧力，等. 机械设计课程设计[M] . 北京：科学出版社，2013.
[16] 苏春. 数字化设计与制造[M]. 3 版. 北京：机械工业出版社，2019.
[17] 颜兵兵，郭士清，殷宝麟. Creo 5.0 基础与实例教程[M]. 北京：机械工业出版社，2020.